影响居家空气质量的化学因素、溯源及对策

阚成友 朱荣斌 主编

清华大学出版社

北 京

<h1 style="text-align:center">内 容 简 介</h1>

　　本书系统介绍了影响室内空气质量的各种因素,重点从基础装修、硬质家具和软装陈设三个方面追溯甲醛和各种挥发性有机化合物产生的根源、释放规律及其对健康的危害;介绍了国内外行业现状及发展趋势、现行标准,进而从源头选材、通风控制入手,提出了降低室内甲醛和 VOCs 含量、提升居家空气质量的途径和方法。

　　本书可以为建筑、装修行业技术人员,以及新房和房屋翻新业主,在装饰、装修材料选择方面提供系统的专业技术支持;并可供从事化学建材、建筑和装修领域研究开发的工程技术人员、科研人员和大专院校相关专业师生参考。

图书在版编目(CIP)数据

　　影响居家空气质量的化学因素、溯源及对策 / 阚成友,朱荣斌主编. -- 北京 : 清华大学出版社,2025. 6. -- ISBN 978-7-302-69157-0

　　Ⅰ. TU834.8

　　中国国家版本馆 CIP 数据核字第 2025E9F753 号

责任编辑:刘　杨
封面设计:何凤霞
责任校对:欧　洋
责任印制:宋　林

出版发行:清华大学出版社
　　　　网　　　址:https://www.tup.com.cn,https://www.wqxuetang.com
　　　　地　　　址:北京清华大学学研大厦 A 座　　　　邮　　编:100084
　　　　社 总 机:010-83470000　　　　邮　　购:010-62786544
　　　　投稿与读者服务:010-62776969,c-service@tup.tsinghua.edu.cn
　　　　质量反馈:010-62772015,zhiliang@tup.tsinghua.edu.cn
印 装 者:涿州汇美亿浓印刷有限公司
经　　销:全国新华书店
开　　本:185mm×260mm　　印　张:18.75　　　　　字　　数:455 千字
版　　次:2025 年 6 月第 1 版　　　　　　　　　　印　　次:2025 年 6 月第 1 次印刷
定　　价:79.00 元

产品编号:091846-01

前　言

　　构建绿色健康的居家环境已成为社会和民生的重要诉求。新型冠状病毒感染疫情改变了人们的生活方式,后疫情时代人类在室内度过的时间显著延长,室内空气质量成为影响人们身心健康的关键因素。影响室内空气质量的因素繁多,其中甲醛和各种挥发性有机化合物(VOCs)是污染室内空气的元凶,但目前除了极少数专业人士以外,人们对这些室内空气污染物的认识还仅仅停留在宏观层面,对它们的来源、种类、释放规律等缺乏系统的认知。

　　本书共分为14章。第1章介绍了与室内环境相关的基本概念,以及室内装饰、装修材料、污染物种类和危害、室内空气质量控制标准及检测方法等基础知识。然后从室内基础装修材料(第2章至第6章)、硬质家具(第7章至第9章)、软质家装(第10章至第12章)三个维度对产生甲醛和有机挥发物的根源及其释放行为进行全面梳理,详细介绍了相关产品的种类、现状、国内外标准和行业发展趋势。第13章通过分析不同通风系统的空气净化原理和效果,阐明了不同类型建筑通风系统与室内空气质量的关系。第14章就如何选择室内装修材料、装修施工完成后以及日常生活中如何保持居家环境空气质量作了简要介绍。

　　本书由阚成友、朱英斌主编,由阚成友负责全书内容的总体设计、初稿的修改和定稿。参加编写的人员(按姓氏笔画为序)有:衣丽娇(第7章)、刘雪燕(第4章、第10章)、江一明(第2章)、汤宇樑(第13章)、胡杨(第12章)、聂振宇(第12章)、高荣升(第3章)、韩璐(第5章、第6章)、覃和(第8章、第11章)、阚成友(第1章、第14章)。在本书编写过程中还得到了建筑装修和化学建材行业专家学者、阳光城集团股份有限公司的支持,在此一并表示衷心的感谢。

　　受作者水平和时间的限制,书中难免存在不足或疏漏之处,敬请各位读者不吝赐教。

编者

2025 年 3 月

目 录

第 1 章　绪论 ……………………………………………………………………………… 1

1.1　室内环境和室内空气质量 …………………………………………………………… 1

　　1.1.1　室内环境 ………………………………………………………………………… 1

　　1.1.2　室内空气质量 …………………………………………………………………… 1

1.2　室内空气污染源 ……………………………………………………………………… 2

　　1.2.1　室内空气污染物的分类 ………………………………………………………… 2

　　1.2.2　室内空气污染物的来源 ………………………………………………………… 2

1.3　室内装饰、装修材料及其污染分析 …………………………………………………… 3

　　1.3.1　基础装修 ………………………………………………………………………… 3

　　1.3.2　硬质家具 ………………………………………………………………………… 4

　　1.3.3　软质家装 ………………………………………………………………………… 4

1.4　室内空气污染物的危害 ……………………………………………………………… 4

　　1.4.1　甲醛 ……………………………………………………………………………… 5

　　1.4.2　挥发性有机化合物 ……………………………………………………………… 5

　　1.4.3　其他污染物 ……………………………………………………………………… 6

1.5　室内环境空气质量控制标准 ………………………………………………………… 7

1.6　室内空气质量的检测与控制 ………………………………………………………… 8

　　1.6.1　室内空气质量的检测 …………………………………………………………… 8

　　1.6.2　室内空气质量的控制 …………………………………………………………… 8

第 2 章　内墙涂料和防水剂 ……………………………………………………………… 9

2.1　内墙涂料 ……………………………………………………………………………… 9

2.1.1　聚乙烯醇类内墙涂料 ·· 9
2.1.2　多彩内墙涂料 ··· 10
2.1.3　溶剂型建筑内墙涂料 ·· 10
2.1.4　乳胶漆 ·· 10
2.1.5　内墙涂料污染源分析及释放行为 ··· 13
2.1.6　内墙涂料相关标准 ·· 14
2.1.7　内墙涂料研究进展及发展趋势 ·· 17
2.1.8　小结与展望 ·· 18
2.2　防水剂 ··· 19
2.2.1　概述 ··· 19
2.2.2　聚氨酯防水剂 ·· 20
2.2.3　水泥砂浆防水剂 ··· 23
2.2.4　改性沥青防水剂 ··· 25
2.2.5　聚丙烯酸酯防水剂 ·· 28
2.2.6　小结与展望 ·· 28

第3章　建筑腻子和界面剂 ··· 30
3.1　建筑腻子 ··· 30
3.1.1　建筑腻子的分类和特点 ·· 30
3.1.2　建筑腻子的主要成分与性能 ··· 31
3.1.3　内墙腻子 ·· 32
3.1.4　外墙腻子 ·· 35
3.1.5　功能性墙体腻子 ··· 36
3.1.6　腻子的施工工序 ··· 36
3.1.7　建筑腻子污染源分析及相关标准 ·· 37
3.1.8　小结与展望 ·· 39
3.2　界面剂 ··· 40
3.2.1　界面剂的作用原理和性能要求 ·· 41
3.2.2　界面剂的组成、分类和力学性能 ·· 42
3.2.3　几种常用的界面剂 ·· 43
3.2.4　界面剂研究进展 ··· 45
3.2.5　界面剂污染源分析及相关标准 ·· 46
3.2.6　小结与展望 ·· 47

第4章　瓷砖胶黏剂和木质地板胶黏剂 ·· 49
4.1　瓷砖胶黏剂 ··· 49
4.1.1　瓷砖背胶 ·· 49
4.1.2　瓷砖填缝剂 ··· 54
4.1.3　施工工艺 ·· 55

　　　　4.1.4　瓷砖胶黏剂污染源分析及相关标准 ················ 55
　　　　4.1.5　小结与展望 ······································ 59
　　4.2　木质地板胶黏剂 ·· 60
　　　　4.2.1　木质地板固定胶 ································ 60
　　　　4.2.2　木质地板接缝胶 ································ 63
　　　　4.2.3　木质地板胶黏剂的施工工艺 ···················· 64
　　　　4.2.4　木质地板胶黏剂污染源分析及相关标准 ·········· 64
　　　　4.2.5　小结与展望 ···································· 67

第 5 章　硅酮密封胶 ·· 69
　　5.1　硅酮密封胶概况 ·· 69
　　5.2　硅酮密封胶的组成和分类 ································ 69
　　　　5.2.1　硅酮密封胶的组成 ······························ 69
　　　　5.2.2　硅酮密封胶的分类 ······························ 71
　　5.3　单组分硅酮密封胶 ······································ 71
　　　　5.3.1　脱酸型 ·· 71
　　　　5.3.2　脱醇型 ·· 71
　　　　5.3.3　脱酮肟型 ······································ 72
　　　　5.3.4　脱酮型 ·· 73
　　　　5.3.5　脱酰胺型 ······································ 73
　　　　5.3.6　脱羟胺型 ······································ 74
　　　　5.3.7　脱胺型 ·· 74
　　　　5.3.8　各类单组分密封胶的特点及应用范围 ············ 74
　　5.4　双组分硅酮密封胶 ······································ 76
　　　　5.4.1　聚合物基胶 ···································· 76
　　　　5.4.2　交联剂 ·· 76
　　　　5.4.3　催化剂 ·· 77
　　5.5　硅酮密封胶研究进展 ···································· 78
　　　　5.5.1　阻燃硅酮密封胶 ································ 78
　　　　5.5.2　防霉硅酮密封胶 ································ 79
　　　　5.5.3　纳米填料填充硅酮密封胶 ······················ 80
　　　　5.5.4　其他进展 ······································ 80
　　5.6　硅酮密封胶污染源分析及 VOCs 释放 ···················· 81
　　　　5.6.1　硅酮密封胶污染源分析 ························ 81
　　　　5.6.2　硅酮密封胶 VOCs 的释放研究 ·················· 83
　　5.7　硅酮密封胶相关标准 ···································· 85
　　　　5.7.1　中国硅酮密封胶相关标准 ······················ 85
　　　　5.7.2　国外硅酮密封胶标准 ·························· 89
　　5.8　小结与展望 ·· 89

第6章　聚氨酯密封胶 ……………………………………………………………… 91

6.1　聚氨酯密封胶概况 …………………………………………………………… 91

6.2　聚氨酯密封胶的组成和分类 ………………………………………………… 91

　　6.2.1　聚氨酯密封胶的组成 ………………………………………………… 91

　　6.2.2　聚氨酯密封胶的分类 ………………………………………………… 93

6.3　单组分聚氨酯密封胶 ………………………………………………………… 93

6.4　双组分聚氨酯密封胶 ………………………………………………………… 94

6.5　单组分聚氨酯泡沫填缝剂 …………………………………………………… 95

6.6　硅烷改性聚氨酯密封胶 ……………………………………………………… 96

6.7　聚氨酯密封胶产业现状及研究进展 ………………………………………… 98

　　6.7.1　聚氨酯密封胶产业现状 ……………………………………………… 98

　　6.7.2　聚氨酯密封胶研究进展 ……………………………………………… 98

6.8　聚氨酯密封胶污染源分析及相关标准 ……………………………………… 100

　　6.8.1　聚氨酯密封胶污染源分析 …………………………………………… 100

　　6.8.2　中国聚氨酯密封胶相关标准 ………………………………………… 101

　　6.8.3　国外聚氨酯密封胶相关标准 ………………………………………… 103

6.9　小结与展望 …………………………………………………………………… 104

　　6.9.1　各类密封胶综合对比 ………………………………………………… 104

　　6.9.2　展望 …………………………………………………………………… 105

第7章　木质家具胶黏剂 …………………………………………………………… 106

7.1　木质家具胶黏剂概况 ………………………………………………………… 106

7.2　三醛胶木质家具胶黏剂 ……………………………………………………… 108

　　7.2.1　脲醛树脂胶黏剂 ……………………………………………………… 108

　　7.2.2　酚醛树脂胶黏剂 ……………………………………………………… 109

　　7.2.3　三聚氰胺-甲醛树脂胶黏剂 ………………………………………… 110

7.3　木质家具甲醛的释放 ………………………………………………………… 111

　　7.3.1　甲醛的来源 …………………………………………………………… 112

　　7.3.2　影响甲醛释放的因素 ………………………………………………… 112

　　7.3.3　甲醛释放规律 ………………………………………………………… 113

　　7.3.4　降低室内甲醛浓度的措施 …………………………………………… 114

7.4　环保型木质家具胶黏剂 ……………………………………………………… 115

　　7.4.1　聚乙酸乙烯酯乳液胶黏剂 …………………………………………… 115

　　7.4.2　聚氨酯胶黏剂 ………………………………………………………… 116

　　7.4.3　生物质胶黏剂 ………………………………………………………… 117

7.5　木质家具胶黏剂污染源分析及相关标准 …………………………………… 120

　　7.5.1　胶黏剂中常见的有害物质 …………………………………………… 120

　　7.5.2　胶黏剂的环保要求 …………………………………………………… 120

7.6　小结与展望 ··· 122

　　7.6.1　各主要胶种综合对比 ··· 122

　　7.6.2　展望 ·· 123

第8章　木器漆 ··· 124

8.1　木器漆概述 ··· 124

　　8.1.1　木器漆的分类 ··· 124

　　8.1.2　木器漆的组成 ··· 125

8.2　溶剂型木器漆 ·· 125

　　8.2.1　硝基木器漆 ·· 125

　　8.2.2　聚氨酯木器漆 ··· 129

　　8.2.3　醇酸树脂木器漆 ·· 135

　　8.2.4　不饱和聚酯木器漆 ··· 139

8.3　高固体分木器漆 ·· 144

8.4　水性木器漆 ·· 145

　　8.4.1　水性木器漆特点 ·· 145

　　8.4.2　水性木器漆的成膜 ··· 146

　　8.4.3　水性木器漆的主要成分 ·· 146

　　8.4.4　水性木器漆的施工工艺 ·· 152

　　8.4.5　水性木器漆污染源分析 ·· 152

　　8.4.6　水性木器漆的发展方向 ·· 153

8.5　粉末涂料 ··· 153

　　8.5.1　粉末涂料的特点 ·· 153

　　8.5.2　粉末涂料的成膜 ·· 155

　　8.5.3　粉末涂料的主要成分 ·· 155

　　8.5.4　粉末涂料的施工工艺 ·· 158

　　8.5.5　粉末涂料污染源分析 ·· 158

　　8.5.6　粉末涂料的发展方向 ·· 158

8.6　人造板中VOCs的释放行为 ·· 159

　　8.6.1　人造板本身性质对VOCs释放行为的影响 ······································ 159

　　8.6.2　环境因素对VOCs释放行为的影响 ··· 160

　　8.6.3　表面涂饰对VOCs释放行为的影响 ··· 161

8.7　木器漆中的有害物质和相关标准 ·· 161

　　8.7.1　VOCs的危害 ·· 161

　　8.7.2　中国相关标准 ··· 161

　　8.7.3　国外相关标准 ··· 163

8.8　小结与展望 ·· 166

　　8.8.1　主要木器漆漆种综合对比 ·· 166

　　8.8.2　展望 ·· 168

第9章 金属漆和玻璃漆 ··· 169

9.1 家装金属漆 ··· 169
    9.1.1 金属漆的组成和涂装工艺 ································· 169
    9.1.2 金属漆的形态及污染源分析 ····························· 170
    9.1.3 金属漆膜 VOCs 的释放行为 ····························· 176
    9.1.4 金属涂料研究进展及发展趋势 ························· 177
    9.1.5 金属涂料相关标准 ····································· 178
9.2 家装玻璃漆 ··· 180
    9.2.1 玻璃漆现状 ··· 180
    9.2.2 玻璃漆的种类 ··· 180
    9.2.3 玻璃漆污染源分析及相关标准 ························· 181
    9.2.4 玻璃漆发展方向 ······································· 182
9.3 小结与展望 ··· 182
    9.3.1 金属漆和玻璃漆主要漆种综合对比 ····················· 182
    9.3.2 展望 ··· 185

第10章 地毯胶黏剂 ··· 186

10.1 地毯和地毯胶黏剂概述 ··· 186
    10.1.1 地毯的分类 ··· 186
    10.1.2 地毯胶黏剂的分类 ····································· 187
    10.1.3 地毯胶黏剂的作用 ····································· 187
    10.1.4 地毯胶黏剂的特性 ····································· 188
10.2 地毯背衬胶黏剂 ··· 188
    10.2.1 胶乳型胶黏剂 ··· 188
    10.2.2 溶剂型胶黏剂 ··· 191
    10.2.3 热熔胶黏剂 ··· 191
    10.2.4 施工工艺 ··· 193
10.3 方块地毯用胶 ··· 194
    10.3.1 沥青胶 ··· 194
    10.3.2 聚氯乙烯胶 ··· 194
    10.3.3 聚氨酯胶 ··· 195
10.4 地毯安装用胶 ··· 195
    10.4.1 地毯安装用胶的类型 ··································· 195
    10.4.2 施工工艺 ··· 197
10.5 地毯中 VOCs 的释放行为 ··· 197
10.6 地毯胶黏剂污染源分析及相关标准 ··································· 198
    10.6.1 地毯胶黏剂污染源分析 ································· 198
    10.6.2 中国相关标准 ··· 200

10.6.3　国外相关标准 ……………………………………………… 202

10.7　小结与展望 …………………………………………………………… 204

　　10.7.1　各类地毯胶的特点及应用范围 …………………………… 204

　　10.7.2　地毯胶的发展方向 ………………………………………… 205

第 11 章　织物印染助剂 …………………………………………………………… 206

11.1　织物印染助剂和纺织纤维概述 ……………………………………… 206

　　11.1.1　织物印染助剂 ……………………………………………… 206

　　11.1.2　纺织纤维 …………………………………………………… 206

11.2　前处理助剂 …………………………………………………………… 207

　　11.2.1　浆料 ………………………………………………………… 207

　　11.2.2　精炼剂 ……………………………………………………… 208

　　11.2.3　润湿剂和渗透剂 …………………………………………… 208

　　11.2.4　洗涤剂 ……………………………………………………… 208

　　11.2.5　起泡剂、稳泡剂和消泡剂 ………………………………… 209

11.3　印染助剂 ……………………………………………………………… 209

　　11.3.1　匀染剂 ……………………………………………………… 209

　　11.3.2　固色剂 ……………………………………………………… 210

　　11.3.3　增稠剂 ……………………………………………………… 212

　　11.3.4　黏合剂 ……………………………………………………… 213

　　11.3.5　荧光增白剂 ………………………………………………… 214

11.4　后整理助剂 …………………………………………………………… 214

　　11.4.1　防皱整理剂 ………………………………………………… 214

　　11.4.2　柔软整理剂 ………………………………………………… 216

　　11.4.3　抗静电整理剂 ……………………………………………… 216

　　11.4.4　抗菌整理剂 ………………………………………………… 217

　　11.4.5　防紫外线整理剂 …………………………………………… 217

　　11.4.6　阻燃整理剂 ………………………………………………… 217

　　11.4.7　防污、防油和防水整理剂 ………………………………… 218

11.5　染料简介 ……………………………………………………………… 220

11.6　印染助剂污染源分析及相关标准 …………………………………… 221

　　11.6.1　印染助剂污染源分析 ……………………………………… 221

　　11.6.2　中国印染助剂相关标准 …………………………………… 221

　　11.6.3　国外印染助剂相关标准 …………………………………… 223

11.7　织物印染助剂发展方向 ……………………………………………… 225

　　11.7.1　开发绿色表面活性剂 ……………………………………… 225

　　11.7.2　降低甲醛释放量 …………………………………………… 225

　　11.7.3　开发环保型染料 …………………………………………… 225

11.8　小结与展望 …………………………………………………………… 226

第 12 章　皮革助剂 ··· 228

12.1　皮革和皮革助剂概述 ·· 228

12.2　湿加工助剂 ·· 228

　12.2.1　浸水助剂 ··· 228

　12.2.2　脱脂剂 ··· 229

　12.2.3　浸灰助剂 ··· 229

　12.2.4　脱灰助剂 ··· 230

12.3　鞣剂 ·· 230

　12.3.1　金属鞣剂 ··· 230

　12.3.2　植物鞣剂 ··· 231

　12.3.3　合成鞣剂 ··· 232

　12.3.4　醛鞣剂 ··· 232

　12.3.5　有机磷鞣剂 ··· 233

12.4　染色助剂 ·· 233

　12.4.1　匀染剂 ··· 233

　12.4.2　固色剂 ··· 233

12.5　加脂剂 ·· 234

　12.5.1　动植物油脂 ··· 234

　12.5.2　矿物油 ··· 234

　12.5.3　合成油脂 ··· 234

12.6　涂饰剂 ·· 234

　12.6.1　成膜物质 ··· 235

　12.6.2　颜填料 ··· 236

　12.6.3　溶剂 ··· 236

　12.6.4　其他助剂 ··· 237

12.7　皮革助剂污染源分析及相关标准 ·· 237

　12.7.1　皮革助剂污染源分析 ··· 237

　12.7.2　中国皮革助剂相关标准 ··· 237

　12.7.3　国外皮革助剂相关标准 ··· 240

12.8　皮革助剂的发展方向 ·· 241

　12.8.1　无铬鞣剂 ··· 242

　12.8.2　环保型表面活性剂和染料 ··· 242

12.9　小结与展望 ·· 242

第 13 章　建筑通风系统与室内空气质量 ··· 244

13.1　呼吸安全 ·· 244

13.2　自然通风与机械通风 ·· 245

　13.2.1　自然通风 ··· 245

　　　13.2.2　机械通风 ……………………………………………… 246

　13.3　不同系统策略下的空气净化效用分析 …………………………… 247

　　　13.3.1　源头控制、施工污染防治与空气冲刷 ………………… 247

　　　13.3.2　窗式新风加空气净化器 ………………………………… 248

　　　13.3.3　气候站加智能窗系统 …………………………………… 249

　　　13.3.4　社区微气候与自然通风系统 …………………………… 250

　　　13.3.5　室内微正压与单向流户式中央新风系统 ……………… 251

　　　13.3.6　混风、内循环与双向流户式中央新风 ………………… 252

　　　13.3.7　双向流户式中央新风系统的顶送顶回工作方式 ……… 253

　　　13.3.8　置换式新风与下送上回新风湖 ………………………… 254

　　　13.3.9　按需控制的智慧家居与精细化控制技术 ……………… 255

　　　13.3.10　一体化居家室内空气质量管理 ……………………… 255

　13.4　空气龄、紫外线与负氧离子 ……………………………………… 257

　13.5　结语：重提“绿色”与“健康” ………………………………… 258

　　　13.5.1　免疫力与健康：卫生、健康、洁净的争论 …………… 258

　　　13.5.2　健康住宅与碳中和 ……………………………………… 259

第14章　室内装修选材及空气质量控制 ……………………………… 261

　14.1　室内空气质量与装饰装修材料有害物质限量 …………………… 261

　14.2　室内装饰装修材料与甲醛及 VOCs 含量 ……………………… 262

　　　14.2.1　材料性能和甲醛及 VOCs 含量 ……………………… 262

　　　14.2.2　材料的价格和甲醛及 VOCs 含量 …………………… 262

　　　14.2.3　降低材料中甲醛和 VOCs 的途径和方法 …………… 263

　14.3　室内装饰装修材料选材基本原则 ………………………………… 264

　　　14.3.1　性价比 …………………………………………………… 264

　　　14.3.2　产品标准 ………………………………………………… 264

　　　14.3.3　制造商和品牌 …………………………………………… 265

　　　14.3.4　检测和可追溯性 ………………………………………… 265

　14.4　装修完成后室内空气的净化技术 ………………………………… 265

　　　14.4.1　通风净化 ………………………………………………… 266

　　　14.4.2　物理净化 ………………………………………………… 266

　　　14.4.3　催化净化 ………………………………………………… 266

参考文献 …………………………………………………………………… 267

第1章
绪　论

1.1　室内环境和室内空气质量

1.1.1　室内环境

室内环境是指采用天然材料或人工材料构建或围隔而成的空间,是与外界大环境相对分离而成的小环境,是人类为满足正常学习、工作和生活免受室外自然因素干扰而构建的人工环境。与每个人的生活密切相关的是住宅、办公楼和公共场所的室内环境。公共场所包括学校、医院、图书馆、旅馆、商店、影院、书店、商场、文化娱乐室、体育馆、展览馆、候车室、候机室等。

随着科技的发展和社会的进步,人类在室内环境中停留的时间也越来越长。据统计,人一生中约有 80% 的时间是在室内环境中度过的。儿童、孕妇、老人和慢性病患者在室内的时间更长,室内空气污染对这些弱势群体的危害更大。新型冠状病毒感染疫情的出现改变了人们的生活和工作方式,在线教育、居家办公、视频会议大为普及,室内将成为后疫情时代人们学习、生活、工作和交流的主要场所。

1.1.2　室内空气质量

室内空气质量(indoor air quality,IAQ)是指居室空间的空气质量,是用来定性或定量地描述室内空气状况好坏的程度,是与人体健康最密切相关的一种本质属性。它包括温度、湿度、洁净度和新鲜度。其中洁净度是指各种有害物质的含量,包括挥发性有机化合物(volatile organic compounds,VOCs)、可吸入颗粒物、微生物等。自 20 世纪 70 年代一些发达国家提出室内空气质量的概念以来,人们对室内空气质量的重视程度越来越高,对室内污染物的检测和控制技术取得了长足的进展,对室内空气质量与人身体健康关系的研究也在不断深入。

随着我国改革开放的不断深入和经济的腾飞,房地产行业也因人们生活水平的不断提高而得到迅猛发展,城镇居民买房和房屋装饰、装修已成为消费热点。人们在关心房屋价格的同时,对室内空气污染物及其对健康影响的关注度也持续升温。不夸张地说,我们每个人都不同程度地受到室内污染的危害,因此构建绿色、健康的居家环境已成为社会和民生的重要诉求。

1.2　室内空气污染源

室内空气污染是室内环境质量的一种不安全状态。通常把排放在室内造成室内空气污染的物质称为"室内空气污染物",把排放或释放室内空气污染物的源头称作"室内空气污染源"。这些污染源释放出的污染物改变了室内空气的组成,引起室内空气质量下降,进而影响室内人员的学习、工作、生活和精神状态,甚至对人身体健康造成危害。影响室内空气质量的因素有很多种,室内空气污染物的种类也有很多,很难一一列出。

1.2.1　室内空气污染物的分类

按污染物的属性,可将它们分为以下 3 类:

(1) 物理性污染,如噪声、电磁辐射等。

(2) 化学性污染,包括碳氧化物、氮氧化物、二氧化硫、氨等无机气体;甲醛、苯系物及其他挥发性有机化合物。

(3) 生物性污染,如各种病原菌及寄生虫等。

1.2.2　室内空气污染物的来源

室内空气污染物的来源较多,主要有以下几种。

1. 室内装饰、装修材料和家具产生的污染

包括各种漆(涂料)、黏合剂、密封胶、防水剂、织物和印染助剂、皮革助剂、壁纸和壁纸胶、地板胶等,它们会挥发出多种有害物质,对 VOCs 的贡献最大,是污染室内空气的元凶。

2. 无机建筑材料产生的污染

如混凝土中的防冻剂和减水剂等助剂释放的 VOCs;建筑物墙体材料、石材中释放的氡气。由于这些材料多用于建筑主体结构且在工程早期使用,对室内空气质量的影响相对较小。

3. 室外大气产生的污染

室外大气中的污染物通过门、窗缝隙等途径进入室内,加重了室内空气的污染。室外环境不同,污染物种类和含量也不同。可通过门窗的物理隔离来显著降低这类污染。

4. 燃烧和烹饪产生的污染

厨房内使用的燃料(如煤气、天然气)的燃烧会产生有害物质;烹饪产生的油烟组成复杂,其中许多物质可导致呼吸系统疾病,甚至有致癌性。

5. 日用化学品产生的污染

人们日常会使用和接触很多日用化学品,包括各种清洁剂、杀虫剂、空气清新剂、香水、洗涤剂、指甲油、印刷品、快递外包装用压敏胶等,它们很多都含有有毒有害化学成分。

6. 办公用品产生的污染

如计算机、打印机、复印机等电子产品和设备外壳使用的有机材料,这些材料中使用的助剂有些是小分子有机化合物,如增塑剂,会向空气中释放 VOCs;有的设备使用过程中还会产生臭氧、颗粒物等有害物质。

7. 日常活动产生的污染

人体自身的新陈代谢会产生 CO_2 和 VOCs 的代谢产物。人在室内的密集活动会使室内温度和湿度升高,促使病毒、细菌等微生物的大量繁殖。吸烟放出的烟气成分中含有数千种化合物,其中含有很多种致癌、致畸和致突变的物质。另外,日常生活产生的废弃物中含有多种挥发成分,也会影响室内空气的质量。

1.3 室内装饰、装修材料及其污染分析

如前所述,室内装饰、装修材料和软、硬家具是最重要的室内空气污染源。对于普通消费者,当建筑主体完工以后,就要花费大量的人力和物力对室内进行装饰、装修。入住之前,需要依次完成基础装修、硬质家具和软质家具的选购和安装。这些装饰、装修材料和软、硬家具都含有有害物质。它们释放出的甲醛和 VOCs 对室内空气的污染最为严重,是入住早期室内空气质量不佳的主要原因。

1.3.1 基础装修

基础装修是指对毛坯房进行的最基本的装修。基础装修完成后,室内的空间结构和布局就基本不再改变了。基础装修主要包括以下几个方面。

1. 水、电线路改造

除了各种管材和电线的选择,施工过程中还需要使用不同的黏合剂、防水剂、绝缘胶带等。

2. 墙面装修

毛坯房的墙面是凸凹不平的水泥面,要从内到外依次涂覆界面剂、腻子和内墙涂料,或者最外层贴壁纸来替代内墙涂料。

3. 地面装修

首先要用水泥浆或水泥砂浆找平地面,然后再铺上瓷砖、木质地板或地毯。装修施工过程中需要使用多种黏合剂。

4. 厨卫防水处理

厨房和卫生间的结构和用途特殊,是居家用水最多、最潮湿的环境,是室内最可能发生"水灾"的地方,需要用防水剂对地面进行防水处理。

5. 门窗橱柜安装

除了选择合适的材料,门窗和橱柜的安装过程中还需要使用各种密封胶进行密封和固定。

室内装修需要使用很多材料,其中所用黏合剂、涂料、防水剂和密封胶种类多,用量大。不同种类的材料所含甲醛和VOCs的量差别较大。即使同一种材料,不同厂家产品的有害物质含量也不尽相同。VOCs含量相同的材料也并不意味着它们的毒性完全相同,只有在所含VOCs的种类和量完全相同的情况下二者的毒性才完全一样。

1.3.2 硬质家具

室内的硬质家具大部分是木质家具,其余为金属家具和玻璃家具。木质家具包括实木家具和人造板家具,其中又以人造板家具为主。胶黏剂是生产人造板必不可少的原材料。目前人造板生产用胶黏剂以"三醛胶"为主,即脲醛树脂、酚醛树脂和三聚氰胺甲醛树脂。脲醛树脂胶黏剂性价比高,是生产人造板的基本原材料。但脲醛胶中含有游离甲醛,在使用过程中也会逐渐分解出甲醛,是导致室内空气中甲醛浓度超标的主要因素。

家具表面都要涂上一层具有保护和装饰作用的漆膜。家具涂装所用涂料有很多种,不同种类的涂料不仅性能不同,而且有害物质的种类和含量也不同。由于木材是多孔的吸收性材质,涂装时涂料中的有害物质会渗透到基材里面,被漆膜封闭在木材内部。在家具使用过程中,被封闭起来的有害物质会逐渐释放到空气中。金属和玻璃属于非吸收性材质,涂料中的有害物质不会渗透到基材内部,表面充分干燥后残留的有害物质很少,对空气的污染也相对小得多。不管是木器漆、金属漆,还是玻璃漆,其有毒有害物质主要是溶剂和各种助剂带来的VOCs,甲醛含量一般较低。

1.3.3 软质家装

软质家装包括地毯、窗帘、布艺、沙发等软质物品。这些物品不仅为人们提供了美观舒适的居家环境,同时也给室内空气带来了污染,有时甚至还比较严重,需要引起重视。

纺织品在生产过程中需要进行各种处理和整理,使用的织物整理剂和印染助剂大都含有VOCs。有些种类的产品本身就含有游离甲醛或使用过程中会分解出甲醛。皮革加工依次包括湿加工、鞣制、染色、加脂和涂饰5个过程,每个过程都要使用相应的化学助剂,统称为皮革助剂。皮革助剂的种类和组成很复杂,每一种助剂的作用、所含有害物质的种类和量也各不相同。总体而言,印染助剂和皮革助剂的有害物质主要以甲醛和少量VOCs为主。

1.4 室内空气污染物的危害

室内空气污染物种类繁多,不同种类、不同浓度的污染物对人体的危害方式和危害程度也各不相同。由室内装饰、装修材料释放出的污染物主要是甲醛和 VOCs。

1.4.1 甲醛

甲醛又称蚁醛,是一种无色、有强烈刺激气味的气体。相对密度为 1.06,易溶于水、醇和醚。30%~40% 的甲醛水溶液称为福尔马林(常加入 10%~15% 的甲醇防止其聚合),具有防腐、消毒和漂白的功能。

甲醛对人体的危害程度随着其浓度的增加而增加(表 1-1)。甲醛对人体健康的影响包括嗅觉异常、刺激、过敏、肺功能异常、肝功能异常、免疫功能异常、中枢神经系统损伤,还可损伤细胞内的遗传物质。2004 年国际癌症机构认为甲醛是致癌物,2011 年美国国立卫生院(NIH)已将其明确列入致癌物之列。由于甲醛对细菌、人体分离细胞或动物细胞基因突变测试呈阳性反应,还可能会造成细胞的变性,不排除有致生物畸形的可能。

表 1-1 不同浓度甲醛对人体和环境的危害

甲醛浓度/ $(mg \cdot m^{-3})$	危 害	甲醛浓度/ $(mg \cdot m^{-3})$	危 害
0~0.588	头痛,对眼、呼吸道有刺激	0.06~1.92	对健康成人组织细胞产生反应
0.036~2.124	对居民区空气质量有影响	0.12	上呼吸道刺激
0.05	脑电图改变	0.15	慢性呼吸系统疾病增加,肺功能下降
0.06	对眼睛有刺激	1.0	组织损伤
0.06~0.12	对眼、鼻、咽有刺激	6.0	肺部刺激
0.06~0.22	味觉刺激阈	60	肺水肿
0.06~1.8	30%~50% 人群有不适症状	120	致死

人体对甲醛最敏感的是对嗅觉的刺激,其主要危害表现为对黏膜的刺激作用。甲醛易于经呼吸道吸收,但经皮肤吸收很少。经鼻吸入的甲醛有 93% 滞留在鼻腔组织中,高浓度吸入时会出现严重的呼吸道刺激和水肿、呼吸道阻力增高、呼吸频率下降、眼刺激、头痛。

由于甲醛对人体的危害很大,相关规定对各种室内装饰、装修材料的甲醛含量也有严格的要求,相关内容将在本书后续章节中予以详细介绍。

1.4.2 挥发性有机化合物

不同国家和组织对 VOCs 的定义有所不同。根据世界卫生组织(WHO)的定义,VOCs 是指常压下沸点在 50~260℃ 之间的有机化合物。欧盟和加拿大则将在标准大气压下沸点不高于 250℃ 的有机化合物定义为 VOCs。而美国环保局(EPA)对 VOCs 的定义是:在通常室内大气温度和压力的环境中能够挥发的有机化合物。按化学结构的不同,可将 VOCs 分为烷烃类、芳烃类、烯烃类、卤代烃类、酯类、酮类、醚类等。

TVOCs 是总挥发性有机化合物(total volatile organic compounds)的英文缩写,它常用来表示室内空气中 VOCs 的总量。室内空气中 VOCs 种类多,目前已检测出的有 500 多种,但单一 VOCs 的浓度又很低,有的是十亿分之一甚至万亿分之一级别,一般很难予以逐个分别表示,所以常以 TVOCs 来表示其总量。但对于一些产品和特殊环境,除了给出

TVOCs 外,还要单独给出苯、甲苯和二甲苯的浓度。

挥发性有机化合物大多数都有毒性,VOCs 是室内空气中的主要污染物。VOCs 对人体的影响主要是刺激眼睛和呼吸道、皮肤过敏,使人产生头疼、咽痛和乏力等症状。尽管大多数 VOCs 在空气中的浓度很低,但很多种 VOCs 共同存在于室内时,其联合作用及对健康的影响不可忽视。TVOCs 浓度与健康效应的关系见表 1-2。

表 1-2　TVOCs 浓度与健康效应

TVOCs/(mg · m^{-3})	健 康 效 应	分类
<0.2	无刺激或不适	舒适
0.2~3.0	与其他因素结合,可能会出现刺激和不适	多因素协同作用
3.0~25	刺激和不适,与其他因素联合作用可能会出现头痛	不适
>25	除头痛外,可能出现其他的神经毒害作用	中毒

TVOCs 能引起机体免疫失调,影响中枢神经系统功能,可能出现头晕、头疼、嗜睡、胸闷等症状,还可能影响消化系统,出现食欲不振、恶心等症状,甚至可能损伤肝脏和造血系统。有些 VOCs 还属于致癌物和致突变物。国内外曾就室内 TVOCs 进行了大量调研和测试工作,发现室内 TVOCs 浓度明显高于室外,有时甚至是室外浓度的 10 余倍。

苯、甲苯和二甲苯广泛存在于各种装饰、装修材料中,是 TVOCs 的重要组成部分。这些苯系物对人体健康的危害比较大(表 1-3)。相对而言,甲苯和二甲苯的毒性比苯要低很多。1993 年,WHO 和国际癌症研究机构将苯确定为致癌物质,苯的健康效应表现在血液毒性、遗传毒性和致癌性 3 个方面。

表 1-3　苯系物对人体健康的危害

有害物质	对人体健康的危害
苯	浓度高时对中枢神经系统有麻醉作用,引起急性中毒;长期接触苯对造血系统有损害,引起慢性中毒
甲苯	吸入有害,造成中枢神经系统抑制;蒸气可造成头痛、疲劳、晕眩、眼花、麻木、恶心、精神错乱、动作不协调;长期接触可发生神经衰弱综合征、肝大、皮肤干燥、皲裂、皮炎等
二甲苯	对眼睛和上呼吸道有刺激作用,高浓度时对中枢神经系统有麻痹作用

由于室内空气中 VOCs 的种类很多,不同种类的 VOCs 对人体健康的危害也各不相同。室内不同装饰、装修材料所含 VOCs 的种类、限量以及对人体的危害将在相应章节予以介绍。

1.4.3　其他污染物

前文介绍了因室内装饰、装修材料所带来的甲醛和 VOCs 化学污染物及其危害。室内空气中还有一些常见的其他污染物,列于表 1-4 中供参考。

表 1-4　室内空气中其他主要污染物的性质、来源及危害

污染物	性 质	来 源	危 害
二氧化硫(SO$_2$)	无色气体,有强烈刺激性	燃煤、炊事排放,烟草的不完全燃烧,汽车尾气	上呼吸道损伤,眼睛伤害

续表

污染物	性 质	来 源	危 害
二氧化氮（NO_2）	红褐色气体,有特殊刺激性	燃料燃烧,汽车尾气,复印机房,臭氧对空气的氧化	对呼吸道有强刺激作用,高浓度易引起神经系统损害和肺水肿
一氧化碳（CO）	无色、无味、无臭、无刺激性气体	燃煤的不完全燃烧,燃气泄漏,烹饪,汽车尾气,香烟烟雾	阻止氧与血红蛋白结合,引起组织缺氧
二氧化碳（CO_2）	无色、无味、无臭气体	燃烧排放的废气,人呼吸出的废气	高浓度时空气缺氧影响身体机能
臭氧（O_3）	无色气体,有特殊臭味	室外化学污染物,室内臭氧发生器,电视机、复印机、紫外灯	呼吸系统的刺激和损伤,上呼吸道感染
可吸入颗粒物（PM_{10}）	悬浮在空气中,颗粒状	燃烧的烟雾,香烟烟雾,驱蚊器烟雾,汽车尾气	刺激呼吸系统,引发咽喉炎
苯并[a]芘（BaP）	黄绿色晶体,易散发到空气中	含碳燃料燃烧产物,有机物热解产物,食品烧烤、烟熏释放,烹饪,香烟烟雾	强致癌物,毒性强,极微量也会使肺功能下降,导致肺癌发病率高
菌落形成单位（CFU）	空气中CFU越高,存在致病性微生物的可能性越大	家具、地毯、窗帘、卧具,室内潮湿、阴暗角落会加快微生物繁殖	吸附在烟尘中的微生物可引起肺炎、鼻炎、呼吸道和皮肤过敏
氡（Rn）	天然存在的无色、无味的稀有惰性气体,具有放射性	无机建筑材料如花岗岩、沙子、水泥、大理石,地基土壤,室外空气渗入	导致肺癌,长期接触表现为白细胞和血小板减少,严重时会导致白血病
氨（NH_3）	无色、有强烈刺激气味的气体	混凝土外加剂,防冻剂,板材制品,烫发水,生物性废弃物	引起鼻炎、咽炎、气管炎、支气管炎,严重时会引起肺气肿、呼吸窘迫综合征

1.5 室内环境空气质量控制标准

随着社会的进步,人们的环保和健康意识越来越强,对室内环境的要求也越来越高。2020年,我国住房和城乡建设部发布了国家标准GB 50325—2020,对民用建筑室内环境质量,尤其对幼儿园和学校提出了更高的要求。与GB 50325—2010相比,新标准不仅增加了甲苯和二甲苯的限量,而且对甲醛、苯和TVOCs等污染物浓度的限值更低(具体见表1-5),该标准已于2020年8月1日实施。标准中重申"室内环境污染物浓度检测结果不符合本标准规定的民用建筑工程,严禁交付投入使用"。国家市场监督管理总局和中国国家标准化管理委员会发布的GB/T 18883—2022也对住宅和办公建筑物室内空气中的各种污染源进行了严格限定,尤其是空气中苯的浓度不能高于0.03 mg·m^{-3}。该标准已于2023年2月1日实施。

表 1-5　民用建筑室内空气污染物（甲醛和 VOCs）浓度限量

污染物	一类民用建筑		二类民用建筑		住宅和办公建筑物
	GB 50325—2020	GB 50325—2010	GB 50325—2020	GB 50325—2010	GB/T 18883—2022
甲醛/(mg·m⁻³)	≤0.07	≤0.08	≤0.08	≤0.10	≤0.08
苯/(mg·m⁻³)	≤0.06	≤0.09	≤0.09	≤0.09	≤0.03
甲苯/(mg·m⁻³)	≤0.15	未单独限定	≤0.20	未单独限定	≤0.20
二甲苯/(mg·m⁻³)	≤0.20	未单独限定	≤0.20	未单独限定	≤0.20
TVOCs/(mg·m⁻³)	≤0.45	≤0.50	≤0.50	≤0.60	≤0.60
限定建筑类型	住宅、公寓、医院病房、幼儿园、学校教室、学生宿舍等		办公楼、商店、旅馆、文化娱乐场所、书店、图书馆、展览馆、体育馆、餐厅、理发店等		其他室内环境参照本标准执行

1.6　室内空气质量的检测与控制

室内空气质量检测与控制是近年来环境科学与技术领域研究与开发的热点,具有重要的实际应用价值和广阔的发展前景。

1.6.1　室内空气质量的检测

根据检测对象,可将室内空气质量检测分为以下 4 种:

(1) 化学参数检测:如甲醛、苯、甲苯、二甲苯、氨、TVOCs 等。

(2) 物理参数检测:如温度、湿度、照度、风速、噪声、电磁辐射、洁净度等。

(3) 生物性参数检测:如菌落形成单位或菌落总数、尘螨等。

(4) 放射性参数检测:如氡。

由于室内空气检测具有检测项目多、毒性强、含量低、变动大的特点,必须选用标准分析方法。例如《室内空气质量标准》(GB/T 18883—2022)中的 16 种化学参数的检测就涉及 18 种分析方法,其物理性、生物性和放射性 3 种参数的检测也均有相应的标准。关于室内空气质量的检测技术可参考有关专著,不再赘述。

1.6.2　室内空气质量的控制

总的来说,室内空气质量的控制方法有以下 3 种:

(1) 污染源的控制:污染源的源头控制是降低室内环境污染、提高居家空气质量的根本。

(2) 通风与空调:借助室外自然清洁空气来稀释室内空气污染物的浓度。

(3) 空气净化:当上述两种方法效果不好时,可采用空气净化技术。目前有多种空气净化技术可供选择。研究表明,几种技术的组合可以达到更好的空气净化效果。

第2章
内墙涂料和防水剂

2.1 内墙涂料

内墙涂料是涂敷于室内墙面上起防护、装饰和其他特殊功能的涂料，是建筑涂料中用量最大的品种。2018年，全球建筑涂料市场规模约为650亿美元（约合人民币4200亿元），2023年达到了约950亿美元（约合人民币6700亿元）。我国涂料市场总规模已超过4660亿元，其中建筑涂料产量占40%，内墙涂料一般占建筑装饰涂料的70%左右。内墙涂料直接关系到居住者的生活质量，因此其装饰效果及对人体健康的影响越来越受到关注。

我国建筑内墙涂料的发展大致经历了从无机建筑涂料、聚乙烯醇类涂料、多彩涂料、溶剂型建筑涂料到乳胶漆的5大类产品及其相应的5个时期。各类产品有各自的鼎盛时期，但从时间上又不是截然分开的，而是前后交叉，占据着不同的市场。

2.1.1 聚乙烯醇类内墙涂料

1976年，上海市建筑科学研究所与上海南汇防水涂料厂合作，以聚乙烯醇和水玻璃为基本原料，成功试制成106内墙涂料。由于聚乙烯醇含有大量羟基，为水溶性聚合物，以其为成膜物的106内墙涂料耐水性很差。

为了改善106内墙涂料的耐水性，后来利用甲醛对聚乙烯醇进行改性，通过羟基与醛基的羟醛缩合反应生成疏水性缩醛结构，得到了聚乙烯醇缩甲醛胶，即107建筑胶。但由于原料甲醛易挥发，毒性大，107建筑胶中未反应的游离甲醛含量高，可对环境和健康造成较大危害。为了降低107建筑胶中游离甲醛的含量并改善聚乙烯醇缩甲醛涂料的施工性能，人们改进了合成配方及工艺，在合成107建筑胶工艺的后期加入少量尿素，使其与未反应的甲醛反应，显著降低了游离甲醛的含量，这样就演变成了 801 建筑胶。

以聚乙烯醇、107 建筑胶、801 建筑胶为成膜物,加入颜料、填料和助剂制备的涂料统称为聚乙烯醇类涂料。这类涂料的特点是价格便宜、施工方便,但是耐久性、耐水性、耐碱性不好,易泛黄变色,涂层受潮后容易剥落,用湿布擦后会留下痕迹,属于一种低档的内墙涂料。另外,由于涂料中游离甲醛含量高,自 2020 年 8 月 1 日起已被禁止使用。

2.1.2　多彩内墙涂料

多彩内墙涂料是指经一次性涂装就能得到多彩花纹的涂料。一般建筑涂料虽然色彩丰富,但都是单色调的。虽然 Bush E. R. 在 1939 年就获得了多彩涂料的专利,为突破建筑涂料的单色性奠定了基础,但直到 20 世纪 50 年代才达到了实用化水平。

多彩内墙涂料由分散相(涂料相)和连续相(分散介质)组成,分散相以两种或两种以上肉眼可见的着色颗粒稳定地分散在连续相中,形成一种悬浮型涂料。涂膜干燥后,涂料颗粒相互凝结成多彩漆膜,所以漆膜具有色彩丰富、耐水、耐污和耐久性好等优点。

根据分散相和连续相的不同,多彩内墙涂料也有 4 种不同的类型,但实际应用最多的是水包油(O/W)型多彩内墙涂料。O/W 型多彩内墙涂料主流产品有两类:一类以硝基纤维素为成膜物质;另一类以丙烯酸树脂为成膜物。日本自 20 世纪 70 年代在这方面的研究较多,开发出了不含溶剂的水性多彩涂料。1987 年,我国从日本引进以硝基纤维素为成膜物的 O/W 型多彩花纹内墙涂料技术,20 世纪 90 年代初期,多彩花纹内墙涂料曾一度风靡我国建筑涂料市场。

尽管 O/W 型多彩花纹内墙涂料已经得到了较广泛的应用,但其有机溶剂用量大,环保性受到严重质疑。近年来随着环保要求的提高,传统 O/W 型多彩花纹内墙涂料已经被限制或禁止使用而逐步退出市场。科研人员又相继开发出水包水多彩涂料,目前水包水多彩涂料已投入使用,产品兼具很好的装饰效果和环保性能,发展较快。

2.1.3　溶剂型建筑内墙涂料

20 世纪 60 年代初,以价格低廉的化工原料及化学工业副产品为原料,人们成功研制出了溶剂型建筑内墙涂料。溶剂型建筑内墙涂料是以合成树脂为主要成膜物质,将其溶解在大量有机溶剂中,并加入颜填料和各种助剂形成的,是一种挥发性有机涂料。该类涂料主要应用于大厅门廊、厂房车间等,其中聚氨酯-丙烯酸酯和聚氨酯-聚酯溶剂型建筑内墙涂料漆膜光洁度非常高,又称为仿瓷涂料,适用于卫生间及厨房的内墙及顶棚装饰。

溶剂型建筑内墙涂料在低温施工时性能好于水溶性建筑内墙涂料,具有良好的耐候性和耐污染性,有较好的厚度、光泽、耐水性和耐碱性。但其价格比水溶性内墙乳胶漆高,且使用时具有一定的危险性,易造成火灾,在潮湿的基层上施工容易产生起皮、起泡、脱落等问题。另外,由于溶剂型涂料 VOCs 含量高,污染环境和危害人身健康,其市场份额逐渐减少,尤其民用工程目前一般不使用溶剂型建筑内墙涂料。

2.1.4　乳胶漆

乳胶漆是一种水性涂料,又称合成树脂乳液涂料。它是以合成树脂乳液为黏结料,加入颜料、填料及各种助剂,经研磨而成的薄型墙体涂料。我国在 1958 年就已经开始了乳胶漆的研发工作。1973年,原化工部兰州涂料研究所与原北京油漆厂合作,为乳胶漆相关的合成树脂乳液、助剂在我国的发展拟定了前瞻性的规划。20世纪80年代初,国外乳胶漆产品开始进入中国市场;20世纪90年代国外涂料企业开始在我国建厂,出现了众多国外独资企业和中外合资企业,他们的新技术、新设备、新产品和新观念有力地推动了我国建筑乳胶漆行业的发展。随着我国房地产行业的蓬勃兴起,国内乳胶漆企业大量涌现。国外企业和国内企业在技术、产品和市场等方面相互交错、相互竞争、相互补充,汇成我国建筑乳胶漆发展的洪流,标志着我国乳胶漆行业的发展进入了成熟阶段。在世界范围内,乳胶漆以其独特的优势在内墙涂料应用领域得到了迅速发展,并牢牢地占据着建筑内墙涂料的市场份额。

1. 乳胶漆的组成

乳胶漆由成膜树脂、颜填料和助剂三个基本部分混合而成,各部分的组成和作用各不相同。生产乳胶漆时所用助剂有很多种,其种类和用量对乳胶漆及漆膜性能有一定影响,有时甚至有重要影响。

1)成膜树脂

成膜树脂即聚合物乳液,又叫黏结料或成膜物质,它是涂层干燥后形成连续漆膜的基础,同时也是展色剂,其种类、用量和性质决定了乳胶漆和漆膜的基本性能。

2)颜填料

颜填料是颜料和填料的总称。白色颜料包括钛白粉、立德粉、锌白粉等;其他颜色的颜料分为无机和有机两大类:无机类颜料如氧化铁、镉黄、炭黑等;有机类颜料包括偶氮、酞菁、蒽醌等多种类型;填料均为无机化合物,如滑石粉、碳酸钙、石英粉、高岭土等。

3)成膜助剂

顾名思义,成膜助剂的作用就是帮助成膜树脂在施工环境条件下成膜。为了保证漆膜的力学性能,成膜树脂的玻璃化转变温度(T_g)要高于室温,但此时聚合物乳液往往不能成膜。成膜助剂是一类沸点适中的两亲性有机化合物,如同增塑剂一样,它的加入可以降低成膜树脂的T_g和乳液的最低成膜温度。漆膜形成以后,成膜助剂又会慢慢挥发出来,使漆膜的力学性能达到设计水平。常用的成膜助剂有Texanol(又叫醇酯-12,化学名称为2,2,4-三甲基-1,3-戊二醇单异丁酸酯)、乙二醇及其醚类衍生物(如二乙二醇单丁醚)、丙二醇及其醚类衍生物(如丙二醇单丙醚)等。

4)润湿剂和分散剂

润湿剂可降低液体和固体间的界面张力,多为非离子型表面活性剂;分散剂可将颜填料颗粒分开并稳定地分散在涂料体系中,有无机物、有机物和聚合物三大类。它们的作用是将颜填料均匀稳定地分散在水中,形成稳定的水分散体系,并改善涂料的流变性,以提高乳胶漆的储存稳定性和施工性能。

5)增稠剂

增稠剂的作用是提高乳胶漆的黏度,改善涂料施工性能,提高漆膜厚度和丰满度。常用增稠剂有无机和聚合物两类:无机类如蒙脱土、膨润土等;聚合物类包括纤维素衍生物、丙烯酸聚合物乳液、疏水缔合型聚合物等。

6)消泡剂

由于乳胶漆体系中含有多种表面活性物质,必须使用消泡剂来消除乳胶漆生产和施工过程中因起泡带来的危害。常用的消泡剂有矿物油类、有机硅类、磷酸酯类等。

7）防霉抗菌剂

防霉抗菌剂的作用是防止乳胶漆储存过程中的腐败变质和漆膜的霉变。

8）抗冻剂

乳胶漆的连续相是水,为了防止乳胶漆在低温下因水的结冰而失稳,需要加入抗冻剂,常用的抗冻剂为乙二醇和丙二醇。

2. 乳胶漆的种类及特点

尽管乳胶漆的组成复杂,但其主要性能和应用领域基本由所用聚合物乳液的类型及性质来决定,因此可根据成膜树脂的不同将乳胶漆进行分类。

1）丙烯酸酯乳胶漆

丙烯酸酯乳胶漆又称纯丙乳胶漆,其成膜树脂是以甲基丙烯酸甲酯、丙烯酸丁酯等丙烯酸系单体为基本原料,通过一定乳液聚合工艺制备的丙烯酸酯共聚物乳液。

2）苯乙烯-丙烯酸酯乳胶漆

苯乙烯-丙烯酸酯乳胶漆简称苯丙乳胶漆,其成膜树脂是以苯乙烯、丙烯酸丁酯等丙烯酸系单体为基本原料,通过乳液聚合工艺制备的苯乙烯-丙烯酸酯共聚物乳液。

3）乙酸乙烯-丙烯酸酯乳胶漆

乙酸乙烯-丙烯酸酯乳胶漆简称醋丙乳胶漆,其成膜树脂为乙酸乙烯酯和丙烯酸酯通过乳液聚合工艺制备的乙酸乙烯-丙烯酸酯共聚物乳液。

4）乙酸乙烯-乙烯乳胶漆

乙酸乙烯-乙烯乳胶漆简称 EVA 乳胶漆,其成膜树脂以乙烯和乙酸乙烯酯等烯类单体为主要原料,通过乳液聚合工艺制备的乙烯-乙酸乙烯酯共聚物乳液。

5）硅丙乳胶漆

以有机硅改性纯丙乳液或有机硅改性苯丙乳液为成膜树脂的乳胶漆。

以上是市场上量大面广的几种乳胶漆。以不同的聚合物乳液为成膜树脂,就可以制得不同性能的乳胶漆,如醋叔乳胶漆、氟碳乳胶漆等。

纯丙乳胶漆和硅丙乳胶漆的各种性能优于其他乳胶漆,一般使用纯丙乳液作高档内墙乳胶漆;苯丙乳液的成本较低,性能适中,可作为中低档乳胶漆的成膜物来使用;EVA 乳液的 T_g 低,在制备乳胶漆时可以不加成膜助剂,产品 VOCs 含量低,安全环保;醋丙乳液曾作为成膜物来制备中高档乳胶漆,但气味大,漆膜的耐水性和耐擦洗性差,已逐渐被市场淘汰。常见的不同档次乳胶漆及其应用领域见表 2-1。

表 2-1　低、中、高档乳胶漆的对比

乳胶漆档次	应用领域	乳胶漆种类
低档	临时或普通建筑	乙烯-乙酸乙烯酯乳胶漆
中档	中档建筑	乙酸乙烯-丙烯酸乳胶漆、苯乙烯-丙烯酸乳胶漆、乙酸乙烯-叔碳酸乙烯酯乳胶漆
高档	高档建筑	纯丙烯酸乳胶漆、硅丙乳胶漆、水性聚氨酯涂料、水性氟碳涂料

内墙乳胶漆属于干燥成膜,涂刷后随着湿膜中水分的挥发,聚合物乳胶粒之间相互聚并和融合,并将颜填料颗粒黏结在一起,干燥速度较快;漆膜遮盖力和附着力强,不易出现裂

痕,易清洗,保光保色性强,有优异的耐水性和耐洗刷性能。另外,乳胶漆的成膜物是聚合物乳液,颜料和填料是无机矿物,助剂用量很少,产品绿色环保,对环境和人身健康的危害很小。

目前市场上的乳胶漆产品种类较多,各种档次都有。低端产品用量大,但配方设计不够合理,所以在采购时首先要选择没有刺激性气味的乳胶漆,假冒乳胶漆的低档水溶性涂料含有甲醛,因此有很强的刺激性气味;其次可将少许的涂料刷到水泥墙上,涂层干后用湿抹布擦洗,真正的乳胶漆耐擦洗性很强,擦拭上百次对涂层不会产生明显影响,而低档水性涂料只擦十几次即出现掉粉、露底的现象。另外,由于乳胶漆本身的制造属于物理共混过程,工艺简单,购买时除选好生产企业和品牌型号外,还要严防假冒。

2.1.5　内墙涂料污染源分析及释放行为

1. 内墙涂料污染源分析

不同类型内墙涂料含有不同的有毒、有害物质,笼统地说,它们在生产和使用过程中会释放出甲醛和多种有机化合物,是室内 VOCs 的主要污染源之一,另外还含有一些可溶性重金属如铅、铬、镉、汞等有害物质,直接危害人体健康。这些有毒、有害物质的具体来源及危害见表 2-2。

表 2-2　内墙涂料可能含有的污染物质及其来源和危害

污染物质	来　　源	危　　害
甲醛	低档内墙涂料,批灰的腻子,防腐剂	可疑致癌物,低浓度的甲醛会引起皮肤过敏和咽喉干燥发痒;高浓度的甲醛则会引起肺炎、肺水肿,甚至死亡
VOCs	水性涂料中的成膜助剂、合成树脂乳液中残余的单体等	不同的有机物毒性差别很大,有的损伤神经系统和呼吸系统,引起支气管炎症,诱发哮喘;有的为致癌物质
重金属	有色涂料中的颜料	致癌,给人的造血机能、肾功能带来损害

1) 甲醛的来源

内墙涂料发展伊始,使用的低档内墙涂料以聚乙烯醇缩醛类为成膜树脂,游离甲醛含量较高,会释放大量的甲醛,在室内通风条件不好的情况下,对人体健康危害较大。此外,内墙涂料中的防腐剂也含有少量甲醛,同样是不容忽视的甲醛污染源。

随着以聚合物乳液为主要成膜物质的乳胶漆的快速发展,聚乙烯醇类内墙涂料已逐渐被淘汰,尽管乳胶漆中还能检测到甲醛,但含量已经很低,对环境和健康的危害程度很小。检测到的微量甲醛可能来源于原材料中的杂质、生产或储存运输过程中的污染。

2) VOCs 的来源

乳胶漆中的 VOCs 来源有多种,以下前 3 种为主要来源。

(1) 成膜助剂

成膜助剂是一类沸点适中的两亲性有机化合物,绝大部分属于 VOCs 的范畴。生产乳胶漆时都要加入一定量的成膜助剂,不同种类乳胶漆所含成膜助剂的种类和量不同。

(2) 残留单体

合成聚合物乳液时单体不会全部参与聚合反应,即使采取一些消除残留单体的后处理措施,仍然会有少量单体残留在乳液中,从而增加了乳胶漆中的 VOCs 含量。

（3）抗冻剂

常用抗冻剂为二醇类化合物,属于 VOCs。

其他的所用有机类助剂中可能含有少量 VOCs 杂质。

此外,有些内墙涂料中加入了大量的颜料,由于部分颜料中含有不易分解的重金属,主要有铬、铅、镉、汞,这些颜料在涂层粉化过程中容易被人吸入而危害健康。

2. 乳胶漆中 VOCs 的释放行为

乳胶漆中 VOCs 的含量和种类直接影响到施工和干燥成膜过程中的环境和人体健康,对干漆膜中 VOCs 的残留量也有重要影响,但人们对乳胶漆 VOCs 释放行为的研究多集中在湿膜上,对干漆膜中 VOCs 的检测及其对室内空气质量的影响研究的相对较少。潘洁晨等以某个品牌的内墙乳胶漆为代表,研究了其 VOCs 的释放行为,发现乳胶漆漆膜厚度、环境湿度、含水量以及 VOCs 的挥发性都对漆膜中 VOCs 残留有不同程度的影响。相对于易挥发的非极性物质（如苯系物）,慢挥发性 VOCs（如二醇类）在干漆膜中有更多的残留,说明乳胶漆漆膜中 VOCs 的释放应该更关注挥发性较低的组分。

2.1.6 内墙涂料相关标准

室内环境与人体健康和生活质量息息相关,由室内空气污染引起的"病态建筑综合征"（sick building syndrome,SBS）在 20 世纪 70 年代就有大量报道,已在全球范围内引起了广泛关注。内墙涂料是室内空气污染的主要来源之一,因此国内外纷纷颁布了关于内墙建筑涂料的相关法规,来规范和约束内墙涂料的生产和应用。

1. 中国内墙涂料相关标准

内墙乳胶漆是目前主要的内墙涂料,国家标准 GB/T 9756—2018 于 2018 年 6 月发布,替代了 GB/T 9756—2009。该标准规定了合成树脂乳液内墙涂料的产品分类和等级、要求、试验方法、检验规则及标志、包装和储存等,同时增加了底漆和面漆低温成膜性、指标及试验方法等内容。

2001 年我国在 GB 18582—2001 中首次对 VOCs 进行了明确的定义,并于 2008 年修订了该标准。GB 18582—2008 对室内装修用水性墙面涂料和水性墙面腻子中对人体有害物质容许限量的要求、试验方法等进行了规定,在检测项目设置上更加强调了环保要求。2020 年 3 月,我国又对该标准进行修改,标准 GB 18582—2020 中增加了对烷基酚聚氧乙烯醚类物质的含量限制,并进一步严格了涂料和腻子中的有害物质限量标准,具体见表 2-3。

表 2-3　内墙水性涂料有害物质限量的要求

项　　目		限　量　值	
		内墙涂料	水性腻子
挥发性有机化合物含量（TVOCs）	≤	$80\text{g} \cdot \text{L}^{-1}$	$10\text{g} \cdot \text{kg}^{-1}$
苯、甲苯、乙苯、二甲苯含量总和/（$\text{mg} \cdot \text{kg}^{-1}$）	≤	100	
游离甲醛/（$\text{mg} \cdot \text{kg}^{-1}$）	≤	50	
烷基酚聚氧乙烯醚含量总和/（$\text{mg} \cdot \text{kg}^{-1}$）	≤	1000	

续表

项　　目		限　量　值	
		内墙涂料	水性腻子
可溶性重金属含量/ (mg·kg^{-1})　≤	铅(Pb)	90	
	镉(Cd)	75	
	铬(Cr)	60	
	汞(Hg)	60	

我国对内墙涂料的环保要求日益严格。GB/T 34676—2017 对儿童房装饰用内墙乳胶漆进行了限定,该标准适用于以合成树脂乳液为成膜物质,以及用颜料、体质颜料及各种助剂配制而成的、施涂后能形成表面平整的薄质涂层的内墙涂料,包括面漆和底漆。该产品主要用于儿童房、幼儿园等儿童活动场所内墙墙面装饰。具体物理性能技术指标见表 2-4,具体有害物质限量见表 2-5。

表 2-4　儿童房装饰用内墙涂料物理性能技术指标

项　　目		指　　标	
		内墙底漆	内墙面漆
在容器中状态		无硬块,搅拌后呈均匀状态	
干燥时间(表干)/h		2	
施工性		刷涂无障碍	刷涂二道无障碍
涂膜外观		正常	
耐冻融性(3 次循环)		不变质	
对比率(白色和浅色)　≥		—	0.95
耐洗刷性(2000 次)		—	漆膜未损坏
耐碱性(24 h)		无异常	
抗泛碱性(48 h)		无异常	—
耐沾污综合能力(白色和浅色)　≥		—	45

表 2-5　儿童房装饰用内墙涂料有害物质限量要求

项　　目		指　　标
总挥发性有机化合物(TVOCs)含量/(g·L^{-1})　≤		10
游离甲醛/(mg·kg^{-1})　≤		5
苯、甲苯、乙苯、二甲苯含量总和/(mg·kg^{-1})　≤		60
乙二醇醚及其酯类的总含量/(mg·kg^{-1})　≤		100
可溶性元素含量/ (mg·kg^{-1})　≤	锑(Sb)	60
	砷(As)	25
	钡(Ba)	1000
	镉(Cd)	75
	铬(Cr)	60
	铅(Pb)	90
	汞(Hg)	60
	硒(Se)	500
烷基酚聚氧乙烯醚(APEO)含量/(mg·kg^{-1})　≤		100

中国标准对内墙建筑涂料中甲醛和 VOCs 的限量见表 2-6。

表 2-6　中国标准对甲醛和 VOCs 的限量要求

项　目	JG/T 481—2015（A⁺）低挥发性有机化合物（VOCs）-水性内墙涂覆材料	GB/T 35602—2017 绿色产品评价涂料	GB/T 34676—2017 儿童房装饰用内墙涂料	GB 18582—2020 建筑用墙面涂料中有害物质限量
标准要求内容	含量和释放量	含量和释放量	含量	含量
TVOCs/(g·L^{-1})	≤20	≤10	≤10	≤80
游离甲醛/(mg·kg^{-1})	≤30	≤20	≤5	≤50
TVOCs/(mg·m^{-3})	≤1.0	≤1.0	—	—
甲醛释放量/(mg·m^{-3})	≤0.1	≤0.1	—	—

2. 国外内墙涂料相关标准和认证体系

国外的环保要求相对国内要严格很多，使许多内墙涂料产品面临被淘汰的风险，表 2-7 列出了 4 个代表性国外认证体系/法规对内墙哑光涂料 TVOCs 和甲醛的限量。美国 Green Seal 协会发布了美国绿色涂料标志要求，该要求规定了授予绿色印章的涂料产品中 VOCs 总量不得超过 0.5%。

表 2-7　国外标准对内墙哑光涂料 TVOCs 和甲醛的限量要求*

项目	GS-11	Blue Angel	GreenGuard Gold	French VOCs regulations（A⁺）	2004/42/EC	Eco-lable
标准要求内容	含量	含量	释放量和含量	释放量	含量	含量
TVOCs/(g·L^{-1})	50	1.05	50	—	30	15
游离甲醛/(mg·kg^{-1})	—	100	—	—	—	—
TVOCs 释放量/(mg·m^{-3})	—	—	0.22	1	—	—
甲醛释放量/(mg·m^{-3})	—	—	0.009	0.01	—	—

* GS-11：美国绿色涂料标志认证；Blue Angel：德国蓝色天使认证；GreenGuard Gold：绿色卫士金牌级-室内空气质量认证；French VOCs regulations(A⁺)：法国 VOCs 标签；2004/42/EC：欧洲议会和欧盟理事会 2004/42/CE 指令；Eco-lable：欧盟生态标签，又名"花朵标志""欧洲之花"。

GreenGuard 是北美首个特别针对商业建筑产品的自愿性质产品排放的认证，该认证符合最严格的化学排放标准，获得 GreenGuard 证书的家具产品也同时符合 BIFMA X7.1 标准（低排放办公设备和座椅的甲醛和挥发性有机化合物排放标准），UL 2768—2011 标准（建筑表面涂层的可持续性）对建筑表面涂料具体要求见表 2-8。

表 2-8　UL 2768—2011 对建筑表面涂料的要求

类　型	内墙涂料 VOCs/(g·L^{-1})	外墙涂料 VOCs/(g·L^{-1})
平光涂料	50	80
非平光涂料	100	125
高光涂料	100	150

德国的环境标志认证和绿色卫士（GreenGuard）对建筑涂料有害物质进行了限定，具体

要求见表 2-9。法国 VOCs 标签是室内建筑进入法国市场强制使用的环保标签,通过专业精密仪器持续 28 天检测涂刷后空间内的空气质量,根据空气中 TVOCs 的浓度及另外 10 种常见的对人体有危害的有机化合物浓度对产品评级。日本涂料工业协会也于 1997 年首次出台了室内建筑涂料标准。

表 2-9　德国环境标志认证对内墙涂料部分有害物质的限定

内　　容	含 量 限 值	换 算 限 值
TVOCs	700 ppm	约 1.05 g·L^{-1}
游离甲醛	100 ppm	100 mg·kg^{-1}
铅	200 ppm	200 mg·kg^{-1}
增塑剂	1 g·L^{-1}	—

注:ppm 为百万分之一质量浓度。

欧盟生态标签(Eco-label)还把涂料分为两级,Ⅰ级为墙体涂料,VOCs 含量低于 30 g·L^{-1};Ⅱ级为门窗涂料,VOCs 含量要低于 200 g·L^{-1},高遮盖涂料 VOCs 含量可达 250 g·L^{-1} 等。

2.1.7　内墙涂料研究进展及发展趋势

近年来,随着内墙涂料生产技术的不断发展和环保要求的不断强化,溶剂型涂料逐渐受到限制,新型环保涂料正向着低/无污染涂料和功能性涂料两个方向发展。由此,水性涂料、高固体分涂料、粉末涂料和辐射固化涂料发展较快。

对于水性涂料,亚太地区是最大、也是增长最快的市场。据估计,该地区水性涂料的市场份额从 2018 年的 40% 增加到 2023 年的 44%,具体见表 2-10。

表 2-10　2018 年和 2023 年各地区水性建筑涂料市场份额

地　　区	产值占比/%	
	2018 年	2023 年
亚太地区	40	44
欧洲	24	22
北美洲	19	18
中东和非洲	9	9
南美洲	8	7

1. 低 VOCs 和低气味内墙涂料

最大限度地降低 VOCs 的含量,尽量减小涂料的气味,仍然是内墙涂料需要持续关注和亟待突破的关键技术。制备环保内墙涂料的主要途径是研发水性内墙涂料,同时减少原料中的有机成分。据分析,聚合物乳液型涂料中的有机成分约占 40%,有机-无机纳米复合乳液内墙涂料有机成分只占 25%,溶剂型涂料中的有机成分高达 70%。前二者均属于乳胶漆类,可见乳胶漆不仅降低了成本,而且减少了环境污染。

聚合物乳液是乳胶漆的成膜树脂,它不仅对乳胶漆的性能起决定作用,对 VOCs 含量及在漆膜中的残留也有重要影响,因此特种聚合物乳液的研究与开发一直是水性涂料领域的重中之重,相关研究工作不胜枚举。如庄燕等采用种子聚合工艺制备出具有"硬核软壳"核壳结构的纯丙乳液,乳液中残余单体含量小于 0.3%,并且不需要添加成膜助剂,符合低 VOCs 环保涂料的要求。Yahkinda A L 等制备过程中加入聚氨酯或三聚氰胺,在有交联剂的情况下合成了低 VOCs 内墙涂料。Jose M 制备了聚合物-黏土纳米复合乳液,由此制备的涂料可以减少 VOCs 含量,并有很好的机械性能、热性能、生物降解能力和阻燃性能。

2. 功能型内墙涂料

与先进国家的涂料发展水平相比,我国目前涂料生产总体还处在中等或较低水平。据统计,在涂料市场上,国产涂料中低档产品占比较高,中高档产品少,像吸音、保温、吸潮等高性能涂料,在住宅建筑中应用甚少。

耐洗刷性技术指标对内墙涂料十分重要,其好坏直接关系到乳胶漆的黏结性、耐沾污性、耐久性等多项性能,所以要在内墙涂料中加入一些助剂来增强涂料的耐洗刷性。将纳米粉体用于涂料中可以制备出纳米复合涂料,它不仅具有耐老化、抗辐射、剥离强度高等优点,还可以赋予涂料某些特殊功能。例如,纳米 TiO_2 光催化功能涂料能防止霉菌在涂膜上的滋生,已得到一定规模的应用。此外,保温隔热内墙涂料、调湿内墙涂料、环保型杀虫涂料、防霉抗菌涂料等也都有所报道。

3. 其他新型内墙涂料

硅藻泥作为一种室内装修新型材料越来越受欢迎,其配方简单,在性能和环保等方面都有很大的优势。硅藻泥可以释放负氧离子,其多孔结构可以吸附甲醛等有害物质,被称为"会呼吸的墙"。

随着对建筑物内装饰和居住环境质量要求的日益提高,人们对内墙涂料的要求已经从单一的保护性和装饰性逐步转移到兼具装饰性、环保性、健康性等多种功能。近年来个性化、差异化内墙涂料也逐渐受到重视,未来需要把握好内墙涂料的发展方向和规律,逐步改善产品性能和服务,不断创新,以满足用户对建筑装饰消费升级的需求。

2.1.8 小结与展望

从前文对建筑内墙涂料的系统介绍和分析可知,聚乙烯醇类内墙涂料、含有部分有机溶剂的多彩内墙涂料以及含有大量有机溶剂的溶剂型内墙涂料已经逐渐退出市场。在世界范围内,以聚合物乳液为成膜物的乳胶漆已成为内墙涂料的主力军。现将市场上 4 类主流内墙乳胶漆的特点、性能、综合成本、主要污染源、环保性、适用范围等进行简要总结,具体见表 2-11。

表 2-11 主流内墙乳胶漆类型特点对比

项目	硅丙乳胶漆	纯丙乳胶漆	苯丙乳胶漆	醋丙乳胶漆
成膜特点	自交联固化或水分挥发	水分挥发	水分挥发	水分挥发
漆膜性能	优	优	优、良	中、差

项目	硅丙乳胶漆	纯丙乳胶漆	苯丙乳胶漆	醋丙乳胶漆
施工及难度	辊涂、刷涂、喷涂，无难度			
安全性	高			
综合成本	高	较高	中	中
VOCs及主要来源	丙烯酸酯单体、成膜助剂、抗冻剂		丙烯酸酯、成膜助剂、抗冻剂、苯乙烯等苯系物	乙酸乙烯、丙烯酸酯、成膜助剂、抗冻剂
环保性能	优			中
主要应用	高档建筑	高、中档建筑		中、低档建筑

目前，中高端内墙涂料市场基本被乳胶漆所占据，它以水为介质，绿色环保，对环境和人体健康的危害很小。内墙涂料与居家空气质量及人体健康息息相关，但由于受性能要求和当前技术的制约，目前乳胶漆中还含有一定量的VOCs。如何最大限度地降低VOCs的含量，尽量减小涂料的气味，同时提高乳胶漆的性能，仍然是内墙涂料需要持续关注和亟待突破的技术关键。为此，从源头做起，研究开发同时具有高玻璃化转变温度和低最低成膜温度的聚合物乳液、开发和使用非VOCs成膜助剂，将是从根本上解决乳胶漆VOCs问题的最有效的途径。

2.2 防水剂

2.2.1 概述

厨房和卫生间经常处在一个潮湿的环境中，所以装修过程中厨卫的防水环节至关重要。防水涂料是涂在建筑物表面上的涂料，形成的漆膜不仅有防液体水的作用，同时也能防止空气中的湿气、蒸气和其他有害气体与液体的侵蚀。由于厨房和卫生间对防水的要求比其他室内环境高很多，在表面上涂覆一薄层防水涂料的传统防水方法已不能满足要求，往往需要构建多层防水或一个厚的防水层，因此该领域中经常将"防水涂料"和"防水剂"这两个词混用。严格来讲，防水涂料是指能在物体表面上形成一个防水层的涂料，该防水层一面与物体表面形成牢固地黏结，另一面暴露于环境中，涂层一般比较薄；防水剂则是一种黏合剂，它将两个物体黏结在一起，在二者之间形成一个防水层，这个防水层两面都要与被黏表面形成牢固黏结。目前厨房和卫生间的防水处理往往采用涂料和胶黏剂二合一的方法，在地面上形成一个厚的防水层，以提高防水性能和简化施工工艺。

适用于建筑的防水材料种类比较多，根据原材料的不同可分为沥青类防水材料、橡胶类防水材料、水泥类防水材料和金属防水材料4类。但由于厨卫的特殊性，使用的防水材料主要有聚氨酯类、聚丙烯酸酯类、水泥砂浆类和改性沥青类4种，它们各有特点，具体见表2-12。

表2-12 各种厨卫防水剂的优缺点

种 类	优 点	缺 点
聚氨酯类	涂膜坚韧，拉伸强度高，延伸性好，耐腐蚀，抗结构伸缩变形能力强，并具有较长的使用寿命	不利于在潮湿基面上施工，在施工的时候对防火安全要求较高

续表

种　类	优　点	缺　点
聚丙烯酸酯类	水性体系,气味小,环保性比较好,可以加水稀释	刷完后需要进行拉毛或者扬沙等表面处理,以增加摩擦性
水泥砂浆类	水性体系,无毒无污染,施工方便,不受基层含水率限制,干燥快,凝结时间短	属于刚性防水材料,固化之后弹性比较差
改性沥青类	应用范围广,耐候性、抗酸性、延伸率和抗变形性好,使用寿命长,拉伸强度高	固化和成膜速度慢,强度较低

2.2.2　聚氨酯防水剂

聚氨酯类防水剂有"液体橡胶"的美称,是目前市场上综合性能最好的防水剂之一。聚氨酯防水材料是由异氰酸酯、聚醚等经预聚、混合等工序加工制成,是一种广泛应用于建筑领域的防水材料,其最大的应用领域就是民用建筑。

聚氨酯防水剂由于其优异的性能,已在欧洲、美国、日本等国家和地区大量使用,在室内防水市场上占主导地位。在日本,聚氨酯防水剂已占据日本防水市场份额的30%以上,是日本应用最为广泛的防水剂。

1. 聚氨酯防水剂的类型及固化机理

聚氨酯防水涂料按组分不同,一般分为单组分和双组分两类。单组分聚氨酯防水涂料是由异氰酸酯、聚醚多元醇、助剂和填料等制备而成,在使用过程中直接涂抹在基层上,通过聚氨酯预聚体与空气水分中的反应,形成连续的防水膜。双组分聚氨酯防水涂料是由 A 和 B 两组分组成,A 组分为聚氨酯预聚体,B 组分是固化剂。使用时将两组分按一定比例搅拌混合均匀后涂抹在基材上,通过化学反应固化,形成连续的防水膜。具体对比见表 2-13。

表 2-13　单组分和双组分聚氨酯防水涂料的对比

项目	单组分聚氨酯防水涂料	双组分聚氨酯防水涂料
主要原料	异氰酸酯、聚醚多元醇、助剂、填料	A 组分、B 组分
成膜机理	与空气中的水分反应固化成膜	与固化剂反应固化成膜
涂膜厚度	多次涂刷成膜	适当厚度即可
基层要求	干燥	干燥、湿润都可以
施工要求	无须计量搅拌,方便快捷	需按比例进行配料,施工效率高

按基本性能的不同,聚氨酯防水涂料又分为Ⅰ型、Ⅱ型和Ⅲ型。其中Ⅰ型为普通聚氨酯防水涂料,可应用于工业建筑和民用建筑,如卫生间、地下室、游泳池等;Ⅱ型为应用于高铁的聚氨酯防水涂料;Ⅲ型为高强度聚氨酯防水涂料,可用于桥梁等。

2. 聚氨酯防水剂的物理性能技术指标

聚氨酯防水材料绿色环保,环境污染小,与基面的黏合力强,涂膜有良好的柔韧性,拉伸强度高,耐候性好,高温不流淌,低温不龟裂,且施工简单,工期短,维修方便。现阶段聚氨酯防水涂料执行国家标准 GB/T 19250—2013,具体见表 2-14。

表 2-14 聚氨酯防水涂料常见物理性能技术指标

序号	项 目		技 术 指 标		
			Ⅰ 型	Ⅱ 型	Ⅲ 型
1	固含量/% ≥	单组分	85.0		
		多组分	92.0		
2	表干时间/h ≤		12		
3	实干时间/h ≤		24		
4	流平性		20 min 时,无明显齿痕		
5	拉伸强度/MPa ≥		2.00	6.00	12.0
6	断裂伸长率 ≥		500	450	250
7	撕裂强度/(N·mm^{-1}) ≥		15	30	40
8	低温弯折率		−35℃,无裂纹		
9	不透水性		0.3 MPa,120 min,不透水		
10	加热伸缩率/%		−4.0~1.0		
11	黏结强度/MPa ≥		1.0		
12	吸水率/% ≤		5.0		
13	定伸时老化	加热老化	无裂纹及变形		
		人工气候老化	无裂纹及变形		
14	热处理 (80℃,168 h)	拉伸强度保持率/%	80~150		
		断裂伸长率/% ≥	450	400	200
		低温弯折性	−30℃,无裂纹		
15	碱处理(0.1%NaOH+ 饱和 Ca(OH)$_2$ 溶液, 168 h)	拉伸强度保持率/%	80~150		
		断裂伸长率/% ≥	450	400	200
		低温弯折性	−30℃,无裂纹		
16	酸处理(2% H$_2$SO$_4$ 溶液,168 h)	拉伸强度保持率/%	80~150		
		断裂伸长率/% ≥	450	400	200
		低温弯折性	−30℃,无裂纹		
17	人工气候老化 (1000 h)	拉伸强度保持率/%	80~150		
		断裂伸长率/% ≥	450	400	200
		低温弯折性	−30℃,无裂纹		
18	燃烧性能		−30℃,无裂纹		

虽然聚氨酯作为防水剂有着非常优异的性能,但沉淀、结膜、基层黏结性不好、体系过稠、污染等问题制约着聚氨酯防水剂的发展和使用。

沉淀是聚氨酯防水剂反应最多的问题,主要是因为防水剂中填料的密度大于聚氨酯胶液的密度,在重力作用下向下运动。目前通过改进工艺,填料分布更均匀,减少了沉淀的产生,也可在储存时采用倒放措施。

聚氨酯防水剂结膜主要是因为储存时密闭性不好或漏气产生的,可分为物理结膜和化学结膜,聚氨酯防水剂主要为化学结膜,即空气中的水蒸气与料液发生化学反应而结膜。目前主要采用加热和抽真空的方法,将原料和生产中的水分脱掉,以减少或消除结膜的形成。

3. 聚氨酯防水剂污染源分析

1)异氰酸酯

异氰酸酯是制备聚氨酯防水剂的最基本原料,种类较多,但最常用的是甲苯二异氰酸酯

(TDI)和二苯基甲烷二异氰酸酯(MDI),其中 TDI 具有较强烈的刺激性气味,是剧毒危险化学品,2017 年被世界卫生组织国际癌症研究机构列为 2B 类致癌物质。

产品中的异氰酸酯在作业过程中或在制品中会挥发出来,被人体吸入带来危害。目前异氰酸酯在聚氨酯防水剂中尚不可被完全替代,所以研发人员必须采用合理的配方和工艺,将制品中异氰酸酯的含量控制在最低水平。

2)其他挥发性有机化合物

聚氨酯防水剂中的挥发性有机化合物种类较多,主要是一些不参与反应的助剂和反应不完全的物质,主要为苯类物质,如苯、甲苯、乙苯、二甲苯等。这些有机化合物在使用过程中会缓慢地释放出来,污染环境,危害人体健康。

标准 GB/T 19250—2013 对聚氨酯防水涂料的基本性能和有害物质进行了规定,具体见表 2-15。

表 2-15 聚氨酯防水涂料有害物质限量标准

序号	项　　目		有害物质	
			A 类	B 类
1	挥发性有机物(TVOCs)/(g·L^{-1}) ≤		50	200
2	苯/(mg·kg^{-1}) ≤		200	
3	甲苯+乙苯+二甲苯/(g·kg^{-1}) ≤		1.0	5.0
4	苯酚/(mg·kg^{-1}) ≤		100	100
5	蒽/(mg·kg^{-1}) ≤		10	10
6	萘/(mg·kg^{-1}) ≤		200	200
7	游离 TDI/(mg·kg^{-1}) ≤		3	7
8	可溶性重金属/(mg·kg^{-1}) ≤	铅(Pb)	90	
		镉(Cd)	75	
		铬(Cr)	60	
		汞(Hg)	60	

4. 聚氨酯防水剂发展趋势

随着聚氨酯防水剂用量的不断增加和应用领域的扩展,对产品的各种性能也提出了更高的要求。为了满足各种各样的需要,除进一步提高其耐候性能、耐水性和黏结性外,聚氨酯防水剂的未来主要朝着多功能和环保的方向发展。

受固化机理和交联方式的制约,聚氨酯防水剂中会含有一定量的异氰酸酯游离单体,发达国家聚氨酯固化剂的游离单体含量在 0.5% 左右。但我国缺乏专门的生产设备,只能通过改变配方或提高反应程度来降低残留单体含量,这样又会导致产品的生产工艺不稳定、性能降低等问题,而且残留单体问题依然无法得到根本解决。因此,需要从配方、工艺和设备多方面努力,来降低异氰酸酯预聚物中游离异氰酸酯单体的含量。

单组分聚氨酯没有交联剂、沥青、重金属催化剂等物质,与双组分聚氨酯相比环保性更好,施工更方便,力学性能和防水性能也优于双组分聚氨酯。此外,开发更为环保无污染的聚氨酯防水剂也是未来重要的发展方向,例如利用 MDI 代替 TDI 来研发 MDI 系列产品,可降低污染,制备出性能更优越的聚氨酯防水材料。

2.2.3　水泥砂浆防水剂

水泥砂浆防水剂发展较早,使用历史悠久,由于其使用方便,价格低廉,已广泛应用于建筑领域的防水。水泥砂浆防水剂是一种刚性防水层,防水性能较差,为了提高防水层的抗渗能力,通常加入小分子防水剂或聚合物材料进行改性,以提高水密性,主要适用于厨房、卫生间和外墙的防水。

1. 水泥砂浆防水剂的特点

水泥砂浆类防水剂无毒、无害、无污染,是真正的环保型防水剂。使用时可以直接在混凝土表面施工,简易方便。不受基层含水率的限制,干燥快,凝结时间短,施工 2 h 后即可在表面粘贴瓷砖。

水泥砂浆类防水剂属于刚性防水材料,成膜后缺乏弹性,会因建筑沉降和错位而影响防水效果,所以比较适用于结构比较稳定的部位,防水性能相对较差。

2. 小分子水泥砂浆防水剂

在普通水泥砂浆中掺入小分子防水剂,以提高其水密性或疏水性,达到提高抗渗等级的目的,该类防水材料主要适用于厨卫的外墙防水。小分子防水剂主要分为无机化合物和有机化合物两类:无机小分子防水剂主要为氯化钙、无机铝盐等;有机小分子防水剂主要为有机硅化合物、脂肪酸等。

氯化物金属盐类防水剂是由氯化钙、氯化铝和水配制而成的液体,常见的重量比为4∶46∶50,当其掺入水泥砂浆后,经化学反应生成含水氯硅酸钙和氯铝酸钙等化合物,将水泥砂浆中的空隙填充,通过切断毛细孔通路来提高水泥砂浆的抗渗能力。

无机铝盐防水剂是用无机铝和碳酸钙为主料,掺入水泥砂浆后,可通过水泥水化产物硅酸三钙、水化铝酸三钙等发生化学反应生产难溶于水的胶体,以及具有一定膨胀性的复盐,这些胶体和晶体物质能够填充水泥水化过程中形成的毛细孔道和裂隙,从而增加水泥砂浆的密实度,有效提高防水层的抗渗性。

有机硅水泥砂浆是以水泥、砂子、有机硅防水剂按一定比例混合制备而成。有机硅防水剂主要成分为甲基硅酸钠、高沸硅醇钠,是一种小分子水溶性聚合物。有机硅的加入一方面可以通过缩合反应生成网状有机硅树脂膜,另一方面与硅酸盐建筑材料表面的硅醇基发生脱水缩合反应,形成具有交联结构的憎水层,从而有效增加了水泥砂浆的密实度,提高了其抗渗性。

3. 聚合物水泥砂浆防水剂

聚合物水泥砂浆防水剂又叫聚合物水泥防水剂,也称 JS 防水涂料或 JS 防水剂,是装修卫生间和厨房最为常用的防水材料之一。它是由水泥、砂、填料、聚合物胶乳、助剂等复配而成,是一种刚柔相济的水性双组分防水涂料。由于在水泥砂浆中引入聚合物乳液,大大提高了防水材料的水密性和黏结性能,降低了砂浆的干缩率,增强了抗裂性能。

聚合物水泥砂浆弥补了普通水泥砂浆"刚性有余,韧性不足"的缺陷,扩大了刚性抹面技术的适用范围。对于家庭防水装修,建议使用聚合物水泥基防水涂料,这类产品是水性的,具有无毒无污染、生产施工方便安全、生产成本较低、使用寿命长、防水效果好、价格适中等显著特点,具体性能指标见表 2-16。聚合物水泥防水剂是建筑防水涂料行业的后起之秀,呈现出良好的发展趋势。

表 2-16　聚合物防水涂料(JS 防水剂)物理性能技术指标

序号	项　目		技 术 指 标		
			Ⅰ 型	Ⅱ 型	Ⅲ 型
1	固含量/% ≥		70	70	70
2	拉伸强度	无处理/MPa ≥	1.2	1.8	1.8
		加热处理后保持率/% ≥	80	80	80
		碱处理后保持率/% ≥	60	70	70
		浸水处理后保持率/% ≥	60	70	70
		紫外线处理后保持率/% ≥	80	—	—
3	断裂伸长率	无处理/% ≥	200	80	30
		加热处理/% ≥	150	65	20
		碱处理/% ≥	150	65	20
		浸水处理/% ≥	150	65	20
		紫外线处理/% ≥	150	—	—
4	低温柔性		−10℃无裂纹	—	—
5	黏结强度	无处理/% ≥	0.5	0.7	1.0
		潮湿基层/% ≥	0.5	0.7	1.0
		碱处理/% ≥	0.5	0.7	1.0
		浸水处理/% ≥	0.5	0.7	1.0
6	不透水性(0.3 MPa,30 min)		不透水	不透水	不透水
7	抗渗性/MPa ≥		—	0.6	0.6

JS 防水剂的性能和分类主要由聚合物乳液决定,现在最常用的聚合物乳液有聚丙烯酸酯乳液、聚乙酸乙烯-乙烯乳液(EVA)和丁二烯-苯乙烯共聚乳液(丁苯胶乳)几大类,目前主要以聚丙烯酸酯乳液为主。

4. 水泥砂浆防水剂污染源分析

小分子水泥砂浆防水剂的组成简单,添加的无机或有机小分子也不属于 VOCs 的范畴,微量的污染物主要来源于原料中的杂质。只要其性能能够满足要求,即可放心使用,不存在污染问题。

聚合物水泥防水剂则不同,一般组成中聚合物:水泥的质量比在 1∶2～1∶0.7 之间,聚合物乳液的用量比较大。尽管 GB/T 23445—2009 中没有限定 VOCs 的含量,但所用聚合物乳液中常含有少量未聚合的残留单体,防水剂制备过程中也往往需要添加一些助剂如成膜助剂、防冻剂等挥发性有机化合物,它们均属于 VOCs,因此需要引起生产者和使用者的关注。

5. 水泥砂浆防水剂的发展趋势

传统 EVA 乳液制备的 JS 防水剂存在耐候性差、涂膜长时间浸水后软化明显等问题;而聚丙烯酸酯乳液制备的 JS 防水涂料存在施工周期长、不易干燥、耐水性差、涂膜易吸水溶胀等问题。为了解决以上问题,科研人员开展了一系列的改性研究。

张孟霞等以苯丙乳液和 EVA 乳液为原料,并通过正交试验对配方进行了优化,所得 JS 防水涂料拉伸强度达到 1.56 MPa,断裂伸长率为 460%。韩朝辉研究发现,当乳液中 EVA 和苯丙乳液同时存在时,JS 防水剂具有自修复性能,当乳液中 EVA 用量在 50% 左右、JS 防水剂中 m(液料):m(粉料)=10:11 时,产品的自修复性能达到最佳。周长远等利用有机硅改性苯丙乳液制备了 JS 防水剂,当乳液和粉体的质量比为 1.2 时,涂膜的拉伸强度为 1.86 MPa,断裂伸长率为 290%。

由于聚合物乳液的成膜性与最终涂膜的力学性能存在着矛盾,当丙烯酸酯聚合物乳液作为基料时,为了兼顾聚合物乳液的成膜性和最终涂膜的力学性能,需要在乳胶涂料中加入挥发性的有机溶剂来降低其成膜温度,结果导致乳胶涂料中 VOCs 的含量偏高。通过在聚合过程中引入功能性单体和反应性交联单体,可制备出超低 VOCs 含量的丙烯酸酯聚合物乳液,从而降低了终端产品 JS 防水涂料中的 VOCs 含量。

未来的研发方向集中在如何通过改进聚合物乳液和防水剂配方来提高产品的抗渗性、抗压性和耐久性,同时添加剂的种类和用量对防水剂性能的影响有待深入和系统研究,进一步扩展 JS 防水剂的应用领域。

2.2.4　改性沥青防水剂

改性沥青防水剂是运用高分子合成技术,将高分子材料加入沥青防水材料中,使多功能性与环保性合为一体,同时赋予沥青产品更好的防水、防腐、防潮、防霉等性能。改性沥青防水材料的防水、防腐性能优越,寿命可达 50 年,被誉为"防水防腐之王"。目前应用于各种工业和民用建筑物中,如卫生间、厨房、地下室、下水道、桥梁灌缝等。

1. 改性沥青防水剂的分类

我国沥青防水涂料发展于 20 世纪 40 年代,由于当时沥青原料匮乏,生产工艺落后,产品以石油沥青纸胎油毡、煤沥青纸胎油毡和乳化沥青防水涂料为主,但由于性能不好,同时易造成环境污染,不符合发展趋势,已逐渐被淘汰。

20 世纪 80 年代后期,我国开始研究聚合物改性沥青防水材料,包括弹性体改性防水沥青材料和塑性体改性防水沥青材料两大类。聚合物改性沥青防水涂料最早出现在韩国,是 20 世纪末发展起来的一种新型橡胶沥青,制备的沥青防水卷材可直接施工,方便快捷,价格较低,但卷材边缘容易发生翘边,会影响边缘处的防水能力。

现阶段,应用最多的是苯乙烯-丁二烯-苯乙烯三嵌段共聚物(SBS)改性沥青防水涂料,它是用 SBS 热塑性弹性体对优质的石油沥青进行改性,并加入橡胶、合成树脂、表面活性剂、乳化剂、防霉剂等多种辅助材料,经专用设备精制而成的一种高弹性优质防水涂料。目前 SBS 改性沥青防水涂料的生产工艺主要有热熔法和常温法两种。弹性体改性沥青防水卷材在我国防水材料领域占有重要的地位,在建筑行业中得到广泛运用,主要材料为聚酯毡、玻纤毡、橡胶改性沥青等,具有热塑性好、耐热、延伸率高、抗老化等特点,有很好的防水作用。

2. 改性沥青防水剂的特性

随着建筑行业对防水材料性能要求的逐步提升,改性沥青防水卷材成为建筑防水材料的主导产品。它改善了沥青的感温性,既具有良好的耐高低温性能,又提高了憎水性、黏结性、延伸性、耐老化性和耐腐蚀性,具有优异的防水性能,被广泛应用于建筑各领域。在我国,规范弹性体改性沥青和塑性体改性沥青产品技术指标的国家标准分别为 GB 18242—2008 和 GB 18243—2008,具体见表 2-17 和表 2-18。

表 2-17　弹性体改性沥青材料物理性能技术指标

序号	项　目			技　术　指　标				
				Ⅰ 型		Ⅱ 型		
				PY	G	PY	G	PYG
1	可溶性含量/ $(g \cdot m^{-2})$	3 mm		2100				—
		4 mm		2900				—
		5 mm				3500		
		试验现象		—	胎基不燃	—	胎基不燃	
2	耐热性	℃			90		105	
		mm	≤			2		
		试验现象				无流淌、滴落		
3	低温柔性/℃				−20		−25	
						无裂缝		
4	不透水性(30 min)/MPa			0.3	0.2		0.3	
5	拉力	50 mm 最大峰拉力/N	≥	500	350	800	500	900
		50 mm 最大峰拉力/N	≥	—		—		800
		试验现象		拉伸过程中,试件中部无沥青涂盖层开裂或与胎基分离现象				
6	延伸率	最大峰时延伸率/%	≥	30		40		—
		第二峰时延伸率/%	≥	—				15
7	浸水后质量增加/% ≤	PE、S				1.0		
		M				2.0		
8	热老化	拉力保持率/%	≥			90		
		延伸率保持率/%	≥			80		
		低温柔性/℃			−15		−20	
						无裂缝		
		尺寸变化率/%	≤	0.7		−0.7		0.3
		质量损失/%	≤			1.0		
9	渗油性	张数	≤			2		
10	接缝剥离强度/$(N \cdot mm^{-1})$		≥			1.5		
11	钉杆撕裂强度/N		≥			—		300
12	矿物粒料黏附性/g		≤			2.0		
13	卷材下表面沥青涂改层厚度/mm		≥			1.0		
14	人工气候加速老化	外观		无滑动、流淌、滴落				
		拉力保持率/%	≥			80		
		低温柔性/℃			−15		−20	
						无裂缝		

表 2-18 热塑性聚合物改性沥青材料物理性能技术指标

序号	项目			技术指标				
				Ⅰ型		Ⅱ型		
				PY	G	PY	G	PYG
1	可溶性含量/(g·m⁻²)	3 mm		2100				—
		4 mm		2900				—
		5 mm		3500				
		试验现象		—	胎基不燃	—	胎基不燃	—
2	耐热性	℃		110		130		
		mm	≤	2				
		试验现象		无流淌、滴落				
3	低温柔性/℃			−7		−15		
				无裂缝				
4	不透水性(30 min)/MPa			0.3	0.2	0.3		
5	拉力	50 mm 最大峰拉力/N	≥	500	350	800	500	900
		50 mm 最大峰拉力/N	≥	—				800
		试验现象		拉伸过程中，试件中部无沥青涂盖层开裂或与胎基分离现象				
6	延伸率	最大峰时延伸率/%	≥	25		40		—
		第二峰时延伸率/%	≥	—		—		15
7	浸水后质量增加/%	PE、S	≤	1.0				
		M	≤	2.0				
8	热老化	拉力保持率/%	≥	90				
		延伸率保持率/%	≥	80				
		低温柔性/℃		−2		−10		
		尺寸变化率/%	≤	无裂缝				
				0.7	—	0.7	—	0.3
		质量损失/%	≤	1.0				
9	接缝剥离强度/(N·mm⁻¹)		≥	1.0				
10	钉杆撕裂强度/N		≥	—				300
11	矿物粒料黏附性/g		≤	2.0				
12	卷材下表面沥青涂改层厚度/mm		≥	1.0				
13	人工气候加速老化	外观		无滑动、流淌、滴落				
		拉力保持率/%	≥	80				
		低温柔性/℃		−2		−10		
				无裂缝				

弹性体改性沥青防水涂料具有自修复功能，当防水层出现破坏时，破坏部位不会继续扩大，同时弹性体会迅速填充穿刺部位，使其恢复防水功能。

3. 改性沥青防水剂污染源分析

沥青中含有一些强致癌的稠环芳烃化合物，如苯并芘、苯并荧蒽等，加热沥青时，这些致癌物质会挥发出来。除稠环芳烃外，还有剧毒物质二噁英。二噁英是一些氯化多核芳香族化合物的总称,若长时间暴露在含二噁英污染的环境中,可能引起男性生育能力丧失、女性青春期提前、免疫功能下降、精神疾患等健康问题。

根据中国环境科学研究院环境监测的实验,发现在改性沥青防水材料的施工现场,若采用汽油喷灯热熔粘贴法,经测试证实有 48 种 VOCs,包括苯、甲苯、邻二甲苯、苯乙烯、茚和萘等,但用冷施工法未检测出。

4. 改性沥青防水剂的发展趋势

改性沥青防水剂未来发展的总体要求是研发出高性能产品,并具有良好的社会效益和经济效益,其性能不仅要达到国家标准技术要求,耐热性和黏度等指标还要高于国家标准,接近国际标准。

随着环保法规的日趋严格,改性沥青防水材料实现全生命周期内的环保至关重要,因此净味、环保防水沥青也将是未来发展的趋势。此外,对防水材料的长期耐久性也提出了更高要求,防水材料耐久性与防水沥青性能的关联性将成为防水行业和防水沥青生产企业研究的热点。

2.2.5　聚丙烯酸酯防水剂

聚丙烯酸酯防水剂是丙烯酸酯共聚树脂为成膜物质,加入颜填料和助剂配制而成的一类防水剂,主要有溶剂型和水乳型两大类。水乳型防水剂执行行业标准 JC/T 864—2023。

溶剂型聚丙烯酸酯防水剂具有很好的耐候性、耐水性和耐化学腐蚀性,黏结性和物理机械性优异,所用溶剂以酮和酯类为主,芳香烃和卤代烃也是较好的溶剂,实际生产中多采用混合溶剂以满足施工要求。溶剂在涂料中占 50%~60%,因 VOCs 含量太高,目前在室内环境中已极少使用。

水乳型聚丙烯酸酯防水剂是以纯丙乳液或改性纯丙乳液为成膜物,加入颜填料和助剂配制而成的单组分水性防水剂,具有无毒、无污染、防水效果和机械性能好、防渗漏年限长、施工速度快、维修方便等特点。产品适用于地下混凝土建筑、厨房、卫生间的防水防潮,建筑屋面、墙面防水、防潮,以及防水维修工程。

水乳型聚丙烯酸酯防水剂与本章 2.1.4 节中所述乳胶漆在基本配方、生产工艺等方面没有本质的不同,其污染源和发展趋势也与乳胶漆类似,不再赘述。

2.2.6　小结与展望

厨房和卫生间的防水处理是室内装修的一个重要环节,所用防水材料也是危害室内空气质量的主要因素之一。因此厨卫防水剂的选择不仅仅要考虑其防水效果,有毒有害物质含量和性价比也必须予以充分考虑。尽管改性沥青类防水材料综合性能优异,在大型建筑、地下工程和建筑房顶等方面得到了广泛的应用,也曾一度应用于厨卫的防水处理。但由于沥青中含有强致癌的稠环芳烃和剧毒的二噁英,在建筑后期的室内装修中不建议使用。目前市场上的主流产品主要有聚氨酯防水剂、聚合物水泥砂浆防水剂(JS 防水剂)和水性丙烯酸酯防水剂三大类,现将它们各自的特点列于表 2-19,以资对比。

表 2-19 主流厨卫防水剂特点对比

项目	单组分聚氨酯类	双组分聚氨酯类	聚合物水泥砂浆	水乳型聚丙烯酸酯类
固化机理	与水反应形成脲键	与固化剂反应形成氨酯键	水泥凝结＋水分挥发固化	水分挥发固化
材料性能	属于橡胶系,力学强度高、韧性和延伸性好、耐腐蚀,抗结构伸缩变形能力强,使用寿命较长		刚性防水材料,水密性、抗渗抗裂性和黏结性能强,但弹性较差	防水效果和机械性能好,耐老化、耐热、耐寒,使用寿命长
施工难度	无需计量,施工简单方便,基材含水率小于 9%	使用前需按比例混合均匀,相对复杂,对基材无要求	双组分,用前需按比例混匀;不受基材含水率限制,干燥凝结时间短	单组分,施工简单快速,维修方便
安全性	施工时要远离火源		优	优
综合成本	高	高	中	较高
VOCs 来源	各类异氰酸酯、苯、甲苯、乙苯、二甲苯、乙酸乙酯、稀释剂等		水性体系,少量 VOCs 主要来源于残留单体、成膜助剂、防冻剂等	
环保性	良		优	优
适用范围	卫生间、厨房、地下室、地下管道、游泳池、隧道、涵洞等		卫生间、厨房、地下室、阳台、游泳池、隧道、涵洞等	厨房、卫生间、地下室墙面防水防潮,防水维修

建筑防水材料种类很多,用途也不尽相同。室内装修时厨房和卫生间的防水很重要,目前常用的是聚氨酯类和聚合物水泥砂浆类两种,但它们也同样存在 VOCs 的问题。对于聚氨酯类防水剂,开发高性能水性产品可以大幅降低 VOCs 含量;对于聚合物水泥砂浆类防水剂,新型聚合物乳液和非 VOCs 助剂的开发和使用是解决产品 VOCs 问题的关键。

第3章

建筑腻子和界面剂

3.1 建筑腻子

建筑腻子是在墙体涂装前用于消除基层表面孔隙或者其他缺陷的表面处理材料,是一种以找平为主要目的复合建筑材料。由于经常和涂料一起使用,一般被认为是涂料涂装的配套材料。

腻子是涂料的前置材料,主要用来填平基层,为涂料涂装提供理想的平面,在粗糙的基面上批涂多层腻子,形成厚质腻子膜,再经过打磨形成光滑平整的表面,有利于减少涂料的用量,也提高了美观度,因此腻子会对涂装质量产生很大的影响。同时,腻子的大量使用也使其和室内空气质量息息相关。

我国早期的腻子大多由施工人员现场调配,如糯米灰浆腻子、猪血灰腻子等。现场制作的腻子由于受技术和环境条件的限制,质量和性能不稳定,导致腻子黏结强度低,有时甚至在很短时间内就会出现大面积脱落的现象。商品腻子尽管出现的时间比较晚,只有二十多年的发展历程,但已经成为腻子制作的主流,商品腻子由工厂统一制作,质量相对稳定。

随着我国建筑涂料的不断发展,传统建筑腻子已经不能适应装饰、装修行业的需求。人们对墙体装饰质量要求越来越高,不但要求能抹平,还要能涂装高档涂料。随着涂装行业的技术进步和腻子的大量使用,近年来人们对腻子的要求也越来越高,其作用和功能已经逐步得到细化和扩展,出现了一些具有特殊用途的功能性腻子。

3.1.1 建筑腻子的分类和特点

腻子的分类目前尚无统一标准,可以按照用途、成膜物质种类、产品状态、使用性能等进行分类。

1．按用途分类

可分为内墙腻子、外墙腻子、功能性建筑腻子、木器腻子、金属腻子等。其中内外墙腻子使用量最大，品种也最多。

2．按成膜物质分类

可分为聚乙烯醇腻子、水性丙烯酸腻子、乙烯-乙酸乙烯（EVA）腻子、醇酸腻子、硝基腻子、环氧腻子等。

3．按产品状态分类

可分为双组分腻子、膏状腻子和粉状腻子。双组分腻子由聚合物乳液及相应助剂制成的液体组分和水泥、填料制成的粉料组成。这种腻子具有黏结强度高、耐水耐碱性好、价格适中等优点，但质量不稳定，性能受水泥质量及胶液的影响很大。双组分腻子是目前外墙涂饰工程中应用较多的种类。膏状腻子大多以聚合物乳液为黏合剂，配以填料、助剂混合而成。该种腻子为单组分包装，全部在工厂加工生产完成，质量稳定，可直接批刮，施工简便。粉状腻子主要以可分散性胶粉作为黏合剂来增强与墙体的黏结强度。粉状腻子施工性和环保性好，不易开裂，质量稳定，运输也极为方便。

4．按使用性能分类

可分为普通腻子、柔性腻子和耐水性腻子。普通腻子适用于对耐水和抗开裂要求不高的场所，对腻子的黏结强度、耐水性、耐碱性、耐冻融性及施工等性能要求不高，纤维素大白腻子和石膏腻子是其中的典型代表。柔性腻子适用于对墙体有抗裂要求的建筑外墙涂饰工程，它具有较好的断裂延伸率和抗张强度，可以抵抗墙面龟裂等棘手问题。耐水性腻子适用于对耐水和黏结强度要求更高的场所。

3.1.2 建筑腻子的主要成分与性能

腻子一般由基料、填料、助剂及介质等物质组成，建筑腻子中的介质是水。其中最主要的是基料，也叫成膜物质或黏结料，它是形成黏结强度的主要材料，可分为有机材料和无机材料。尽管基料在腻子中的含量较少，但它和其中的助剂是腻子中挥发性有机化合物（VOCs）的主要来源。多数腻子对体质颜料和填料质量（例如白度、细度等）的要求远低于涂料；对于某些腻子，例如以填平为主要功能的粗找平腻子，甚至要求体质颜料的细度粗些更好。腻子中填料含量很高，在从批刮时的膏状变成干燥的腻子膜的过程中不会产生大的体积收缩，从而保证腻子膜能够批涂得很厚且在干燥过程中不会开裂，这对腻子填平粗糙基层十分有利。为了保证产品的力学性能和施工性能，腻子在生产过程中还要添加多种助剂，包括增稠剂、保水剂、悬浮剂、分散剂、抗冻剂、滑爽剂、减水剂等。

建筑腻子的种类较多，组成也各不相同，但它要同时满足以下几个基本性能。

1．对基层的黏结性能

对基材表面的黏结强度是腻子的基本性能，直接影响腻子的使用。腻子与基材表面的黏结强度要足够高,以保证在使用过程中腻子膜不会从基层脱落。

2. 施工性能

因为腻子多采用批涂方法施工,对批涂性能的要求通常是易批涂,不黏滞,不卷边,批涂一定厚度不会产生流挂,具有适当的干燥时间以满足批涂后的局部修整,所以要求腻子具有很好的触变性和稠度。此外,要求腻子在干燥后至达到最终稳定强度前具有较好的打磨性,以便于后期找平和修整。一般来说,对腻子施工性能的要求要比涂料低。

3. 腻子膜性能

由于墙面为水泥基材料,具有很高的碱性,因此腻子膜应具有良好的耐碱性和耐水性,并具有一定的机械强度。有时还要求腻子膜具有某种特殊性能,例如抗裂性、柔韧性等。总的来说,腻子膜的物理力学性能比涂料膜的物理力学性能差。

4. 环保性能

要尽量减少腻子中有毒、有害物质的含量,尤其是内墙腻子与室内空气质量密切相关,其有毒、有害物质含量要符合国家标准的要求。

5. 经济性

腻子单位面积的用量大,且又是涂装的配套材料,应有合理的成本,经济性不好会影响腻子的使用。

3.1.3　内墙腻子

顾名思义,内墙腻子是用于室内墙面涂装配套的一类材料。内墙腻子品种不像外墙腻子那么多,对其物理性能要求也不像外墙腻子那样高,但内墙腻子在其易批刮性、腻子膜的细腻性等方面的要求要高于外墙腻子,尤其是内墙腻子对有害物质限量要求很严格。此外,内墙需要涂装的面积比外墙面要大得多,因而内墙腻子的使用量也比外墙腻子多很多。

内墙腻子可分为粉状腻子、膏状腻子和双组分腻子。由于内墙腻子中不需要使用水泥,鉴于使用上的方便性,内墙腻子制成膏状较为合理。一般情况下,其成膜物质可使用各类物美价廉的聚合物,如聚乙烯醇类即能够满足腻子膜的性能要求。某些特殊场合需要使用专门的腻子,例如对于有较高防霉要求的防霉涂料的涂装,最好使用专门的防霉腻子。

1. 内墙腻子的主要成分和作用

内墙腻子主要成分为聚合物基料(成膜物质)、填料、助剂和水,其中聚合物基料虽然含量不高但起到核心的黏结作用。适量成膜物质即可将大量的填料黏结在一起,所得稠厚的膏状物不仅便于批刮与打磨,而且干燥时腻子层也不会因体积收缩而出现裂缝。相关助剂主要作用是改善储存和施工性能,如保水剂、增稠剂、防腐剂、抗冻剂、爽滑剂、减水剂等,其中某些组分只用在高档内墙腻子产品中。

填料占据了腻子的大部分质量,常见腻子的填料体积浓度在 $70\%\sim85\%$。填料主要由无机物组成,常用的有碳酸钙、滑石粉以及各种活性填料。碳酸钙用量最大,其中重质碳酸钙可以增加腻子层的稠度和厚度,提高腻子层的力学性能;轻质碳酸钙可使腻子层变硬变脆,提高腻子的批刮性和打磨性。滑石粉可以随着刮刀的移动而在腻子层中留下微孔结构,在水分挥发的同时空气进入腻子层中,使腻子层干燥均匀。此外,腻子批刮成膜后,适量的活性填料灰钙粉(其主要成分为氧化钙、氢氧化钙和少量碳酸钙)能很快与空气中的二氧化碳接触形成碳酸钙,在填料和基层之间产生黏结作用,提高腻子膜的早期黏结强度。

不同的聚合物基料会赋予腻子不同的性能和特点。常见内墙腻子使用的聚合物有聚乙烯醇、聚乙烯醇缩甲醛、苯丙乳液、羧基丁苯胶乳、EVA 乳胶、环氧树脂乳液等。

2. 内墙腻子的物理性能技术指标

根据建筑工程行业标准《建筑室内用腻子》(JG/T 298—2010)的规定,按其适用特点和腻子膜主要物理力学性能的不同,内墙腻子分为一般型、柔韧型和耐水型三类。三类腻子的技术要求各不相同,具体见表 3-1。

表 3-1　建筑内墙腻子物理性能技术指标

项　　目	技　术　指　标		
	一般型	柔韧型	耐水型
容器中状态	无结块,均匀		
低温储存稳定性	三次循环不变质		
表干时间/h(施工厚度＜2 mm)≤	2		
表干时间/h(施工厚度≥2mm)≤	5		
初期干燥抗裂性(3 h)	无裂纹		
打磨性	手工可打磨		
耐水性	—	4 h 无起泡、开裂及明显掉粉	48 h 无起泡、开裂及明显掉粉
黏结强度/MPa(标准状态)　＞	0.30	0.40	0.50
黏结强度/MPa(浸水后)	—	—	＞0.30
柔韧性	—	直径 100 mm 无裂纹	—

3. 膏状内墙腻子

膏状内墙腻子又称为内墙腻子膏,与其他内墙腻子一样,也由黏结材料、填料和助剂组成。膏状内墙腻子具有使用方便,黏结强度较高,耐水性和柔韧性好等优点。

黏结材料是膏状腻子形成黏结强度的主要材料,主要分为以下三类:第一类是无机材料,如熟石灰;第二类是有机材料,如建筑胶水、聚合物乳液等;第三类是无机-有机复合材料。聚合物乳液是一种非常好的黏结材料,具有黏结强度高、耐水、环保等诸多优点,近年来在腻子中的使用越来越多。但由于其价格较高,目前还主要应用在高档腻子中。目前常用的聚合物乳液有聚丙烯酸酯乳液、EVA 乳液等。由于内墙腻子直接在室内大量使用,因此对环保性要求极高,过去以聚乙烯醇缩甲醛乳液或改性聚乙烯醇缩甲醛乳液为黏合剂的内墙腻子,已经在室内装修领域被彻底淘汰。但由于聚合物乳液和助剂含有 VOCs,膏状腻子的环保性能不如粉状腻子,近年来对环保性膏状腻子的研究颇多。

为了达到性能要求,膏状内墙腻子中需要添加多种助剂。对产品性能的要求不同,所用助剂的种类和用量也不相同。

1）保水增稠剂

纤维素醚类来源广泛，使用方便，是当前腻子行业所用保水剂的主流产品。纤维素醚可以与水分子形成大量的氢键，将水分子锁定在其分子周围，所得腻子膏在批刮到墙上并不断干燥的过程中失水比较均匀，能有效地防止因局部失水过快而导致的开裂现象。在腻子膏中使用的纤维素醚类有羧甲基纤维素醚（CMC）、羟丙基甲基纤维素醚（HPMC）、羟乙基甲基纤维素醚（HEMC）、羟乙基纤维素醚（HEC）、乙基羟乙基纤维素醚（EHEC）等。

2）悬浮剂

膏状腻子虽然具有一定的黏度，但如果不采取一定的措施，存放一定时间后仍然会出现分层或沉淀现象。这不仅影响腻子膏商品的表观效果，而且也会降低产品的均匀性，从而使批刮性变差，导致腻子批刮时的柔润性和滑爽性降低。目前常用适量的膨润土来赋予腻子适当的触变性，适当提高其表观黏度，以解决产品存储期间的沉降分层问题。

3）润滑分散剂

润滑分散剂的作用主要是增加腻子膏中粉体的分散性，提高批刮滑腻感，常用的有六偏磷酸钠等。

4）消泡剂

腻子膏使用了多种有机添加剂，这些材料在一起搅拌时会引入大量的气泡，带入产品中的气泡会影响材料的表观效果和使用性能，加入消泡剂可以显著减少气泡的产生。

5）防腐剂

添加一定量的防腐剂可以防止腻子膏在储存过程中的霉变，延长产品的储存期和使用寿命。防腐剂的选择和用量应根据腻子膏体系和存放时间确定。

4. 粉状内墙腻子

粉状内墙腻子又称内墙腻子粉，使用前只需要按一定比例用水将粉状腻子调制成膏状即可，具有环保性和易于施工的特点。需要注意的是，产品本身虽然更加环保，但现场调配过程不但费工费时，还会造成施工现场的二次污染，其飞扬的粉尘对环境及施工工人健康影响很大。另外，由于腻子粉在搅拌施工前很难直接鉴定产品品质，不良厂商以劣质低价产品进入市场，产品泥沙俱下，品质难以保证，直接影响施工质量。因此粉状内墙腻子的使用不如膏状内墙腻子普遍。腻子粉产品主要适用于室内砂浆墙面、混凝土墙壁、屋顶、石膏板、胶合板等基体。

粉状内墙腻子中的胶接材料通常是一些无机物如灰钙粉、白水泥，以及一些有机聚合物如可快速溶于水的胶粉、改性淀粉等。无机材料具有来源广泛、价格便宜等优点，以前使用较多。但是这些无机材料均属强碱性物质，单纯用此类材料涂刮墙面会因收缩大而出现开裂、涂料起花等质量问题，目前已基本不单独作为胶接材料使用。

能够迅速溶解或分散于冷水和具有良好黏结性能的聚合物乳胶粉，是内墙腻子粉中所用胶接材料的主流。常用的乳胶粉有 EVA 共聚物、乙酸乙烯/叔碳酸乙烯共聚物、丙烯酸酯共聚物等，它们与水接触后会很快再分散成聚合物乳液。产品具有高黏结力、易施工、抗水性和隔热性好等特点。粉状腻子中所用助剂主要有保水增稠剂、消泡剂和防腐剂。与膏状腻子相比，粉状腻子所用助剂的种类和用量少很多，因此环保性更好。

3.1.4　外墙腻子

外墙腻子是用于建筑外墙墙面涂装配套的一类材料。由于外墙常年处于大气环境中，会受到自然气候的直接影响，因此相对于内墙腻子，外墙腻子对腻子膜的力学性能要求较为苛刻。外墙腻子一般由高性能聚合物材料、水泥和少量助剂复合配制而成。

外墙腻子需要达到的性能有很多。首先，腻子膜应能够牢固地附着于墙体基层上，并且在经过一定的水侵蚀、冻融循环破坏等情况下不能脱落，这就要求腻子具有较高的拉伸强度和黏结强度；其次，外墙腻子的吸水率要低，且吸水后的体积膨胀应尽可能小，以免会对涂膜产生较大的破坏作用；最后，外墙腻子膜应具有一定的动态抗开裂性，即在基层出现细微裂缝后腻子膜不至于随之开裂，而是能够在裂缝上形成架桥效果。显然，上述这些性能特征都需要通过选择适当的成膜物质和合理的配方来实现。

从性能、成本等方面综合考虑，普通外墙腻子以粉状产品最为合理。这主要是因为粉状产品既能够充分利用价格低廉的水泥，又能够利用水泥的耐水性、黏结性和耐久性。相反，若做成膏状产品，由于不能使用水泥，需要使用大量的聚合物乳液，这样会使产品成本大大提高。

对于柔韧性或弹性外墙腻子，由于只有聚合物树脂才能够为腻子膜提供柔韧性，而外墙腻子对腻子膜的耐水性要求也很高，因而做成双组分腻子更为合理，这样既能够利用水泥的作用，又能够利用聚合物乳液的作用。聚合物乳液的成本要比乳胶粉低得多。

与内墙腻子不同，虽然外墙腻子对力学性能要求更高，需要经受气候变化的检验，但由于使用场所在室外，因此对于室内空气质量的影响很小，故本书不作深入展开。

根据建筑工程行业标准《建筑外墙用腻子》(JG/T 157—2009)的规定，按其适用特点和腻子膜主要物理力学性能的不同，外墙腻子分为普通型、柔性型和弹性型三类。具体技术指标见表3-2。

表 3-2　建筑外墙腻子物理性能技术指标

项　目		技 术 指 标		
		普通型	柔性型	弹性型
容器中状态		无结块，均匀		
施工性		刮涂无障碍		
干燥时间（表干）/h　　≤		5		
初期干燥抗裂性(6 h)	施工厚度≤1.5 mm	1 mm 无裂纹		
	施工厚度≥1.5 mm	2 mm 无裂纹		
打磨性		手工可打磨		—
10 min 吸水量/g　　≤		2.0		
耐碱性(48 h)		无异常		
耐水性(96 h)		无异常		
黏结强度/MPa	标准状态　　≥	0.60		
	冻融循环(5 次)	0.40		
腻子膜柔韧性		无裂纹(100 mm)	无裂纹(50 mm)	—
动态抗开裂性/mm	基层裂缝　　≥	0.04～0.08	0.08～0.3	0.3
低温储存稳定性		3 次循环不变质		

3.1.5 功能性墙体腻子

近年来,研究人员通过使用新材料研制出了许多具有特殊功能的新型腻子。这些腻子已经和传统腻子的含义、作用大相径庭,因而也被称为"功能性腻子"。

例如,选择和使用不同类型的可再分散乳胶粉和纤维素醚,通过配方调整并加入适量的添加剂,可以制成多种具有不同功能的新型建筑腻子,包括柔性腻子,弹性腻子,旧墙翻新腻子,保温腻子、隔音腻子、防火腻子、防霉腻子等。

功能性墙体腻子发展很快,目前市场已有用于抵抗或遮蔽外墙裂缝的柔性抗裂腻子、能够起到装饰功能的装饰性腻子、用于瓷砖和马赛克表面的瓷砖翻新涂装专用腻子,以及用于修补凹洞的点补腻子、用于修补洞口的补洞腻子等。

功能性腻子的出现可以满足不同场所施工和涂装的需要。例如,纳米碳酸钙具有优异的光学性能,可以用来研制高平整度的涂料腻子,它的涂饰能够达到光洁明亮效果,可以免涂涂料,达到了腻子、涂料二合一的功效;还可以将具有杀菌功能的二氧化钛引入腻子中,制成除菌腻子。将具有不同特性和功能的材料引入腻子体系,是高性能功能型建筑腻子的发展方向。下面简要介绍两种已经产业化的新型功能性腻子。

1. 保温腻子

保温腻子是具有保温性能的功能性墙面腻子。由于保温腻子的保温功能有限,通常不能作为独立的墙面保温材料使用。尽管它们只是作为涂装配套材料,但其在配套应用时有着自身的特殊性和适应性,可以配合在墙体保温层的平整度较差或有特殊需要时应用。

保温腻子以高强度通用水泥为无机胶接料,以磨细矿渣微粉或凝聚硅灰为无机组分的增强材料,并添加足量的乳胶粉作为有机改性剂,以保证保温腻子具有足够的黏结强度和抗裂功能。此外,保温腻子中还使用腻子类材料中一些常用的添加剂,如纤维素醚类保水剂、促进物料加水拌和时能够快速分散的分散剂以及改善腻子膜的抗裂性、干燥性和初期抗开裂性的木质纤维等。

2. 调温调湿型内墙腻子

调温调湿型内墙腻子属于功能性膏状内墙腻子,它是以低 VOCs 含量弹性乳液为成膜物,以硅藻土为主要填料,定型相变储能材料为功能填料,配以负离子抗菌添加剂、抗裂剂等多种助剂复合而成的膏状物。这类以硅藻土为主要填料制备的柔性腻子具有保温隔热、调温控温、吸湿放湿、抗菌防霉、释放负离子、清新空气等多种功能。

其中,赋予产品主要功能的组分是硅藻土。硅藻土由单细胞低等水生植物硅藻的遗骸堆积而成,是一种含水二氧化硅($SiO_2 \cdot nH_2O$)的矿物,外观为灰白色或浅黄色粉末。硅藻土密度小,具有独特有序、相互连通的微孔结构,孔隙率达 85% 以上,比表面积为 $40\sim65\ m^2 \cdot g^{-1}$,孔体积为 $0.45\sim0.98\ cm^3 \cdot g^{-1}$,吸水率是自身体积的 $2\sim4$ 倍。它吸水能力强,弹性模量高,微孔质硬,抗划痕性能强,且耐酸、防腐、不燃、分散性好,具有极强的吸附性和反应活性。

3.1.6 腻子的施工工序

1. 基层的处理

常见的墙体有砖墙、混凝土条板墙、灰板墙、大模板墙等。在批刮腻子前必须对基层进行处理,使墙面达到平整清洁、无油污、无浮灰、无明显的凹坑和裂缝的要求。如果基层表面被油污、无机酸、有机酸等物质污染,应先用弱酸、弱稀碱溶液或清洗剂溶液清洗干净,再用清水清洗,等充分干燥后再进行局部填补工作。

2. 腻子的批刮

批刮腻子的目的是使墙体涂膜饰面坚固、均匀、平整、光滑,以保证涂料的涂装质量。在满足表面质量的前提下,腻子层要尽量刮得少而薄。因为腻子膜的强度比涂料膜的强度低,若腻子膜太厚容易发生龟裂和剥落,就会削弱涂膜系统的强度,降低涂膜的质量。因此,批每道腻子前应采取打磨局部填补等措施,使之平整,以降低下道腻子层的厚度。

首先基层要干燥。由于水泥砂浆抹灰的墙面湿度和碱性都比较高,腻子在其上批刮成膜后,基层中的水分蒸发、墙面的返碱等会对成膜材料产生破坏作用,使腻子膜起泡,时间长了会出现裂缝和脱皮等现象。

基层的质量符合要求后,腻子批刮得要少而薄,并做好两道之间的填补、打磨等处理工作。要等上道腻子干透后再批下道腻子,否则,第一道腻子因未完全干透而收缩程度小,第二道腻子因潮湿而收缩程度大,在这两道腻子膜同时收缩时,由于厚度增加,总收缩量增大。收缩的结果是因两道腻子膜收缩率不同,导致腻子膜开裂、翘皮、脱壳,甚至脱落。

刮涂腻子的工具有抹子、刮板或油灰刀。刮涂的要点是平、实、光,即腻子与基层接触紧密,黏结牢固,表面平整光滑,以减少打磨的工作量。当基层吸收性强时,先用底涂封闭,以免腻子中的胶料被基层过多地吸收,影响腻子的附着力;刮涂时,掌握好工具的倾斜度,用力要均匀,以保证腻子饱满;为避免腻子收缩过大而出现开裂和脱落,一次涂刮的厚度以0.5~1 mm 为宜;不要过多地往返刮涂,以免出现卷皮和脱落,或将腻子中的胶料挤出而封住表面甚至在表面成膜,不利于湿膜中水分的挥发,延迟了干燥时间。根据涂料的性能和基层状况,选择适当的腻子和刮涂工具。用油灰刀填补基层空洞和裂缝时,要用食指压紧刀片,用力将腻子压进缺陷内,要填满、填实,四周的腻子收刮干净,尽量减少腻子留下的痕迹。

3.1.7　建筑腻子污染源分析及相关标准

1. 污染源分析

绿色建筑是社会密切关注的热门话题。由于腻子批刮的遍数多,用量大,因此在装修数月后的涂层老化过程中,挥发性有害物质仍会缓慢释放出来,污染室内空气。近年来环保腻子不断发展,目前市场上高端腻子中 VOCs 的含量已经很低。

建筑腻子中对室内空气产生影响的是内墙腻子。内墙腻子的污染源主要来源于聚合物乳液和助剂。

1)聚合物乳液

早期使用在内墙腻子中的聚合物基料如聚乙烯醇缩甲醛乳液在使用过程中会释放一定量的甲醛,在室内通风条件不好的情况下,对人体健康危害较大,目前已禁止使用。目前常用的乳液有丙烯酸系聚合物乳液、EVA 乳液、羧基丁苯胶乳等,这些聚合物乳液是由属于VOCs 的小分子单体通过乳液聚合得到的,聚合过程中会有少量未聚合的单体残留在乳液中,是腻子中 VOCs 的主要来源。如何减少乳液中残留单体的含量是目前乳液合成的重要问题,而采用低 VOCs 含量的聚合物乳液作为基料,是制备环境友好内墙腻子的前提。

2)助剂

在内墙腻子中,会增加 VOCs 含量的助剂有消泡剂、防腐剂和防冻剂。其中,防冻剂主要使用于我国北方地区。常用的消泡剂有低级醇类、脂肪酸及脂肪酸酯类、磷酸酯类等。这些助剂的使用量虽然不大,但对腻子的整体 VOCs 含量还是有一定影响。

2. 相关标准

目前我国建筑墙面腻子种类已经很齐全,并能够形成系列配套产品。但是腻子产品质量还存在很多问题,涂装工程中屡屡因为腻子质量而出现涂膜开裂、起皮,甚至大面积脱落等工程质量事故,虽然这些问题本身不完全是技术问题,还与施工工艺及具体施工和应用环境密切相关,但确实给建筑腻子的应用与开发提出了新的课题。人们期待进一步提高腻子产品的质量、施工性和环境适应性,来消除这些反常现象。为此,我国在不同时期推出了一系列产品标准,以保证腻子产品质量,规范市场行为,推动产品的高质量发展。

1998 年,第一个建筑腻子标准《建筑室内用腻子》(JG/T 3049—1998)颁布实施。2010年又根据实际情况的变化,重新修编、制定了室内腻子标准,即《建筑室内用腻子》(JG/T 298—2010),用以代替已经使用了 10 多年的室内腻子标准 JG/T 3049—1998。

2004 年,第一个外墙建筑腻子标准《建筑外墙用腻子》(JG/T 157—2004)颁布实施。其后又制定并颁布实施了《外墙外保温柔性耐水腻子》(JG/T 229—2007)标准。2009 年,根据外墙腻子实际产品质量状况、应用要求以及产品检测情况,在广泛吸取意见的基础上,对 JG/T 157—2004 外墙腻子标准进行了修订,并颁布了新标准 JG/T 157—2009 外墙腻子标准。

除了这些关于建筑腻子的产品标准外,在关于外墙外保温系统标准《胶粉聚苯颗粒外墙外保温系统》(JG 158—2004)中,还对该外保温系统中使用的腻子以"柔性耐水腻子"产品的性能指标做出了明确规定。

随着对外墙开裂、渗水现象的重视,2009 年颁布了专门用于外墙找平用的柔性抗裂腻子产品标准,即《外墙柔性腻子》(GB/T 23455—2009)。该标准首次规定了腻子与陶瓷砖之间的黏结强度(标准状态下≥0.5 MPa;浸水处理和冻融循环处理后均必须≥0.2 MPa),也是我国第一个建筑腻子的国家标准。

总之,伴随着建筑腻子的大量和广泛使用,相关产品标准相继颁布实施,这对于保证腻子产品质量、规范市场产生了重要作用。

3. 有害物质限量标准

建筑腻子的有害物质限量标准参照国家标准《建筑用墙面涂料中有害物质限量》(GB 18582—2020),见表 3-3。

表 3-3　墙面腻子的有害物质限量

项　　　目		限　量　值
挥发性有机化合物含量(TVOCs)/(g·kg^{-1})	≤	10
苯、甲苯、乙苯、二甲苯含量总和/(mg·kg^{-1})	≤	100

续表

项　　目		限　量　值
甲醛含量　　　　　　　　　　　　　　　　　　≤		50
可溶性重金属含量	铅(Pb)/(mg·kg⁻¹)　　　　　　　≤	90
	镉(Cd)/(mg·kg⁻¹)　　　　　　　≤	75
	铬(Cr)/(mg·kg⁻¹)　　　　　　　≤	60
	汞(Hg)/(mg·kg⁻¹)　　　　　　　≤	60

*膏状腻子所有项目均不考虑稀释配比;粉状腻子除可溶性重金属项目直接测试粉体外,其余三项是指按产品规定的配比将粉体与水或胶黏剂等其他液体混合后测试。如配比为某一范围时,应按照水用量最小、胶黏剂等其他液体用量最大的配比混合后测试。

3.1.8　小结与展望

1. 小结

墙体腻子种类很多,性能和价格各异,很难一一列出。现将常见腻子及其特点总结于表 3-4 中,供读者参考。

表 3-4　常见腻子及其特点

常 见 腻 子	优　　点	缺　　点
石膏基腻子	施工性好,成本低	耐水性、柔韧性差,抗酸碱能力不强
PVA(聚乙烯醇)胶水腻子	批刮方便,成本低	强度不高,耐水性差
107 胶水(聚乙烯醇缩醛胶)腻子	批刮方便,成本低	强度不高,耐水性差,含有甲醛等有害物质,已禁止使用
苯丙乳液腻子	黏结强度高,耐水性好,批刮方便	成本较高
乳液浆状腻子	施工性、耐水性、柔韧性好,黏结强度高,抗酸碱能力强	成本较高
水泥基干粉腻子	施工性、耐水性好,黏结强度高,不易老化,具有较好的憎水性和透气性	成本较高

2. 展望

经过近年来的发展和应用,对建筑腻子的研究已经取得了很多实质性的成果,目前对于腻子的发展方向主要集中在以下几点。

1) 对腻子的性能进行全面研究

新型建筑腻子的性能包括力学性能、物理性能、化学性能。其中力学性能包括黏结强度、剪切强度、抗冲击性能、抗开裂性能等,而黏结强度又包括与不同基层的黏结强度、自身层的黏结强度。黏结强度还会随施工工艺和环境条件的变化而变化,因此还有在不同条件下的黏结强度,如标准状态下、冻融循环后,或者其他特殊环境下的黏结强度。这些强度都是新型建筑腻子最基本的性能。物理性能包括腻子的形态、粉体粗细、密度、颜色、施工性、干燥时间、吸水量、干膜表面状况等,这些会直接影响腻子的施工效果和装饰效果,特别是对于只刮腻子不上涂料的内墙工程,对腻子的综合性能和装饰性能要求更高。化学性能有耐水性、耐酸碱性、存储稳定性、耐候性、与涂料的相容性能等。

为了能够大范围推广应用,产生更大的经济效益,研制新型建筑腻子时最终产品的性价比也十分重要。总之,腻子的许多性能既相互矛盾又相辅相成,在新型建筑腻子的研发过程中不能只侧重于某个方面,应该对其综合性能进行研究,实现性能与价格的最佳平衡。

2) 建立和完善建筑腻子基础理论

目前我国建筑腻子的研究还停留在实践探索阶段,要想实现从实践到理论的飞跃,必须采用先进的实验技术,在大量实验数据的基础上系统总结和提炼出一套可靠的理论,否则新型建筑腻子的研究很难得到长足的发展。

另外,新型建筑腻子是与通常说的聚合物改性砂浆或混凝土非常相似的产品,相关的很多理论和实验方法可供借鉴和参考。如 Ohama 模型可以用来解析聚合物改性建筑腻子形态结构的形成机理;Konietzko 模型和 Puterman 与 Malorny 模型是成熟的聚合物改性混凝土的理论,可以应用到腻子体系中。由于腻子的成分比聚合物改性砂浆或混凝土多,组分间的相互作用会更复杂,这就要求科研人员要做更全面的研究,建立起一套适合建筑腻子的完整理论。

3) 腻子微观结构与性能之间的关系

结构决定性能是材料学的基本原则。人们已经研制出很多先进的精密仪器来对材料的微观结构进行表征和研究,如电子显微镜、X 射线衍射仪、差热分析仪等,这些仪器都能非常精确地测定材料的微观结构。充分利用这些仪器对腻子的微观结构进行研究,建立起腻子的微观结构与其宏观性能之间的关系。

4) 改进生产工艺,提升产品质量

当前腻子的生产工艺非常简单,大部分厂家都是采用人工配料,用螺旋搅拌机进行搅拌。由于配料的差异和搅拌的不均匀性,使生产出来的产品质量很不稳定,因此不但要有先进的配方,还要有先进的生产工艺,才能生产出高质量的建筑腻子。

5) 研制功能性腻子

随着科学技术的发展,新型建筑材料不断推陈出新,新型建筑腻子作为一种新型建材,也要加快研发和产业化步伐,以适应市场需求。具有更多特殊功能的多功能新型腻子,是目前腻子领域的研发热点和发展方向。

3.2　界面剂

界面剂是水泥和混凝土界面胶黏剂的简称,是一种主要应用于混凝土表面的表面处理材料,它能够增强混凝土表面性能或赋予混凝土表面所需要的不同功能。在室内装修中,界面剂是作为腻子的配套材料,来提高腻子和墙体之间的黏结力。

我国是混凝土生产和应用大国,混凝土结构在建筑装修领域广泛使用的同时,也面临着严重的耐久性问题。在结构加固、修补过程中,新旧混凝土的结合面是一个关键问题,新旧混凝土搭接界面的强度,决定着加固、修补的成败。在室内装修过程中,常使用界面剂涂抹毛坯墙面,以赋予墙面更强的黏结力及更好的防水性等新特性。界面剂已经成为现代家庭装修中不可缺少的配套材料之一。

对于搭接混凝土界面的处理,在界面剂出现之前都是采用凿毛工艺,用人力或机械凿毛,增大粗糙程度和表面积,让新老混凝土黏结得更加牢固。但是这种方法既耗时又耗力,并且十分污染环境,界面质量由于人为因素也无法保证,致使混凝土搭接面容易开裂或搭接不牢,既影响外观又影响质量,一般来说加固后的新旧混凝土结合面之间的黏结强度一般仅为整浇混凝土强度的一半左右。而界面剂能够显著增强新旧混凝土之间以及混凝土与抹灰砂浆之间的黏结力,用混凝土界面剂取代传统的凿毛工序是一种省工省时、节约建筑成本的首选方法。

界面剂也是一种建筑胶黏剂,除了混凝土表面,也可以用于处理灰砂砖及粉煤灰砖等表面。与混凝土表面一样,这些表面由于吸水特性或光滑引起界面不易黏结,还会引起抹灰层空鼓、开裂、剥落等问题。在室内使用的墙面界面剂可以有效防滑、提高内墙腻子和墙体基板之间的黏结力,同时还能避免因水泥墙面疏松、浮土或过干等因素带来的很多墙面基层的问题。

与此同时,室内墙面界面剂的使用也会对居家环境产生一定影响。界面剂中的有机挥发成分会造成室内空气中 VOCs 浓度的升高,影响家居空气质量。因此,室内使用的界面剂需要符合环保要求。

3.2.1　界面剂的作用原理和性能要求

界面剂涂刷在混凝土表面,通过界面剂中聚合物分子链与混凝土面层之间的相互作用,在混凝土表面形成一牢固的涂层。这种相互作用包括物理作用和化学作用两个方面:前者是利用聚合物分子链对混凝土表面的机械固定以及物理固定作用附着在混凝土表面;后者是通过聚合物分子链上的羟基、羧基、醚氧基等极性基团与混凝土表面的基团反应产生新的化学键,通过共价键结合在混凝土表面。这两种作用相辅相成,能够获得较高的黏结强度和拉伸强度,并能产生新的表面粗糙的涂层。由于该涂层既和原墙体表面有很强的黏结力,其自身所形成的涂层表面又非常粗糙,易于在其上进一步黏结新的材料,从而形成一个具有双向良好黏结性能的过渡层。

一个理想的界面剂,其性能要同时满足以下要求:

(1)能够封闭基材的孔隙,减少墙体的吸收性,达到阻缓、降低轻质砌体抽吸覆面砂浆内水分,保证覆面砂浆材料在更佳条件下黏结胶凝。

(2)固结,提高基材表面强度,保证砂浆的黏结力。

(3)担负砌体与抹面的黏结搭桥作用,保证使上墙砂浆与砌体表面更易结合成一个牢固的整体。

(4)具有永久黏结强度,不老化、不水化、不形成影响耐久黏结的结构。

(5)免除抹灰前的二次浇水工序,避免墙体干缩。

(6)弹性模量与热膨胀系数与混凝土接近。

(7)在修补混凝土存的情况下能固化,干燥收缩比砂浆或混凝土小。

(8)黏度适中,易于施工。

3.2.2　界面剂的组成、分类和力学性能

1. 界面剂的组成

不同类型的界面剂组成各不相同。液体界面剂的主要成分是聚合物乳液。固体干粉界面剂由水泥等无机胶凝材料、填料、聚合物胶粉和外加剂组成,具有高黏结力,优秀的耐水性和耐老化性。无论哪种类型的界面剂都需要添加助剂,我国最早使用的界面剂是以EVA乳液、消泡剂、聚乙烯醇缩醛胶和水配制的。由于EVA乳液的T_g较低,不需要添加成膜助剂。后来研制的聚丙烯酸酯乳液类界面剂,还需要加入纤维素溶液、防霉剂和成膜助剂等组分。

界面剂在施工时需要有一定的保水性能,对于易吸水的多孔质表面,如加气混凝土、粉煤灰砌块砌体结构墙面尤其重要。因而界面剂中必须加入适量的保水剂,常用的保水剂是甲基纤维素醚。固体界面剂中的有机组分是可再分散聚合物粉和甲基纤维素醚,无机组分则是普通硅酸盐水泥。对于需要较高强度的产品,则需要使用强度等级较高的硅酸盐快硬水泥。此外对于需要较厚涂层的界面剂,还需要使用小粒径石英砂作为骨架材料。

2. 界面剂的分类

1) 按照产品表观形态分类

根据表观形态的不同,界面剂可分为固态、液态、固液双组分三类。

固态界面剂又称干粉型界面剂,主要由水泥等无机胶凝材料、填料、聚合物胶粉和外加剂组成。固态界面剂又分为聚合物水泥界面剂和无机界面剂两类,这两类界面剂又都有含砂的和不含砂的两种。含砂的界面剂又称界面砂浆,能够形成较厚的涂层,不含砂的界面剂通常形成较薄的涂层。聚合物水泥复合型界面剂应用比较广泛,可以应用于非长期浸水结构部位、各种需要增强界面黏结的场合;无机界面剂耐水性好,可以应用于长期浸水结构部位新旧混凝土黏结的界面处理。固态界面剂具有高黏结力,以及优秀的耐水性和耐老化性,按一定比例掺水搅拌均匀后即可使用。

液态界面剂属于新型界面剂,主要成分为聚合物乳液和助剂。其作用原理是聚合物在水泥浆与骨料之间形成具有较高黏结力的膜,并堵塞了砂浆内的孔隙。水泥水化与聚合物成膜这两个过程同时进行,最后形成水泥与聚合物膜相互交织在一起的网络结构。在聚合物中存在与固体氢氧化钙表面或骨料表面的硅酸盐发生化学反应的基团,这种化学反应可能会改进水泥水化产物与骨料之间的黏结,从而提高砂浆的黏结强度。

液体界面剂的主要应用场所包括现浇混凝土、轻质砖、加气块基层表面的界面处理,快速特殊工程的粉刷和道路斜坡路面等工程,面砖、珍珠岩板的黏结等。液体界面处理剂有着较好的相容性,可与各种品牌水泥配制出附着力强、黏结度高的抹灰或喷涂材料,很好地解决了砂浆粉刷层与饰面材料黏结时,因表面吸水或光滑引起的界面不易黏结、抹灰层空鼓、起壳、开裂、剥落等问题,可显著增强新旧混凝土之间,以及混凝土与抹灰砂浆之间的黏结力。

固液双组分界面剂是将聚合物乳液按比例掺加水泥得到的界面剂,是目前使用最广泛的界面剂。双组分界面剂具有很好的渗透性、黏结性和耐水性,能充分浸润墙面基层,在墙

面形成一层胶膜,使松软的基层变得更加坚实,可显著提高腻子对基层的黏结强度,有效地避免了腻子层脱落、收缩开裂等问题。

2）按材料类型分类

按材料类型,界面剂可分为有机、无机、有机-无机复合三大类。

有机类界面剂的有效成分为有机聚合物,有环氧树脂类、丙烯酸酯树脂类、聚酯类、聚氨酯类和有机硅树脂类等。无机界面剂有硅酸盐类、磷酸盐类等。有机-无机复合界面剂是将有机高分子掺入水泥基界面剂中形成的复合物,它可以提高混凝土界面剂的黏结强度。例如先将憎水性普通环氧树脂进行改性和水性化,然后将其与水泥基界面剂混合,所得有机-无机复合界面剂在干湿环境中均能很好地固化,黏结性能优异。

3. 界面剂的物理性能技术指标

随着界面剂的广泛应用,界面剂标准也相继颁布实施,以保证产品质量,规范市场行为。目前行业标准有《混凝土界面处理剂》(JC/T 907—2018)标准、《水泥基自流平砂浆用界面剂》(JC/T 2329—2015)标准和《墙体用界面处理剂》(JG/T 468—2015)标准。

JC/T 907—2018 标准中将界面剂分为Ⅰ型和Ⅱ型:Ⅰ型界面剂适用于水泥混凝土的界面处理;Ⅱ型界面剂适用于加气混凝土或以粉煤灰、石灰、页岩、陶粒等主要原材料制成的砌块或砖块等材料的界面处理。两类界面剂对力学性能有不同的要求,具体见表3-5。

表 3-5　混凝土界面处理剂的物理性能技术指标

性 能 项 目		技 术 指 标	
		Ⅰ型界面剂	Ⅱ型界面剂
拉伸强度/MPa ≥	未处理	0.6	0.5
	处理后 浸水	0.5	0.4
	耐热		
	冻融循环		
	耐碱		
	晾置时间 20 min	—	0.5
横向变形①/mm	≥	2.5	

① 横向变形为可选项,根据工程需要由供需双方确定。

3.2.3　几种常用的界面剂

1. EVA 乳液型界面剂

EVA 乳液即乙烯-乙酸乙烯酯共聚乳液,是一种无毒无味的环保型黏合剂基料。分子链上乙烯链段可降低分子链之间的相互作用,增强分子链的柔顺性,因此 EVA 主链的柔软性随乙烯链节含量的增加而增加。EVA 中乙烯链段的这种内增塑作用克服了添加低分子量增塑剂所产生的迁移、挥发、渗出等缺点,为永久增塑。一方面,EVA 具有良好的柔韧性和橡胶的弹性,在−58℃下仍具有柔性;另一方面,由于其表面张力和混凝土表面张力接近,与混凝土之间具有较强的黏结力。同时,较低的表面张力有利于 EVA 对物体表面进行浸润。因此 EVA 乳液具有优良的黏结性和耐久性,通过添加各种助剂还可以使其黏结性能更加突出,且价格适中,应用更加广泛。

EVA 乳液型界面剂采用 EVA 乳液为基料,配以多种助剂,采用科学配方和工艺制成,它是一种高分子水泥体系,具有很强的渗透性,能充分浸润基层材料表面,提高新抹砂浆与基层材料的黏结性能,避免水泥砂浆与光滑墙面黏结时的空鼓;对不容易抹灰的墙体材料如聚苯板、沥青涂层、聚氨酯防水层、钢板、加气砖、粉煤砂砖、黏土珍珠岩砖,以及现浇混凝土、预制混凝土均能提高其黏结力,适用于各种新建工程及维修改造工程。

2. 聚丙烯酸系乳液型界面剂

聚丙烯酸系乳液界面剂的主要成分是丙烯酸类聚合物,丙烯酸系聚合物可以降低界面剂的收缩,减小因界面剂收缩而产生的应力。丙烯酸系聚合物在混凝土表面形成网状结构,阻碍了混凝土在破坏时产生的微裂纹的扩展,加强了新旧混凝土之间的咬合作用,从而提高了界面结合强度。聚丙烯酸系乳液耐水性很好,但是一般的聚丙烯酸系乳液钙离子稳定性差,与水泥复配时易出现混合不均、分散性不好、破乳失效等问题,时间稍长还会出现水泥沉降,给施工带来麻烦。将种子乳液聚合工艺与交联技术相结合,可以制备出具有轻度交联网状分子结构的“内硬外软”的核壳结构聚丙烯酸系乳液。该类乳液成膜温度低,稳定性好,将其与水泥复配后可制成性能优异的水泥砂浆和混凝土表面黏结增强剂。

3. 干粉砂浆界面剂

干粉砂浆界面剂是以乳胶粉为主要胶接料,添加多种助剂(如纤维素醚等)充分混合而成的新型高强粉状物。可以使用的乳胶粉有 EVA 共聚物、乙酸乙烯/叔碳酸乙烯共聚物、丙烯酸系共聚物、羧基丁苯胶乳等。乳胶粉在与水接触后可以很快地再分散成乳液,具有高黏结能力。乳胶粉由于含有—OH、—COOH 等极性基团,在与混凝土等无机材料接触时,这些极性基团便在混凝土界面生成氢键,从而使其具有优良的黏结性能。

使用时,首先向干粉砂浆中加入适量水,搅拌混合均匀,然后按一定工艺将其涂抹在混凝土表面。此时聚合物乳胶在整个无机材料表面形成一个连续的聚合物膜,与基材的接触面也比较大;同时,聚合物分子链上极性基团与基材表面极性基团之间的相互作用也可大大提高界面剂的黏结性能。加入的纤维素醚还可以起到保水和增稠作用,防止界面剂在施工过程中失水过快,导致水泥水化不完全,从而影响性能并增加界面剂的黏性,使界面剂易于附着在基材表面等问题。与其他类型界面剂相比,干粉砂浆界面剂具有超强的黏结力、优良的耐水性和耐老化性,它可提高抹灰砂浆与基层的黏结强度,有效避免抹灰层空鼓、脱落、收缩开裂等弊病。

4. 改性水泥浆

水泥净浆本身就是一类无机界面剂,它本身黏结性能一般,但较为经济,主要用于包裹混凝土中的骨料,使之凝结硬化成坚硬的水泥石。向水泥净浆中加入其他助剂是对其改性的最主要方式。

例如,在水泥净浆中掺入膨胀剂可以显著改善水泥净浆的性能。所用膨胀剂一般为 U 型膨胀剂,它主要由硫酸铝、氧化铝、硫酸铝钾等多种膨胀源组成。当其与水拌和后,生成大量水化硫铝酸钙,即钙矾石。钙矾石在胶粒间以辐射状生长,细微的钙矾石晶体进入旧混凝土黏结面上的孔穴中,起到锚固作用,宏观上提高了新旧混凝土的黏结强度。由于钙矾石的形成,界面剂产生一定的体积膨胀,两侧的新旧混凝土对界面剂的膨胀具有一定的约束作用,使水泥浆中更多的水泥颗粒与老混凝土表面充分接触;若体积膨胀较大,黏结面在限制其膨胀的同时会受到压力,这种压力作用将增加骨料与水泥浆的机械咬合力,增大界面的黏结强度,界面剂产生膨胀可以消除或部分消除新混凝土的体积收缩对黏结的不利影响,这些都有利于界面处黏结强度的提高。

3.2.4　界面剂研究进展

目前,界面剂最大的用途是提高新旧混凝土界面之间的黏合作用,但是现在人们还不十分清楚,为什么新旧混凝土结合面的黏结强度达不到相应整浇混凝土的水平。因此,从混凝土材料微观结构的角度阐明其黏结机理,建立微观结构和宏观力学性能之间的联系,将有助于从本质上认识新旧混凝土黏结问题。混凝土界面结构和黏结机理的研究是混凝土界面剂研究和发展的基石。

人们对混凝土层间黏结机理进行了很多研究,但新旧混凝土界面区黏结理论还不成熟。在此简要介绍一下代表性的研究成果。

1995年法国学者 Maso 提出了界面过渡区形成机理假说。他认为在混凝土搅拌混合过程中,在骨料表面形成一层几微米厚的水膜,而无水水泥的分布密度在紧贴骨料处几乎为零,然后随着距离增大而增高。所以在这层水膜中可以认为基本上不存在水泥颗粒。当水泥化合物溶解于水之后,溶解的离子即扩散进入这层水膜。如果是不溶性骨料,水膜中的离子全部来自水泥熟料及石膏,如图 3-1 所示。但如果骨料是部分可溶性的,则骨料所溶出的离子在骨料表面密度最大,其离子浓度分布如图 3-2 所示。

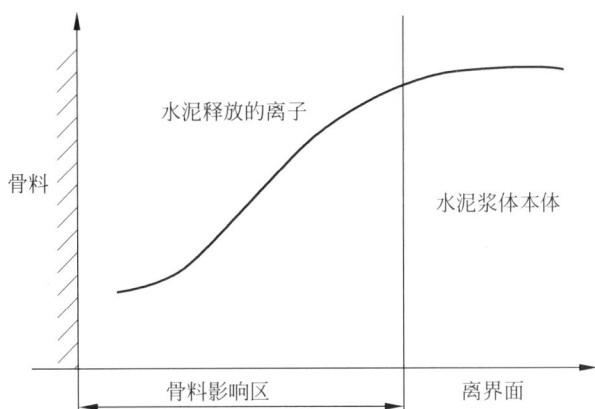

图 3-1　不溶性骨料离子分布示意图

由于骨料总会有部分离子析出,故水膜层中总离子浓度在靠近骨料表面处浓度最高,之后有一明显缺陷处,即低离子浓度区。因此,在这层水膜内最先形成水化产物晶核的是先扩散进入水膜的离子,对普通硅酸盐水泥即是钙矾石和氢氧化钙。

水膜内水化产物晶体是在溶液中形成晶核而长大,由于膜内过饱和度不高,有充分空间让晶体生长,故形成的水化产物晶体尺寸较大,所形成的网状结构较为疏松,以后活动性较差的铝离子、硅离子陆续进入第一批晶体所遗留的空隙中,逐渐形成水化硅酸钙以及尺寸较小的次生钙矾石和氢氧化钙填充其间。上述假设中离子浓度分布曲线凹陷处可能形成大晶

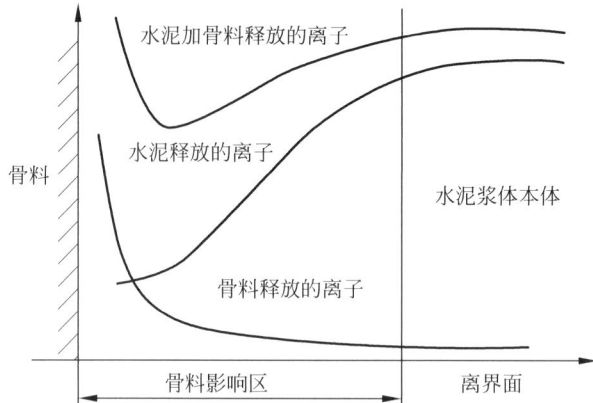

图 3-2 可溶性骨料离子分布示意图

核及高孔隙率,是界面中的薄弱区。新旧混凝土的界面同样存在类似于整浇混凝土中骨料与水泥石接触的这样一个过渡区,而这恰恰是三相中最弱的界面层。实际上,旧混凝土界面存在露出的骨料和已硬化的水泥石,旧混凝土的界面处可当作骨料部分,同样是骨料与水泥石的接触界面,问题可能比整浇混凝土中骨料与水泥石界面过渡区要复杂,但目前过渡区理论还在探索,尚无明确结论。

1988 年美国学者 Wall 提出,新旧混凝土的黏结界面状况与水泥-骨料的界面状况类似,也就是说可以把旧水泥混凝土看作大的骨料。1994 年荷兰学者 Bijien 提出,新旧混凝土之间的黏合是通过范德华力、机械咬合力、表面张力等各种物理力的共同作用来实现的,但由于水泥颗粒在毛细孔中水化是不可能的,所以新旧混凝土界面的机械咬合作用很弱。1994 年德国学者 Frebrich 根据润湿有利于提高黏结强度的试验结果,提出界面黏结是由物质的表面张力引起的,新旧混凝土的界面黏结作用力不仅有物理作用力,也有化学作用力。

3.2.5 界面剂污染源分析及相关标准

1. 界面剂污染源分析

作为腻子的配套材料,界面剂可提高腻子和墙体之间的黏结力。与墙面腻子相比,界面剂的使用量较小,因此对室内空气环境的影响也较小。

界面剂中的 VOCs 主要来自作为黏结料的聚合物组分,包括聚合物乳液和乳胶粉,以及少量的助剂。早期界面剂中使用的黏结料多为 107 建筑胶水和 108 建筑胶水,它们的主要成分是聚乙烯醇缩甲醛。由于这类界面剂在使用过程中会释放甲醛,对人体健康危害较大,已被禁用。目前界面剂中用聚合物乳液和乳胶粉作为黏结料,包括丙烯酸系乳液、EVA 乳液、聚乙酸乙烯酯乳液、羧基丁苯胶乳、EVA 乳胶粉、环氧树脂乳液、聚氨酯乳液等。聚合物本身不分解有害小分子,但合成聚合物乳液时少量未聚合单体残留在乳液中,这些残留单体会被带到产品中,从而提高了界面剂中 VOCs 的含量。乳胶粉和有些助剂中也会含有少量 VOCs。这些 VOCs 会逐渐释放出来而影响室内空气品质。

2. 界面剂有害物质限量标准

给室内空气质量带来危害的界面剂是墙体用界面处理剂,它是涂刷于墙体材料基面、能增强界面附着能力的合成树脂乳液。室内墙体装修时首先要在水泥墙表面涂刷一层界面剂,然后再涂抹墙体腻子,以提高水泥墙体与腻子之间的黏结强度。在《墙体用界面处理剂》(JG/T 468—2015)标准中规定,有害物限量除了应符合《民用建筑工程室内环境污染控制标准》GB 50325—2010 中水性胶黏剂部分的标准(见表3-6)外,还应符合国家现行标准的相关规定,如现行标准 GB 50325—2020。

表3-6 墙体界面剂中胶黏剂的有害物质限量

测定项目	限 量			
	聚乙酸乙烯酯胶黏剂	橡胶类胶黏剂	聚氨酯类胶黏剂	其他胶黏剂
挥发性有机化合物含量(VOCs)/(g·L^{-1})	≤110	≤250	≤100	≤350
游离甲醛含量/(g·kg^{-1})	≤1.0	≤1.0	—	≤1.0

由于室内装修用的界面剂主要是用作腻子的配套材料,因此也有直接用水性腻子的有害物质限量标准作为界面剂的有害物质限量标准,即界面剂应符合《建筑用墙面涂料中有害物质限量》(GB 18582—2020)中的水性墙面腻子的标准,具体见表3-3。

3.2.6 小结与展望

1. 小结

界面剂是一种表面处理材料。在粗化处理后旧混凝土表面涂刷界面剂可改善旧混凝土的表面微观结构,提高与新混凝土的黏结性能,提高的幅度随界面剂种类的不同而异,一般可达8%~60%。施工时界面剂涂抹厚度一般不超过3 mm,以0.5~1.5 mm为宜。界面剂是目前室内墙体装修必须使用的材料,但对室内空气质量影响较小。界面剂的种类很多,性能各异,许多界面剂的性能有待实际工程的检验。现将它们的特点、性能、综合成本等总结于表3-7。

表3-7 主要界面剂及其特点对比

项目	固态界面剂	液态界面剂	固液双组分界面剂
主要成分	水泥等无机胶凝材料、填料、聚合物胶粉	聚合物乳液、助剂	聚合物乳液、水泥、填料、助剂
优点	黏结强度高、耐水性好、使用方便、应用广泛	与墙体相容性好、附着力强、黏结强度高	渗透性和耐水性好,能充分浸润墙面基层,环保性好
缺点	现场加水配置,容易造成施工现场污染	耐水性一般,环保性较差	耐水性较差
成本	低	高	中
施工难度	容易	中等	容易
主要用途	新旧混凝土黏结、加气块基层的界面处理	现浇混凝土、轻质砖、加气砌块基层表面处理	增加墙体腻子与墙体的黏结能力

2. 展望

目前市面上界面剂种类繁杂,但对耐久性和机理方面的研究较少。许多加固修补工程修补周期短,一两年后又需要返修。尽管国内外研究人员已对界面黏结机理、界面剂耐久性、界面部位及结构、测试方法、新混凝土性能、界面干湿状态等进行了一些研究,但并没有取得实质性的进展。目前新旧混凝土界面黏结理论还不成熟,界面剂的研究与开发还缺乏系统有效的理论指导。显然,从混凝土材料微观结构的角度阐明其黏结机理,建立微观结构与宏观力学性能之间的联系,将有助于从本质上认识混凝土的黏结问题,为界面剂的研发奠定理论基础。

第4章
瓷砖胶黏剂和木质地板胶黏剂

4.1 瓷砖胶黏剂

建筑瓷砖的飞速发展,为美化城市和家居环境做出了很大贡献。传统的瓷砖粘贴方法通常采用水泥砂浆或水泥净浆,即现场混合砂和水泥,将得到的水泥砂浆涂在预浸或预润湿的瓷砖背面,然后将瓷砖压到预先润湿的表面上并轻敲瓷砖,以保证瓷砖的平整度。黏结力主要来源于水泥砂浆渗入表面毛细孔,干固后形成类似机械锚固的拉力,将瓷砖黏结在基面上。

事实证明,采用水泥砂浆来粘贴瓷砖具有耐久性差、黏结力弱、容易剥落、施工材料用量大等缺点。此外,砂浆需要以合适的比例以及黏度进行现场混合,操作时也具有较大的难度和随意性,需要熟练的技术人员进行施工。

随着人们审美观以及对瓷砖功能性要求的逐渐提升,市面上出现了许多低吸水率、大尺寸的瓷砖,如玻化砖、抛光砖、微晶石等。这些高档瓷砖在满足消费者对美感追求的同时,也对贴砖过程提出了更高的要求与挑战。水泥砂浆对它们的黏结力较差,于是瓷砖背胶应运而生。瓷砖背胶能大幅提升瓷砖与基材之间的黏结强度和抗滑移性,具有良好的耐水性和耐热老化性,而且能经受住干湿交替及冻融交替的考验,有效地解决了使用水泥砂浆带来的问题。

然而,由于不存在脱落风险,目前国内地砖几乎都是使用传统水泥砂浆进行铺贴。作为产量和使用量均占据最大市场份额的瓷砖类别,地砖每年的使用量占瓷砖总量的一半以上,粘贴地砖不使用瓷砖背胶也是导致我国瓷砖背胶市场成熟度与发达国家差距较大的一大因素。

4.1.1 瓷砖背胶

瓷砖胶黏剂是在水泥砂浆的基础上进行改性,或者由有机胶类组成的胶黏剂,和传统的水泥相比,其黏结性能有大幅提升。

瓷砖背胶按照材料可以分为两大类:水泥基瓷砖胶黏剂和有机胶类瓷砖胶黏剂。以水泥为基底的瓷砖胶黏剂耐水性好,可用于长期接触水的场合。有机胶类瓷砖胶黏剂的柔韧性好,预拌好的有机类胶黏剂开罐可以直接使用。

当前粘贴瓷砖还是以水泥为基料的胶黏剂居多,一般加入一定比例的有机聚合物,起到增稠、提高黏结强度等作用,有机聚合物的掺入量一般在 2%~10%。有机胶类胶黏剂使用量较少。

1. 水泥基瓷砖胶黏剂

水泥基瓷砖胶黏剂主要由水泥、骨料、矿物集料、可再分散胶粉、纤维素醚以及各种助剂组成。

1)水泥基瓷砖胶黏剂的黏结原理

水泥基瓷砖胶黏剂中的聚合物以及水泥在黏结时都发挥着重要的作用。聚合物在水泥硬化过程中形成聚合物相填满空隙,高分子特有的网状交联结构为复合材料提供较好的弹性、柔韧性和黏结性,加入水泥中可显著提高与其他材料的黏结强度。另外,由于聚合物具有良好的保水性,能够有效地减缓水泥的脱水过程,使水泥充分水化,从而获得更好的强度。水泥与聚合物构成了一个很好的黏合体系,能够有效地发挥出聚合物和水泥各自的优越性。

2)水泥基瓷砖胶黏剂的主要成分

(1)水泥

水泥种类很多,如普通硅酸盐水泥、硅酸盐水泥、铝酸盐水泥等。水泥的性能会直接影响到胶黏剂的流动性和黏结强度。铝酸盐水泥主要是以铝矾石和石灰石为原料,经过高温煅烧形成的水硬性胶凝材料。一般而言,铝酸盐水泥中氧化铝含量约 50%,具有耐热性强、凝结硬化速度快、水化热大等特性。因为不同水泥中含有的成分不同,其水化反应产物也有所不同。

(2)骨料

合适的骨料不仅能降低收缩率和膨胀系数,降低胶黏剂的成本,还能提高黏合剂的强度和耐久性。其中,石英砂作为细骨料在砂浆中占到很大的比例,是瓷砖胶黏剂的重要组成部分。

(3)矿物集料

矿物集料也称矿物掺合料,将其掺入到砂浆中来部分地取代水泥。矿物集料中的活性成分能够改变胶黏剂的水化过程、调节强度、提高耐久性等。目前,使用广泛的矿物掺合料包括矿渣微粉、粉煤灰、偏高岭土等。

粉煤灰是从煤燃烧后的气体中收集的细灰,主要由 SiO_2、Al_2O_3、FeO、Fe_2O_3、CaO 等组成。粉煤灰孔隙率较高,比表面积大,因而具有较强的吸水性。粉煤灰的加入可部分替代砂浆原料,使水泥颗粒分散均匀,延缓水化速度,防止砂浆产生温度裂痕,同时可减少水泥用量,降低产品成本。

矿渣微粉的主要成分为 SiO_2、CaO、Al_2O_3、MgO、Fe_2O_3、MnO 等氧化物,是由矿渣经过加工粉磨而制成的粉体。氧化物含量不同,对应的矿渣微粉酸碱性不同,可分为碱性、中性和酸性三类。通常,含有较多 SiO_2 的矿渣是酸性的,含有较多 Al_2O_3 和 CaO 的是碱性的。由于碱性的矿渣胶凝性较好,已成为矿渣微粉掺入料的普遍选择。矿渣微粉的加入能提高砂浆的耐久性。此外,矿渣微粉原料易得,价格低于水泥,用其等量取代水泥,具有一定的经济效益。

偏高岭土是以高岭土为原料,在 $600\sim900℃$ 高温下脱水形成的粉体。偏高岭土的分子排列不规则,呈现热力学介稳状态,具有较高的火山灰活性,作为掺合料可提高砂浆的黏结性和抗压强度,也可改变浆体的微观结构,使孔隙率降低。

（4）可再分散胶粉

可再分散胶粉已成为干粉砂浆中不可或缺的组分,将其加入水中搅拌就能形成稳定的分散液。可再分散胶粉可以经受水泥的强碱性,不会因皂化反应降低其黏结强度,并且能提高胶黏剂的弯曲强度和黏结强度。

可再分散乳胶粉一般为白色粉状物,主要是由聚合物树脂、添加剂、保护胶体以及抗结块剂组成。聚合物树脂为可再分散乳胶粉的核心,发挥着重要的作用。常用的可再分散聚合物乳胶粉有乙烯-乙酸乙烯酯共聚物（EVA）、丁苯橡胶（SBR）、丙烯酸酯-苯乙烯共聚物（A/S）、聚丙烯酸酯等。作为一种亲水材料,保护胶体多能够包裹在可再分散乳胶粉表面,通常使用的是聚乙烯醇。抗结块剂主要是防止胶粉在储存运输过程中结块。

（5）纤维素醚

纤维素醚是能够保水增稠的多羟基高分子材料。溶于水后形成高黏度的水溶液,能够保持黏合剂中的水分,使胶黏剂具有抗下垂性以及足够长的敞开时间,并提供很好的初黏力和施工操作性能,保证水泥充分硬化。

（6）润湿剂和分散剂

润湿剂和分散剂能降低液体和固体之间的界面张力,促进水泥颗粒在液体中的悬浮及分散,防止水泥颗粒发生絮凝和聚集,并且还能让水泥聚集体中包裹的游离水释放出来,有利于水泥的水化反应。

（7）其他助剂

还可以根据需要加入减水剂、木质纤维等。

3）水泥基瓷砖胶黏剂的分类

按照品质,水泥基瓷砖胶黏剂通常分为普通型、标准型、高品质型和快速固化型 4 类,如表 4-1 所示。

表 4-1　水泥基瓷砖胶黏剂的分类及相关特性

类别	特性
普通型	低成本,符合基本的粘贴要求,适用于刚性的、具有吸收性的中、小型瓷砖
标准型	质量较高,用于刚性的、吸收性较低的瓷砖
高品质型	质量高,具有较好的柔性,可在苛刻的基材上进行粘贴,如非吸收性的抛光砖、玻化砖等
快速固化型	覆盖表面,在短期内可供人行走

按照混合方式,水泥基瓷砖胶黏剂可以分为工业化生产的预混好的干粉砂浆和传统的现场配制砂浆。

4）干粉砂浆的特点

干粉砂浆是粉状的预混型水泥基瓷砖胶黏剂,使用时仅需将其与水进行搅拌均匀即可,是水泥基瓷砖胶黏剂中最受欢迎、使用量最大的一种。干粉砂浆由于采用工业化配置生产，其成分稳定，质量优良，能够满足建筑工程中的各种需求，因此在现代建筑工业中得到了广泛应用。

（1）优点

备料方便快捷：对于传统的现场配制砂浆的方式，由于水泥、骨料、矿物掺合料、可再分散胶粉以及各种助剂都需要分别购买，占用了大量的人力、物力以及时间。采用干粉砂浆只需要按要求一次性购买，将预拌好的干粉砂浆加水即可。

成分稳定、质量可靠：传统的现场配制砂浆往往会由于成分的波动而导致性能的不稳定。干粉砂浆经过了工厂化严格合理的配料和均匀混合，拥有稳定且优良的质量以及性能，主要体现为和易性和保水性好、耐久性优良。

（2）缺点

经过工程实践的长期检验，干粉砂浆也暴露出不少性能上的缺陷，比如粘贴后会出现开裂、空鼓、剥落等问题。

2. 有机类瓷砖胶黏剂

作为一种应用于瓷砖背面的新型黏结材料，有机类瓷砖胶黏剂不仅能有效降低瓷砖面的表面张力，还能提升与水泥层的黏结能力，改善耐候性、柔韧性等，有效地解决了瓷砖空鼓、脱落等问题，受到了市场的青睐。

1）有机类瓷砖胶黏剂的分类

（1）按照化学组成分类

目前有机类瓷砖胶黏剂可分为以下 9 类：纯丙乳液、苯丙乳液、羧基丁苯胶乳、纯丙乳液与苯丙乳液的混合物、有机硅改性纯丙乳液、有机硅改性苯丙乳液、苯丙乳液与羧基丁苯胶乳的混合物、纯丙乳液与羧基丁苯胶乳的混合物以及其他。

（2）按照固化方式分类

有机类瓷砖胶黏剂可以分为水基型、溶剂型、热熔型以及反应型 4 类。

2）有机类瓷砖胶黏剂研究进展

受消费习惯、消费意识以及成本等因素的影响，目前国内大部分消费者在铺贴瓷砖时还在使用水泥砂浆，或者以水泥为基体、添加少量聚合物及助剂的胶黏剂，有机类胶黏剂使用的很少。

部分瓷砖背胶由压敏胶制成，其特点是耐水性较差，特别是浸水黏结强度特别弱；也有采用丙烯酸树脂乳液制备得到的瓷砖胶黏剂，其特点是对瓷砖背面的黏结强度优异；目前市面上也出现了一些采用丙烯酸树脂复配硅烷偶联剂的胶黏剂，其特点是能提高瓷砖背胶的黏结强度，但由于硅烷偶联剂易于水解，其存储性能较差。

随着瓷砖朝着大尺寸、低孔隙率、低吸水率的方向发展，有机类瓷砖胶黏剂凭借其优良的性能会变得越来越不可或缺，将会在市场中占有一席之地。近年来，关于有机胶类瓷砖胶黏剂的相关研究越来越多。

俞良等发明了一种瓷砖背胶及其制造工艺，其单体原料包括丙烯酸异辛酯、甲基丙烯酸甲酯、苯乙烯、甲基丙烯酸、甲基丙烯酸缩水甘油酯等。其中，丙烯酸异辛酯是一种常见的软单体，可以为胶黏剂提供黏附性能，增加胶层的弹性和柔韧性；甲基丙烯酸甲酯、苯乙烯作为硬单体,赋予聚丙烯酸酯乳液胶黏剂较好的内聚强度和较高的使用温度,改善胶层的耐水性、黏结强度和透明性等;苯乙烯的引入还可提高硬度和耐水性;甲基丙烯酸缩水甘油酯可以提高材料的交联度和初黏性。

杨科等制备了一种水性环保型瓷砖背胶乳液,该乳液由苯乙烯、丙烯酸丁酯、丙烯酸异辛酯、丙烯酸、丙烯酸羟乙酯单体通过乳液聚合而得到。产品具有环保、黏结力强、施工中不用浸砖湿墙、强度大、不易碎的特性;此外,它还具有较好的柔韧、防水、抗渗、抗裂、耐冻融、耐老化性能。

3. 常用的瓷砖背胶

在此补充列举一些市场上常见的瓷砖背胶的具体品种(见表 4-2),可用作瓷砖和混凝土、水泥砂浆基面的黏结。

表 4-2　常用的瓷砖背胶

品名	生产方法	性能特点	施工注意事项	备注
TAM 通用瓷砖胶黏剂	以水泥为基材,采用聚合物进行改性而制成的粉体	1. 无毒无污染的灰白色粉末 2. 抗拉强度:>0.036 MPa(24 h);>0.153 MPa(14 天(室温)) 3. 抗剪强度:>1.02 MPa(一个月(室温)) 4. 可校正性:瓷砖固定 5 min 后旋转 90°,不影响强度	1. 将胶粉和水按 7:2 的质量比搅拌均匀,静置 10 min 后使用 2. 混合物在 4 h 内用完,以免结硬 3. 粘贴后 24 h 后可以勾缝 4. 用胶量:2~3 kg·m^{-2}	—
马赛克胶黏剂	主要含聚乙烯醇缩甲醛和尿素	1. 白色水溶性胶黏剂 2. 抗拉强度:1.0~1.2 MPa 3. 固含量:12%~14% 4. pH:7~8	与石英砂、水泥配制成含有聚合物的砂浆胶黏剂:石英砂:水泥=1:0.6:2	—
TAS 高强度耐水型瓷砖胶黏剂	是双组分胶黏剂	1. 黏结强度高 2. 具有良好的耐水性、耐候性、耐化学性 3. 剪切强度:>2.0 MPa(28 天(室温))	搅拌均匀后要在 3 h 内用完,以免结硬	尤其适用于厨房、卫生间等长期受水浸泡或者化学物质侵蚀的场所
JP$_1$ 和 JP$_2$ 块材胶黏剂	以丙烯酸乳液为主,加入增稠剂、增塑剂、分散剂等助剂制备得到的膏糊	1. 具有良好的耐水性、耐酸碱性、耐化学性 2. 固含量:JP$_1$ 68%;JP$_2$ 72% 3. 黏结强度:JP$_1$ 2.6 MPa;JP$_2$ 0.9 MPa	1. 基层平整,无油污,保持干燥 2. 瓷砖背涂厚约 1 mm,在基层上搓动,由下而上铺贴压实,或涂在基层上,厚约 2 mm,将瓷砖贴上来回挤压,挤出空气 3. 固化前将余胶擦洗干净	JP$_1$ 适用于厨房及对耐热性要求高的地方 JP$_2$ 适用于卫生间、浴室等对耐水性、耐湿性要求高的地方

品名	生产方法	性能特点	施工注意事项	备注
AH-03 大理石胶黏剂	以环氧树脂以及合成树脂为基材,加入乳化剂、增稠剂、交联剂以及填料制成的膏状物	1. 黏结强度＞2.0 MPa 2. 浸水强度 1 MPa	为高分子胶黏剂,采用"薄涂法",参考 JP_1 和 JP_2	—

4.1.2　瓷砖填缝剂

对于瓷砖的铺贴,填缝是必不可少的一道工序。填缝能够防止灰尘和杂物进入瓷砖缝隙,阻止或减少水进入瓷砖下面的基面,同时具有一定的美观效果,因此瓷砖填缝剂又叫美缝剂。值得注意的是,填缝材料要选取柔性材料。这是由于胶凝材料在硬化过程中会发生一定的化学收缩,外部环境温、湿度的变化会产生湿胀干缩,日间及季节变化会导致热胀冷缩,由此会产生内应力,如果积蓄的内应力得不到消散,瓷砖系统最终可能出现空鼓、拱起、脱落和开裂等形式的破坏。用柔性材料填缝,能够消散基层与瓷砖之间的应力。

在过去很长的时间,瓷砖填缝剂主要以水泥基填缝剂为主。水泥基填缝剂在使用初期具有一定的防霉效果,但长期处于湿热环境中仍容易发霉变黑,影响美观。在这种情况下,环氧基美缝剂、丙烯酸类美缝剂等的诞生也就顺理成章了。

1. 水泥基填缝剂

水泥基填缝剂是以水泥为主要胶凝材料,添加骨料、纤维素醚、胶粉等助剂混合而成的无机型填缝材料。水泥基填缝剂的成本较低,而且原材料中无机材料占比大,环保性和耐候性好。施工多数情况下使用涂抹法,简单快速。水泥基填缝剂在水化后产生氢氧化钙,具有防霉性。然而一些区域因其表面有灰尘积累且经常潮湿,如卫生间地面,会导致填缝表面发霉,影响了填缝的美观性。

2. 环氧类美缝剂

环氧树脂类美缝剂是由环氧树脂、固化剂和颜料等组成的有机反应型填缝材料。大多是油性体系,靠环氧树脂和固化剂的交联固化成型,分为单管灌装和双管灌装,需要特制的混合胶嘴混合,使用特制胶枪进行后续施工。环氧类美缝剂的优点是硬度、色泽和黏结强度较好,但是由于它是反应型材料,可施工时间相对较短,粘到衣物上后难以清理,且缝隙外多余的美缝胶清理较麻烦,要在适当的时间内恰当地使用压球等工具才能清理干净。

3. 丙烯酸类美缝剂

丙烯酸类美缝剂问世较早,它是以丙烯酸聚合物乳液为主要黏结料,添加碳酸钙粉、纤维素醚、颜料等助剂混合而成的水性单组分膏状填缝材料,靠水分蒸发后收缩成型。由于是膏状材料,开罐就可以直接使用。其优点是施工简单方便、省时省力,安全环保,产品具有较高的弹性,可以适应较大的缝隙变形;但固化后收缩明显,其黏结强度、硬度和色泽不及双组分美缝剂。

4. 硅酮填缝剂

硅酮填缝剂属于硅酮密封胶的范畴。作为瓷砖美缝剂的硅酮密封胶由聚二甲基硅氧烷、交联剂、增塑剂、催化剂、填料等混合而成,在室温下通过与空气中的水分发生反应形成硅橡胶弹性体。硅酮密封胶在建筑和室内装修中广泛使用,将在第5章做详细介绍。

4.1.3 施工工艺

1. 瓷砖铺贴

目前瓷砖粘贴有两种基本方法,一种是厚床法,使用水泥、石灰等水硬性材料作为胶黏剂,涂抹厚度一般为2～7 mm;另一种是薄床法,使用有机胶黏剂或者有机聚合物与水泥的混合物作为胶黏剂,涂胶厚度一般为0.1～2 mm。目前这两种方法全球都在采用,估计各占50%。其中,薄床法是随着有机胶类瓷砖背胶的发展而发展起来的,并且使用越来越广泛。

2. 瓷砖填缝

瓷砖填缝剂的施工较为简单,购买成品后可自行施工。由于大部分胶黏剂固化时间较短,要注意尽快将缝隙外的余胶清理干净。

4.1.4 瓷砖胶黏剂污染源分析及相关标准

1. 有害源分析

瓷砖胶黏剂的有害源主要为甲醛和挥发性有机化合物(VOCs)。

1)甲醛

目前,瓷砖胶黏剂中使用量大的主要是以水泥为基材的胶黏剂,只加入少量的聚合物等进行改性,而非水泥基胶黏剂中基本采用的都是非醛胶。因此,甲醛含量很少。检测到的甲醛可能来源于未反应单体的氧化产物、原料中的杂质等。

2)VOCs

主要来源于:①溶剂型瓷砖胶黏剂中的溶剂,如溶剂型环氧类美缝剂中的溶剂;②胶黏剂中残留的未反应单体;③瓷砖胶黏剂中的各种有机助剂,如增稠剂、增塑剂、催化剂等。

2. 国内相关标准

现将与瓷砖胶黏剂相关的现行国内标准列举于表4-3。

表4-3 中国有关瓷砖胶黏剂的相关标准

标 准 类 型	标 准 号	标 准 名 称
强制性国家标准	GB 18583—2008	室内装饰装修材料 胶粘剂中有害物质限量
强制性国家标准	GB 30982—2014	建筑胶粘剂有害物质限量
强制性国家标准	GB 33372—2020	胶粘剂挥发性有机化合物限量

续表

标准类型	标准号	标准名称
环境标准	HJ 2541—2016	环境标志产品技术要求　胶粘剂
建材行业推荐性标准	JC/T 547—2017	陶瓷砖胶粘剂
建材行业推荐性标准	JC/T 1004—2017	陶瓷砖填缝剂

1) 有害物质限量相关标准

标准《室内装饰装修材料　胶粘剂中有害物质限量》(GB 18583—2008)适用于室内建筑装修用胶黏剂,分别针对溶剂型胶黏剂、水基型胶黏剂和本体型胶黏剂中的有害物质提出了限量要求,相关内容见表 4-4、表 4-5 和表 4-6。此外,标准《建筑胶粘剂有害物质限量》(GB 30982—2014)、《胶粘剂挥发性有机化合物限量》(GB 33372—2020)和《环境标志产品技术要求　胶粘剂》(HJ 2541—2016)中也都将胶黏剂分为溶剂型、水基型和本体型,并限定了胶黏剂中有害物质的释放量,检测项目和 GB 18583—2008 相似。

表 4-4　溶剂型胶黏剂中有害物质限量

项　目		指　标			
		氯丁橡胶胶黏剂	SBS 胶黏剂	聚氨酯类胶黏剂	其他胶黏剂
游离甲醛含量/(g·kg⁻¹)	≤	0.50		—	—
苯含量/(g·kg⁻¹)	≤	5.0			
甲苯+二甲苯含量/(g·kg⁻¹)	≤	200	150	150	150
甲苯二异氰酸酯含量/(g·kg⁻¹)	≤	—		10	—
二氯甲烷含量/(g·kg⁻¹)		总量≤5.0	≤50		≤50
1,2-二氯乙烷含量/(g·kg⁻¹)			总量≤5.0		
1,1,2-三氯乙烷含量/(g·kg⁻¹)					
三氯乙烯含量/(g·kg⁻¹)					
总挥发性有机物含量/(g·L⁻¹)	≤	700	650	700	700

注:如产品规定了稀释比例或产品有双组分或多组分组成时,应分别测定稀释剂和各组分中的含量,再按产品规定的配比计算混合后的总量。如稀释剂的使用量为某一范围时,应按照推荐的最大稀释量进行计算。

表 4-5　水基型胶黏剂中有害物质限量

项　目		指　标			
		聚乙酸乙烯酯胶黏剂	橡胶类胶黏剂	聚氨酯类胶黏剂	其他胶黏剂
游离甲醛含量/(g·kg⁻¹)	≤	1.0	1.0	—	1.0
苯含量/(g·kg⁻¹)	≤	0.20			
甲苯+二甲苯含量/(g·kg⁻¹)	≤	10			
总挥发性有机物含量/(g·L⁻¹)	≤	110	250	100	350

表 4-6　本体型胶黏剂中有害物质限量

项　目		指　标
总挥发性有机物含量/(g·L⁻¹)	≤	100

2）理化性能相关标准

根据标准《陶瓷砖胶粘剂》（JC/T 547—2017），瓷砖胶黏剂可以分为三种类型，分别是水泥基胶黏剂（C）、膏状乳液基胶黏剂（D）和反应型树脂胶黏剂（R）；也可以按照产品的性能分为普通型胶黏剂（1）、增强型胶黏剂（2）、快凝型胶黏剂（F）、加速干燥胶黏剂（A）、抗滑移型胶黏剂（T）、加长晾置时间胶黏剂（E）、特殊变形性能的水泥基胶黏剂（S，其中S1：柔性；S2：高柔性），以及外墙基材为胶合板时的胶黏剂（P）。水泥基胶黏剂、膏状乳液基胶黏剂和反应型树脂胶黏剂的理化性质应分别符合表4-7、表4-8和表4-9的要求。

表 4-7 水泥基胶黏剂（C）的技术要求

分 类	性 能		指 标
C1-普通型水泥基胶黏剂	拉伸黏结强度/MPa	≥	0.5
	浸水后拉伸黏结强度/MPa	≥	0.5
	热老化后拉伸黏结强度/MPa	≥	0.5
	冻融循环后拉伸黏结强度/MPa	≥	0.5
	晾置时间≥20 min，拉伸黏结强度/MPa	≥	0.5
C2-增强型水泥基胶黏剂	拉伸黏结强度/MPa	≥	1.0
	浸水后拉伸黏结强度/MPa	≥	1.0
	热老化后拉伸黏结强度/MPa	≥	1.0
	冻融循环后拉伸黏结强度/MPa	≥	1.0
	晾置时间≥20 min，拉伸黏结强度/MPa	≥	0.5
T	滑移/mm	≤	0.5
F	6 h 拉伸黏结强度/MPa	≥	0.5
	晾置时间≥10 min，拉伸黏结强度/MPa	≥	0.5
	所有其他的要求应不低于C1型胶黏剂的黏结强度要求		C1 的技术要求
S	柔性胶黏剂（S1）/mm		≥2.5，<5
	高柔性胶黏剂（S2）/mm	≥	5
E	加长晾置时间≥30 min，拉伸黏结强度/MPa	≥	0.5
P	普通型胶黏剂（P1）/MPa		0.5
	增强型胶黏剂（P2）/MPa	≥	1.0

表 4-8 膏状乳液基胶黏剂（D）的技术要求

分 类	性 能		指 标
D1-普通型胶黏剂	剪切黏结强度/MPa	≥	1.0
	热老化后剪切黏结强度/MPa	≥	1.0
	晾置时间≥2 min，拉伸黏结强度/MPa	≥	0.5
D2-增强型胶黏剂	空气中 21 天，浸水 7 天后的剪切黏结强度/MPa	≥	0.5
	高温下的剪切黏结强度/MPa	≥	1.0
T	滑移/mm	≤	0.5
A	空气中 7 天，浸水 7 天后的剪切黏结强度/MPa	≥	0.5
	高温下的剪切黏结强度/MPa	≥	1.0
E	加长晾置时间≥30 min，拉伸黏结强度/MPa	≥	0.5

表 4-9 反应型树脂胶黏剂（R）的技术要求

分　类	性　　能		指　　标
R1-普通型胶黏剂	剪切黏结强度/MPa	≥	2.0
	浸水后的剪切黏结强度/MPa	≥	2.0
	晾置时间≥20 min，拉伸黏结强度/MPa	≥	0.5
R2-增强型胶黏剂	热冲击后剪切黏结强度/MPa	≥	0.5
T	滑移/mm	≤	0.5

根据标准《陶瓷砖填缝剂》(JC/T 1004—2017)，瓷砖填缝剂按照组成可分为两类，分别为水泥基填缝剂和反应型树脂填缝剂，对应要满足的理化性质要求见表 4-10、表 4-11。

表 4-10 水泥基填缝剂（CG）的技术要求

分　类	性　　能			指　　标
CG1 的基本性能	耐磨性/mm³		≤	2000
	抗折强度/MPa ≥	标准试验条件下		2.50
		冻融循环后		
	抗压强度/MPa ≥	标准试验条件下		15.0
		冻融循环后		
	收缩值/(mm·m⁻¹)		≤	3.0
	吸水量/g	30 min	≤	5.0
		240 min		10.0
CG2 的附加性能	F-快硬性	24 h 抗压强度/MPa ≥		15.0
	A-高耐磨性	耐磨性/mm³ ≤		1000
	W-低吸水性	吸水量/g ≤	30 min	2.0
			240 min	5.0
	S-柔性	横向变形/mm ≥		2.0

表 4-11 反应型树脂填缝剂（RG）的技术要求

分　类	性　　能		指　　标	
			RG Ⅰ	RG Ⅱ
RG 的基本性能	耐磨性/mm³	≤	250	
	抗折强度/MPa ≥	标准试验条件下	30.0	10.0
	抗压强度/MPa ≥	标准试验条件下	45.0	25.0
	收缩值/(mm·m⁻¹)	≤	1.5	
	吸水量/g ≤	240 min	0.1	0.2

3. 国外相关标准

国外标准主要有：《陶瓷砖填缝剂和胶粘剂》(ISO 13007)、欧盟标准《陶瓷砖胶粘剂》(EN 12004)、美国标准《陶瓷砖胶粘剂》(ANSI A108)、英国标准《陶瓷砖、马赛克胶粘剂》(BS 5980)、澳大利亚标准《陶瓷贴面用胶粘剂》(AS 2358)和日本标准《陶瓷贴面用胶粘剂》(JIS A5548)等。

美国标准为瓷砖胶黏剂系列标准,每个分标准各具专用特定性;日本瓷砖胶黏剂标准仅适用于有机类胶黏剂,专用性强;英国和澳大利亚瓷砖胶黏剂标准为内容类同的陶瓷墙地砖胶黏剂通用标准;欧盟 EN 12004 标准适用于室内外墙面和地面粘贴用的陶瓷砖胶黏剂标准。ISO 13007 标准是以欧盟标准 EN 12004 为蓝本修改制定的国际标准。现行的 ISO 13007—1:2014 规定了所有瓷砖胶黏剂的性能要求值(水泥、分散体和反应树脂黏合剂),我国标准《陶瓷砖胶粘剂》(JC/T 547—2017)就是部分采用了 ISO 13007 中的内容。

4.1.5 小结与展望

前文已对瓷砖背胶和瓷砖填缝剂(水泥基填缝剂、环氧类美缝剂、丙烯酸类美缝剂、有机硅密封胶)进行了详细介绍,并对瓷砖胶黏剂的有害污染源进行了分析,介绍了国内外与瓷砖胶黏剂有害物质限量以及理化性质相关的标准。现将瓷砖背胶和瓷砖填缝剂主要品种的组成、优缺点、施工难度、安全性、主要污染源、环保性等分别总结于表 4-12 和表 4-13。

表 4-12　瓷砖背胶特点对比

项　　目	水泥基瓷砖胶黏剂	有机类瓷砖胶黏剂
主要组分	水泥、骨料、矿物集料、可再分散胶粉、纤维素醚以及各种助剂	以橡胶、树脂为主要黏料并添加各种助剂的水基型、溶剂型、热熔型以及反应型有机胶
优点	耐水性好,可长期浸水;成分稳定、质量优良	黏结强度高,耐候性和柔韧性好,基本没有瓷砖空鼓、脱落等问题;预拌好的有机类胶黏剂开罐即可使用
缺点	可能会出现开裂、空鼓、剥落等问题	成本较高,有一定污染
施工难度	高,需要技术熟练的专业施工人员	低
安全性和环保性	高	取决于胶的类型,溶剂型最差,其他较好
主要污染源	水泥粉尘	残余单体、溶剂、助剂

表 4-13　瓷砖填缝剂特点对比

项目	水泥基填缝剂	环氧类美缝剂	丙烯酸类美缝剂	有机硅密封胶
主要胶凝成分	水泥、胶粉	环氧树脂或聚脲树脂	丙烯酸酯	聚硅氧烷或硅烷改性聚醚
执行标准	《陶瓷砖填缝剂》(JC/T 1004—2017)	《室内装饰装修用美缝剂》(T/CBMF 166—2022)	《丙烯酸酯建筑密封胶》(JC/T 484—2006)	《硅酮和改性硅酮建筑密封胶》(GB/T 14683—2017)
性能指标	标准条件下抗折强度≥2.50 MPa、抗压强度≥15.0 MPa	无砂型:硬度(RPA)≥55、柔韧性(50 mm)无裂纹、耐磨性≤40/mg 有砂型:耐磨性≤200 mm³、抗折强度≥15 MPa、抗压强度≥30 MPa	弹性恢复率≥40%(12.5E 型)、断裂伸长率≥100%(12.5P、7.5P 型)	弹性恢复率≥80%

续表

项目	水泥基填缝剂	环氧类美缝剂	丙烯酸类美缝剂	有机硅密封胶
优点	环保性、耐磨性很好、施工简单	色彩亮丽、抗污性、耐酸碱性、韧性和防水性好	开罐即用,防水、密封性好	开罐即用,防水、密封性好
缺点	容易积灰,耐沾污性和耐酸性差	在紫外辐射下容易黄变	落到缝隙以外不易清理	落到缝隙以外不易清理
成本	较低	较高	中等	较高
施工难度	低			
主要污染源	胶粉、润湿剂等助剂	固化剂、促进剂、增韧剂等配合剂,以及少量有机溶剂	增稠剂、稀释剂等配合剂,以及少量有机溶剂	交联剂、增塑剂、催化剂、固化剂生成的有机小分子
安全性和环保性	好	差	好	好

随着瓷砖向着低吸水率、低孔隙率、大尺寸的方向发展,作为无毒、无污染的环保产品,瓷砖胶黏剂应运而生。瓷砖胶黏剂具有超强黏结、柔韧性好、通用性强、性能持久、预先混合、使用环保等特性,能够有效地解决传统水泥砂浆铺贴带来的黏结力差、耐久性差、容易剥落、施工材料用量大等问题,是一种具有广阔市场前景的瓷砖铺贴材料,瓷砖背胶取代传统的水泥砂浆、瓷砖填缝剂取代传统的白水泥填缝都会成为趋势。

4.2　木质地板胶黏剂

随着经济的发展和生活水平的提高,人们对室内装饰的要求也越来越高。地面铺设最具传统色彩的木质地板,成为近年来久盛不衰的选择。木质地板因其特色的材质——木材决定了它的保温性、可调节室内湿度的特性,并伴随着无可替代的质感、冬暖夏凉、脚感舒适、典雅等特性,深受人们的喜爱。

常见的木质地板主要包括实木地板、实木复合地板、竹材地板、强化木质地板、软木地板等。其中,大部分木质地板在生产过程中需要使用胶黏剂进行胶合。对消费者而言,木质地板生产出厂还只是一个半成品,等到木质地板安装完毕才是一个完整的产品。对于多数地板来讲,安装也是胶合的过程,其目的是固定地板、防止地板拼缝开裂及收缩变形。因此,木质地板胶黏剂包括木质地板生产用胶、安装时的固定胶以及安装时的接缝胶。

常用的木质地板生产用胶包括脲醛树脂胶(UF)、聚乙酸乙烯酯乳液(PVAc)、水性乙烯基聚氨酯胶(EPI)等,相关内容在第 7 章木制家具胶黏剂部分予以详细介绍。在此,仅介绍木质地板安装时的固定胶和接缝胶。

4.2.1　木质地板固定胶

目前,木质地板铺贴所用的胶黏剂有很多种,不同国家、不同地区、不同用户往往根据性能、价格要求以及使用习惯等进行选择,市面上常用的木质地板固定胶黏剂主要有以下几种。

1. 轻质沥青

在过去的若干年中,大多数木质地板都是用轻质沥青作为胶黏剂进行铺贴的。然而由于轻质沥青的熔融以及可燃性,在铺贴地板的过程中,给施工人员以及木质地板本身造成极大危害。目前,只有极少数消费者仍采用轻质沥青作为木质地板的胶黏剂,绝大部分消费者已经不再选用。

2. 氯丁橡胶类胶黏剂

市售产品分为水乳型和溶剂型氯丁橡胶类胶黏剂。

水乳型氯丁胶是以氯丁胶乳为基料,加入增稠剂和填料等经一定工艺制得的水性产品。一般固含量在50%左右。黏结后,胶层的柔韧性好,黏结强度>0.5 MPa。水乳型胶黏剂因为用水代替了有机溶剂,具有安全环保、无毒无害和性价比高的优点,因此发展较快。

溶剂型氯丁胶黏剂是一种市面上大量使用的多用途胶黏剂,也可以用作木质地板的黏结固定。它具有很多优点,如初始黏结性能好,达到所需黏结强度的时间短,黏结强度高,此外还具有优良的耐水性、耐酸碱性。但是由于胶液中使用了有机溶剂,如乙酸乙酯、汽油等,在生产、储存、施工过程中都要注意防火,使用时对人体健康有害,污染环境。

溶剂型氯丁胶黏剂可以分为单组分和双组分两类。单组分溶剂型氯丁胶黏剂主要是以氯丁橡胶和一定结构的酚醛树脂(如叔丁基酚醛树脂)为基料制备的;双组分溶剂型氯丁胶黏剂主要是以氯丁橡胶和一定结构的异氰酸酯(主要是三苯基甲烷三异氰酸酯)为主要原料制备的。

3. 聚乙酸乙烯酯胶黏剂

聚乙酸乙烯酯乳液胶黏剂是以乙酸乙烯酯作为单体在水中经乳液聚合而制得的一种热塑性的水基胶,外表呈白色乳状液,故俗称白乳胶,是合成树脂乳液中产量最大的品种之一。使用时,可以在室温下冷压,也可以热压,使胶水中的水分蒸发,从而达到胶层固化的目的。一般用于对黏结性能要求不高的场合。

聚乙酸乙烯酯胶黏剂具有无毒无害、价格低廉、生产简单、应用方便等优势,是一种略有乙酸味、不燃、无腐蚀性的环保胶,其固化时间短,胶层富有弹性,已作为黏合剂广泛用于建筑装修、木材加工、织物黏合、包装材料等领域。

常见的齿形地板块,尤其是未经精加工的齿形地板块通常选用聚乙酸乙烯酯胶黏剂。虽然它是水基胶黏剂,但是其干燥速率相对较快,可在3~5 h内充分干燥固化,而且不会使齿形地板块发生翘曲。但是该胶种耐水性和耐湿性较差,施工前要注意保持地面干燥。

4. 聚丙烯酸酯胶黏剂

聚丙烯酸酯胶黏剂是一类以聚丙烯酸酯乳液为基料的胶黏剂,适用于地板的黏结铺贴。由于在水基胶黏剂中掺有松香等增黏树脂,因此配方中需要加入少量有机溶剂如甲苯、二甲苯等。目前,市面上的产品可以分为含溶剂产品、低溶剂产品(溶剂含量小于5%)以及无溶剂产品。有机溶剂的加入会提高产品VOCs含量,危害人体健康,造成环境污染,并且生产和施工过程也不安全。因此,总的发展趋势是用二醇酯类取代芳香族溶剂,用松香熔体取代松香溶液,进一步降低产品VOCs的含量。

5. 环氧树脂胶黏剂

环氧树脂胶黏剂主要是以环氧树脂为主体材料制备的一类重要的工程胶黏剂。由于环氧树脂分子结构中含有环氧基、氨基、羟基、醚键、酯键等极性基团,环氧树脂胶黏剂的黏结强度高,并且对各种金属和大部分非金属材料都具有良好的黏结性能,有"万能胶""大力胶"之称。环氧类胶黏剂主要由环氧树脂和固化剂两大部分组成。为改善某些性能,满足不同用途的需要,还可以选择性地加入增韧剂、稀释剂、促进剂、偶联剂等辅助材料。

环氧树脂胶黏剂是一类反应型胶黏剂,即胶黏剂组分中含有可反应的活性基团,施胶后,通过活性基团的化学反应使之交联固化,形成热固性树脂,起到胶黏的作用。此类胶本身具有一定的流动性,可以使用少量的溶剂,也可以完全不用溶剂。

环氧树脂胶黏剂具有以下优点:

(1) 对多种材料具有较强的黏结性能,尤其是对表面极性高的材料具有很强的黏结力,同时环氧固化物的内聚力也很大,所以其胶接强度很高;

(2) 胶层固化收缩率低,仅为 $1\%\sim3\%$,黏结尺寸稳定;

(3) 电绝缘性优良,击穿电压高达 $35\sim50$ kV·mm^{-1};

(4) 耐腐蚀性良好,能耐酸、碱、盐、溶剂等多种介质的腐蚀;

(5) 黏结工艺简单。

但是,环氧树脂胶黏剂也存在以下缺点:

(1) 不增韧时,固化物一般偏脆,抗剥离、抗开裂、抗冲击性能差;

(2) 对极性小的材料(如聚乙烯、聚丙烯、氟塑料等)黏结力小,必须先进行表面活化处理;

(3) 有些原材料如稀释剂、固化剂等有不同程度的毒性和刺激性,在设计配方时应尽量避免使用,施工时要加强通风和防护。

在地板黏结中也会采用环氧树脂进行铺贴,但是由于此类胶黏剂的黏结强度远远超过了木材黏结时所需的强度,且价格偏贵,涂胶困难,目前在铺贴地板时使用较少。除此之外,由于该胶的黏结强度高,会引起地板伸缩时的分层现象,并且由于胶层无弹性,黏结后容易出现破损问题。

6. 木质地板固定胶举例

事实上,能用于黏结木质地板的胶黏剂有很多,没有严格的界定,只要能够满足推荐标准《木质地板铺装胶粘剂》(HG/T 4223—2011)即可。该标准适用于将木质地板与混凝土、水泥砂浆基材粘贴的情况。

下面再补充列举一些市场上可用作木质地板固定胶的具体品种,见表4-14。

表 4-14 木质地板固定胶品种

品 名	生 产 方 法	性 能 特 点	施 工 注 意 事 项
MD-157 木质地板胶结剂	以有机材料(丙烯酸型)和无机材料(水泥)组成基料	1. 固化时间:3 天达到最高强度 2. 黏结强度>3 MPa 3. 固含量>80% 4. 具有耐冲击性、耐久性、耐碱性 5. 无毒无味,室温下施工,操作简单	1. 施工温度高于 5℃,基层地面含水率低于 10%,地面干净,无浮灰 2. 每平方米用胶量 0.8~1.2 kg,水泥用量约 0.5 kg

品名	生产方法	性能特点	施工注意事项
乙丙木质地板胶黏剂	用乙丙高分子乳液添加助剂配制而成	1. 黏结强度高,耐水性较好 2. 在 0～40℃稳定 3. 成膜温度低于 0℃ 4. 抗拉强度:对于木质地板-水泥地面,室温 7 天后干拉,>0.8 MPa 5. 储存期:半年	待黏结表面必须平整、干净、无浮灰
8123 地板胶黏剂	以氯丁胶乳和聚乙烯醇缩甲醛为主要成分的乳液型胶黏剂	1. 不燃,耐水性、黏结性良好 2. 无毒无味	1. 待黏结表面平整干净 2. 上胶后晾置 2 min 即可粘贴,余胶要及时用布擦去 3. 施工温度不低于 5℃ 4. 施胶量:1～1.5 m² · kg⁻¹
PAA 胶黏剂	以乙酸乙烯和烯类共聚物为基料,并加入适量助剂以及溶剂配制而成	1. 黏结力强 2. 干燥快 3. 耐热性>60℃,耐寒性<-15℃ 4. 储存期:半年	1. 由清浆和固体填料两部分组成,清浆和固体填料按 2∶1 调制使用 2. 每平方米胶液使用量 0.5 kg 左右
水性 10 号塑料地板胶	以聚乙酸乙烯酯乳液为基体材料制成	1. 黏结强度高,无毒无味,快干,耐老化 2. 储存温度不低于-3℃	施工方便安全

4.2.2　木质地板接缝胶

铺装木质地板时,木质地板接缝胶可以选择性使用。木质地板块与块之间可以通过榫和槽的咬合直接进行铺装,也可以在木质地板块侧面施胶来辅助黏结缝隙。

为了防止地板的翘曲变形和缝隙发生变化,使得地板板面更加平整,所用的接缝胶必须有较好的防水性能。白乳胶常用作地板接缝胶,对其有如下要求:

(1) 胶黏剂防水性必须达到欧洲标准 EN204/205 D3 级;

(2) 固含量为 50%～52%;

(3) 储存期长,常温下至少 1 年。

目前市场上常用的白乳胶为 D3 和 D4 胶,二者的防水性能都很好,D4 优于 D3,具体胶黏剂防水的耐久性分级见表 4-15。

表 4-15　欧洲标准 EN204 中胶黏剂的耐久性类型分类

耐久性分级	气候条件和应用场地举例
D1	室内:温度仅短时间偶尔超过 50℃,木材最大含水率 15%
D2	室内:偶尔短时间暴露在转动喷洒或挤压出来的水中,并且偶尔遇到高湿度环境,木材含水率不超过 18%
D3	室内:频繁短时间暴露在转动或挤压出来的水中,并且暴露在较严重的高湿环境中
D4	室内:经常长期暴露在转动或挤压出来的水中

4.2.3　木质地板胶黏剂的施工工艺

购买的地板只是一个半成品,只有通过规范的铺设工艺进行安装,才能成为消费者享受使用的成品。

铺设质量的好坏直接影响到地板的美观和使用寿命。在铺设木质地板的过程中,地板与基面以及地板缝隙都可以选择使用或者不使用胶黏剂辅助。下面仅针对木质地板铺装时用胶黏剂的工艺进行说明。

1. 木质地板铺贴

在黏结施工前,首先要让基层平整坚实,水分不能太高,通常要求水分小于8%,应做好防水处理,设计花纹样式,并准确划线。配好胶黏剂后,将木质地板固定胶涂在地板条上,粘贴后,可以用木锤轻轻敲打使黏结紧实,木条间应稍微留出间隙(一般小于0.3 mm),以防木质地板遇潮拱起变形。等待胶黏剂干后,进行抛光等后续操作。

2. 木质地板接缝

在胶黏施工时,打开胶瓶,将瓶嘴削成45°斜口,在木质地板侧面涂胶时,要与地板水平方向保持45°,依次涂胶。合适的涂胶量应该是在两块木质地板拼合以后,能够看到一条不间断的均匀白线。因此,在涂胶时要保持匀速,尤其要注意到顶角处也要涂胶。地板施胶拼合后,用橡胶锤拍紧,然后用拉力器夹紧并且检查直线度,确保无高低差。此外,涂胶后,多余的胶应及时擦去,当余胶稍凝固时,应用铲刀铲去。

需要注意,木质地板铺装完成后,至少保证12 h内不在地板上走动,以便有足够的时间让地板胶黏结。

4.2.4　木质地板胶黏剂污染源分析及相关标准

1. 污染源分析

通过上述分析可知,在木质地板安装过程中,所用胶黏剂的污染源主要为甲醛和VOCs。

1) 甲醛

主要来源有:①双组分溶剂型氯丁胶黏剂中使用了酚醛树脂作为原料,含有甲醛;②轻质沥青胶黏剂中含有甲醛;③木质地板安装用胶黏剂绝大多数采用的都是非醛类胶,也就是以合成橡胶或树脂为主体的溶剂型、水基型、热熔型胶黏剂,不过在其中也能检测到少量的甲醛,对环境和人体健康的危害较小。

2) VOCs

主要来源有:①溶剂型胶黏剂中的溶剂;②胶黏剂中残留的未聚合单体;③胶黏剂中的各种有机助剂,如增韧剂、稀释剂、促进剂、偶联剂等;④沥青胶黏剂中的沥青,在常温常压下会产生沥青挥发物(主要是沥青烟),主要包含3~7环的多环芳香烃类等物质。

2. 国内相关标准

现将与木质地板胶黏剂相关的现行国内标准列于表4-16。

表 4-16　中国有关木质地板胶黏剂的相关标准

标准类型	标准号	标准名称
强制性国家标准	GB 18583—2008	室内装饰装修材料胶粘剂中有害物质限量
强制性国家标准	GB 30982—2014	建筑胶粘剂有害物质限量
强制性国家标准	GB 33372—2020	胶粘剂挥发性有机化合物限量
环境标准	HJ 2541—2016	环境标志产品技术要求　胶粘剂
化工推荐标准	HG/T 4223—2011	木质地板铺装胶粘剂

1）有害物质限量相关标准

相关标准对有害物质及其含量进行了限定，具体见 4.1.4 节中的相关内容。

2）物理性能技术指标

根据标准《木质地板铺装胶粘剂》(HG/T 4223—2011)，木质地板铺装胶黏剂应符合表 4-17 的要求。

表 4-17　木质地板铺装胶黏剂的物理性能技术指标

序号	项目		指标
1	外观		均匀黏稠体，无凝胶、结块
2	涂布性		容易涂布，梳齿不凌乱
3	剪切拉伸率/%	≥	200
4	剪切强度/MPa	≥	0.5
5	拉伸强度/MPa	≥	1.0
6	操作时间/h	≥	0.5
7	热老化剪切强度(60℃)/MPa	≥	0.5

3. 国外相关标准

表 4-18 列出了部分国家发布的与木质地板胶黏剂相关的有毒有害物质限制标准。

表 4-18　国外部分木质地板胶剂相关标准

标准	有毒、有害物质名称		限值
美国 Green Label Plus 认证标准	California CDPH Standard Method "Section 01350"	乙醛 ≤	5 ppb(9 $\mu g \cdot m^{-3}$)
		苯 ≤	20 ppb(60 $\mu g \cdot m^{-3}$)
		氯仿 ≤	50 ppb(300 $\mu g \cdot m^{-3}$)
		乙苯 ≤	400 ppb(2000 $\mu g \cdot m^{-3}$)
		乙二醇 ≤	200 ppb(400 $\mu g \cdot m^{-3}$)
		乙二醇单乙醚 ≤	20 ppb(70 $\mu g \cdot m^{-3}$)
		乙二醇醚乙酸酯 ≤	60 ppb(300 $\mu g \cdot m^{-3}$)
		乙二醇单甲醚 ≤	20 ppb(60 $\mu g \cdot m^{-3}$)
		甲醛 ≤	2 ppb(3 $\mu g \cdot m^{-3}$)
		正己烷 ≤	2000 ppb(7000 $\mu g \cdot m^{-3}$)
		三氯乙烷 ≤	200 ppb(1000 $\mu g \cdot m^{-3}$)
		甲基叔丁基醚 ≤	2000 ppb(8000 $\mu g \cdot m^{-3}$)
		异丙醇 ≤	3000 ppb(7000 $\mu g \cdot m^{-3}$)

续表

标　　准	有毒、有害物质名称		限　　值
美国 Green Label Plus 认证标准	California CDPH Standard Method "Section 01350"	二氯甲烷　≤	100 ppb(400 μg·m^{-3})
		樟脑　≤	2 ppb(9 μg·m^{-3})
		苯酚　≤	50 ppb(200 μg·m^{-3})
		苯乙烯　≤	200 ppb(900 μg·m^{-3})
		四氯乙烯　≤	5 ppb(35 g·m^{-3})
		甲苯　≤	70 ppb(300 g·m^{-3})
		三氯乙烯　≤	100 ppb(600 g·m^{-3})
		混合二甲苯　≤	200 ppb(700 g·m^{-3})
美国 GREEN SEAL 环境标准——商用胶黏剂：GS-36	VOCs	建筑面板、地板封边胶≤	7%
	毒性组分：胶黏剂的溶剂吸入后对人体无害	吸入 LC50≤2000 ppm(蒸汽或者气体)	
		吸入 LC50≤20 mg·L^{-1}(雾、灰尘、烟)	
美国 SCAQMD(南海岸空气质量管理区 1168 号条例)	VOCs 限值	木质地板胶(地板安装用)	≤100 g·L^{-1}
加利福尼亚公共卫生局标准方法：CDPH V1.2—2017	单一材料中目标 CREL VOCs 及其最大允许浓度(≤·μg·m^{-3})	乙醛；醋醛	70
		苯	30
		四氯化碳	400
		二硫化碳	20
		氯苯	500
		氯仿；三氯甲烷	150
		1,4-二氯苯	400
		1,1-二氯乙烯	35
		N,N-二甲基甲酰胺	40
		1,4-二氯己烷	1500
		表氯醇	1.5
		乙苯	1000
		乙二醇	200
		乙二醇单乙醚乙酸酯	35
		乙二醇单乙醚	150
		乙二醇单甲醚	30
		乙二醇单甲醚乙酸酯	45
		甲醛	16.5
		n-己烷	3500
		异氟尔酮	1000
		异丙醇	3500
		甲基氯仿	500
		二氯甲烷	200
		甲基叔丁基醚	4000
		臭樟脑	4.5
		苯酚	100
		丙二醇单甲醚	3500

续表

标　准	有毒、有害物质名称		限　值
加利福尼亚公共卫生局标准方法：CDPH V1.2—2017	单一材料中目标 CREL VOCs 及其最大允许浓度（≤，$\mu g \cdot m^{-3}$）	苯乙烯	450
		四氯乙烯	17.5
		甲苯	150
		三氯乙烯	300
		乙酸乙烯酯	100
		混合二甲苯	350

注：① ppb 为十亿分之一质量浓度；

② ppm 为百万分之一质量浓度。

4.2.5　小结与展望

在此对木质地板固定胶的固化方式、剪切强度、优缺点、施工难度、安全性、主要污染源、环保性进行总结，见表 4-19。

表 4-19　木质地板固定胶的特点对比

项目	轻质沥青	氯丁橡胶类胶黏剂	聚乙酸乙烯酯乳液	聚丙烯酸酯乳液	环氧树脂
胶固化方式	溶剂挥发	溶剂挥发	水挥发	水挥发	反应固化
剪切强度/MPa	≥0.5	水乳型：≥0.5 溶剂型双组分：0.5～1.0 溶剂型单组分：≥1.0	0.5～1.0	≥1.0	≥1.0
优点	原料廉价，成本低	干燥快，黏结强度高	固化时间短，胶层富有弹性，无毒无害、价格低廉、生产简单	耐水性较好，价格适中，可在 −25～60℃ 使用	黏结强度高，电绝缘性好，耐腐蚀性良好
缺点	熔融可燃	溶剂型毒害较大；水乳型耐水性差	耐水性和耐湿性较差	可能含有少量有机溶剂，有毒有害	价格高，脆性大，不耐冲击和振动，容易开裂
施工难度	较高	低			
安全性	差	水乳型好；溶剂型差	好	好	好
主要污染源	沥青烟以及可能含有的有机溶剂	有机溶剂以及酚醛树脂、异氰酸酯	残留单体，增稠剂、稀释剂等配合剂	残留单体，增稠剂、稀释剂等配合剂，可能含有少量有机溶剂	固化剂、促进剂等配合剂，可能含有少量有机溶剂
环保性	可回收	溶剂型：差	较好	较好	较好

总之，能用于黏结木质地板的安装用胶黏剂有很多，并没有严格的界定。对于木质地板与混凝土、水泥砂浆的粘贴，所用胶黏剂只要能够满足推荐标准《木质地板铺装胶粘剂》

（HG/T 4223—2011）即可。

随着环保意识的日益增强，人们开始关注与日常生活息息相关的胶黏剂对环境的影响，相关标准对胶黏剂中的有毒有害物质进行了严格的限制。在满足木质地板铺贴的相关性能的前提下，木质地板安装用胶正向着无毒、无味、无污染的方向发展，新型水基胶、热熔胶等将逐步取代溶剂型胶黏剂。

第5章
硅酮密封胶

5.1 硅酮密封胶概况

硅酮密封胶,也称有机硅密封胶,是指以端羟基聚二甲基硅氧烷为主要原料,加入交联剂、补强剂、填料以及助剂制备的密封胶。硅酮密封胶的主链部分由 Si—O—Si 键组成,在固化交联过程中形成了网状骨架结构。

硅酮密封胶在常温下对各种底材具有良好的黏结性能。此外,相对于其他碳骨架的聚合物密封胶,硅酮密封胶因主链是键能较大和键长较长的 Si—O 键而具有优异的耐水性能、耐高低温性能和耐气候老化性能,加之其伸缩疲劳强度高、永久变形小且无毒、无臭,对一般材料无腐蚀性,因此被广泛应用在建筑行业,如门窗、幕墙、石材、中空玻璃、厨卫和外墙等接缝黏结密封。

双组分硅酮密封胶是最早应用于建筑领域的产品,是国外于 20 世纪 50 年代研发并投入市场的。国内在 20 世纪 60 年代也研发出了硅酮密封胶产品,到 80 年代后开始广泛应用于民用建筑。目前硅酮密封胶在国内建筑密封胶市场上占据较大的市场份额,应用也最为广泛。国内目前有超过 150 家生产硅酮胶的企业,至少有 15 家企业拥有 $20 \times 10^3 (t \cdot a^{-1})$ 的硅酮胶生产线,生产能力超过 $500 \times 10^3 (t \cdot a^{-1})$。

5.2 硅酮密封胶的组成和分类

5.2.1 硅酮密封胶的组成

硅酮密封胶属于室温固化(RTV)的有机硅橡胶,不需要热源、光源或其他特殊条件即可固化成为弹性体。一般硅酮密封胶主要由以下几个组分混合而成:

1. 聚合物

聚合物是线性结构的聚硅氧烷,主要是端羟基的 α,ω-二羟基聚二甲基硅氧烷,即 $HO(Me_2SiO)_nH$。也有采用 $HO(MeRSiO)_nH$ 的,其中 R 为—$CH_2CH_2CF_3$ 基或苯基等,其中—$CH_2CH_2CF_3$ 基可以赋予硅酮胶耐油耐溶剂的特性,苯基则可以赋予密封胶耐寒和抗辐照的特性。聚合物是硅酮密封胶最基础的原料,是形成具有交联网络弹性体的最重要和最基础的组分。

2. 交联剂

交联剂是具有三个及以上官能团、能通过化学反应将聚硅氧烷联结成网状结构形成弹性体的硅烷或聚硅氧烷衍生物,是硅酮密封胶配方的核心组分,决定了产品的交联方式和性能。目前常用的交联剂有甲基三乙酰氧基硅烷 $[MeSi(OAc)_3]$、甲基三甲氧基硅烷 $[MeSi(OMe)_3]$、甲基三丁酮肟基硅烷 $[MeSi(ON=CMeEt)_3]$ 等。相同催化剂用量条件下,交联剂的水解反应活性的顺序为:丙酮型>酰胺型>乙酸型>酮肟型>醇型。

3. 偶联剂

硅烷偶联剂是一类同时具有亲水性(极性)官能团和疏水性(非极性)官能团的物质,其可分别与无机物的界面和有机物的界面反应,从而起到桥接作用,改善无机物和有机物之间界面结合力。硅酮密封胶的配方中加入硅烷偶联剂后,能够提高其黏结强度、耐水性、耐候性等性能。硅烷偶联剂品种众多,其结构大多可用 A—R—SiX_3 表示,其中 R 基团是长链烷烃,A 基团是氨基、乙烯基、甲基丙烯酰氧基、环氧基、巯基等官能团,X 基团是卤素、烷氧基、酰氧基等反应型基团,在水的作用下,Si—X 变成 Si—OH,可以和聚硅氧烷的端羟基进行反应。常用的硅烷偶联剂有 γ-氨丙基三乙氧基硅烷(KH550)、γ-缩水甘油醚氧丙基三甲氧基硅烷(KH560)、γ-(甲基丙烯酰氧)丙基三甲氧基硅烷(KH570)、N-(β-氨乙基)-γ-氨丙基三甲(乙)氧基硅烷(KH792)等。

4. 催化剂

催化剂用于提高聚合物与交联剂在室温下的反应速度。在硅酮密封胶体系中,催化剂主要为有机锡化合物及钛化合物,也有少部分产品使用铂、钯、铑等金属的化合物。锡类催化剂主要是有机羧酸锡和有机锡络合物,如辛酸亚锡、二月桂酸二丁基锡、二辛酸二丁基锡、二乙酸二丁基锡、二甲氧基二丁基锡、二丁基氧化锡等,钛类催化剂主要是钛酸酯和钛的螯合物,如四异丙氧基钛酸酯、四正丁基钛酸酯、四(三甲基硅烷氧基)钛、二异丙氧基-双(乙酰丙酮基)钛等。

5. 填料

硅酮密封胶配方中所用填料可分为补强填料、半补强填料和非补强填料。补强填料可以提高材料的机械性能,可以提高黏合的内聚力和弹性体的韧性。常用的补强填料有气相法白炭黑、沉淀法白炭黑、表面处理白炭黑等。非补强填料用于填充密封胶体系以降低产品的成本,并调整密封胶的机械性能,主要有硅微粉、云母粉、钛白粉、硅酸锆等。半补强填料的用途则介于二者之间,主要有硅藻土、沉淀法碳酸钙和高岭土等。

6. 增塑剂

增塑剂可以调整硅酮密封胶的硬度、黏弹性和流变性,提高其柔韧性。硅酮密封胶中常用的增塑剂有邻苯二甲酸酯类物质(如邻苯二甲酸丁酯)、甲基硅油等。为了降低成本,国内外许多公司也使用饱和烷烃油(俗称白油)作为增塑剂。

7. 其他添加剂

扩链剂、硫化促进剂、触变剂、颜料、增黏剂、稳定剂、耐热剂、防霉剂等多种助剂也是可以添加到硅酮密封胶中的助剂。这些添加剂的用量相对较少。以触变剂为例,目前在建筑密封胶中常用的有气相白炭黑、聚酰胺蜡、氢化蓖麻油、有机膨润土等。

5.2.2 硅酮密封胶的分类

建筑用硅酮密封胶多为室温固化型产品。室温固化硅酮密封胶一般分为单组分硅酮密封胶(RTV-1)和双组分硅酮密封胶(RTV-2)。按交联缩合反应生成的小分子物质,硅酮密封硅胶可分为脱醇型、脱羧型、脱肟型、脱酰胺型等。

5.3 单组分硅酮密封胶

单组分硅酮密封胶是将聚二甲基硅氧烷、填料、交联剂、催化剂及其他添加剂在干燥条件下经混合后分装、密封形成的均匀胶料产品。单组分硅酮密封胶在使用时,胶料吸收空气中的水蒸气后发生水解缩合反应,交联后形成弹性体。单组分硅酮胶具有性能稳定、施工方便的优点,因而适用于室内装潢、小型幕墙的现场施工以及各种场合的修补。但是由于单组分硅酮胶固化时需要与空气中的水分子发生反应,如果接缝太窄或太深,或是处于密闭场合,空气中的水分则难以渗透到胶层内部,胶料无法完全固化,因而单组分硅酮密封胶的使用对接缝的宽度、深度及其比例有一定要求。

单组分硅酮密封胶可按其固化过程脱除的小分子的不同,分为脱酸型、脱醇型、脱酮肟型、脱酮型、脱酰胺型、脱羟胺型等不同种类,其中又以前四种最为常用。

5.3.1 脱酸型

脱酸型硅酮密封胶又称为"酸性胶",该类密封胶常用的交联剂是含有三个乙酰氧基的有机硅化合物,如甲基三乙酰氧基硅烷 $[(CH_3COO)_3SiCH_3]$、乙基三乙酰氧基硅烷 $[(CH_3COO)_3SiCH_2CH_3]$ 等。该类密封胶具有硫化速度快、黏结强度高、透明性好、价格较低等优点,适用于玻璃和陶瓷的黏结和密封。但该类产品在固化过程中会释放出乙酸,具有较大的刺激性气味,并会对金属、镀膜玻璃、大理石等材料有一定的腐蚀性。在环保和应用范围上的劣势使得脱酸型单组分硅酮密封胶逐渐退出胶黏剂和密封胶的市场。该类密封胶的交联反应式如图 5-1 所示。

5.3.2 脱醇型

脱醇型单组分硅酮密封胶属于"中性胶",使用范围较脱酸型密封胶更加广泛。该类产

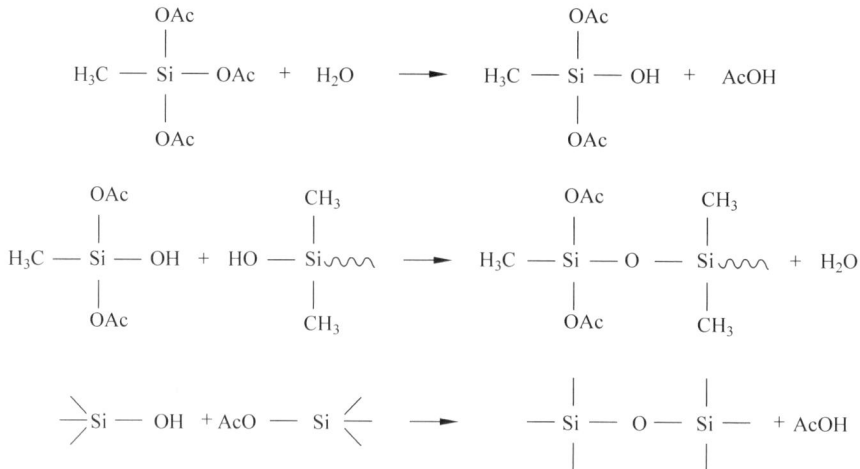

图 5-1　脱酸型硅酮密封胶的交联反应式

品的交联剂常采用甲基三甲氧基(或三乙氧基)硅烷、二乙胺甲基三乙氧基硅烷、苯胺甲基三乙氧基硅烷等,在固化过程中释放小分子甲醇(或乙醇),没有刺激性气味,对材料的腐蚀性小,硫化过程中无开裂现象,黏结性好,能保持较好的物理性能和电性能,综合性能优异。但此种密封胶硫化速度较慢,黏结性相对较差,保质期较短。目前脱醇型产品使用量较大,其交联反应式如图 5-2 所示。

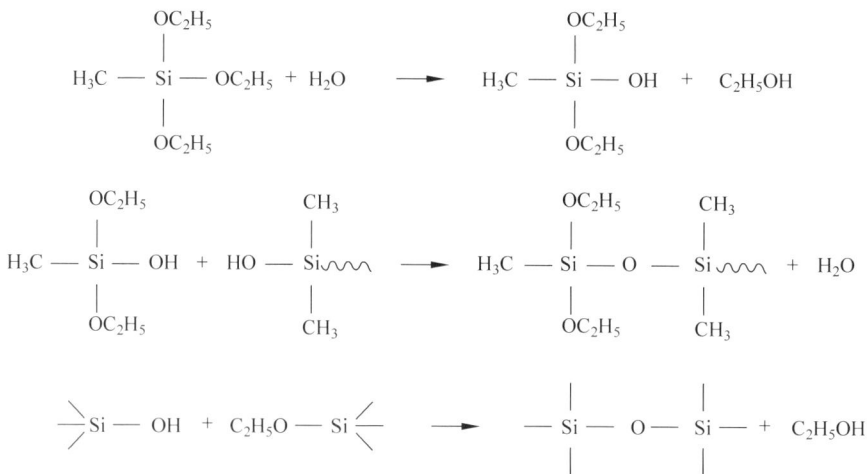

图 5-2　脱醇型硅酮密封胶的交联反应式

5.3.3　脱酮肟型

脱酮肟型硅酮密封胶也属于"中性胶",使用范围十分广泛,采用含酮肟基的硅烷(如甲基三丁酮肟基硅烷[CH$_3$Si(O-N=C(CH$_3$)C$_2$H$_5$)$_3$]和乙烯基三丁酮肟基硅烷[CH$_2$=CH-Si(O-N=C(CH$_3$)C$_2$H$_5$)$_3$]等)作交联剂,固化时释放出丁酮肟,其交联固化机理与上述两种胶类似,见图 5-3。该类密封胶对铝材、镀膜玻璃等材料无腐蚀性,但对铜、铅、锌和聚碳酸酯有腐蚀性,因而对密封黏结的基材有一定要求。脱酮肟型硅酮密封胶硫化性适度、硫化过程中释放的副产物气味小,因性价比较高,是市场上销量较大的品种。但该类密封胶的储存稳定性不太好,储存期不足半年。

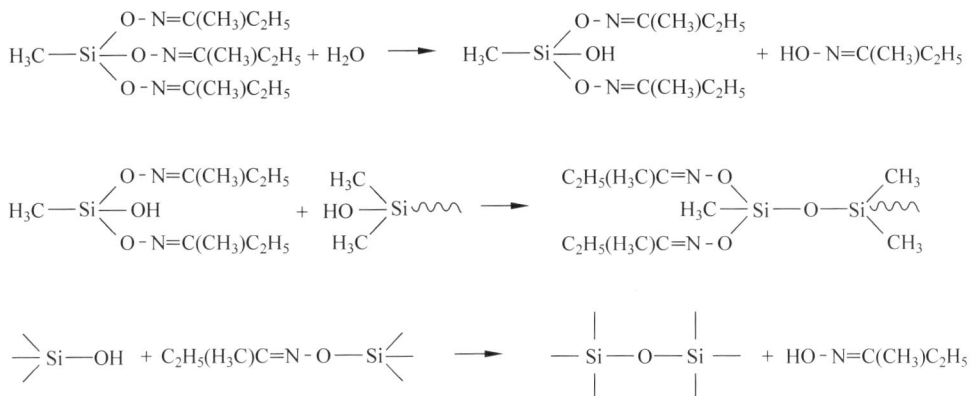

图 5-3 脱酮肟型硅酮密封胶的交联反应式

5.3.4 脱酮型

脱酮型硅酮密封胶的交联剂是多官能度异丙烯氧基硅烷(如甲基三异丙烯氧基硅烷[$CH_3Si(O-C(CH_3)=CH_2)_3$],乙烯基三异丙烯氧基硅烷等),固化时脱除丙酮,其交联固化反应式如图 5-4 所示。该类密封胶毒性较小低,产生的急性中毒和慢性中毒症状较甲醇等有机化合物低,同时无刺激性气味,并具有硫化速度快,对材料腐蚀性小,黏结性好,储存稳定性好,耐热性好等优点。其缺点是受紫外光照射易变黄,在酸性环境中不易硫化,不能黏结聚乙烯、氟塑料等基材,成本较高。

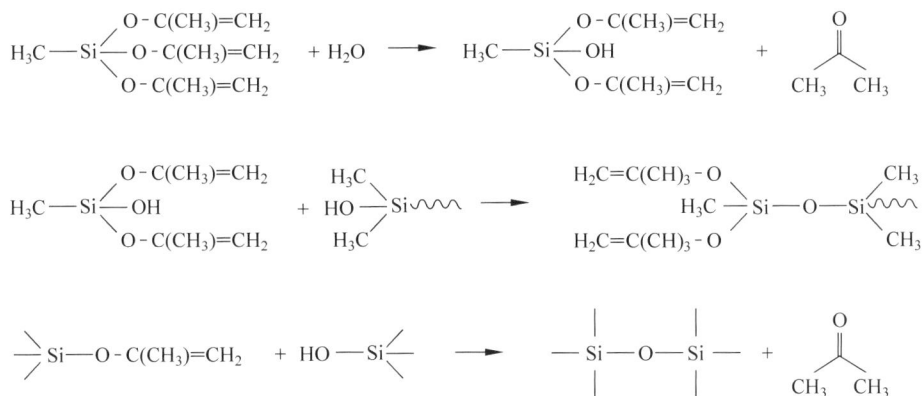

图 5-4 脱酮型硅酮密封胶的交联反应式

5.3.5 脱酰胺型

脱酰胺型硅酮密封胶的交联剂是三官能度酰胺基硅烷(如甲基三(N-甲基乙酰胺基)硅烷[$CH_3Si(N(CH_3)-COCH_3)_3$]),二官能度酰胺基则作为扩链剂,固化时脱除 N-甲基乙酰胺($CH_3CONHCH_3$),其交联固化反应式见图 5-5。该类密封胶无臭、无毒,模量较低且容易调节,可以用于伸缩移动较大的接缝密封,但黏结性稍差。

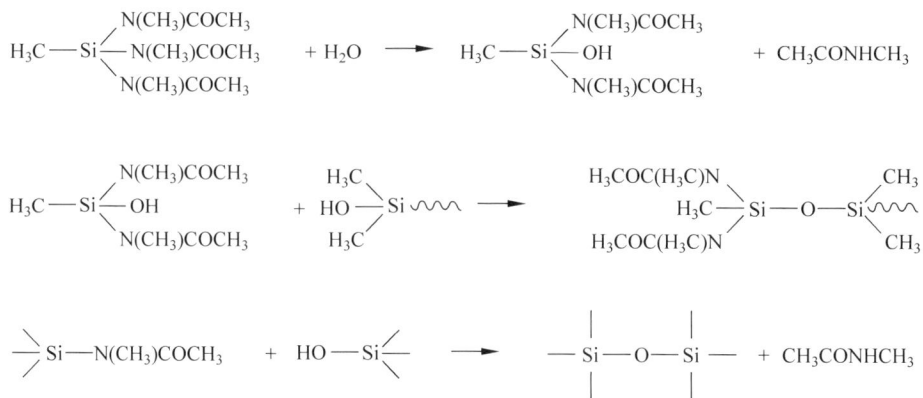

图 5-5　脱酰胺型硅酮密封胶的交联反应式

5.3.6　脱羟胺型

脱羟胺型硅酮密封胶是以二官能度的胺氧基硅烷或硅氧烷作扩链剂、多官能度的胺氧基硅烷或硅氧烷作交联剂配制而成的。如甲基三(二乙胺氧基)硅烷作交联剂时将脱除 N，N-二乙基羟胺$[(C_2H_5)_2N\text{-}OH]$，其交联固化反应如图 5-6 所示。在许多情况下，脱羟胺型硅酮密封胶往往与脱酰胺型硅酮密封胶组合使用。该胶种硫化性能好，模量低，黏结性和耐久性好，但是会产生胺味。

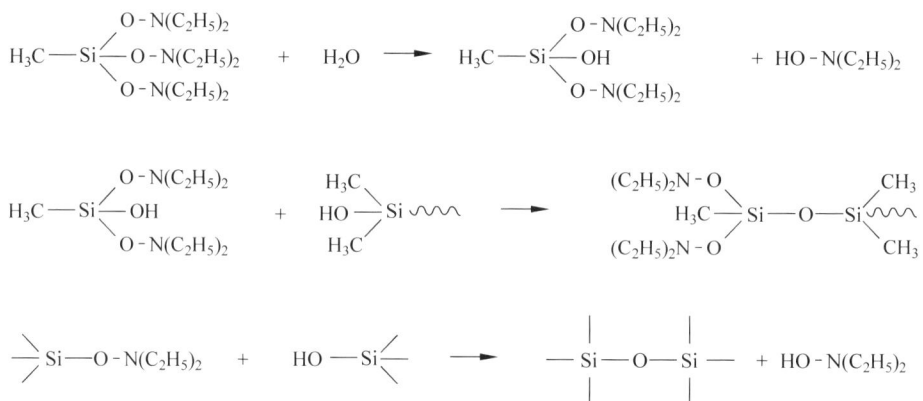

图 5-6　脱羟胺型硅酮密封胶的交联反应式

5.3.7　脱胺型

脱胺型硅酮密封胶采用的固化剂是具有类似于 $CH_3Si(NH\text{-}C_6H_5)_3$ 结构的含胺基的硅氮烷，固化时将脱除苯胺，交联固化反应式见图 5-7。其优点是硫化速度快，缺点是有胺味，腐蚀性和毒性大。

5.3.8　各类单组分密封胶的特点及应用范围

现将各类单组分硅酮密封胶的交联剂、释放的小分子副产物和优缺点总结于表 5-1，各类硅酮密封胶的应用范围总结于表 5-2。

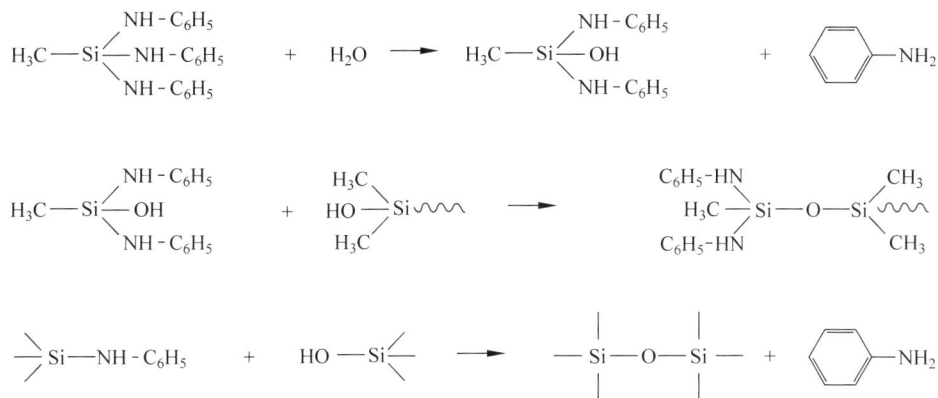

图 5-7　脱胺型硅酮密封胶的交联反应式

表 5-1　单组分硅酮密封胶的种类及特点

RTV-1 分类	交联剂种类	缩合副产物	特　　点
脱酸型	H₃C—Si(OAc)₃	CH₃COOH	优点：硫化速度快，黏结强度高，透明性好，价格较低 缺点：有刺激性气味，对金属等材料有腐蚀性
脱醇型	H₃C—Si(OC₂H₅)₃	C₂H₅OH	优点：无刺激性气味，腐蚀性小，黏结性好，综合性能优异 缺点：硫化速度较慢，黏结性较差，保质期短
脱酮肟型	CH₃Si(O—N=C(CH₃)₂)₃	(CH₃)₂C=N—OH	优点：硫化性适度，硫化气味小，性价比较好，市场销量较大 缺点：对铜等材料有腐蚀性，储存稳定性不够好
脱酮型	CH₃Si(O—C(CH₃)=CH₂)₃	(CH₃)₂C=O	优点：无刺激性气味，硫化速度快，腐蚀性小，黏结性好，储存稳定性好，耐热性好 缺点：受紫外光照射易变黄，酸性环境不易硫化，不能黏结聚乙烯、氟塑料基材等，成本较高
脱酰胺型	CH₃Si(N(CH₃)—CO—CH₃)₃	CH₃CONHCH₃	优点：无臭、无毒，模量较低且易调节 缺点：黏结性稍差
脱羟胺型	含 2 个以上胺氧基（R₂NO）的环状或线性低分子量聚硅氧烷	(C₂H₅)₂N—OH	优点：硫化性能好，模量低，黏结性和耐久性好 缺点：会产生胺味
脱胺型	CH₃Si(NH—C₆H₅)₃	C₆H₅—NH₂	优点：硫化速度快 缺点：有胺味，腐蚀性和毒性大

表 5-2 各类单组分硅酮密封胶的应用范围和特点

品 种 类 型		应 用 范 围	特 点
脱酸型	通用级	玻璃接缝,框架缝隙,玻璃悬挂,玻璃水槽	高模量,透明,固化快,有酸味,对铁、铜有腐蚀性
	高透明级	内装玻璃用(如陈列橱、橱窗等),有透明要求的接缝	
	防霉级	浴室、台面、洗手间、卫生洁具的密封	
	结构密封级	结构镶装系统(SSG 施工法)	
脱酮肟型	通用级	玻璃接缝,框架接缝,金属接缝,装配式住宅,瓦、砖、石材的黏结密封	高模量,中速固化,对钢有腐蚀性
	防霉级	浴室、台面、洗手间、卫生洁具的密封	
	阻燃级	防火区缝隙的密封	
脱醇型	通用级	聚碳酸酯、有机玻璃板等透明塑料、玻璃、钢等易腐蚀材料的接缝的密封	无腐蚀性
	结构密封级	结构镶装系统(SSG 施工法),玻璃帘棚施工法	
脱酰胺型	通用级	玻璃接缝、框架缝隙、护坡板、栏杆等接缝的密封,公路桥梁、机场混凝土路面伸缩缝的填充密封	低模量,不透明,固化快,稍有气味,无腐蚀性
脱羟胺型	通用级	公路桥梁、机场混凝土路面伸缩缝的填充密封,大型水槽的密封	

5.4 双组分硅酮密封胶

双组分硅酮密封胶是根据化学性质不同,将其成分分成两个组分分别包装的产品。A组分包含作为主要原料的聚二甲基硅氧烷和填料、阻燃剂、增塑剂等助剂,B组分包含交联剂、偶联剂、催化剂、填料等成分。A、B两组分配好后分别存放,使用时需要将两个组分按一定配比混合均匀,通过缩合反应交联成弹性体。由于双组分硅酮密封胶的固化过程不需要空气中水分的参与,交联反应能够在胶料内部和表面同时进行,因而固化程度高,产品没有胶层厚度的限制。

双组分硅酮密封胶制造方便、储存时间长、固化快、价格低,但须配备专用注胶机,主要用于大型幕墙的施工。

类似于单组分硅酮密封胶,双组分硅酮密封胶的主要成分包括以下几种。

5.4.1 聚合物基胶

羟基封端的线型聚硅氧烷 $HO(MeRSiO)_nH$(其中 R 为 Me、Ph、$-CH_2CH_2CF_3$ 等基团,$n=100\sim1000$)是双组分硅酮密封胶的主要原料,其黏度一般介于 $5000\sim1\,000\,000$ mPa·s 之间。

5.4.2 交联剂

双组分硅酮密封胶多采用具有 $\equiv Si-OR$、$\equiv Si-OH$ 和 $\equiv Si-H$ 结构的有机硅氧烷

化合物。按照固化过程中产生的小分子副产物的种类,双组分硅酮密封胶可分为以下几类。

1. 脱醇型

该类密封胶所用的交联剂为含有多个 Si—OR 基团的化合物,如正硅酸乙酯、甲基三乙氧基硅烷、苯基三乙氧基硅烷等。固化过程中,生成的醇类物质逐渐从胶料中扩散逸出。脱醇型是目前最为常用的双组分硅酮密封胶。

2. 脱羟胺型

该类密封胶所用的交联剂主要为含 2 个及以上胺氧基(R_2NO)的环状或线性低相对分子质量聚硅氧烷。含两个胺氧基的硅氧烷会使双组分硅酮密封胶具有低模量和高伸长率的特性。固化过程中的副产物二乙基羟胺具有自催化的性能,无须另加催化剂。

3. 脱氢型

该类密封胶产品所用的交联剂为含硅氢键(Si—H)的低分子量聚硅氧烷,如甲基含氢硅油可与 α,ω-二羟基聚二甲基硅氧烷反应,固化过程中脱除副产物氢气。

4. 脱水型

该类密封胶所用的交联剂为多羟基的硅氧烷共聚物或具有残存羟基的 MQ 型树脂,其羟基可与 α,ω-二羟基聚二甲基硅氧烷发生缩合反应,形成交联结构,并生成副产物水。

5.4.3 催化剂

催化剂可促进聚合物基料和交联剂发生缩合反应,主要为有机钛络合物或有机锡化合物,如二丁基二月桂酸锡、二丁基氧化锡、辛酸亚锡、1,3-丙基二氧亚双(乙酰乙酸乙酯)钛络合物及与正硅酸乙酯的复配物等,其中辛酸亚锡毒性较低,适合快速室温固化。此外,有机胺类催化剂也较为常用,如二正丁胺、三乙醇胺等。

以脱醇型产品为例,双组分硅酮密封胶的交联固化机理如图 5-8 所示。

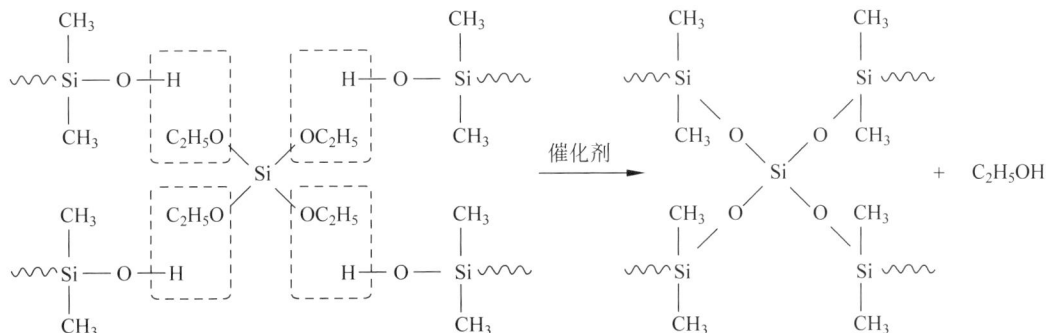

图 5-8 脱醇型双组分硅酮密封胶的交联固化反应

5.5 硅酮密封胶研究进展

中国有机硅工业自改革开放以来飞速发展,初级氯硅烷产能已居全球首位。目前,我国生产硅酮密封胶的企业有百余家,国外主要胶黏剂企业也都在我国设有工厂,产品种类齐全。国内企业在生产规模、技术水平、研发实力等方面和国外一流企业存在一定差距,但龙头企业经过多年的发展,也已经具备了较强的市场竞争力,不仅实现了进口替代,产品出口量也逐年增加。

随着人们对室内外环境和安全性要求的日益提高,对硅酮密封胶的要求也从比较单一的密封性和强度逐渐扩展到多功能性,对环保性、安全性和环境适应性的要求也越来越高。现将主要研究进展和发展趋势总结如下。

5.5.1 阻燃硅酮密封胶

建筑物的高层化使得建筑材料的防火阻燃等安全性得到了广泛关注。虽然硅酮胶可耐高温,但其并不具有阻燃性,会被点燃并持续燃烧。为了提高硅酮密封胶的阻燃性,通常会在其配方中加入阻燃剂。目前所用阻燃剂主要有以下 4 类。

1. 卤系阻燃剂

如四溴丁烷、十溴二苯醚、六氯苯、四氯苯酐等。这类阻燃剂阻燃效果好,但燃烧时会释放卤化氢等有腐蚀性和有毒的物质,已逐渐被其他类型阻燃剂替代。

2. 无机阻燃剂

如氢氧化铝、氢氧化镁及金属氧化物等,其阻燃效果和抑烟效果好,但是与聚合物基体的相容性差,会降低密封胶的力学性能,改进措施是将其超细化(纳米改性)、表面修饰和协同阻燃。

3. 磷系阻燃剂

包括无机磷系阻燃剂和有机磷系阻燃剂两类。考虑到与聚合物基体的相容性,采用磷酸酯、亚磷酸酯、有机磷盐、聚磷酸铵(APP)等有机磷系阻燃剂,兼有阻燃和增塑的作用,效果更优,但它们存在易吸潮、不耐高温、挥发性大等缺点。

4. 硅系阻燃剂

包括无机和有机两大类。无机硅系阻燃剂包括硅酸盐、硅胶、滑石粉等,有机硅系阻燃剂主要有硅树脂、硅油等。有机硅系阻燃剂具有热氧化稳定、抑烟、无毒、防滴落、力学性能和耐热性能好、相容性好等优点。

为了提高硅酮密封胶的各项性能,不同阻燃剂之间的协同使用也逐渐成为研究重点。庞文武等将磷系阻燃剂与硅系阻燃剂制成复合阻燃剂,用于制备新型阻燃硅酮密封胶,胶料不仅具有良好的挤出性和很小的下垂度,还具有优异的阻燃和力学性能。田建国利用硅系阻燃剂与改性埃洛石粉负载的硼酸盐型阻燃剂进行复配,再与改性纳米二氧化硅一起作为复合阻燃剂,制备出了长效耐超高温的阻燃硅酮密封胶。

　　阻燃剂作为助剂,需要考虑其加入后对密封胶性能的影响。与普通的硅酮密封胶不同,为了提高阻燃性能,阻燃型硅酮密封胶的配方中粉体填料加入量更大,这就需要选择适配的硅烷偶联剂来提高粉体与基胶的相容性,以保证密封胶的力学强度和黏结性能。娄小浩等的研究结果表明,尽管阻燃粉体用量的增加使得硅酮密封胶的阻燃性能明显提升,但其力学强度呈明显的下降趋势。偶联剂对硅酮密封胶的阻燃性能影响不大,但对密封胶的表干时间、黏结性能和力学性能等影响较大,其中 γ-氨丙基三乙氧基硅烷作为偶联剂均能够满足相关标准的要求。张丹丹等研究了纳米碳酸钙和气相白炭黑作为补强填料对阻燃剂的适配性,发现纳米碳酸钙与含氮阻燃填料 FS-480D 的适配性更好,所需的阻燃填料添加量相对较少,胶料的触变性和力学性能较好。

5.5.2　防霉硅酮密封胶

　　防霉密封胶具有防止胶体发霉、滋生细菌的特性,有助于保持密封胶的功能完整性和外表美观性,也能保持干净、整洁、无异味的使用环境。对于用于建筑门窗和用于厨卫防水的密封胶,由于环境变化大或湿度大,对防霉性要求很高。

　　在配方中加入合适的防霉剂,是提高硅酮密封胶防霉性能最常用的方法。在防霉剂的选择上,要关注防霉剂从密封胶中的析出问题,以避免在使用一段时间后密封胶失去防霉效果。防霉剂可以分为天然生物类、有机类和无机类 3 种,其中天然生物类防霉剂是从植物源、动物源和微生物源中提取的,主要作为药物用途,一般不用于建筑密封胶中,有机类和无机类防霉剂比较常用。

　　有机类防霉剂种类很多,包括季铵盐类、双胍类、醇类、酚类、有机金属类、吡啶类、咪唑类、异噻唑啉酮类和苯并异噻唑啉酮类等有机物,具有杀菌广谱、速度快等特点,与聚合物胶相容好,是最广泛使用的防霉剂。但这类防霉剂往往存在耐热性差、易分解和使用寿命短等缺点,有的有机类防霉剂还具有较强的毒性,并有可能释放挥发性有机化合物(VOCs),污染环境。

　　无机类防霉剂包括金属(银、铜、锌、锡、稀土等)无机盐、纳米二氧化钛、纳米氧化锌、纳米银等,该类产品具有安全性高、缓释性好、广谱抗菌性、不易产生抗药性、耐热性好和加工方便等优点。其中银系抗菌剂性能最为突出,具有优越的广谱防霉抗菌性、长效性和耐热性,但相容性不好,且成本较高。陈炳强等开发了一种以纳米银颗粒为防霉剂、以甲基三乙氧基硅烷为交联剂、以环保型的复合钛化物为催化剂的硅酮密封胶,该胶毒性小,对环境友好,对人体无副作用,而且具有较快的硫化速度。

　　曹健等采用自制硅、磷系化合物复配作为阻燃剂,并用季铵盐改性硅油部分替代普通二甲基硅油,制得了性能优异的环保型建筑阻燃防霉硅酮密封胶。季铵盐改性能使氮原子带正电、不易被氧化,达到抑制黄变的效果;同时,季铵盐化合物能吸附带负电荷的细菌,具有较好的杀菌抗霉作用。这种使用改性硅油的方法能很好地解决相容性的问题,产品的力学性能不随季铵盐改性硅油的大量加入而明显降低,也不容易从密封胶中析出,防霉效果能维持较长时间。张东东等则利用 3-碘-2-丙炔基-N-正丁基氨基甲酸酯、吡啶硫酮锌、六方氮化硼配制成防霉杀菌剂,具有低模量、高弹性回复率、0 级长效防霉的优点,同时施工性能佳、低气味、低 VOCs,适合应用于家装环境。黄锋华利用异噻咪啉酮类物质作为防霉剂,并用硅烷偶联剂处理氧化石墨烯表面,制备出了具有 0 级防霉的耐高温硅酮密封胶。

5.5.3　纳米填料填充硅酮密封胶

填料是硅酮密封胶的重要组成部分,如碳酸钙等补强填料在提高密封胶力学性能的同时,还能降低生产成本。对于这类填料,其粒径和比表面积对密封胶的性能影响较大,一般情况下,比表面积越小或粒径越大,制得密封胶力学性能越差,越容易出现反白现象;比表面积越大或粒径越小,密封胶的强度、硬度等力学性能越好。

碳酸钙类填料成本较低,易于生产,市场竞争力最强,故最为常用。相比轻质碳酸钙和重质碳酸钙,纳米碳酸钙具有更为优越的性能,对硅酮密封胶的补强效果更好。但由于纳米碳酸钙粒径小、表面能高、表面亲水性强,极易团聚,在聚合物中很难分散,制成的胶料黏度大、触变性差、不利于施工。故硅酮密封胶中使用的纳米碳酸钙一般都需要先进行表面改性处理,以减少团聚,便于在基胶中的均匀分散。长链脂肪酸及其盐、钛酸酯偶联剂、铝酸酯偶联剂等都可以通过将纳米碳酸钙的表面由亲水疏油变为亲油疏水,来提高纳米碳酸钙在聚合物基体中的相容性和分散性。

颜干才等依次对纳米碳酸钙进行了湿法改性包覆和二次干法改性活化包覆,改性剂分别是硬脂酸钠和硬脂酸。研究表明,与只进行湿法改性包覆的纳米碳酸钙相比,经过适量硬脂酸二次干法改性的纳米碳酸钙更能有效地提高密封胶的存储稳定性,并改善浸水黏结的性能,同时也能够提高基料的触变性;但过量使用硬脂酸进行干法改性,将对密封胶的抗流挂性、储存稳定性以及耐水性产生不利影响。

文胜等则利用脂肪酸与二乙烯三胺五乙酸铁-钠络合物的混合皂化液作为改性剂,经改性包覆、过滤和烘干后的纳米碳酸钙可以赋予硅酮密封胶优异的力学性能,也可显著提高硅酮密封胶的抗氧化性、触变性和施工便捷性。张和庆等先将氢氧化钙悬浮液进行碳化处理获得立方形纳米碳酸钙颗粒,再利用液态月桂酸与硬脂酸进行复合改性,所得碳酸钙在硅酮密封胶中具有良好的分散性和合适的施工流变性。曾容等以黏度分别为 20～80 Pa·s 和 600～800 Pa·s 的有机聚硅氧烷混合后作为聚合物基料,以经 1%～3%钛酸正丁酯及氨基烷氧基硅烷低聚物复合改性的纳米碳酸钙作为补强填料,制得低温耐撕裂硅酮密封胶,在 -50℃ 以下其撕裂强度得到显著提高。

5.5.4　其他进展

王晓岚等发明了一种快干型硅酮黏结材料,相较于其他硅酮密封胶的配方,其加入甲基丙烯酸羟乙酯、异氰酸酯基丙烯酸乙酯和环氧树脂的复配物作为增效剂。异氰酸酯基丙烯酸乙酯同时带有双键和异氰酸酯基,既可以进行自由基聚合,也可以与带有活泼氢的官能团反应,与其他原料的反应和结合能力强,从而能实现快速固化。结果显示,甲基丙烯酸羟乙酯、环氧树脂、异氰酸酯基丙烯酸乙酯混合后加入体系,施工过程聚合速度快,固化速度也快。

张燕红等发明了一种喷涂型硅酮密封胶,以黏度介于 0.1～10 Pa·s 的羟基封端聚二甲基硅氧烷作为基料,再与少量黏度介于 10～100 Pa·s 的羟基封端聚二甲基硅氧烷、流平剂、填料、交联剂、偶联剂、催化剂、抗老化剂混合均匀,所得混合料可以直接喷涂于设备或建筑外表面,在固化后能形成密封膜,隔绝空气和水分。

姜云等先将有机硅树脂和有机硅交联剂进行丙烯酸酯改性,向端基引入多官能度的丙烯酸酯结构,然后在配方中再加入单官能丙烯酸稀释剂、偶联剂、过氧化物、吸氧剂等,制备出了具有高度环境适应性的硅酮密封胶。因这类硅酮密封胶交联机理属于加成型而非缩合型,可在加热条件下实现快速固化,在几个小时甚至几十分钟之内即完成固化,且对固化环境没有特殊要求,产品几乎不含有挥发性物质,环保性能优异。

5.6 硅酮密封胶污染源分析及 VOCs 释放

5.6.1 硅酮密封胶污染源分析

单组分硅酮密封胶是现代建筑和家庭装修不可或缺的基本材料,在生产配方中必须使用有机硅类交联剂,另外有机硅偶联剂也常用来改善硅酮密封胶的性能。交联剂和偶联剂在密封胶固化反应过程可能会因未能固化完全而有所残留,常用交联剂和偶联剂的性质见表 5-3。因为这类化合物多数沸点较高,毒性相对较小,所以对室内环境的污染相对较小。

表 5-3 单组分硅酮密封胶交联剂和偶联剂性质举例

交联剂/偶联剂	沸点/℃	性 质
甲基三乙酰氧基硅烷	221.3	吞咽可能有害,造成皮肤刺激;造成严重眼刺激;可能引起呼吸道刺激
甲基三甲氧基硅烷	102	高度易燃液体; 可能导致皮肤过敏反应
甲基三丁酮肟基硅烷	319	会刺激皮肤,引起皮肤过敏反应;溅入会刺激眼睛,并有可能灼伤眼睛;吸入蒸气会刺激呼吸道和鼻通道;如果摄入会降低血液携氧能力
γ-氨丙基三乙氧基硅烷	217	可燃液体;吞咽有害;造成严重皮肤灼伤和眼损伤;可能导致皮肤过敏反应
γ-缩水甘油醚氧丙基三甲氧基硅烷	290	急性毒性,经皮;严重眼睛损伤/眼睛刺激性;急性水生毒性

由于配方中的原料在生产过程中需要经过多个步骤,尽管经过精馏等提纯方式进行了处理,仍然难以避免部分杂质的残留。有些物质是可挥发性有机化合物,很有可能在使用过程中被释放出来。例如,硅酮密封胶中聚硅氧烷类基胶和交联剂占主导地位,基胶主要是由八甲基环四硅氧烷(D_4)通过开环聚合制备的,而合成 D_4 的原料是二甲基二氯硅烷,二甲基二氯硅烷则是由一氯甲烷和硅粉制得,尽管每个步骤中的原料和杂质均有可能在最终密封胶产品中出现,但含量相对较低。

对于脱酸型硅酮密封胶,交联剂种类有甲基三乙酰氧基硅烷、乙基三乙酰氧基硅烷等,由甲基/乙基/丙基三氯硅烷与乙酸/乙酸酐反应制得。甲基三氯硅烷可由三氯甲烷和硅粉的反应制得。大部分工艺中不涉及溶剂,少部分工艺会使用环己烷作为溶剂。反应副产物是乙酰氯,可与未反应完全的乙酸一起通过精馏、减压蒸馏除去一部分,最后得到的成品纯度多为 97%~99%。

对于脱醇型硅酮密封胶,交联剂有甲基三甲氧基硅烷等。以甲基三甲氧基硅烷为例,其由甲基三氯硅烷和甲醇反应制得。

对于脱酮肟型硅酮密封胶,交联剂为甲基三丁酮肟基硅烷和乙烯基三丁酮肟基硅烷等。

氯硅烷滴加法是生产甲基三丁酮肟基硅烷最常用的工艺方法,以间歇滴加法为例,它是通过将氯硅烷滴加到过量丁酮肟中,静置一段时间后先分层除去丁酮肟盐酸盐,再加入缚酸剂中和并除去未反应的丁酮肟和溶剂,制得甲基三丁酮肟基硅烷。制备过程中为了降低体系黏度,常常会使用溶剂,常用的溶剂有甲苯、环己烷、正己烷、石油醚等。缚酸剂则是用以吸收体系中产生的氯化氢,常用的缚酸剂有三乙胺、吡啶等,丁酮肟自身也能起到缚酸作用。丁酮肟因毒性较其他二者低,因而更常被应用。

对于脱酮型硅酮密封胶,交联剂为甲基三异丙烯氧基硅烷和乙烯基三异丙烯氧基硅烷等。乙烯基三异丙烯氧基硅烷是以氯化亚铜为催化剂,三乙胺为缚酸剂,由丙酮与乙烯基三氯硅烷进行反应得到的,过程中会使用苯和甲苯作为溶剂。苯基三异丙烯氧基硅烷则是以丙酮、苯基三氯硅烷为原料,氯化亚铜为催化剂,三乙胺为缚酸剂,苯为溶剂来制备。硅酮密封胶固化剂的制备过程中因使用苯、甲苯等溶剂来降低体系黏度,因而会在产品中残留苯、甲苯等物质,这也是潜在的 VOCs 产生源。

硅酮密封胶施工、使用过程中 VOCs 排放最主要的来源是固化反应过程中生成的有机小分子化合物,是不可避免的。目前市面上最常见的硅酮密封胶产品是脱酸型、脱醇型、脱酮肟型和脱酮型,固化过程释放的副产物分别为乙酸、甲醇或乙醇、丁酮肟和丙酮,它们的毒性及对人体的危害见表 5-4。就副产物的毒性而言,丁酮肟>乙酸>甲醇>丙酮≈乙醇。

表 5-4　硅酮密封胶固化副产物及其毒性

物质	沸点/℃	毒性及对人体的危害
乙酸	118.1	腐蚀性和刺激性强,吸入蒸气对鼻、喉和呼吸道有刺激性;对眼睛有强烈刺激作用;皮肤接触,轻者出现红斑,重者引起化学灼伤 慢性影响:眼睑水肿、结膜充血、慢性咽炎和支气管炎 毒性:LD50:3530 mg·kg^{-1}(大鼠经口);1060 mg·kg^{-1}(兔经皮) LC50:13 791 mg·m^{-3},1 h(小鼠吸入)
甲醇	64.8	有刺激性气味,对呼吸道及胃肠道黏膜有刺激作用,对血管神经有毒害作用,引起血管痉挛,形成瘀血或出血;对视神经和视网膜有特殊的选择作用,使视网膜因缺乏营养而坏死 慢性中毒:主要为神经系统症状,有头晕、无力、眩晕、震颤性麻痹及视神经损害 毒性:LD50:5628 mg·kg^{-1}(大鼠经口);15 800 mg·kg^{-1}(兔经皮) LC50:64 000 mg·m^{-3},4 h(大鼠吸入)
乙醇	78.3	为中枢神经系统抑制剂。首先引起兴奋,随后抑制。急性中毒:急性中毒多发生于口服。一般可分为兴奋、催眠、麻醉、窒息四阶段 慢性影响:长期接触高浓度本品可引起鼻、眼、黏膜刺激症状,以及头痛、头晕、疲乏、易激动、震颤、恶心等。皮肤长期接触可引起干燥、脱屑、皲裂和皮炎 毒性:LD50:7060 mg·kg^{-1}(大鼠经口);7340 mg·kg^{-1}(兔经皮) LC50:37 620 mg·m^{-3},10 h(大鼠吸入)
丁酮肟	95~266	吞咽有害,皮肤接触致命,造成严重眼损伤,可能导致皮肤过敏性反应,怀疑会致癌,长期或反复接触会对造血系统造成伤害 毒性:LD50:930 mg·kg^{-1}(大鼠经口);2702 mg·kg^{-1}(兔经皮) LC50:20 000 mg·m^{-3},4 h(大鼠吸入)

续表

物质	沸点/℃	毒性及对人体的危害
丙酮	56.5	对眼、鼻、喉有刺激性。急性中毒可表现为对中枢神经系统的麻醉作用,出现乏力、恶心、头痛、头晕,容易激动;重者发生呕吐、气急、痉挛,甚至昏迷 慢性影响:长期高浓度接触该品会出现眩晕、灼烧感、咽炎、支气管炎、乏力、易激动等。皮肤长期反复接触可致皮炎 毒性:LD50:5800 mg·kg^{-1}(大鼠经口);20 000 mg·kg^{-1}(兔经皮) LC50:无资料(大鼠吸入)

由于需要空气中水分的参与,硅酮密封胶的固化过程是由表面向内部发展的,不同特性的硅酮密封胶表干时间和固化时间都不尽相同,常用的几类硅酮密封胶的表干时间从快到慢排序依次为:脱丙酮型＞脱酰胺型＞脱酸型＞脱酮肟型＞脱醇型。当表面固化完成并形成较好的密封效果后,表层既会影响空气中的水分进入深层继续固化,也会将固化过程产生的副产物封闭在密封胶内部。其中,尽管中性脱醇型硅酮密封胶固化过程无气味、对基材的污染较小,但是由于其固化速率较慢,即使表面固化后内部也仍未完全固化,在高温环境下未排出的甲醇/乙醇气体大量汽化,因气体体积膨胀而造成硅酮密封胶的起泡。若要减轻硅酮密封胶的"起鼓现象",一般情况下环境湿度和接缝尺寸很难改变,主要是通过改变温差和胶的固化速度来实现,为此可以选用固化速度相对较快的胶,减小温差导致的接缝变形,并选择合适的施胶时间以保证湿度等。

5.6.2 硅酮密封胶 VOCs 的释放研究

研究人员对硅酮密封胶固化速度以及固化过程中副产物的释放速率进行了深入的研究。Comyn 建立了一个硅酮密封胶固化深度随固化时间变化的模型。对于一个硅酮密封胶体系,固化反应 t 时间后固化深度 z 的表达式为

$$z = (2VPpt)^{\frac{1}{2}} \tag{1}$$

其中,p 是环境中水的蒸气压,单位 Pa;P 是固化后硅酮胶的渗透系数,单位 mol·s^{-1}·m^{-1}·Pa^{-1};V 是每摩尔水能够固化的硅酮胶的体积,单位为 m^3·mol^{-1}。对于市售中性硅酮密封胶,$V=3.92\times10^{-3}$ m^3·mol^{-1},100% 环境湿度时 $P=74.6\times10^{-13}$ mol·s^{-1}·m^{-1}·Pa^{-1}。

He 等利用上述模型测得中性脱酮肟型硅酮密封胶在 25℃ 和 50% 的相对湿度下,$(2VPp)^{1/2}=(7.36\pm0.13)\times10^{-6}$ m·s$^{-1/2}$,与 Comyn 的结果 $(9.5\pm0.2)\times10^{-6}$ m·s$^{-1/2}$ 十分接近;用动态箱法测定在含有一条缝的铝基材上长为 100 mm、宽为 5 mm、深度为 8 mm 的硅酮胶在 53 L 不锈钢箱室内的固化和释放速率,由于只有顶面与空气接触,故释放模型可以简化为一维方向释放。该箱室内顶部有一气流装置,向内提供空气,每小时置换一次,内部环境维持 25 ℃ 和 50% 的相对湿度。

他们把硅酮胶分成三层,从表面向内依次是固化层、固化界面和未固化层,根据菲克定律建立了如下的传质模型,以模拟硅酮密封胶固化过程的 VOCs 释放情况。

对于固化层,传质模型为

$$\frac{\partial C_s}{\partial t} = D_s \frac{\partial^2 C_s}{\partial x^2} \tag{2}$$

其中，C_S 是固化层的质量浓度，单位 $mg \cdot m^{-3}$；D_S 是固化的硅酮密封胶的扩散系数，单位为 $m^2 \cdot s^{-1}$；t 是固化和释放的时间。

对于未固化层，传质模型为

$$\frac{\partial C_l}{\partial t} = D_l \frac{\partial^2 C_l}{\partial x^2} \tag{3}$$

其中，C_l 是固化层的质量浓度，单位 $mg \cdot m^{-3}$；D_l 是固化的硅酮密封胶的扩散系数，单位为 $m^2 \cdot s^{-1}$。

在液体和固体的界面：

$$C_S = C_l \tag{4}$$

$$D_l \frac{\partial C_l}{\partial x} = D_S \frac{\partial C_S}{\partial x} - E(产生 VOCs) \tag{5}$$

$$D_l \frac{\partial C_l}{\partial x} = D_S \frac{\partial C_S}{\partial x}(不产生 VOCs) \tag{6}$$

其中，E 是 VOCs 的产生速率，单位为 $mg \cdot s^{-1} \cdot m^{-2}$，可用以下式子表达：

$$E = 2MPp/z \tag{7}$$

其中，Pp/z 是每摩尔水到达界面需要的时间。

对于材料和空气界面，则需满足：

$$C_S = KC_a \tag{8}$$

$$-D_S \frac{\partial C_S}{\partial x} = h_m(C_a - C_\infty)(产生 VOCs) \tag{9}$$

其中，C_a 是临近空气层的 VOCs 质量浓度，单位 $mg \cdot m^{-3}$；C_∞ 是空气中的 VOCs 浓度，单位 $mg \cdot m^{-3}$；h_m 是空气和固化的硅酮密封胶界面的对流传质系数，单位为 $m \cdot s^{-1}$；K 是 VOCs 在材料和空气之间的分配系数。

在硅酮密封胶材料和不可渗透的介质界面：

$$\frac{\partial C_l}{\partial x} = 0(未固化时期) 或 \frac{\partial C_S}{\partial x} = 0(开始固化) \tag{10}$$

将 K 估计为 300，其他重要参数为：$D_S = 2 \times 10^{-10} \ m^2 \cdot s^{-1}$，$D_l = 4 \times 10^{-10} \ m^2 \cdot s^{-1}$，$h_m = 0.0025 \ m \cdot s^{-1}$。

利用式(1)可计算得到固化深度到达 3 mm 时需要约 46 h，全部固化完成(固化深度为 8 mm)则需要 328 h，约 13.7 天。图 5-9 是利用动态箱法和模拟法得到的箱内丁酮肟浓度随时间的变化曲线，可以看出，丁酮肟在刚开始的一段时间内大量释放，随后固化反应放缓，但经 100 h 后其浓度仍有 10 $mg \cdot m^{-3}$，降低的速度呈现放缓趋势。图 5-10 则是继续延长时间，在 13.7 天固化完成后空气中的丁酮肟浓度的衰减情况。同时该图也展示了改变一些参数后的模拟结果，随着 V 的增大，固化速率加快，丁酮肟排放量的拐点提前出现；随着代表湿度的参数 p 的提升，固化速率加快，同时前期阶段丁酮肟排放速率上升，拐点提前出现，后期丁酮肟排放量则非常微弱；随着固化后的硅酮密封胶的扩散系数的降低，初期丁酮肟排放量略有降低，但后期因丁酮肟扩散速率的降低而仍有较大量的排放。

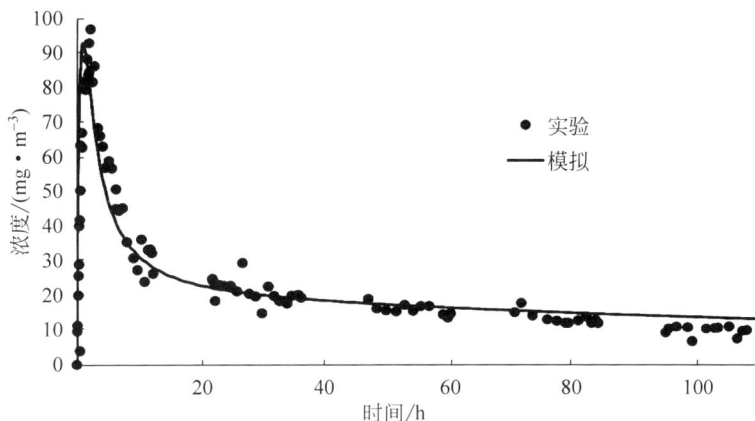

图 5-9 动态箱法和模拟法得到的箱内丁酮肟浓度随时间的变化曲线

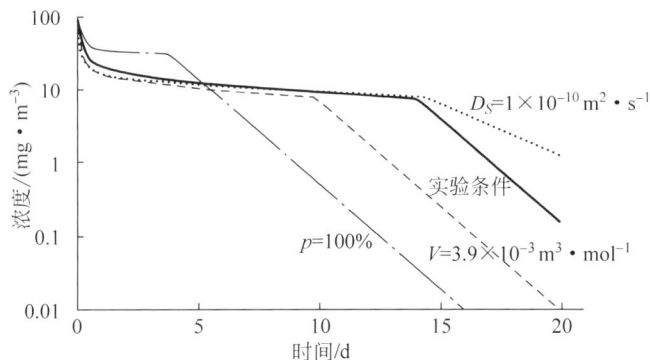

图 5-10 改变一些参数后得到的箱内丁酮肟浓度随时间的变化模拟曲线

5.7 硅酮密封胶相关标准

5.7.1 中国硅酮密封胶相关标准

我国建筑硅酮密封胶标准的制定起步较晚。进入 21 世纪后,硅酮密封胶标准体系的建设步伐加快,体系开始逐渐完善,表 5-5 列举了一些与硅酮密封胶相关的标准。

表 5-5 中国主要硅酮密封胶相关标准

标 准 类 型	标 准 号	标 准 名 称
强制性国家标准	GB 18583—2008	室内装饰装修材料 胶粘剂中有害物质限量
推荐性国家标准	GB/T 22083—2008	建筑胶粘剂分级和要求
推荐性国家标准	GB/T 24267—2009	建筑用阻燃密封胶
强制性国家标准	GB 30982—2014	建筑胶粘剂有害物质限量
推荐性国家标准	GB/T 14683—2017	硅酮和改性硅酮建筑密封胶
行业推荐性标准	JG/T 187—2006	建筑门窗用密封胶条
行业推荐性标准	JC/T 485—2007	建筑窗用弹性密封胶
行业推荐性标准	JC/T 885—2016	建筑用防霉密封胶

1. 有害物质相关标准

标准《室内装饰装修材料　胶粘剂中有害物质限量》(GB 18583—2008)和《建筑胶粘剂有害物质限量》(GB 30982—2014)是两项关于建筑硅酮密封胶环境和有害物质排放的强制性国家标准,具体规定见表5-6。

表 5-6   国家标准对硅酮建筑密封胶有害物质限量的规定

标　准　号	项　　目	指　　标
GB 18583—2008	本体型胶黏剂总挥发性有机物	$\leqslant 100$ (g·L^{-1})
GB 30982—2014	有机硅类本体型胶黏剂总挥发性有机物	$\leqslant 100$ (g·kg^{-1})

2. 物理性能相关标准

根据标准《建筑胶粘剂分级和要求》(GB/T 22083—2008),按用途,密封胶可以分为镶装玻璃接缝用密封胶(G 类)和其他建筑接缝用密封胶(F 类)。此外,密封胶也可按照满足接缝密封功能的位移能力进行分级,如表 5-7 所示。

其中 25 级和 20 级密封胶可按其拉伸模量划分次级别,分别为低模量(LM)和高模量(HM),均为弹性密封胶。对于 12.5 级以下的密封胶,按其弹性恢复率又可以分为弹性(代号 E,弹性恢复率$\geqslant 40\%$)和塑性(代号 P,弹性恢复率小于 40%)两类。建筑密封胶分级如图 5-11 所示。

表 5-7   建筑密封胶级别

级别	试验拉伸幅度/%	位移能力/%
100/50	+100/−50	100/50
50	±50	50.0
35	±35	35.0
25	±25	25.0
20	±20	20.0
12.5	±12.5	12.5
7.5	±7.5	7.5

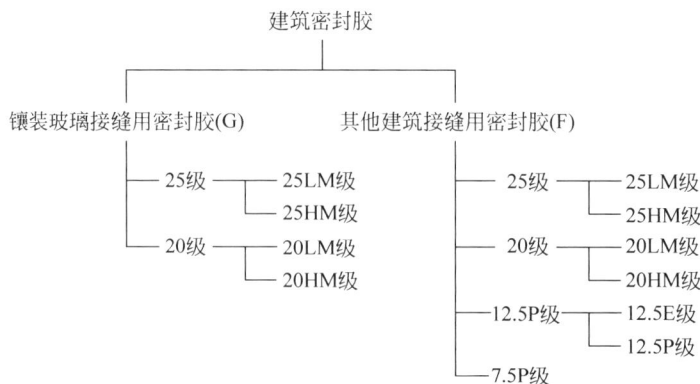

图 5-11   建筑密封胶分级图

根据标准《硅酮和改性硅酮建筑密封胶》(GB/T 14683—2017),硅酮建筑密封胶(SR)和改性硅酮建筑密封胶(MS)的理化性能应符合表 5-8 和表 5-9 的要求。

此外,《建筑窗用弹性密封胶》(JC/T 485—2007)列出了建筑窗用弹性密封胶的物理性能技术指标的具体要求(表 5-10)。

表 5-8　硅酮建筑密封胶(SR)的物理性能技术指标

序号	项目		技术指标							
			50LM	50HM	35LM	35HM	25LM	25HM	20LM	20HM
1	密度/(g·cm^{-3})		规定值±0.1							
2	下垂度/mm ≤		3							
3	表干时间/h ≤		3							
4	挤出性/(mL·min^{-1})≥		150							
5	适用期		供需双方商定							
6	弹性恢复率/% ≥		80							
7	拉伸模量/MPa	23℃	≤0.4 和	>0.4 或	≤0.4 和	>0.4 或	≤0.4 和	>0.4 或	≤0.4 和	>0.4 或
		−20℃	≤0.6	>0.6	≤0.6	>0.6	≤0.6	>0.6	≤0.6	>0.6
8	定伸黏结性		无破坏							
9	浸水后定伸黏结性		无破坏							
10	冷拉-热压后黏结性		无破坏							
11	紫外线辐照后黏结性		无破坏							
12	浸水光照后黏结性		无破坏							
13	质量损失率/% ≤		3							
14	烷烃增塑剂		不被检出							

表 5-9　改性硅酮建筑密封胶(MS)的物理性能技术指标

序号	项目		技术指标				
			25LM	25HM	20LM	20HM	20LMR
1	密度/(g·cm^{-3})		规定值±0.1				
2	下垂度/mm ≤		3				
3	表干时间/h ≤		24				
4	挤出性/(mL·min^{-1}) ≥		150				
5	适用期/min ≥		30				
6	弹性恢复率/% ≥		70	70	60	60	—
7	定伸永久变形/%		—	—	—	—	>50
8	拉伸模量/MPa	23℃	≤0.4 和	>0.4 或	≤0.4 和	>0.4 或	≤0.4 和
		−20℃	≤0.6	>0.6	≤0.6	>0.6	≤0.6
9	定伸黏结性		无破坏				
10	浸水后定伸黏结性		无破坏				
11	冷拉-热压后黏结性		无破坏				
12	质量损失率/% ≤		5				

表 5-10　建筑窗用弹性密封胶物理力学性能

序号	项　目		1 级	2 级	3 级
1	密度/(g·cm^{-3})		规定值 ±0.1		
2	挤出性/(mL·min^{-1})	≥	50		
3	适用期/h	≥	3		
4	表干时间/h	≤	24	48	72
5	下垂度/mm	≤	2	2	2
6	拉伸黏结性能/MPa	≤	0.40	0.50	0.60
7	低温储存稳定性		无凝胶、离析现象		
8	初期耐水性		不产生浑浊		
9	污染性		不产生污染		
10	热空气—水循环后定伸性能/%		100	60	25
11	水—紫外线辐照后定伸性能/%		100	60	25
12	低温柔性/℃		−30	−20	−10
13	热空气—水循环后弹性恢复率/%	≥	60	30	5
14	拉伸—压缩循环性能	耐久性等级	9030	8020,7020	7010,7005
		黏结破坏面积/% ≤	25		

3. 其他标准

《建筑用阻燃密封胶》(GBT 24267—2009)对建筑用阻燃密封胶的阻燃性能进行了规定（表 5-11），应符合 FV-0 级要求。

表 5-11　建筑用阻燃密封胶的阻燃性能

序号	判　据		级别
			FV-0
1	每个试件的有焰燃烧试件 (t_1+t_2)·s^{-1}	≤	10
2	对于任何状态调节条件，每组五个试件有焰燃烧时间总和 t_1·s^{-1}	≤	50
3	每个试件第二次施焰后有焰加上无焰燃烧时间 (t_1+t_2)·s^{-1}	≤	30
4	每个试件有焰或无焰燃烧蔓延到夹具现象		无
5	滴落物引燃脱脂棉现象		无

另外，《建筑用防霉密封胶》(JCT 885—2016)则列出了有关防霉性能的标准。密封胶在标准试验条件下制备厚度约为 2 mm 的涂膜层并养护 7 天，试验时不使用载体面板，切取 50 mm×50 mm 大小的试件进行试验，菌种采用外墙漆膜防霉试验规定的菌种。其防霉等级分级如下：

0 级——在放大约 50 倍下无明显长霉；

1 级——肉眼看不到或很难看到长霉，但在放大镜下可明显见到长霉；

2 级——肉眼明显看到长霉，在样品表面的覆盖面积为 10%～30%；

3 级——肉眼明显看到长霉，在样品表面的覆盖面积为 30%～60%；

4 级——肉眼明显看到长霉，在样品表面的覆盖面积大于 60%。

5.7.2　国外硅酮密封胶标准

美国材料与试验协会（ASTM）制定的 C920《弹性接缝密封胶》是最有影响力的密封胶标准之一，被世界多个公司广泛采用，对除高速公路、机场跑道和桥梁接缝以外的建筑物、广场、停车场和人行道的接缝密封胶的分级、分类、技术要求和试验方法进行了规定。

国际标准化组织对建筑密封胶制定的标准为《建筑密封胶分类和要求》（ISO11600：2002），根据密封胶的用途和性能规定了建筑结构用密封胶的类型，并给出了不同类型等级建筑结构胶的具体要求和测试方法。结构胶可分为 G 类（玻璃胶）和 F 类（结构胶）。其等级分类同图 5-11。25 级和 20 级的密封胶根据其拉伸模量可分为高模量（HM）和低模量（LM）。高模量要求密封胶在 23℃时拉伸模量大于 0.4 N·mm^{-2}，在－20℃时拉伸模量大于 0.6 N·mm^{-2}；低模量要求密封胶在 23℃时拉伸模量小于 0.4 N·mm^{-2}，在－20℃时拉伸模量小于 0.6 N·mm^{-2}。12.5 级的密封胶根据其弹性回复率又可以分为弹性胶（E）和塑性胶（P）两种类型，两者的弹性回复率分别＜40％或≥40％。

欧盟制定的标准是《结构密封胶装配系统的欧洲技术认可规范》（ETAG 002—2012）。ETAG 002 对硅酮密封胶的检测共有 18 项，包括剪切、浸水、紫外辐照、盐雾、酸雾、清洁剂浸泡、气泡包裹、撕裂、疲劳、蠕变、热重等项目，有些在国内的标准里没有进行规定。

5.8　小结与展望

本章详细介绍了各类硅酮密封胶的情况，并分析了有害污染源的种类、危害、标准和释放行为规律。现将硅酮密封胶主要品种的特点、性能、综合成本、主要污染源、环保性、应用范围等总结于表 5-12。

表 5-12　硅酮密封胶主要胶种综合对比

品种	单组分				双组分
	脱酸型	脱酮肟型	脱醇型	脱酮型	
密封胶特点	本体型胶黏剂，湿气固化，用含乙酰氧基的硅烷作交联剂，对金属等材料有腐蚀性	本体型胶黏剂，湿气固化，用含酮肟基的硅烷作交联剂，对铜、铅、锌和聚碳酸酯有腐蚀性	本体型胶黏剂，湿气固化，用含烷氧基的硅烷作交联剂	本体型胶黏剂，湿气固化，用含异丙烯氧基的硅烷作交联剂，不能黏结 PE、氟塑料等基材	本体型胶黏剂，非湿气固化，固化速度快，分为两组分进行储存
密封胶性能	硫化速度快、黏结强度较高、透明性好	硫化速度适中、硫化气味小、黏结性较好	硫化过程不开裂，物理性能、电性能等综合性能优异	硫化速度快、腐蚀性小，黏结性较好，储存稳定性好，耐热性好	耐温耐候耐臭氧等好，对多种基材黏结性较好，抗位移，密封性好

续表

品种	单 组 分				双组分
	脱酸型	脱酮肟型	脱醇型	脱酮型	
施工性能	操作简便,适应性强,适合于小型施工	操作简便,适应性强,适合于小型施工,但储存稳定性不好	操作简便,硫化慢,黏结性较差,有时需对被黏表面处理	操作简便,适应性强,适合于小型施工,酸性环境不易硫化	储存时间长、固化快,但须配备专用注胶机在工厂内施工
安全性	刺激性气味较大,有腐蚀	刺激性气味较小	无臭无味、无腐蚀性	无臭,气味较小,无毒	较高
综合成本	低	中	较低	高	低
污染源	乙酸	丁酮肟	甲醇/乙醇	丙酮	—
	少量增塑剂、原料中残留的少量有机溶剂				
主要用途	适用于玻璃和陶瓷的密封黏结	建筑、电子电气、汽车行业	电子、电气业、建筑、汽车等行业的密封胶	绝缘黏结、导热、密封,导电黏结,模具制造等用途	主要用于大型幕墙的施工

在居家环境中,硅酮密封胶是应用最为广泛的建筑密封胶,其优势在于优良的耐温耐候性,多用于玻璃、陶瓷、金属等金属和非金属材料本身和材料之间的黏结和密封。随着经济和社会的发展,新型多功能绿色环保硅酮密封胶已成为研究开发的热点,在室内装修装饰中的应用也会越来越普遍。

第6章

聚氨酯密封胶

6.1 聚氨酯密封胶概况

聚氨酯密封胶是当今世界几类主要建筑用弹性密封胶的品种之一，它是以聚氨酯橡胶或聚氨酯预聚体作为主要成分，加入其他添加剂制备而成的。聚氨酯预聚体一般是以二异氰酸酯和端羟基聚醚/聚酯多元醇为主要原料，在异氰酸酯过量的条件下制得的异氰酸酯基团封端的预聚体。该预聚体与含活泼氢的二元醇、多元醇等小分子扩链剂反应后可以得到弹性聚氨酯密封胶。

聚氨酯密封胶因具有氨基甲酸酯、脲基甲酸酯及缩二脲极性基团，以及软硬嵌段交替形成的微相结构而具有优异的性能。聚氨酯密封胶具有良好的黏结力，较高的弹性，较强的拉伸强度，较好的耐磨、耐寒、耐油、耐化学品性和较长的使用寿命。在建筑领域，聚氨酯密封胶可应用于混凝土预制件的接缝，预制件与墙壁间的接缝，建筑轻质结构件间的接缝，窗框四周接缝，浴室、游泳池和阳台设施等构件间的接缝，以及双层玻璃结构等方面的黏结、嵌缝密封。

我国自20世纪70年代开始开发聚氨酯密封胶，起初一直以低档的双组分焦油型(黑色)聚氨酯密封膏以及双组分彩色聚氨酯密封胶为主，因含焦油的密封胶气味大，并含有少量溶剂，近年来被逐渐淘汰。自20世纪90年代起，以山东化工厂为代表的国内企业从西欧引进技术，开始生产单组分聚氨酯密封胶。近年来，含无机填料的无溶剂型聚氨酯密封胶正在迅速崛起。

6.2 聚氨酯密封胶的组成和分类

6.2.1 聚氨酯密封胶的组成

聚氨酯密封胶配方中最主要的组分是作为基础聚合物的聚氨酯预聚

体,对于双组分胶,还会使用含有活泼氢的化合物作为固化剂,其他组分与硅酮密封胶类似。制备聚氨酯密封胶的主要原料、成分及作用见表 6-1。

1. 聚氨酯预聚体

聚氨酯预聚体是聚氨酯密封胶的重要组分,一般是由过量的多异氰酸酯和多元醇反应得到的—NCO 封端的预聚物。用于生产聚氨酯密封胶的异氰酸酯类化合物有甲苯二异氰酸酯(TDI)、二苯基甲烷-4,4′-二异氰酸酯(MDI)、1,6-己二异氰酸酯(HDI)、二环己基甲烷二异氰酸酯(HMDI)、多亚甲基多苯基异氰酸酯(PAPI)、甲基环己基二异氰酸酯(HTDI)、异氟尔酮二异氰酸酯(IPDI)等,每种异氰酸酯单体对应的产品各有特点。多元醇可分为聚醚多元醇和聚酯多元醇,用聚酯多元醇制备的聚氨酯密封胶有良好的耐热性、黏结强度、物理性能和热稳定性,但是低温柔顺性不好,耐水性差,价格较高;用聚醚多元醇制备的聚氨酯密封胶物理性能、低温柔顺性、耐水解性和耐候性均很好,成本也较低。一般来说多选用聚醚多元醇,聚醚多元醇分子量越高,合成的聚氨酯硬度越低。

表 6-1　制备聚氨酯密封胶的主要原料、成分及作用

原料名称	主要成分	作用
聚氨酯预聚体	聚醚多元醇和二异氰酸酯	单组分密封胶的基础预聚物;双组分密封胶的主剂
含活泼氢化合物	多元醇、芳香族多元胺等	双组分密封胶的固化剂
填料、体质颜料	$CaCO_3$、TiO_2、黏土、滑石粉、炭黑、SiO_2、PVC 糊等	补强、增量、增稠、调色、降低成本等
其他颜料	氧化铁、锌钡白、氧化锑、酞菁绿、硫化锑等	使胶与基材同色
增塑剂	邻苯二甲酸酯类、氯化石蜡	降低黏度、改善施工性及物性
溶剂	甲苯、二甲苯	降低体系黏度
催化剂	二月桂酸二丁基锡、辛酸铅、辛酸亚锡、叔胺类	加快预聚体制备反应,促进固化
触变剂	气相 SiO_2、经表面处理的 $CaCO_3$	防止胶条下垂,保持胶条形状
稳定剂	抗氧剂、UV 吸收剂等	抗老化、提高耐候性
发泡抑制剂	分子筛、无水石膏、CaO 等	吸收原料水分及产生的 CO_2

2. 颜填料

颜填料对聚氨酯密封胶的流变性能和机械强度有较大的影响。填料最主要的作用是降低成本和补强,此外填料还可在相对较宽的温度范围内提高密封胶的弹性模量、稳定性、热扭曲,降低热膨胀系数等。如炭黑作为填料可提高密封胶的拉伸强度,但对伸长率的影响不大;碳酸钙价格低廉,来源广泛,是最为常用的填料,可改善密封胶的流动性,多用轻质碳酸钙,因其粒度均匀,比表面积大,在聚合物基料中分散性好,因而能够较好地改善密封胶的施工性能和力学性能;气相二氧化硅是表面存在大量硅羟基的纳米级小颗粒,经表面改性后,可作为填料,改进聚氨酯密封胶的流变性和机械性能,但价格相对昂贵。

3. 触变剂

触变剂是提高未固化聚氨酯密封胶胶料触变性的重要助剂,主要有以下三个作用:①提高密封胶在储存期间的黏度,防止填料和颜料沉降;②有利于保持从包装管中良好的挤出性,利于施工;③可以在施工时防止密封胶料在斜面或垂直面的下垂、流淌和塌陷,保持形状直至固化。密封胶用流变剂可分为两大类:一是无机流变剂,如气相二氧化硅、活性碳酸钙、有机膨润土、蒙脱土、纤维状滑石粉等;二是有机流变剂,如蓖麻油类及其衍生物和聚酰胺蜡等。

4. 催化剂

催化剂用于提高聚合物和交联剂在室温下的反应速度。按化学结构的不同,可分为叔胺类催化剂和有机金属类催化剂。叔胺类催化剂主要包括脂肪胺类、脂环胺类、芳香胺类、醇胺类等;有机金属类催化剂主要是锡、钛、铅等金属烷基化合物,如二月桂酸二丁基锡、辛酸亚锡等。

5. 增塑剂

增塑剂可降低体系黏度,利于施工操作,并提高密封胶的断裂伸长率,调节硬度、黏弹性和流变等机械性能。目前,以邻苯二甲酸酯类为代表的增塑剂最为常用,包括邻苯二甲酸二辛酯、邻苯二甲酸二丁酯、邻苯二甲酸二异辛酯、邻苯二甲酸二异癸酯等,其中邻苯二甲酸二辛酯由于致癌问题而逐渐被挥发性低、耐热性好的邻苯二甲酸二异辛酯所取代。此外,氯化石蜡-52、白油和液体石蜡也常用作聚氨酯密封胶的增塑剂,其中又以氯化石蜡-52 与聚氨酯密封胶的相容性最好、增塑效率最佳。

6. 有机溶剂

使用有机溶剂的目的是调整聚氨酯密封胶胶料的黏度和流平性,从而延长操作时间,便于工程施工,同时不会明显影响本体的性能。聚氨酯胶黏剂通常采用的溶剂包括酮类(如甲乙酮、丙酮等)、芳香烃类(二甲苯)等有机化合物。但由于溶剂沸点较低,均属于挥发性有机化合物(VOCs),会造成环境污染。因而无溶剂化已逐渐成为聚氨酯密封胶的发展趋势。

6.2.2　聚氨酯密封胶的分类

聚氨酯密封胶可以分为单组分聚氨酯密封胶和双组分聚氨酯密封胶两种基本类型。单组分聚氨酯密封胶为湿气固化型,双组分聚氨酯密封胶为反应固化型。单组分聚氨酯密封胶施工方便,但固化较慢;双组分聚氨酯密封胶有固化快、性能好的特点,但使用时需配制,工艺复杂一些。

6.3　单组分聚氨酯密封胶

单组分聚氨酯密封胶只有一种组分,由异氰酸基封端预聚体与填料和其他助剂混合而成。产品在未使用时密封储存,施工后—NCO 与空气中的水蒸气反应,胶料固化形成弹性体,同时因与基材表面的活性基团反应而具有很高的黏结性能。该类密封胶无须现场计量和调配,因而施工非常方便。典型单组分湿气固化聚氨酯密封胶的制备配方见表 6-2。

表 6-2　单组分湿固化聚氨酯密封胶的组成及配比

原材料	质量分数/%	原材料	质量分数/%
预聚体	35～65	触变剂	0～5
填料及颜料	20～40	催化剂	0～0.5
增塑剂	5～25	稳定剂	0～0.5
溶剂	0～10	其他	0～5

单组分湿气固化聚氨酯密封胶的固化过程为:首先是—NCO 和水反应,脱除二氧化碳转变为氨基,氨基随后与其他的—NCO 反应生成缩二脲,进而形成三维交联网络,预聚体的制备过程及密封胶固化机理如图 6-1 所示。

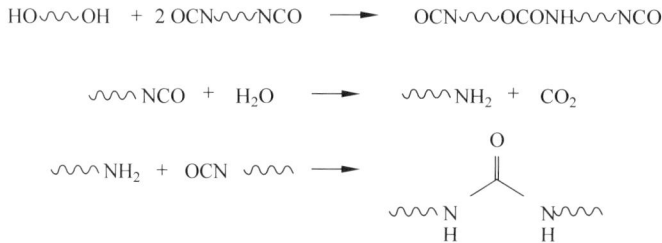

图 6-1　单组分聚氨酯密封胶固化过程和固化机理

单组分聚氨酯密封胶又进一步细分为高模量聚氨酯密封胶、低模量聚氨酯密封胶和聚氨酯黏合剂三种。高模量密封胶多用于填充缝隙,也有用于结构黏结的情况,如在 SSG 玻璃装配系统中,高模量弹性结构胶可用于玻璃骨架的黏结,能适应玻璃自重、风压、玻璃撞击和惯性脱离时等应力所引起的应变。低模量单组分聚氨酯密封胶因其不会在界面发生黏结破坏,常用于混凝土材料和石材、石膏板、铝板、保温板等建材接缝的密封上。

6.4 双组分聚氨酯密封胶

双组分聚氨酯密封胶包括主剂和固化剂两个组分。其中主剂为异氰酸酯封端的预聚体,固化剂组分包括聚醚多元醇或聚酯多元醇、填料、触变剂等。该类密封胶在使用时需要将两组分按一定比例混合,通过异氰酸酯基与活泼氢的固化反应形成密封胶弹性体。与单组分聚氨酯密封胶相比,双组分聚氨酯密封胶其交联速度快、性能好、黏结强度高,更先在市场上得到应用,但也存在耐久性差、模量高、易开裂,操作不如单组分简便等缺点。典型的双组分聚氨酯密封胶的配方如表 6-3 所示,其固化机理见图 6-2。

表 6-3　双组分聚氨酯密封胶组成配比

原材料	质量分数/%	原材料	质量分数/%
预聚体	15～20	增塑剂	0～15
填料	55～65	催化剂	0.05～1.5
触变剂	0～3	其他	0～5

图 6-2 双组分聚氨酯密封胶的固化机理

陈淼等以聚醚多元醇和 MDI 为主要原料制备了—NCO 封端的聚氨酯预聚体,随后加入邻苯二甲酸二辛酯(DOP)、炭黑、高岭土和硅烷偶联剂等混合均匀形成 A 组分,再以一定量的聚醚多元醇、纳米碳酸钙和二月桂酸二丁基锡(DBTDL)混合均匀后得到 B 组分。当三官能度聚醚多元醇与二官能度聚醚多元醇的物质的量之比为 1.2∶1.0 时,加入 MDI 后,在 $70\sim75℃$ 反应 4 h,可得到 $w(—NCO)=4.5\%$ 的—NCO 基封端的预聚体;当 A 组分、B 组分按照 $n(—NCO)∶n(—OH)=1.1∶1\sim1.4∶1$ 的配比混合均匀时,所得聚氨酯密封胶的黏结性能和热稳定性较为理想。

6.5 单组分聚氨酯泡沫填缝剂

填缝剂是应用于瓷砖、马赛克、石材、木板、玻璃、铝塑板等材料的缝隙装饰的产品,在墙面和地板的瓷砖铺盖、塑钢门窗、铝合金门窗、实木门窗、管道洁具方面都有应用。聚氨酯泡沫填缝剂(简称 OCF)是一种将—NCO 封端的聚氨酯预聚体、催化剂、稳定剂、阻燃剂、填充气雾剂(抛射剂)、发泡剂等组分灌装于同一个耐压的铁制气雾罐中形成的产品,属于单组分湿固化型聚氨酯密封胶。在使用时,需要通过施胶枪或喷管将胶料从罐中以气雾状的形式喷射至待施工的缝隙或孔洞中,经过快速发泡膨胀和湿气固化,完成成型和密封过程。固化后的聚氨酯泡沫弹性体性能优异,黏结、防水、隔热、阻燃(阻燃型)等性能较好,广泛用于建筑门窗边缝、构件伸缩缝及孔洞处的填充和密封。该类产品的优势在于弹性体重量轻、固化反应速率快、发泡倍率高、使用方便、密封效果好。

单组分聚氨酯泡沫填缝剂的功能特点有以下几个方面:

(1)填充效果好:聚氨酯预聚体从罐中喷出后,体积迅速膨胀,并逐渐填充至孔洞深处,填充度高,密封充分,填充固化速度快,施工方便;

(2)黏结力强:聚氨酯泡沫体中的多氨基甲酸酯基团可与 PVC 板等材料牢固黏结,从而使得窗框承受的风压均匀地分布;

(3)对窗框影响小:产品发泡填充过程中,过量的泡沫从间隙两边流出不会对窗框产生挤压变形并影响力学性能;

(4)密封性强:在湿气固化后可形成均匀的半硬质闭孔密封材料,可以阻隔空气、水分等;

(5)易于修整:泡沫固化后,可用刀具切割胀出的部分,方便快捷;

(6)使用期长:聚氨酯泡沫固化并进行表面涂装保护后,耐老化性能将得到提高;

(7)耐受性好:耐溶剂、耐酸碱,具有自熄性能。

就具体组分而言,聚氨酯泡沫填缝剂一般采用芳环密度高的芳香族异氰酸酯,如在工业上使用范围较广的 MDI、TDI、PAPI 等进行预聚。聚醚多元醇或聚酯多元醇的品种和结构对单组分聚氨酯泡沫填缝剂的性能有较大影响,若只用聚醚二元醇,制成的预聚体分子为线性结构,形成的泡沫处于不稳定状态,容易发生泡沫间的聚并,甚至导致塌泡,会呈现泡孔不均匀的状态；若只使用聚醚三元醇，则交联点密度过高，黏度显著增加；将聚醚二元醇和聚醚三元醇复配使用，则可以得到具有良好综合性能的单组分聚氨酯泡沫胶。另外，低相对分子量的聚醚多元醇或聚酯多元醇可以作为添加剂对泡沫进行改性。

就催化剂而言，有机锡类催化剂和胺类催化剂都有所应用。王德鹏等以 PAPI、三官能度聚醚多元醇 TMN-450、聚醚多元醇 Tdoil-1000 为原料，双吗啉基二乙基醚（DMDEE）为催化剂，磷酸三(2-氯丙基)酯为阻燃剂，二甲醚和丙丁烷作为气雾抛射剂，制备了单组分聚氨酯泡沫填缝剂，并探究了不同因素对泡沫填缝剂性能的影响。结果表明，随着 TMN-450 在总聚醚多元醇中占比的增加，填缝剂体系的黏度、泡沫硬度将增大，尺寸稳定性增加，但其含量过多时将导致填缝剂交联密度过大、泡沫脆，且与基材的黏结效果变差。当 TMN-450 与 Tdoil-1000 的物质的量比在 $40/60\sim60/40$ 之间时，产品性能较为理想。DMDEE 的催化活性较强，且对体系的储存稳定性没有太大影响，作为催化剂效果最为理想，因而得到广泛应用。增加催化剂用量可以提高产品的表干时间，其用量一般根据施工现场的操作要求以及成本来确定，以 DMDEE 为例，其加入量一般在 $2\%\sim2.5\%$ 就能够满足施工要求。

发泡剂(抛射剂)是聚氨酯泡沫体系特有的组分，也是必不可少的组分。早期的产品主要使用以 CFC-12(二氟二氯甲烷)为代表的 CFCs(氯氟烃)类物质。但因该类物质对大气臭氧层具有较大的破坏作用，被《蒙特利尔议定书》列为一类受控物质，被限制和禁止使用。目前用于聚氨酯泡沫填缝剂的抛射剂主要有：以 HCFC-22(二氟一氯甲烷)为代表的氢氯氟烃(HCFCs)、以 HFC-134a 为代表的氢氟烃(HFCs)、以丙丁烷/二甲醚(HAP/DME)混合物为代表的烷烃/醚混合物，以及二氧化碳等压缩气体。在以上四类抛射剂中，HCFC-22 由于其 ODP(消耗臭氧潜能值)和 GWP(全球变暖潜能值)仍然较高，因而在国内外市场上均被加速淘汰。HFC-134a 的 ODP 为零，对臭氧层破坏作用小，综合性能较好，不燃，但价格相对昂贵。二氧化碳 ODP 为零，成本较低，不燃，但是应用于聚氨酯泡沫密封胶产品中的工艺便捷性和喷出的泡沫物理性质尚有不足。对于聚氨酯泡沫填缝剂，使用过程中抛射剂大部分会作为聚氨酯泡沫的推进剂释放到环境中，使用后仍有小部分残留在已成型的泡沫体中。

6.6 硅烷改性聚氨酯密封胶

硅烷改性聚氨酯密封胶(SPU)是指以聚氨基甲酸酯为主链、以硅烷封端的单组分或双组分密封胶体系，又称 MS 胶。该类密封胶结合了两种密封胶材料的优点，包括聚氨酯优异的机械性能和良好的黏结性，以及硅酮胶耐温、耐水、耐候性强的优点，而且该种产品具有良好的环保性能，VOCs 排放量低，—NCO 基含量少，对多种材料具有良好的黏结性。此外，该种密封胶抗位移和抗形变性能强，可涂饰、储存稳定性好，因而在国内外都呈现飞速发展的态势，应用逐渐趋于成熟。

硅烷改性聚氨酯密封胶与单组分聚氨酯密封胶的应用场景较为类似，多用于建筑业、运输业和汽车制造业，如用于汽车挡风玻璃的安装、车辆部件黏结密封和室内装修密封等，特别是在装配式建筑的趋势下将会有广泛的用武之地。但就应用来看，我国目前尚未建立专门的相关产品标准，仍然需要套用其他密封胶的标准指标。但该类产品也存在局限性，如不适合玻璃幕墙和 200℃以上的高温,施工要求相对较高,价格受有机硅价格和聚氨酯价格的双重影响。

硅烷偶联剂是分子中同时含有两种活性基团或结构的有机硅化合物,其特殊结构使之能与无机材料及有机材料结合,将两种性能差异大且互补的材料相偶联,从而制得性能优异的新型复合材料。硅烷偶联剂的结构可以表述为 R_nSiX_{4-n},其中 X 为可水解的基团,包括卤素原子、烷氧基、酰氧基等,水解后形成的硅醇可与玻璃、金属、黏土等材料表面的羟基或氧化物反应,生成稳定的硅氧键,提高黏结性能;R 为不能水解的部分,其中含有反应性官能基,如氨基、乙烯基、甲基丙烯酰氧基、巯基、环氧基、脲基等,可与基体树脂中的有机官能团发生化学反应。

硅烷改性聚氨酯密封胶的制备分为两步,第一步是合成硅烷偶联剂封端的聚氨酯预聚体,第二步是预聚体在施工过程中固化。任小军归纳了三种合成硅烷偶联剂改性聚氨酯预聚体的路线:

(1) 聚醚二元醇、聚醚三元醇混合物与带有异氰酸酯基的硅烷偶联剂反应;

(2) 聚醚二元醇、聚醚三元醇混合物与二异氰酸酯化合物反应,制得—NCO 封端聚氨酯预聚体,随后与伯胺或仲胺等有活泼氢的硅烷偶联剂反应;

(3) 聚醚二元醇、聚醚三元醇混合物与二异氰酸酯反应,生成—OH 封端的聚氨酯预聚体,随后与带有异氰酸酯基的硅烷偶联剂反应。

具体合成路线的选择需考虑合成工艺的简便性、预聚体黏度控制、原料易得性和成本等因素。实际过程中第二种方法更为常用,这是因为可使用的异氰酸酯和有机硅偶联剂的分子结构更为多样化,原料易得且比较便宜,还可以根据性能要求对分子结构进行设计,有利于工业化生产。

就使用的二异氰酸酯而言,可分为芳香类(如 TDI、MDI)和脂肪族类(如 IPDI、HDI)两大类。早期制备硅烷改性聚氨酯密封胶时多用 TDI,其对称性和产品柔性佳、成本低、黏度小且易控制,具有较好的综合性能,但因其毒性较大,应用逐渐受到限制。MDI 对称性好、产品的结晶度和强度高,国内外很多公司逐渐开始采用 MDI 或 IPDI 为原料来替代 TDI。脂肪族类的 IPDI 和 HDI 则展现出较好的柔性,以及优异的耐候、耐老化性能和透明性。

对于第二种方法,含氨基(多为伯胺基和仲胺基)的功能性硅烷偶联剂品种较多,应用范围较广,更适合实际应用。含伯胺基的硅烷偶联剂反应活性非常高,如 γ-氨丙基三乙氧基硅烷(KH-550)等,因其具有两个活泼氢,不容易控制,预聚体黏度会显著增大;有的硅烷偶联剂每个分子里含有两个氨基,如 N-(β-氨乙基)-γ-氨丙基三甲氧基硅烷(KH-792)等,其分子中含有三个活泼氢,封端反应更难以控制。对于仲胺类硅烷偶联剂,如 N-正丁基-3-氨丙基三甲氧基硅烷(KH-558)、双(3-三甲氧基甲硅烷基丙基)胺(KH-170)、N-苯基-γ-氨丙基三甲氧基硅烷(Y-9669)等,因只有一个活泼氢,作为封端剂时控制反应进程较为容易。

因聚氨酯预聚体已进行了硅烷改性的封端,固化过程将由硅烷的固化机理代替了原聚氨酯中异氰酸酯的固化机理,以湿气固化为主。预聚体末端的硅烷氧基与空气中的水分反应,链端的—Si(OR)$_3$ 或—Si(OR)$_2$ 等基团水解后形成硅醇,并进一步缩合交联,形成具有 Si—O—Si 三维网络结构的弹性体,从而实现密封与黏结。

6.7　聚氨酯密封胶产业现状及研究进展

6.7.1　聚氨酯密封胶产业现状

在国内聚氨酯胶黏剂市场中,中小企业仍以生产中低档产品为主,价格竞争激烈;外资企业和部分国内大型企业能够生产高技术含量、特种型、功能型和环保型胶黏剂产品,具有较为可观的利润空间。近年来,随着国内企业在技术研发上的投入逐渐增加,技术不断突破,部分国内高端产品已能替代部分进口产品。

国内聚氨酯胶黏剂市场可以分为三大部分:第一部分是跨国企业,如汉高、道康宁、3M公司、BASF等国际化工巨头,它们在技术、规模、创新能力等方面竞争优势明显,企业创新能力强,目前占据国内大部分聚氨酯胶黏剂高端市场;第二部分是国内大型复合聚氨酯胶黏剂生产商,如高盟新材、广东国望、回天新材、上海新光、金枪新材等,已经具有较大的生产规模和较高的技术水平,在部分高端产品细分市场可以实现进口替代;第三部分为国内聚氨酯胶黏剂中小企业,规模偏小,创新能力不足,主要以低价策略参与低端通用产品市场的竞争。

6.7.2　聚氨酯密封胶研究进展

开发新的交联固化体系,提高聚氨酯密封胶的力学性能和施工性能,提高对不同基材的黏结性,降低有害物质含量,提高性价比,一直是聚氨酯密封胶研究开发领域的主要方向。Ding等成功地开发了一种新型聚氨酯密封胶,具有较好的阻燃性。他们首先使二乙醇胺、甲醛和亚磷酸二乙酯进行反应得到中间产物BHAPE,然后将其加入溶解有MDI的乙酸乙酯溶液中,在N_2气氛下加热反应一段时间,得到含磷和氮的阻燃聚氨酯预聚物(FRPUP)。随后将蓖麻油、二月桂酸二丁基锡、除水剂BF-5和消泡剂Defom 5500混合后再加入FRPUP中,经固化成型后制成阻燃性聚氨酯密封胶(FRPUS)。极限氧指数测试数据显示,FRPUS的LOI值高达23.1,而作为对照组的不含氮、磷的聚氨酯密封胶CO-PUS的LOI只有18.3,表明将磷和氮元素键合到聚氨酯预聚体中,可以显著提高聚氨酯密封胶的阻燃性。FRPUP预聚体的合成路线见图6-3。

毛先安发明了一种硅烷封端改性聚氨酯树脂,具有高强度、低模量的特点。其制备方法是:首先向多异氰酸酯中滴加聚醚胺生成脲键,再加入聚醚多元醇,升温反应后得到预聚物;向预聚物中加入含氨基的硅烷偶联剂,得到硅烷氧基封端的改性聚氨酯树脂。该种改性聚氨酯树脂具有良好的柔顺性,优异的力学强度,耐候性好,黏结性强,可满足低模量嵌缝防水密封胶的要求。出于保证聚氨酯密封胶力学性能的目的,需要控制聚醚多元醇和聚醚胺的分子量、官能度,预聚物中—NCO基团与硅烷偶联剂中活泼氢的物质的量比等。研究发现,当所用原料和配方满足以下要求时,可以制得性能优异的密封胶:聚醚多元醇的分子量为2000~6000,官能度为2或3,黏度为400~2000 mps;聚醚胺的分子量为2000~5000,官能度为2或3、黏度为100~800 mps;多异氰酸酯中—NCO基与聚醚多元醇和聚醚胺中总活泼氢的物质的量比为(2~2.2):1;预聚物中—NCO基与硅烷偶联剂中活泼氢的物质的量比为(0.9~0.95):1;交联剂为苯基三丁酮肟硅烷,偶联剂为γ-氨丙基三乙氧基硅烷。

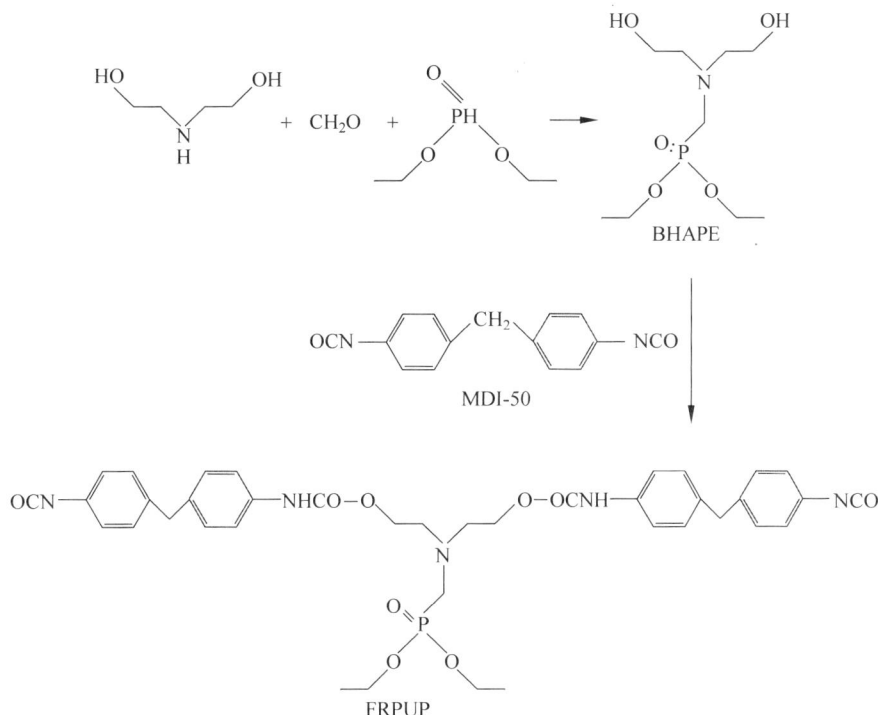

图 6-3　阻燃型聚氨酯预聚体(FRPUP)的合成路线

刘志培发明了一种 UV-湿气双重固化聚氨酯密封胶,以质量分计的组分如下：聚氨酯预聚体 100 份、邻苯二甲酸二辛酯 10～50 份、填料 50～100 份、钛白粉 0～10 份、触变剂 2～4 份、恶唑烷类除水剂 2～5 份、附着力促进剂 2～5 份、催化剂 1～3 份、光引发剂 1～3 份。施工过程中可通过 UV 辐射或湿气固化,克服了单组分湿气固化聚氨酯密封胶固化慢且易产生气泡、双组分聚氨酯密封胶操作复杂和适用期短的缺点,具有很好的应用价值。

艾飞开发了一种单组分聚氨酯密封胶,能在短时间承受 200℃高温,避免了高温下密封胶的降解失效。该密封胶是双重固化体系,可在常温下利用空气中的水分固化,也能在高温下固化。对于该体系的预聚体,室温下的湿气固化体系与传统方案类似,用相对分子质量为 3000 的三官能度聚醚 3050D 与 MDI 合成预聚体,羟基和异氰酸酯基的物质的量比为 1∶2.1；高温固化体系则是采用 IPDI 与分子量为 5000 的三官能度聚醚多元醇 GY5100 合成预聚体,羟基和异氰酸基的物质的量比为 1∶2.05,该预聚体耐温性好,常温下固化慢,高温下与固化剂则可以实现快速固化,并具有较好的弹性。随后选用触变剂增稠、白炭黑补强、炭黑着色、附着力促进剂提高黏结力、硅微粉作为填料,可得到黏结效果好、耐高温的密封胶。

张志文将聚氧化丙烯二醇、聚氧化丙烯三醇、环氧树脂 E51 和邻苯二甲酸二辛酯脱水后与 MDI 在 80℃下反应 6 h,得到不同—NCO 含量的聚氨酯预聚体；随后将预聚体和碳酸钙、炭黑、除水剂、助剂、催化剂以及改性胺(Amicure MY-24)混合均匀后即制得聚氨酯密封胶产品。该产品可通过加热和湿气双重固化,在 180 ℃下烘烤 25 min 后密封胶完全固化且没有气泡,黏结内聚破坏大于 90%,满足实际使用要求。其中,当预聚体中游离—NCO 值为 2.5%、环氧树脂用量 1.5%、改性胺与—NCO 物质的量比为 1.0(NH/NCO＝1.0)时,密封胶的黏结和固化性能最好。

罗志等使用 γ-甲基丙烯酰氧丙基三甲氧基硅烷对二氧化硅进行表面改性,经研磨后制得了纳米二氧化硅粒子,该粒子克服了传统纳米二氧化硅团聚的缺点,分散较为均匀;将改性后的纳米二氧化硅加入聚氨酯预聚体中,搅拌分散均匀后分装到硬管中,尾部加入干燥剂封盖即得到产品。聚氨酯密封胶的拉伸强度、剪切强度和硬度随着改性纳米二氧化硅含量的增加而上升,但是若其质量分数≥4%时,产品的黏度会显著增加,不便于施工,同时也提高了产品的成本。当其质量分数为3%时,所得密封胶的综合性能达到最优。

孙辉等以端羟基液体聚丁二烯、纳米碳酸钙、重质碳酸钙、邻苯二甲酸二异癸酯(DIDP)、1,4-丁二醇(1,4-BDO)经搅拌混合后得到 A 组分,再将 MDI、DIDP、黏结促进剂A-187 搅拌混合后作为 B 组分。将二者分别灌装至双组分胶管中,即得到双组分中空玻璃聚氨酯密封胶,施工时使用气动打胶机打胶混合。结果表明,当配方中异氰酸酯基和羟基物质的量比为 1.5、A 组分中 DIDP 质量分数为 27.6%、纳米碳酸钙质量分数为 25%、重质碳酸钙质量分数为 25%、端羟基聚丁二烯质量分数为 22.4%、催化剂 ZJPC-0225 质量分数为 0.15%、扩链剂 1,4-BDO 质量分数为 0.1%,B 组分中 MDI 质量分数为 55%、DIDP 质量分数为 35%、黏结促进剂 A-187 质量分数为 10%时,所得密封胶的综合性能最优,能够满足中空玻璃密封胶的实际需求。

唐礼道等以醛亚胺为固化剂制备了一种双重固化单组分聚氨酯密封胶,醛亚胺先在有机酸的催化作用下与空气中的水气反应生成伯胺基,再与—NCO 封端聚氨酯预聚物、增塑剂、吸水稳定剂等混合,伯胺基与—NCO 发生加成反应,生成聚脲结构使体系固化。与普通单组分聚氨酯胶固化过程不同,该胶在固化过程中没有 CO_2 气体产生,从根本上缓解了起泡问题。该双重固化单组分聚氨酯密封胶既可以在常规环境条件下固化,也可以在高温条件下固化,对多种基材都具有很好的黏结性,耐热性得到明显提高。

6.8　聚氨酯密封胶污染源分析及相关标准

6.8.1　聚氨酯密封胶污染源分析

与硅酮密封胶不同,聚氨酯密封胶在固化反应过程中不会生成可挥发的有机小分子化合物,其 VOCs 排放及污染源主要来源是原配方中的有害物质残留。

用于聚氨酯密封胶的增塑剂主要是邻苯二甲酸酯类物质,其中又以邻苯二甲酸二辛酯(DOP)为主,它是以邻苯二甲酸酐(苯酐)和异辛醇为原料通过酯化反应得到的。目前,邻苯二甲酸酐的生产主要采用邻二甲苯固定床气相氧化工艺。因此增塑剂邻苯二甲酸二辛酯可能会向密封胶体系中引入邻二甲苯、异辛醇等易挥发有机化合物。李卫朋等的检测结果也表明,邻苯二甲酸二辛酯增塑剂工业品中还含有异辛醇、邻二甲苯、正丁醇等物质,是密封胶中潜在的 VOCs 排放源;国外厂商已能生产不含有苯、甲苯、乙苯、二甲苯等苯系物的环保型增塑剂,可作为邻苯二甲酸二辛酯增塑剂的替代产品。

有机磷类阻燃剂在聚氨酯类密封胶中较为常用,李卫朋等利用气相色谱对这类阻燃剂产品进行了检测,发现尽管苯系物含量较少,只有少量的甲苯,但含有大量低沸点的有机化合物(属于 VOCs),这会对聚氨酯密封胶的气味等级、雾化等指标产生较大影响。

合成聚氨酯密封胶预聚体的原料是异氰酸酯类化合物和聚醚多元醇或聚酯多元醇。常用的异氰酸酯类化合物有 TDI、HDI、IPDI 和 MDI 等,它们具有一定的挥发性,可通过呼吸道、皮肤进入人体,对呼吸道和皮肤会产生明显的刺激、损伤和致敏作用,对健康造成严重危害,并有一定的致癌性,它们的挥发性和毒性见表 6-4。

表 6-4　常见二异氰酸酯的挥发性和毒性

品　　种	挥发性	$LD_{50}/(g \cdot kg^{-1})$	$LC_{50}/(mg \cdot m^{-3})$
甲苯二异氰酸酯(TDI)	较易挥发	5.80	110/4 h
二苯甲烷二异氰酸酯(MDI)	低挥发性	31.6	400/2 h
1,6-己二异氰酸酯(HDI)	较易挥发	0.91	209/1 h
1,5-萘二异氰酸酯(NDI)	不易挥发	15.0	—
异佛尔酮二异氰酸酯(IPDI)	低挥发性	4.75	260/1 h

大规模工业化生产 MDI 主要采用光气法,即由苯经硝化、加氢反应后生成苯胺,随后与甲醛在酸性条件下反应生成二苯基甲烷二胺苯胺(MDA),再与光气反应制得 MDI。大规模工业化生产 TDI 的方法也是光气法,合成路线为甲苯经过硝化、加氢反应后生成甲苯二胺(TDA),再与光气反应生成 TDI。从 TDI、MDI 的合成路线中可以看出,由于存在苯系物作为原料,因而异氰酸酯类产品中也可能含有苯系物,并将其引入聚氨酯预聚体及后续密封胶体系中。

李卫朋等将 MDI 与聚醚多元醇制得的预聚体进行气相色谱分析,发现含有微量的苯、乙苯、对、间二甲苯和邻二甲苯等;他们还选取了国内和国外同款聚氨酯密封胶,测定了常温固化 2 天、6 天和 12 天后苯系物的含量,发现乙苯和二甲苯均是最主要的残留苯系物,苯和甲苯含量相对较低。其中 3♯ 为溶剂型产品,其残留的乙苯和二甲苯的量均远高于其他两种产品,具体数据见表 6-5。

表 6-5　常温固化 2 天、6 天 和 12 天后聚氨酯密封胶中苯系物的含量

胶样	放置时间/天	含量/$(\mu g \cdot g^{-1})$				
		苯	甲苯	乙苯	二甲苯	苯乙烯
1♯	2	0.022	0.033	2.000	3.271	未检出
	6	0.022	0.026	0.253	1.079	未检出
	12	0.021	0.023	0.091	0.320	未检出
2♯	2	0.022	0.061	1.598	2.016	未检出
	6	0.021	0.045	0.283	0.417	未检出
	12	0.020	0.038	0.188	0.272	未检出
3♯	2	0.029	0.246	144.9	459.3	未检出
	6	0.025	0.041	29.96	73.36	未检出
	12	0.024	0.032	9.547	28.26	未检出

6.8.2　中国聚氨酯密封胶相关标准

许多密封胶和胶黏剂的标准文件都同时对不同种密封胶和胶黏剂进行规定,现将国内与聚氨酯密封胶相关的标准列于表 6-6。

表 6-6　国内主要聚氨酯密封胶相关标准

标 准 类 型	标 准 号	标 准 名 称
强制性国家标准	GB 18583—2008	室内装饰装修材料　胶粘剂中有害物质限量
推荐性国家标准	GB/T 22083—2008	建筑胶粘剂分级和要求
推荐性国家标准	GB/T 24267—2009	建筑用阻燃密封胶
强制性国家标准	GB 30982—2014	建筑胶粘剂有害物质限量
推荐性行业标准	JC/T 482—2003	聚氨酯建筑密封胶
强制性行业标准	JC 936—2004	单组分聚氨酯泡沫填缝剂
推荐性行业标准	JC/T 485—2007	建筑窗用弹性密封胶
推荐性行业标准	JC/T 885—2016	建筑用防霉密封胶

1. 有害物质相关标准

《室内装饰装修材料　胶粘剂中有害物质限量》(GB 18583—2008)和《建筑胶粘剂有害物质限量》(GB 30982—2014)是聚氨酯建筑密封胶有害物质限量的强制性国家标准。上述两个标准对聚氨酯密封胶有害物质的限量列于表 6-7。

表 6-7　聚氨酯胶黏剂有害物质限量

项　　目		指　　标		
		溶剂型	水基型	本体型
游离甲醛含量/(g·kg^{-1})		—		
苯含量/(g·kg^{-1})	≤	0.5	0.20	1
甲苯含量/(g·kg^{-1})	≤	—	—	1
甲苯+二甲苯含量/(g·kg^{-1})	≤	150	10	—
甲苯二异氰酸酯含量/(g·kg^{-1})	≤	10	—	—
二氯甲烷含量/(g·kg^{-1})				
1,2-二氯乙烷含量/(g·kg^{-1})				
1,1,1-三氯乙烷含量/(g·kg^{-1})		—		
1,1,2-三氯乙烷含量/(g·kg^{-1})				
总挥发性有机物含量/(g·L^{-1})	≤	680	100	50

2. 物理性能相关标准

标准《建筑胶粘剂分级和要求》(GB/T 22083—2008)和《建筑窗用弹性密封胶》(JC/T 485—2007)的内容参见 5.7.1 节。标准《聚氨酯建筑密封胶》(JC/T 482—2003)对胶的物理性能进行了规定(表 6-8)。

表 6-8　聚氨酯建筑密封胶的物理性能

试 验 项 目		技 术 指 标		
		20HM	25LM	20LM
密度/(g·cm^{-3})		规定值±0.1		
流动性	下垂度(N 型)/mm　≤	3		
	流平型(L 型)	光滑平整		

续表

试　验　项　目		技　术　指　标		
		20HM	25LM	20LM
表干时间/h	≤	24		
挤出性(单组分)/(mL·min⁻¹)	≥	80		
适用期(多组分)/h	≥	1		
弹性恢复率/%	≥	70		
拉伸模量　23℃ /MPa　−20℃		>0.4 或 >0.6	≤0.4 和 ≤0.6	
定伸黏结性		无破坏		
浸水后定伸黏结性		无破坏		
冷拉—热压后的黏结性		无破坏		
质量损失率/%	≤	7		

标准《单组分聚氨酯泡沫填缝剂》(JC 936—2004)规定,聚氨酯填缝剂的原材料要符合国家环境保护局等环控〔1997〕366号文件的规定,禁止使用氯氟化碳类物质,并对其物理性能进行了规定(表6-9)。

表6-9　单组分聚氨酯泡沫填缝剂的物理性能

序号	项　　　目			指　　标
1	密度/(kg·m⁻³)		≥	10
2	导热系数,35℃,W·m⁻¹·K⁻¹		≤	0.050
3	尺寸稳定性(23±2)℃,48 h,%		≤	5
4	燃烧性①			B2级或B3级
5	拉伸黏结强度② kPa	铝板	标准条件,7天　≥	80
			浸水,7天　≥	60
		PVC塑料板	标准条件,7天　≥	80
			浸水,7天　≥	60
		水泥砂浆板	标准条件,7天　≥	60
6	剪切强度,kPa		≥	80
7	发泡倍数		≥	标示值−10

注：① 表中第4项为强制性的,其余为推荐性的,仅测B2级产品。

② 试验基材可以在三种基材中选择一种或多种。

6.8.3　国外聚氨酯密封胶相关标准

美国材料与试验协会(ASTM)制定的C920《弹性接缝密封胶》、国际标准化组织对建筑密封胶制定的标准ISO11600:2002《建筑密封胶分类和要求》以及欧盟制定的标准ETAG 002-2012《结构密封胶装配系统的欧洲技术认可规范》的具体内容参见5.7.2节。

在ASTM制定的C1620-16e1《气溶胶聚氨酯和气溶胶胶乳泡沫密封剂的标准规范》中,首先将聚氨酯类泡沫密封胶分为两类：类别Ⅰ是气溶胶聚氨酯泡沫密封胶,类别Ⅱ是气溶胶胶乳泡沫密封剂；再分为两个等级：等级1是使用可燃性喷雾剂的产品,等级2是使用不可燃喷雾剂的产品。该标准对它们各自的物理性能进行了规定,具体见表 6-10。

表 6-10 气溶胶密封胶物理性能规定

物理性能	测试方法	指 标		
		类别 I 等级 1	类别 I 等级 2	类别 II 等级 1
线性屈服	C1536	产品报告值	产品报告值	产品报告值
透气性	C1642 E283	$1.5\ \mathrm{L\cdot s^{-1}\cdot m^{-2}}$ $(0.3\ \mathrm{ft^3\cdot min^{-1}\cdot ft^{-2}})$ $0.02\ \mathrm{L\cdot s^{-1}\cdot m^{-1}}$ $(0.01\ \mathrm{ft^3\cdot min^{-1}\cdot ft^{-2}})$	$1.5\ \mathrm{L\cdot s^{-1}\cdot m^{-2}}$ $(0.3\ \mathrm{ft^3\cdot min^{-1}\cdot ft^{-2}})$ $0.02\ \mathrm{L\cdot s^{-1}\cdot m^{-1}}$ $(0.01\ \mathrm{ft^3\cdot min^{-1}\cdot ft^{-2}})$	$1.5\ \mathrm{L\cdot s^{-1}\cdot m^{-2}}$ $(0.3\ \mathrm{ft^3\cdot min^{-1}\cdot ft^{-2}})$ $0.02\ \mathrm{L\cdot s^{-1}\cdot m^{-1}}$ $(0.01\ \mathrm{ft^3\cdot min^{-1}\cdot ft^{-2}})$
表干时间/min	C1620	30	30	30
修剪时间/h	C1620	2	2	2
火焰蔓延指数	E84	依据标签	依据标签	依据标签
烟雾指数	E84	依据标签	依据标签	依据标签
保质期(罐内)/月	—	12	12	12
冻融抵抗性(罐内)	—	—	—	3 个循环

注 1:修剪时间是"Trim time"的直译,原文是指利用产品制成一细长样条,用刀每隔一分钟切割一次观察。

注 2:测试方法均为 ASTM 标准文件中的方法。

6.9 小结与展望

6.9.1 各类密封胶综合对比

本章详细介绍了聚氨酯密封胶的情况,分析了有害污染源的种类、危害和相关标准。现将聚氨酯密封胶主要品种的特点、性能、综合成本、主要污染源、环保性、应用范围等总结于表 6-11。

表 6-11 聚氨酯密封胶各品种综合对比

品种	单组分密封胶	双组分密封胶	单组分泡沫填缝剂	硅烷改性聚氨酯密封胶
特点	单组分,湿气固化,释放二氧化碳	双组分,依靠活泼氢与异氰酸酯基的反应固化	单组分包装于耐压铁制气雾罐,使用时经发泡膨胀和湿气固化后成型和密封	以聚氨酯为主链,用硅烷封端的单组分或双组分密封胶,靠封端硅烷氧基的湿气固化为主
物理性能	黏结性、拉伸强度、弹性、耐磨性等性能较好,耐低温性能好,耐水性差	黏合性、拉伸强度、弹性、耐磨性等性能好,耐低温性能好,耐水性差	黏结、防水、隔热、阻燃、密封等性能较为优良,易于修整,使用期长,耐溶剂和酸碱	兼具聚氨酯优异的机械性能和良好的黏结性,以及硅酮胶耐温、耐水、耐候性强的优点

品种	单组分密封胶	双组分密封胶	单组分泡沫填缝剂	硅烷改性聚氨酯密封胶
施工性能	施工方便,无需对被黏结面进行特殊处理,但易产生气泡	施工时需要按两组分配比加料打胶,操作相对复杂	施工时需要通过施胶枪或喷管将胶料从罐中以气雾状的形式喷射至待施工处	与单组分或双组分聚氨酯密封胶类似
安全性	较高	较高	存储于压力容器,有一定风险	释放的小分子副产物取决于硅烷偶联剂的基团
综合成本	低	低	中(施工时需多喷物料,产生多余的膨胀体)	高
污染源	异氰酸酯、增塑剂、苯系物	异氰酸酯、增塑剂、苯系物	异氰酸酯、增塑剂、苯系物、抛射剂	小分子固化副产物、异氰酸酯、增塑剂、苯系物
主要用途	高模量胶用于填充缝隙、结构黏结;低模量胶用于混凝土和石材、石膏板、铝板等建材接缝密封	用于混凝土制板幕墙、钢筋混凝土和石板、薄板、玻璃纤维钢筋混凝土等施工缝的密封	用于瓷砖、马赛克、石材、木板、玻璃、铝塑板等材料的缝隙装饰,如门窗与墙体之间的填缝密封	多用于建筑业、运输业和汽车制造业,如汽车挡风玻璃的安装、车辆部件黏结密封和室内装修密封等

6.9.2 展望

聚氨酯密封胶是建筑领域中十分重要的一种密封胶,其优势在于高的拉伸强度、优良的弹性、高耐磨性等机械性能,以及优异的黏结性能,但耐水性有所欠缺。由于聚氨酯密封胶的密度较低,在使用相同质量基胶的前提下成本较硅酮胶有优势,但加入填料或充油后二者成本差异不明显。在室内环境中,所需施工的接缝一般较小,单组分的密封胶产品更符合实际应用需求。就环保性能而言,单组分硅酮密封胶比单组分聚氨酯密封胶释放的 VOCs 量更大,但是毒性相对小;两种双组分产品释放的 VOCs 量相对较小,但不适合于居家室内装修。

随着经济和社会的发展,功能性绿色环保密封胶产品逐渐成为研究开发的热点。通过开发新型功能助剂和对基础聚合物进行改性在产品研制过程中用得越来越普遍。但目前我国密封胶行业还存在不足,高端产品还主要来自国际大企业,高端产品的国产化是国内聚氨酯密封胶行业近期的发展方向之一。

第7章
木质家具胶黏剂

7.1 木质家具胶黏剂概况

随着建筑和家具行业的快速发展,木材紧缺问题越来越突出,人造板需求量急剧增长,发展迅速。胶黏剂是生产人造板必不可少的原材料,它不仅决定了产品的性能,还与室内环境质量密切相关。现阶段国内外人造板生产用胶黏剂以三醛胶为主,即脲醛树脂(UF)、酚醛树脂(PF)和三聚氰胺甲醛树脂(MF)。

据统计测算,2020年中国人造板工业用胶黏剂总消耗量为1561万吨,其中三醛胶黏剂消耗量为1542万吨。2011—2020年人造板用三醛胶黏剂的消耗量和产值分别见图7-1和图7-2。

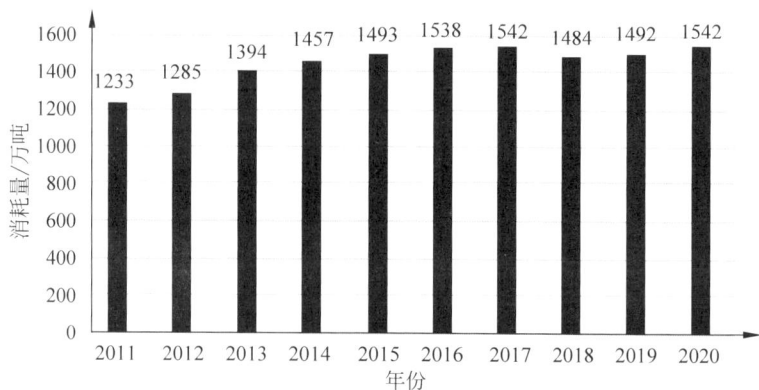

图 7-1 2011—2020 年人造板工业用三醛胶黏剂的消耗量

中国人造板生产用甲醛系胶黏剂以脲醛树脂胶黏剂和酚醛树脂胶黏剂为主,见图 7-3。2020 年脲醛树脂胶黏剂消耗量为 1406 万吨,约占人造板工业用三醛胶黏剂用量的 91.2%;酚醛树脂胶黏剂消耗量为 136 万吨,约占人造板工业用甲醛系胶黏剂用量的 8.8%。

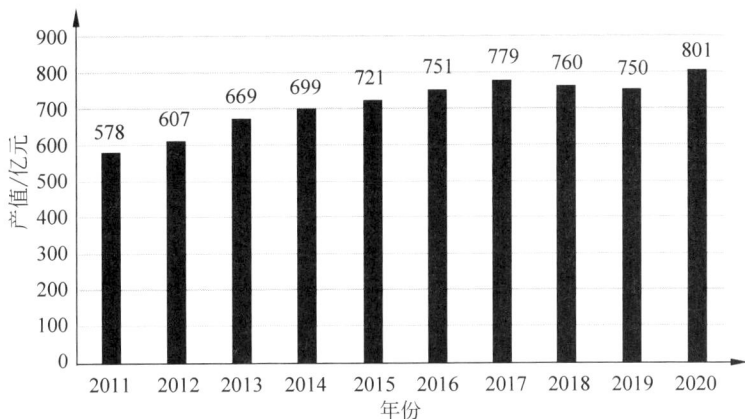

图 7-2　2011—2020 年人造板工业用三醛胶黏剂的产值

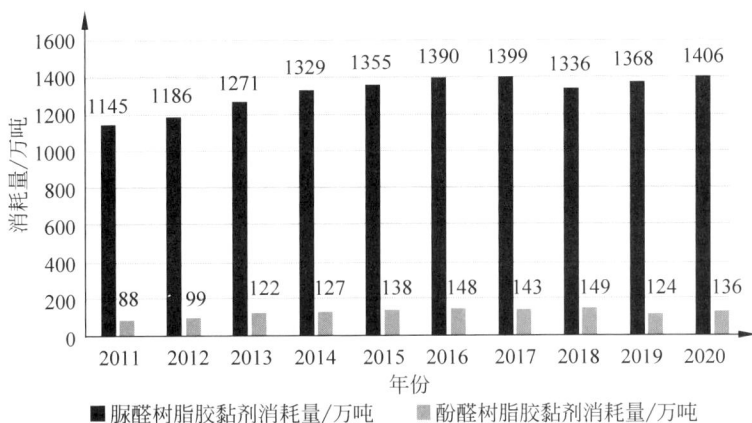

■脲醛树脂胶黏剂消耗量/万吨　▨酚醛树脂胶黏剂消耗量/万吨

图 7-3　2011—2020 年脲醛树脂胶黏剂和酚醛树脂胶黏剂的消耗量

受新型冠状病毒感染疫情的影响,近年来人造板工业发展相对缓慢。据测算(正式数据尚未公开),2024 年中国人造板工业用胶黏剂总消耗量约为 1568 万吨,其中三醛胶黏剂消耗量约为 1541 万吨,消耗量占比为 98.3%;无醛胶消耗量仅为 27 万吨,占比市场份额为 1.7%。

作为人造板的胶黏剂,三醛胶性能优异,价格低廉,但用人造板制成的木质家具在使用过程中会释放出甲醛,污染室内环境,危害人体健康。随着人们环保意识的不断增强,居室环境质量成为人们关注的热点。为了满足大众的消费需求,改性三醛胶和无醛环保胶黏剂得到了不断发展。

无醛环保胶黏剂主要包括溶剂型和水性聚氨酯胶、聚乙酸乙烯酯乳液、橡胶类胶黏剂、聚丙烯酸酯乳液胶和生物质胶黏剂,其中生物质胶中大豆蛋白基胶黏剂 2018 年消耗量约为 25 000 吨。随着各项技术的不断成熟,未来环保胶黏剂将迎来飞速的增长期。

我国木材胶黏剂的消费量很大,但品种较单一,技术也相对落后,环保胶黏剂真正实现大规模产业化的不多,高端产品多数依赖于进口。国外发达国家三醛胶的使用量逐年下降,已向环保高性能胶黏剂方向发展。

7.2 三醛胶木质家具胶黏剂

三醛胶在国内外木质家具黏合剂中长期占据主导地位,由于性能不同应用领域也有所不同。脲醛树脂多用于室内,酚醛树脂多用于室外,而三聚氰胺甲醛树脂由于性能和价格的限制,应用相对较少。近年来,对三醛胶的研发主要集中在改性方面,以达到提高性能和减少污染的目的。

7.2.1 脲醛树脂胶黏剂

脲醛树脂是由尿素和甲醛经加成反应和缩聚反应两个阶段而得到的热固型胶黏剂。脲醛树脂原料来源丰富,价格低廉,颜色较浅,室温下即可固化,且固化速度快,黏结性能相对优越,具有无可比拟的性价比优势。标准 GB/T 14732—2017 对脲醛树脂各性能有严格的要求,见表 7-1。

表 7-1 脲醛树脂胶黏剂的物理性能技术指标

指标	冷压用	胶合板用	细木板用	刨花板用	中、高密度纤维板用	浸渍用
外观	无色、白色或浅黄色无杂质均匀液体					无杂质透明液体
pH	7.0～9.5					
固含量/% ≥	55.0	46.0				40～50
黏度/(mPa·s^{-1}) ≥	300	60			20	
固化时间/s ≤	50.0	120.0				—
适用期/min ≥	120					
胶合强度/MPa ≥	1.9	符合 GB/T 9846—2015	符合 GB/T 5849—2016	—	—	—

脲醛树脂已广泛应用于刨花板、胶合板、中密度板和细木工板中。据统计,到 2018 年我国脲醛树脂黏合剂用量占人造板行业用胶量的 90% 以上,消耗量远远高于其他木质家具胶黏剂。

脲醛树脂耐候性和耐水性能较差,同时以脲醛树脂作为黏合剂的木质家具在制备和使用过程中会持续释放出甲醛,危害身体健康。作为木质家具的黏合剂,脲醛树脂有两个问题亟待解决。

1. 提高耐水性

经过大量的研究和探索,已证明以下几种方法可以改善脲醛树脂的耐水性能。

(1) 合成配方中引入耐水性物质,如苯酚、三聚氰胺等。

(2) 向体系中引入疏水性分子,如丙二醛等。

(3) 降低体系中残留的酸,如添加碳酸氢钠、玻璃粉等。

2. 降低脲醛树脂中游离甲醛释放量

脲醛树脂中甲醛释放的原因较为复杂,主要的来源有三个:一是树脂合成过程中甲醛过量,反应不充分,有一部分游离甲醛;二是已参加反应的甲醛生成半缩醛不稳定结构,在使用过程中分解,释放出甲醛;三是脲醛树脂制备过程中部分质子化的甲醛分子会形成吸附双粒子层,以保证脲醛树脂的稳定性,但在固化过程中,在电解质的作用下双粒子层遭到破坏释放出甲醛。此外,在高温高湿度的环境下,树脂胶层的老化及木材中的半纤维素分解,也会释放出甲醛。

根据甲醛释放的机理,国内外对降低脲醛树脂中甲醛的释放量进行了大量研究。欧洲和北美洲地区已较好地解决了脲醛树脂甲醛释放的问题,我国也正遵循该发展趋势不断降低甲醛的释放量。目前应用最多的方法是通过加入三聚氰胺等改性剂,降低脲醛树脂中尿素和甲醛比,达到降低游离甲醛目的。

三聚氰胺、聚乙烯醇、纳米二氧化硅等常作为脲醛树脂的有效改性剂,其中应用和研究最多的是三聚氰胺。研究人员分别用0.4%聚乙烯醇和4%三聚氰胺、微纤化纤维素(MFC)、糠醛作为改性剂,降低了游离甲醛的释放量,同时不影响脲醛树脂的耐水性和机械强度,可适用于室温下木质的胶黏剂。

另外,也可以通过改变工艺条件(如聚合温度、pH、投料比)降低甲醛的释放。文美玲等通过一系列实验确定当甲醛/尿素物质的量比控制在0.96,加成反应、缩聚前期反应、缩聚中期反应的温度分别为90℃、85℃、75℃时,所得脲醛树脂胶黏剂中游离甲醛质量分数小于0.075%,胶合板甲醛释放量为0.365 mg·L^{-1},达到GB/T 9846.3—2004中E0级的要求。赵厚宽等优化了工艺条件,发现缩聚反应阶段温度和pH分别为95℃和5.0时,游离甲醛的量可至0.18%。邱俊等在甲醛和尿素总配比不变的情况下,采用四级分段聚合工艺,改变并优化各段甲醛和尿素配比,发现当三段配比分别为2.05∶1、1.40∶1、1.14∶1时,甲醛释放量降低至0.067%,达到E0级人造板的要求。

虽然多种方法均可使脲醛树脂黏合剂达到家具环保的标准,但脲醛树脂在合成过程中受体系pH和温度的影响较大,两者稍有变化,都会影响产品的性能,所以在未来的工业化生产中能够做到精准控制至关重要。

7.2.2　酚醛树脂胶黏剂

酚醛树脂以甲醛和苯酚或酚类物质为原料,在催化剂作用下缩聚而成的树脂。由于其黏结性和耐候性远远超过脲醛树脂,是木材加工中一种重要的胶黏剂,在国内木材制品胶黏剂的用量中占有一定的比例,但其用量远低于价格低廉的脲醛树脂(图7-3)。

酚醛树脂产业化始于1910年的德国。在国外,酚醛树脂胶黏剂在实木复合地板等方面已占有主导地位。由于其良好的耐水性和耐湿性,在湿度较大的地区酚醛树脂有着无可比拟的优势。不同的应用领域,对酚醛树脂胶黏剂的性能有不同的要求,具体见表7-2。

表7-2　酚醛树脂胶黏剂的物理性能技术指标

指标	指标值		
	醇溶液	浸渍用	胶黏剂用
外观	无机械杂质,金黄或浅红色透明液体	无机械杂质,金黄色或浅红色透明液体	无机械杂质,红褐色到暗红色透明液体
pH ≥	7.0		

指　　标	指　标　值		
	醇溶液	浸渍用	胶黏剂用
固体含量/% ≥	35.0		
黏度/(mPa·s^{-1}) ≥	20～300		60
含水率/% ≤	7.0		—
胶合强度/MPa ≥	—		0.7

　　酚醛树脂固化时间长、固化温度高、颜色较深、耐热性较差、韧性较低,对所黏结木材的含水量要求苛刻。针对酚醛树脂胶黏剂存在的问题,国内外进行了大量的研究,取得了很好的结果。外加增韧剂共混或通过共聚内增韧可以改善韧性差的问题;加大甲醛和苯酚质量比、添加固化剂缩短固化时间和降低固化温度等,均可改善产品的性能。

　　生产酚醛树脂的原料包括单体、催化剂和固化剂三部分,苯酚和甲醛通过缩聚反应生成稳定结构,但单体并不能完全反应,使得酚醛树脂在储存、混炼和固化时仍会释放出一定量的游离甲醛和游离苯酚。由于苯酚的用量大于甲醛,甲醛释放量明显比脲醛树脂少,游离苯酚才是酚醛树脂胶黏剂中的最主要污染物。苯酚是一种中等毒性的物质,可抑制中枢神经,损害肝、肾功能,长期吸入苯酚,可导致头疼、头晕、恶心、呕吐等症状。苯酚在中国的接触限值是 8 h 加权平均浓度为 10 mg·m^{-3},美国接触限值约为 19 mg·m^{-3}。

　　国内对酚醛树脂性能改性的研究较多,但对降低游离苯酚和甲醛的研究较少。现阶段,为了降低体系中游离苯酚和游离甲醛的含量,在不改变酚醛树脂性能的前提下,多采用无毒或低毒物质(如松香、木质素、间二甲苯等)部分取代苯酚等对其进行改性,同时还可以降低酚醛树脂的生产成本。也可以通过控制反应温度、分批次加入甲醛等方法降低胶黏剂中的游离苯酚和甲醛含量。

　　Kalami 等采用多种木质素对酚醛树脂进行改性,发现用酶解玉米秸秆木质素全部替代苯酚制备酚醛树脂,从源头上除去了苯酚,并且游离甲醛的含量也降到 0.1% 以下。Zhang 等用木质纤维素乙醇残留物取代 10% 的苯酚,经测试,酚醛树脂的黏结性和机械性能基本不变,游离甲醛和游离苯酚的含量分别降到 0.1% 和 0.31%。林文丹等利用松香改性酚醛树脂,体系中不加甲醛,从源头上除去甲醛,制得环保型酚醛树脂。谢梅竹等固定苯酚和甲醛物质的量之比为 1:2.5 时,分批加入甲醛,可将游离苯酚和游离甲醛的含量控制在 0.1% 左右。

　　酚醛树脂胶黏剂主要用于胶合板的生产。我国酚醛树脂的年产量逐年提高,但近几年增长缓慢。截止到 2018 年,我国约有 200 家酚醛树脂生产厂,主要集中在华东地区。为了进一步扩大应用领域,酚醛树脂未来要向低毒、低成分和高性能的方向发展。

7.2.3　三聚氰胺-甲醛树脂胶黏剂

　　三聚氰胺-甲醛树脂胶黏剂简称三聚氰胺树脂胶黏剂,它是以三聚氰胺和甲醛为原料,在碱性条件下经过加成和缩聚反应制备的水溶性胶黏剂。作为木材胶黏剂,三聚氰胺甲醛树脂具有固化速度较快、耐热性和耐水性优异、黏结强度高等特点,已广泛应用于纸质塑料贴面板、热压木皮贴面和人造板饰面板的浸渍,具体性能要求见表 7-3。

表 7-3 三聚氰胺-甲醛树脂物理性能技术指标

指 标 名 称	指 标 值
外观	无色或浅黄色透明液体
密度/(g·cm^{-3})	1.00～1.25
黏度/(mPa·s^{-1})	15.0～80.0
pH	8.5～10.5
固体含量/% ≥	30

三聚氰胺-甲醛胶树脂黏剂以三聚氰胺为原料,与脲醛树脂胶黏剂和酚醛树脂胶黏剂相比,生产成本很高;并且由于其独特的三嗪环结构及羟甲基化合物反应活性较强,导致三聚氰胺树脂脆性较大,储存不稳定,保质期通常不超过一个月,所以三聚氰胺-甲醛树脂胶黏剂一般改性后才可使用。三聚氰胺-甲醛树脂改性主要集中以下三个方面,提高储存稳定性、提高增韧性能和提高固含量三个方面。

用尿素来部分替代三聚氰胺,是三聚氰胺-甲醛树脂改性中最常用的方法,这样既可以降低成本,又可以改善三聚氰胺树脂的性能。所得改性树脂又叫三聚氰胺-尿素-甲醛树脂(MUF),国外已将 MUF 用于人造板的生产,并制定了相应的产品标准。

此外,通常通过加入己内酰胺、蔗糖、醇类(如丙三醇、季戊四醇、聚乙烯醇等)等改性剂,来解决其脆性较大的问题;通过加入分散剂可保持树脂碱性稳定,将胶黏剂制成固体粉末可提高储存稳定性;利用多聚甲醛部分代替甲醛或对树脂直接进行减压蒸馏等方法来提高固含量。

三聚氰胺-甲醛树脂胶黏剂在生产和使用过程中会释放出甲醛,所以降低三聚氰胺树脂中游离甲醛含量也是一个重要研究方向。利用其他醛类代替甲醛、添加甲醛捕捉剂、改变工艺条件都可以不同程度地达到目的。张武等采用弱碱-弱酸-弱碱工艺,适当减少甲醛用量,制备出了甲醛释放量小于 0.28 mg·L^{-1} 的环保型三聚氰胺树脂。Liu 等以纳米二氧化钛和蒙脱土的混合物为甲醛捕捉剂,将胶黏剂其游离甲醛含量降低至 0.22 mg·L^{-1}。杨振国等用多羟甲基三聚氰胺与甲醛反应,在其他性能指标不变的情况下,所得树脂产品中游离甲醛的质量分数低于 0.05%。

三聚氰胺树脂工业化较早,已有一系列的产品,目前研究工作主要集中在树脂的改性上。因为木材胶黏剂在三醛胶中所占比例较少,未来要向高性能和高性价比的方向发展。如用生物质材料来改性三聚氰胺树脂,既可降低成本又绿色环保,结合生产工艺开展进一步的研究,可扩大三聚氰胺树脂胶黏剂的应用范围。

7.3 木质家具甲醛的释放

甲醛是室内环境污染之首,严重影响室内空气质量,主要来源于木质家具和木质装修板材中的三醛胶。经调查发现,木质家具、木质地板是甲醛较为明显的污染源,风险最高;细木工板等材料风险次之。甲醛对皮肤黏膜有刺激作用,是众多疾病的主要诱导因素之一,是致癌和致畸物质。正常人长期处在低浓度甲醛的环境中,可能出现多种症状,如头痛、头晕、心慌,恶心,呕吐,失眠,乏力等症状。甲醛对人体的危害与接触浓度有直接关系,不同浓度的甲醛对人体的危害详见本书1.4.1节和表1-1。要有效地控制甲醛的释放量,降低室内环境污染的危害,必须对木质家具中甲醛的来源、释放行为、影响因素等有充分的了解。

7.3.1　甲醛的来源

甲醛主要来源于人造板中的三醛胶,其中酚醛树脂甲醛释放量较小,脲醛树脂和三聚氰胺甲醛树脂甲醛释放量较高,但三聚氰胺甲醛树脂由于价格昂贵,室内木质家具应用较少。脲醛树脂胶黏剂大量用于各种木质板材的生产,是木质家具中使用的最大胶种,用量占家装市场90%以上。人造板释放出的甲醛主要有以下三个来源。

1. 木材本身释放的甲醛

木材本身含有甲醛,制作人造板的过程中需要对木材进行加工,此过程会释放出一定量的甲醛,不同种类木材甲醛的含量不同。

2. 胶黏剂中未反应的游离甲醛

作为可聚合活性单体,甲醛是制备三醛胶的基础原料,根据性能要求和单体反应的不完全性,胶液中总会残留一些未反应的游离甲醛,有时甚至高达1%以上。在用以三醛胶为胶黏剂的人造板作为装修材料或制造家具时,胶黏剂中的游离甲醛会逐渐释放到空气中。这部分游离甲醛含量最多,对甲醛释放量的影响很大。

3. 胶黏剂降解释放的甲醛

一方面,胶黏剂在固化时不彻底,未固化的胶黏剂可逐渐分解出甲醛向外界扩散;另一方面,胶黏剂分子链上含有缩醛或半缩醛结构,这些结构对水的稳定性不佳,尤其是在酸性条件下更易水解而释放出甲醛。胶黏剂因降解释放出甲醛是不可避免的,因此该部分甲醛的释放是一个长期的过程。

7.3.2　影响甲醛释放的因素

影响木质家具中甲醛释放的因素较多,20世纪末国外学者对此进行了大量的研究工作,目前认为影响甲醛释放的主要因素有三个:室内环境的温度、湿度和通风情况。此外,不同树种的木材原料、胶黏剂的生产工艺也会影响人造板中甲醛的释放。

张阳等利用正交试验法,在不同温度、湿度和风速下对以脲醛树脂为胶黏剂的人造板进行了甲醛释放研究,用数据(见表7-4,数值越高,说明甲醛释放越快)证明了室内温度越高,湿度越大,通风越好,甲醛释放相对越快。

表 7-4　温度、湿度和风速对甲醛释放的影响

序号	温度/℃	湿度/%	风速/(m·s^{-1})	甲醛浓度/(mg·m^{-3})
1	20	40	0.1	0.037
2	20	45	0.2	0.042
3	20	50	0.3	0.079
4	25	40	0.1	0.085

序号	温度/℃	湿度/%	风速/(m·s^{-1})	甲醛浓度/(mg·m^{-3})
5	25	45	0.2	0.158
6	25	50	0.3	0.156
7	30	40	0.1	0.224
8	30	45	0.2	0.193
9	30	50	0.3	0.279

7.3.3　甲醛释放规律

对甲醛释放规律的研究集中在两个方面：一是甲醛在板材内部的扩散规律，二是甲醛向环境中释放的规律，其中对甲醛向环境中释放的规律研究的较多。研究发现，甲醛的释放速率和释放量随着时间的延长而降低，但并非简单的线性关系。

荀胜荣等对某新装修的房屋进行较长时间的甲醛监测，测试之前关闭门窗 3 h 以上，客厅内甲醛的监测结果见表 7-5，甲醛浓度变化速率见图 7-4。甲醛浓度随时间逐渐递减，前 3 个月甲醛释放速率较快，3 个月之后甲醛释放量趋于稳定，6 个月后降至 0.083 mg·m^{-3}，基本达到室内甲醛含量的国家标准。

表 7-5　客厅内甲醛浓度监测数据

检测周期/月	监测结果/(mg·m^{-3})	检测周期/月	监测结果/(mg·m^{-3})	检测周期/月	监测结果/(mg·m^{-3})
0.5	0.473	2.5	0.129	4.5	0.098
1	0.238	3	0.120	5	0.091
1.5	0.193	3.5	0.111	5.5	0.088
2	0.146	4	0.104	6	0.083

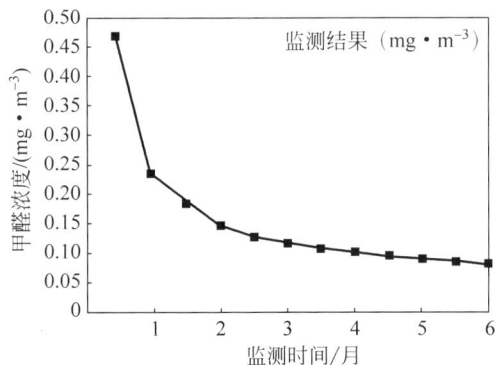

图 7-4　甲醛浓度变化速率

王丽平等对相同板材样品在不同温度下甲醛释放量进行了检测，检测数值和趋势见图 7-5。结果表明，总体上甲醛的释放量随温度的升高而增大，15℃以下甲醛释放量相对较低，20℃以上甲醛释放量增加较为明显：35℃时甲醛的释放量是 25℃时的 2 倍，45℃时增至 4 倍。

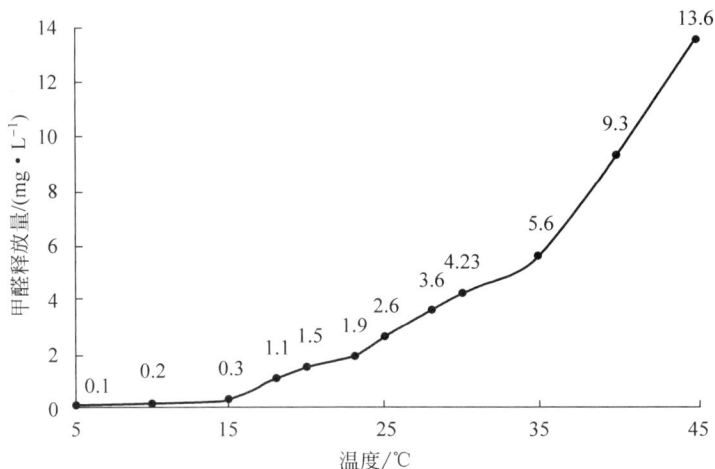

图 7-5　温度对甲醛释放量的影响

袁少伟等对不同湿度下人造板材中甲醛释放量进行了研究,发现环境湿度越大甲醛的释放量也越大。同时,随着时间的延长均会出现一个甲醛释放浓度峰值:当室内环境湿度较大时,峰值出现的较早;当环境湿度较小时,该峰值出现的会晚一点。

梅宵等对通风时间与甲醛释放量的关系开展了研究。结果表明,随通风时间的延长,室内甲醛浓度显著降低。通风前 4 天甲醛浓度下降较快(由 0.042 mg · m^{-3} 降至 0.022 mg · m^{-3}),通风后 4 天甲醛浓度下降缓慢,由 0.022 mg · m^{-3} 降至 0.018 mg · m^{-3},下降趋势见图 7-6。

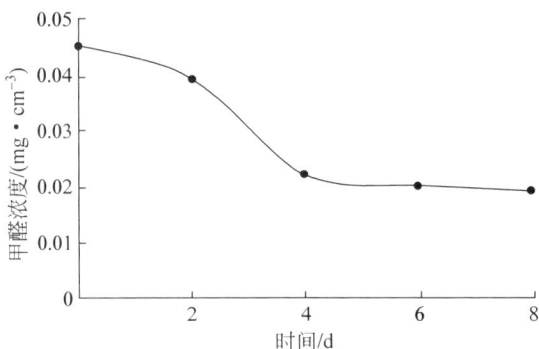

图 7-6　不同通风时间下甲醛释放量曲线

7.3.4　降低室内甲醛浓度的措施

甲醛释放主要来源于胶黏剂,所以降低室内甲醛浓度最根本的途径是从生产胶黏剂入手,如用其他醛类代替甲醛、改变生产工艺,添加甲醛捕捉剂等,具体研究在三醛胶中已有过介绍,不再赘述。

在人造板的生产过程中,采用能与甲醛反应的溶液喷涂人造板、气体熏制人造板、某些封闭性涂料涂刷人造板等方法,同样可以降低甲醛的释放量或释放速率。

甲醛的释放是一个较为漫长的过程,可持续数年之久。经研究调查,装修后 5 个月和 7

个月室内甲醛含量分别小于 $0.1 \ \mathrm{mg} \cdot \mathrm{m}^{-3}$ 和 $0.08 \ \mathrm{mg} \cdot \mathrm{m}^{-3}$,满足标准 GB 18580—2017 对甲醛释放量的限制。因此,延长时间是降低甲醛浓度最有效的方法,同时可配合空气净化器、绿色植物吸附(如绿萝、吊兰、虎皮兰等)、物理吸附(如活性炭、分子筛、多孔黏土矿等)、甲醛清除剂和通风等手段,缩短将室内的甲醛浓度降至合理范围的时间。

7.4 环保型木质家具胶黏剂

近年来,随着石油产品价格上涨和人们环保意识的增强,国内外对室内环境甲醛释放量要求变得非常苛刻,环保型木材胶黏剂的生产和使用成为大势所趋,因此开发非甲醛系胶黏剂有着重要的现实意义。

环保型木材胶黏剂主要有两类:一是本身为水溶性木材胶黏剂,如聚乙酸乙烯酯乳液胶黏剂、水性聚氨酯胶黏剂等;二是通过利用天然无毒有机物替代甲醛或苯酚制备胶黏剂,如生物质胶黏剂等。

环保型木材胶黏剂种类较多,但作为木材胶黏剂在性能上存在较多问题,同时仍会释放出一定量的挥发性有机化合物(VOCs),所以环保木材胶黏剂真正实现工业化生产的较少,目前多集中于改善性能方面的研究。

7.4.1 聚乙酸乙烯酯乳液胶黏剂

聚乙酸乙烯酯乳液,俗称白乳胶,是以乙酸乙烯酯为单体,水为分散介质,过硫酸盐为引发剂,在乳化剂存在下经乳液聚合制得的一种水性胶黏剂。由于其黏结强度好,室温下即可固化,成本低,无污染,目前已广泛地应用于室内装修和木质家具领域中。在家具行业中主要用于细木工板的拼接、单板的修补、人造板的二次加工等。

传统的单组分聚乙酸乙烯酯胶黏剂耐水和耐湿性能较差,在潮湿环境中极易开胶,耐寒性和机械稳定性也有待进一步提高。为了解决聚乙酸乙烯酯胶黏剂存在的问题,扩大其应用范围,通常要使用各种添加剂,如稳定剂、缓冲剂、消泡剂、分子量调节剂、增塑剂等,常见的添加剂及其作用见表 7-6。

表 7-6　聚乙酸乙烯酯乳液常用添加剂

添加剂	用　量	物　　　质	作　　　用
稳定剂	1%~4%	聚乙烯醇	避免发生水解,以获得储存稳定性
缓冲剂	0.3%~5%	碳酸盐、磷酸盐、乙酸盐	调节分散介质的 pH,保证稳定性
增塑剂	10%~25%	邻苯二甲酸烷基酯、芳香族磷酸酯	在较低温度下有良好的成膜性和黏结力
填料	5%~50%	有机填料、无机填料	降低成本,提高固含量和黏度,改善填充性能

在制备聚乙酸乙烯酯乳液时,分散稳定剂的种类和用量至关重要,它可以防止乳胶粒子凝聚,保证胶黏剂的稳定性。现阶段,分散稳定剂多以聚乙烯醇为主,但聚乙烯醇中含有大量的羟基,使得乳液的黏度急剧增加。为了解决两者之间的矛盾,科研人员开展了大量研究。程增会等采用改性聚乙烯醇作稳定剂;穆锐等采用 2-丙烯酰胺-2-甲基丙磺酸(AMPS)代替聚乙烯醇作为稳定剂,降低了乳液产品的黏度;Ovando 和 Zhang 等则采用乙酸乙烯酯与丙烯酸丁酯进行乳液共聚合的途径,获得了稳定性好、黏度适中的改性聚乙酸乙烯酯乳液

产品。

　　聚乙酸乙烯酯乳液是一种良好的环保型木质家具胶黏剂,但乳液体系内仍然存在一定量的 VOCs。其主要有三个方面的来源:一是未反应的单体,二是乳液体系中的各种原料和添加剂或反应过程中形成的副产物,三是侧链酯基水解产生的乙酸。以上三个方面直接导致聚乙酸乙烯酯乳液在使用过程中会缓慢地释放 VOCs,造成室内环境污染,影响身体健康。

　　聚乙酸乙烯酯乳液挥发的 VOCs 主要为未反应单体乙酸乙烯酯和侧链酯基水解产生的乙酸,二者都具有一定的刺激性,但毒性不是很大。乙酸乙烯酯会对眼睛、皮肤、黏膜和上呼吸道有一定刺激性,乙酸对鼻、喉和呼吸道有刺激性,对眼有强烈刺激作用。

　　根据不同性能的要求,所用添加剂的种类和毒性也有所不同。聚乙酸乙烯酯乳液常用邻苯二甲酸丁二酯作为增塑剂,它对人体的神经系统和肝脏有一定的伤害,具有类雌性激素的作用,危害人体激素功能。2006 年 11 月,美国将其列为可疑致畸物清单中,随后欧盟于 2007 年将其列为高关注物质,为致癌性、诱变性和生物毒性物质。

　　APEO 是烷基酚聚氧乙烯醚类化合物的简称,以壬基酚聚氧乙烯醚(NPEO)为最多,常作为非离子表面活性剂应用于聚乙酸乙烯酯乳液中。APEO 在环境中降解缓慢,易聚集而产生毒性,其降解产物包括壬基酚(NP)、辛基酚(OP)以及短链的 $NPEO_1$、$NPEO_2$、$NPEC_1$ 和 $NPEC_2$,降解过程见图 7-7。上述降解产物在环境中持久性更强,毒性更大,其中部分代谢产物有类环境激素性质,易扰乱野生生物和人类的内分泌功能。欧盟 2003/53/EC 法规规定,化学品或配制品种,APEO 的允许含量$\leqslant 1000$ mg·kg^{-1}。

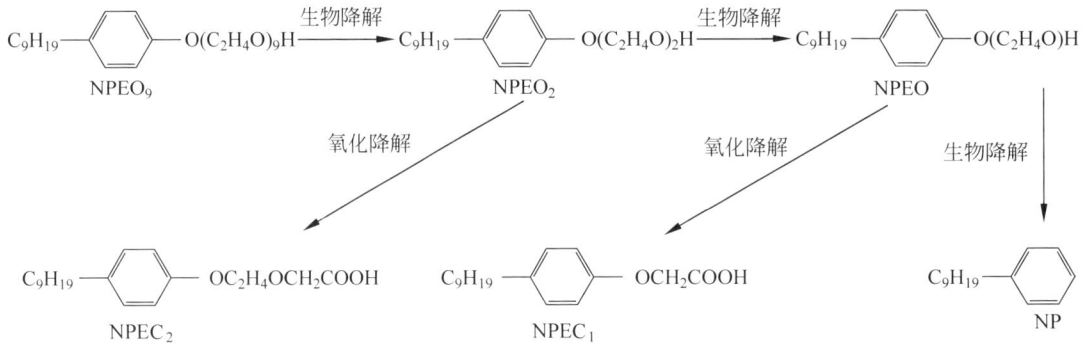

图 7-7　非离子表面活性剂 APEO 的降解过程

　　为了解决 VOCs 含量高的问题,张秀超等通过分次加入有机过氧化氢类氧化还原引发剂,将单体残余量降至 100 ppm 以下,同时也控制了引发剂分解而引入的 VOCs。段相周等以乙二醇二乙酸酯为增塑剂,避免了常规有害增塑剂的使用,甲醛和 VOCs 的含量达到国家标准要求,同时不含烷基酚聚氧乙烯醚类化合物和邻苯二甲酸酯,满足国外限定标准。

　　我国聚乙酸乙烯酯胶黏剂的研究始于 20 世纪 50 年代末,与国外 PVAc 乳液生产商(如德国汉高公司、意大利的埃尼和蒙埃公司、大日本油墨和中央理化公司)相比还有一定的差距,产品种类较少,未来我国聚乙酸乙烯酯胶黏剂将向着高性能和低 VOCs 的方向发展。

7.4.2　聚氨酯胶黏剂

　　聚氨酯胶黏剂中含有大量的氨基甲酸酯基团(—NHCOO—)或异氰酸酯基(—NCO),

基团活性非常高,可以与木材中纤维素和木材中的水发生加成反应形成化学键,因此是一种良好的木材胶黏剂,具有黏结性能优异、耐水、耐介质性能好、储存期长等特点。更为重要的是,聚氨酯胶黏剂不会释放甲醛,因此作为环保型胶黏剂近年来发展得很快,产量逐年增长,趋势如图 7-8 所示。

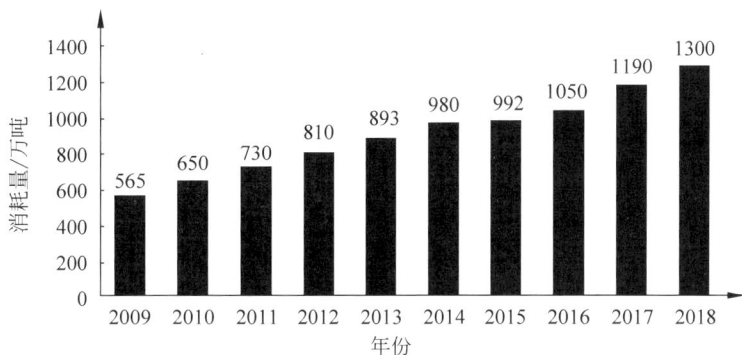

图 7-8　2009—2018 年国内聚氨酯产量

聚氨酯黏合剂有溶剂型和水性聚氨酯两种。目前整个聚氨酯行业还是以溶剂型为主,多是基于聚醚多元醇、聚酯多元醇、生物胶的 PU 木材胶黏剂,同时聚氨酯胶黏剂也经常用于三醛胶的改性。行业标准 HG/T 2814—2009 规定,对于双组分溶剂型聚氨酯胶黏剂,A、B 两组分的不挥发物含量分别为 25%～32% 和 58%～62%,A 组分的黏度在 40～90 s 之间,B 组分的异氰酸酯基含量为 11%～13%。

对于溶剂型聚氨酯木材胶黏剂,虽然在制备和使用过程中不会释放出甲醛,但其中所含的游离异氰酸酯单体具有较大的毒性,并且通常以二甲苯、乙酸正丁酯和环己酮等作为溶剂,使用过程中仍会缓慢释放出一定量的 VOCs。同时,制备过程中会加入各种添加剂,例如固化剂大多属于异氰酸酯类,活性较高,对人的肾脏有较大危害。

水性聚氨酯是将聚氨酯溶解或分散在水中形成的,其无毒和低污染的特性可作为木质家具的良好胶黏剂。与传统的木质胶黏剂相比,其气味很低,其中少量的有机物可以在 24 h 内完全挥发完。但水性聚氨酯的缺点是耐水性和耐候性差、成本高,往往需要进行改性,而改性过程中引入的添加剂也会使水性聚氨酯在使用时释放出一定量的 VOCs。

水性聚氨酯虽然发展时间不长,但进展尤为迅速。合成水性聚氨酯的原料和配方变化多端,因此,其产品种类繁多。拜耳公司的 U53、U53 系列阴离子水性聚氨酯产品,固含量为 40% 左右,已应用于家具和建筑等领域。此外,日本光洋产业公司水性乙烯基聚氨酯胶黏剂 KR 系列,美国 Wyandotte 化学公司环境友好型 X 和 E 系列水性聚氨酯,都已从实验阶段转向成熟工业产品阶段。我国水性聚氨酯行业起步时间较晚,相对国外的系列化、产业化产品相比,产品种类较少,且多侧重于根据不同领域的性能要求进行改性。

为了使水性聚氨酯作为黏合剂真正地应用到木质家具中,科研人员开展了一系列的合成和改性研究,已制备出高固含量、双组分、自交联、光固化等水性聚氨酯产品,向着高性能、功能化的方向发展。

7.4.3　生物质胶黏剂

生物质胶黏剂是将天然高分子通过化学修饰和改性后转化而成的。常见木材用生物质胶有大豆蛋白基胶黏剂、淀粉基胶黏剂、单宁基胶黏剂、木素基胶黏剂。

生物质胶黏剂是一种可再生的环境友好型胶黏剂,无毒无害、环境友好,近年来发展迅速,是木质家具黏合剂的研究热点。2000 年以来木材用无醛生物质胶黏剂得到了迅速发展,多应用于木材行业以及室内装饰行业。但生物质胶黏剂在性能方面存在较多问题,目前的研究多集中于对其进行各种改性上。

1. 蛋白质类胶黏剂

蛋白质类胶黏剂是研究最多、应用最早的胶黏剂之一,早在 20 世纪 50 年代前就已经在木材加工领域发挥了非常重要的作用。随着三醛胶等合成树脂胶黏剂的快速发展,在之后的一段时间内蛋白质类胶黏剂几乎完全被取而代之。近年来,由于石油资源短缺和环保压力等原因,蛋白质类胶黏剂又重新回到木材胶黏剂领域。

按蛋白质原料来源的不同,可分为植物蛋白胶黏剂(如大豆蛋白胶、花生蛋白胶等)和动物蛋白胶黏剂(如皮胶、骨胶和干酪素胶等)两大类,其中应用最广泛的是大豆蛋白胶黏剂。以大豆为原料资源丰富,生产成本较低,制胶设备简单,使用方便,环保无污染,一般能够满足室内使用的人造板、胶合板和刨花板等制品的基本要求。

大豆蛋白胶黏剂是以豆粉、豆粕或大豆蛋白为原料,在成胶剂和助剂的存在下制备而成的。大豆蛋白中的多种极性和非极性基团通过范德华力、氢键、静电等构成稳定结构,可通过水解使极性和非极性基团裸露,从而与木材相互作用达到黏结的目的。

用于木材工业中的大豆蛋白胶黏剂存在两个致命的缺点:耐沸水性较差和易发霉。人们对大豆蛋白胶黏剂开展了大量的改性研究,主要有物理改性、化学改性和酶改性。其中物理改性和酶改性研究和实际应用很少,目前主要致力于化学改性的研究,化学改性主要有:酸、碱、盐改性,接枝改性,共混和共聚改性等。

在未来的发展中,大豆蛋白胶黏剂要不断探索新的改性方法和改性材料,提高材料性能,优化工艺条件,同时要充分利用除大豆之外的植物蛋白,进一步扩大大豆蛋白胶黏剂的应用研究,将更多新技术、新产品应用到木质胶黏剂领域。

2. 淀粉基木材胶黏剂

淀粉基木材胶黏剂是在淀粉中加入水、氧化剂、糊化剂、还原剂和催化剂等助剂通过一定工艺制备而成的,常见的配方见表 7-7。淀粉基胶黏剂原料来源广泛,价格低廉,但不经改性的淀粉基木材胶黏剂胶黏强度低,同时由于存在大量的羟基,使其流动性能和耐水性能较差,干燥后易脆。

表 7-7　淀粉基木材胶黏剂的常见配方

组　　分	比　　例
土豆淀粉/g	320
参茨淀粉/g	46.7
3%过氧化氢/mL	10.0
碳酸氢钠/g	0.65
水/g	500
制备工艺	16～18℃下搅拌 8 h

淀粉基木材胶黏剂在纸张和标签领域已得到广泛和大量应用,但就其性能而言,很少能达到人造板行业的要求。为了满足木材胶黏剂性能方面的需要,必须对其进行有效的改性,包括物理改性、化学改性和生物改性。化学改性的研究相对成熟,思路是将淀粉分子中的大量羟基进行氧化、醚化、酯化等,其中氧化是化学改性中常用的方法。

3. 单宁基木材胶黏剂

单宁基木材胶黏剂是以单宁为主要原料,添加固化剂等助剂后得到的一个胶种。单宁是植物中的提取物,分为水解单宁和凝缩单宁,用于人造板胶黏剂的多为凝缩单宁。单宁无毒无污染,结构中含有多元酚基,组成单宁的各种基本结构单元见图7-9,它多用于部分或全部取代酚醛树脂中的苯酚,降低生产成本,提高反应活性和固化速度。

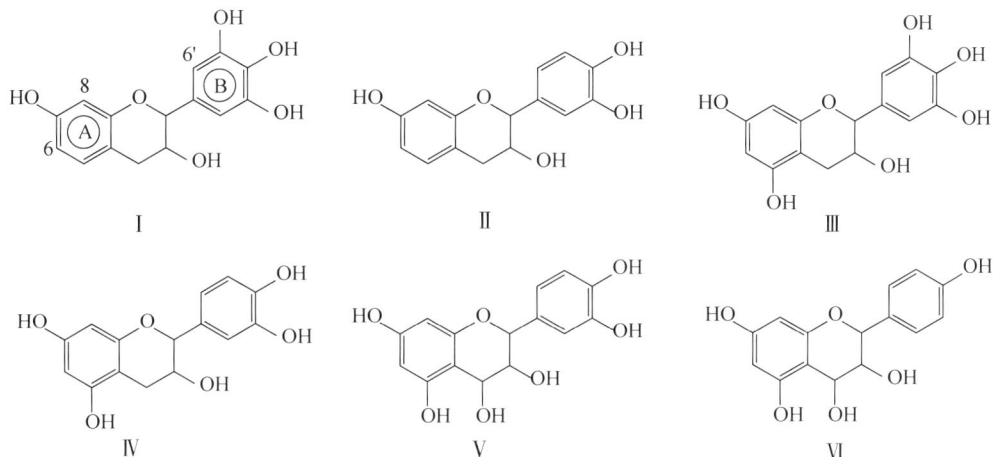

图 7-9　组成单宁的各种基本结构单元

单宁基木材胶黏剂的研究始于20世纪70年代,在非洲、美洲和澳洲等一些富含单宁较多的国家研究较早,并且开发出可工业化的单宁胶黏剂,已成功地应用于人造地板等木质家具领域。国内由于单宁原料的含量和种类均较少,有关单宁基胶黏剂的研究较晚,直到90年代才受到了关注。

单宁基木材胶黏剂存在分子量高、黏度大、交联度低、胶合强度低和耐湿性差等一系列问题,所以多用它来改性酚醛树脂。同时由于该胶黏剂合成原料中包括甲醛,产品会释放甲醛污染室内环境。Trosa等研究发现,利用三羟甲基硝基甲烷(TN)作为硬化剂代替甲醛制备单宁基胶黏剂,既可以降低游离甲醛的释放量至 0.003 mg · g^{-1} 木材,同时还可以提高其对木材的黏结性能。此外,六次甲基四胺同样可以取代甲醛以降低甲醛的释放。Masson等发现,不加入甲醛利用其自聚反应也可以制备出纯生物基单宁胶黏剂。

4. 木质素木材胶黏剂

木质素是一种复杂的天然有机酚聚合物,是自然界中含量仅次于纤维素的可再生资源。由于分子中含有酚羟基的结构,可以用来替代酚醛树脂中的苯酚,达到降低黏合剂成本和减少室内环境污染等问题。目前国内外已对木质素部分或全部代替苯酚开展了研究,Shimatani等研究了木质素代替苯酚制备黏合剂的反应条件,发现木质素、苯酚和甲醛在碱性条件下80℃反应2 h制备的胶黏剂,用作胶合板时具有良好的黏结性。

未经改性的木质素活性基团较少,空间位阻较大,导致反应活性较低,在人造板制备的过程中需要延长热压时间和高温后处理,以确保木质家具的强度。研究人员发现,通过对木质素改性可以有效地解决上述问题,目前的改性方法主要有化学改性、物理改性和生物改性等。

木质素除了活性低外,分子量和溶解度差异较大,杂质较多,直接影响到木质素胶黏剂的稳定性和应用范围,现在实际工业应用价值还较低。未来作为木质家具的黏合剂,要致力于从木质素的提纯、降低黏合剂甲醛含量等方面入手。

7.5 木质家具胶黏剂污染源分析及相关标准

7.5.1 胶黏剂中常见的有害物质

由于受性能、成本和生产工艺等多种因素的限制,现阶段胶黏剂中的有害物质并不能完全消除。胶黏剂中常见的有害物质主要有甲醛和 VOCs 两大类。当室内有害物质积累到一定量时,就会对环境和人体健康产生危害,具体情况见表 7-8。

表 7-8　胶黏剂中最常见的有害物质及其危害

胶黏剂中的有害物质		在胶黏剂中的应用	危　害
甲醛		脲醛树脂的主要原料	致癌物质
苯系物	苯	溶剂	致癌物质
	甲苯		中毒性物质
	二甲苯		低毒性物质
氯代烃	二氯甲烷	溶剂、发泡剂	疑似人类致癌物质
	1,2-二氯乙烷	溶剂、清洗剂	疑似人类致癌物质
	1,1,2-三氯乙烷		抑制中枢神经、伤害肝脏
间苯二胺		固化剂	可能是人类致癌物质
甲苯二异氰酸酯		聚氨酯胶黏剂的主要原料	可能是人类致癌物质

2002 年,美国加利福尼亚州可持续建筑工作组在指导国家"绿色建筑"建设时,要求对建筑材料 VOCs 的排放进行测试,建立了规定 Section CA01350。由于其灵活性、成本相对较低以及基于健康这一事实而受到众多建筑材料制造商的广泛接受。该规定对室内用胶黏剂释放 VOCs 进行了限量,VOCs 的种类达到 20 多种,除了常见的醛类、苯类、氯代烃外,还包括醇类(乙二醇、异丙醇)、醚类(乙二醇单乙醚、乙二醇单甲醚、甲基叔丁基醚)、环己烷等。

随着科技的发展,人们对有害物质的认识范围越来越广泛,胶黏剂中有害物质的种类也越来越多。国外对胶黏剂中增塑剂(如邻苯甲二酸二丁酯、邻苯二甲酸二异辛酯、邻苯二甲酸二甲酯)、催化剂(如钴化合物、铅化合物)、增强填料(如细矿物纤维)进行了明确限量。2011 年欧盟化学品管理公司已将邻苯二酸二烷基酯、乙二醇乙醚乙酸酯等与胶黏剂有关的物质列为高关注物质候选清单中。

7.5.2 胶黏剂的环保要求

1. 我国木质胶黏剂有害物质限量标准

我国对木质家具胶黏剂中甲醛和 VOCs 的释放量要求越来越严格。在不同发展时期,政府和相关组织对木质家具所用胶黏剂制定了一系列的标准,对胶黏剂在生产和使用过程中的各种有害物质进行了限量,要求也越来越严格。

标准《木材工业胶黏剂用脲醛、酚醛、三聚氰胺甲醛树脂》(GB/T 14732—2017)规定,脲醛树脂中游离甲醛含量≤0.8%,酚醛树脂中游离甲醛含量≤0.3%,游离苯酚含量≤2.0%,三聚氰胺甲醛树脂中游离甲醛含量≤0.3%。

标准《室内装饰装修材料　胶粘剂中有害物质限量》(GB 18583—2008)又对溶剂型和水基胶黏剂中的有害物质进行了限量,几种常见的木质家具胶黏剂限量值见表7-9。

表 7-9　几种常见木质家具胶黏剂有害物质的限量值

项　　　目	指　　　标				
	溶剂型聚氨酯胶黏剂	其他溶剂型胶黏剂	水基型聚氨酯胶黏剂	聚乙酸乙烯酯胶黏剂	其他水基型胶黏剂
游离甲醛含量/(g·kg^{-1})　≤	—	—	—	1.0	1.0
苯含量/(g·kg^{-1})　≤	5.0	5.0	0.20	0.20	0.20
甲苯含量+二甲苯含量/(g·kg^{-1})≤	150	150	10	10	10
甲苯二异氰酸酯含量/(g·kg^{-1})　≤	10	—	—	—	—
二氯甲烷等氯代烃含量/(g·kg^{-1})　≤	—	150	—	—	—
总挥发性有机物含量/(g·L^{-1})　≤	700	700	100	110	350

为了推进绿色标志认证,国家环境保护部于2016年10月批准了环境保护行业标准《环境标志产品技术要求　胶粘剂》(HJ 2541—2016),此绿色标志对胶黏剂中有害物质限量要求较高。水基型聚乙酸乙烯酯和聚氨酯胶黏剂中不得检出苯、甲苯、二甲苯、氯代烃等物质,总挥发性有机物≤40 g·L^{-1},聚乙酸乙烯酯游离甲醛含量≤0.05 g·kg^{-1};溶剂型聚氨酯中苯含量≤2.0 g·kg^{-1},甲苯含量+乙苯含量+二甲苯含量≤2.0 g·kg^{-1},甲苯二异氰酸酯含量≤5.0 g·kg^{-1},丙酮含量≤0.75 g·kg^{-1},氯代烃含量≤2.0 g·kg^{-1},总挥发性有机物≤400 g·L^{-1}。

除对胶黏剂本身的有害物质进行限量外,同时也对使用胶黏剂的材料和场所中有害物质进行了限量。标准《家具中有害物质限量》(GB 18584—2024)对木质家具中人造板甲醛释放量进行了限定,规定气候舱法试验测得的甲醛释放量≤0.08 mg·L^{-1},总挥发性有机化合物(TVOCs)释放量≤0.50 mg·m^{-3}。标准《民用建筑工程室内环境污染控制标准》(GB 50325—2020)规定,I类建筑甲醛含量≤0.07 mg·m^{-3},TVOCs释放量≤0.45 mg·m^{-3},II类建筑甲醛含量≤0.08 mg·m^{-3},TVOCs释放量≤0.50 mg·m^{-3}。

标准《室内装饰装修材料人造板及其制品中甲醛释放限量》(GB 18580—2017)对室内装修用人造板的测试方法和甲醛释放量进行了限量,甲醛释放限量值为0.124 mg·m^{-3},该标准是人造板及其制品行业遵循的唯一强制性国家标准,同时该标准取消了E2级,只保留E1级。

2. 国外木质胶黏剂有害物质限量标准

国外对胶黏剂中甲醛和VOCs含量的要求要比国内严格。美国不仅对生产板材的工厂进行要求,对家具厂、进口商、贸易商等都有严格的要求。欧盟要求对有害物质超过限量的胶黏剂生产装置必须申请许可。国外室内甲醛浓度的限量值见表 7-10。

表 7-10　国外室内甲醛浓度的限量值

国家或组织	限量值/(mg·m⁻³)	国家或组织	限量值/(mg·m⁻³)
WTO	0.08	挪威	0.06
芬兰	0.13	美国	0.10
意大利	0.12	日本	0.12

　　世界卫生组织、美国职业安全与卫生管理局、美国环境保护署、欧盟等相关组织和机构都对胶黏剂相关的有害物质提出了限量。加利福尼亚州《关于减少复合木制品甲醛释放量》、美国国会《复合木制品甲醛标准法案》、美国 CARB《有毒空气污染控制措施》也对人造板中甲醛释放量进行了限量，其中《关于减少复合木制品甲醛释放量》被认为是全世界甲醛释放量最严格的规定，限量值见表 7-11。

表 7-11　《关于减少复合木制品甲醛释放量》中人造板甲醛释放限量值

阶段	单板芯硬木胶合板	复合芯硬木胶合板	刨花板	中密度纤维板	薄中密度纤维板
P1	0.08 ppm	0.08 ppm	0.18 ppm	0.21 ppm	0.21 ppm
P2	0.05 ppm	0.05 ppm	0.09 ppm	0.11 ppm	0.13 ppm

注：ppm 为百万分之一质量浓度。

　　2008 年美国 CARB 制定的《有毒空气污染控制措施》，甲醛释放量比国内甲醛释放量标准严格 70 倍左右。CARB 法规分两个阶段实施，第一阶段(P1)从 2009 年 1 月开始实施，要求用气候箱法 ASTM1333 或 ASTMD6007 测试板材甲醛释放量，规定硬木胶合板、刨花板、纤维板甲醛释放量分别小于 0.08 ppm、0.18 ppm、0.21 ppm。第二阶段(P2)从 2010 年开始陆续实施，规定硬木胶合板、刨花板、中密度纤维板和薄中密度纤维板甲醛释放量分别小于 0.05 ppm、0.09 ppm、0.11 ppm、0.13 ppm。

　　除了对甲醛有严格要求外，对胶黏剂中各种有害物质同样有严格的要求。美国 GS-36 规定，胶黏剂 VOCs 释放量≤30 g·L⁻¹，致癌物质、有毒物质等含量不得超过产品总质量的 0.1%。德国 EMICODE 规定，胶黏剂中不得人为添加 1 类和 2 类高关注物质(SVHC)，VOCs 释放量≤500 μg·m⁻³，可能致癌物质的含量≤50 μg·m⁻³。北欧胶黏剂生态标志规定，禁用邻苯二甲酸酯、APO 和卤代烃、致癌物质、有毒物质，VOCs 限量为 1.0%。

　　关于木质板材中 VOCs 的释放行为及影响因素，将在 8.6 节中做详细介绍。

7.6　小结与展望

7.6.1　各主要胶种综合对比

　　就传统木质胶黏剂而言，目前不同种类的胶黏剂基本对应于不同的应用领域，相互交叉的并不多；木材胶黏剂为新型环保胶黏剂的发展提供了足够的发展空间。现就各主要胶种的特点、性能、综合成本、主要污染源、环保性、适用范围等分别总结于表 7-12 和表 7-13 中。

表 7-12　传统三醛胶黏剂特点对比

项目	脲醛树脂胶（UF）	酚醛树脂胶（PF）	三聚氰胺-甲醛树脂胶（MF）
胶种特点	价格低廉、颜色较浅，室温下即可固化，固化速率快	良好的耐水性、耐湿性、耐候性	固化速度较快，同具有优异的耐热性、耐水性
黏结性能	较强	强	强
存在缺陷	耐候性和耐水性较差，遇强酸、强碱易分解	固化时间长、固化温度高、颜色较深、耐热性较差、韧性较低	生产成本高，脆性较大，易产生裂纹，胶的储存稳定性差
国内使用量	高	较低	低
综合成本	低	较高	高
主要污染源	甲醛	甲醛、苯酚	甲醛
环保性能	差	较差	较差
使用场合	主要用于室内木质板材的黏合剂，如刨花板、胶合板、中密度板和细木工板等	主要用于室外木质板材的黏合剂，如胶合板、实木复合地板等	主要用于纸质塑料贴面板、热压木皮贴面和人造板饰面板的浸渍

表 7-13　环保型胶黏剂特点对比

项目	聚乙酸乙烯酯乳胶	聚氨酯胶	生物质胶黏剂
胶种特点	黏结强度高，黏结持久，室温固化，成本低，无污染	黏结强度高，耐水、耐介质性能好，储存期长	原料廉价，无毒无害，环境友好
黏结性能	较高	高	一般
存在缺陷	耐水和耐湿性能较差，在潮湿环境中极易开胶，耐寒性和机械稳定性较差	室温下通常固化较慢，高温性能远不如其耐低温性能	黏结性、耐候性和耐水性较差，固化时间长
综合成本	较低	较高	低
主要污染源	苯、甲苯、二甲苯、邻苯二甲酸丁二酯、乙酸乙酯	苯、甲苯、二甲苯、甲苯二异氰酸酯	少量甲醛等
环保性能	较优	较优	优
使用场合	室内装修和木质家具领域。主要用于细木工板的拼接、单板的修补、人造板的二次加工等	室内装修和木质家具领域	木材行业以及室内装饰行业

7.6.2　展望

三醛胶在我国木质家居中占有主导地位，性能优越，价格较便宜，而环保胶中聚氨酯发展较为迅速，用途也较广泛。与国外胶黏剂的发展相比，我国胶黏剂在性能方面仍有一定的差距。随着环保要求的不断提高，无论是传统胶还是环保胶，未来都要向着高性能、低成本和低污染的方向发展。

第8章

木 器 漆

天然木材主要由纤维素、木质素和半纤维素以及树胶等组成。木器所用的木材品种很多,既有天然树木直接制作的实木,也有经人工改制的胶合板和再生板材如刨花板、纤维板。木材的用途很多,但直接用作木器,会出现吸潮、风化和虫蛀等问题。要想保护木器,使用涂料在木器表面形成保护膜,是一种重要方法。在木器表面涂装涂料不仅可保护木器的长期使用性能,而且可以起装饰作用,使木器更美观。根据木器用途不同,对涂料的要求不同,涂装方式也很不同。本文主要以家具漆为代表介绍木器涂料。

8.1 木器漆概述

8.1.1 木器漆的分类

1. 按照施工顺序分类

木器漆一般分为底漆和面漆。底漆的主要成分包括成膜物质、颜填料、溶剂和助剂,是油漆系统的第一层,用于填充毛孔,提高面漆的附着力和涂层厚度、增加面漆的丰满度、提供防腐功能等。实色底漆还需要有一定的遮盖力。需要指出的是,底漆当中包含颜/填料,因此业界也将在木器漆的涂装填孔步骤中使用的润粉(无色填孔)以及腻子(有色填孔,一般为颜料和胶黏剂的混合物)划分为底漆的范畴。

面漆主要由成膜物质、溶剂和助剂组成,起装饰和保护作用,需要具备保光、保色、硬度、附着力和流平性等功能。

2. 按照成膜物质种类分类

目前市场上的木器漆产品主要有硝基木器漆、聚氨酯木器漆、醇酸树脂木器漆、不饱和聚酯木器漆和丙烯酸树脂木器漆等。

3. 按照体系分类

木器漆又可分为溶剂型木器漆、高固体份木器漆、水性木器漆、粉末涂料等。目前,木器漆行业还是以传统的溶剂型木器漆为主,在绿色环保理念深入人心的大背景下,后三者是溶剂型木器漆发展的必然趋势。本章以此为脉络进行介绍、分析和总结。

8.1.2 木器漆的组成

木器漆由成膜物质、颜填料、溶剂和助剂组成。成膜物质提供成膜性和黏附性,黏结颜填料和基材;颜填料的作用是填孔、提供颜色和降低成本;助剂有利于木器漆生产、储存、施工和降低成本;溶剂的主要作用是溶解树脂,提供良好的施工和流平性,调节油漆的干燥时间。

8.2 溶剂型木器漆

8.2.1 硝基木器漆

硝基漆是以硝基纤维素为主要成膜物质的一类涂料,作为现代涂料的第一个产品,是涂料很古老的品种。自 1920 年美国杜邦公司以其作为汽车喷漆以来,硝基漆应用日趋广泛。直至今日,尽管后续出现的醇酸涂料、环氧树脂涂料、聚丙烯酸酯涂料及聚氨酯涂料等各种新型涂料不断挤压硝基漆的应用范围,但硝基漆由于其本身的优势,在木器漆中仍占有不小的份额。

1. 硝基木器漆的特点

硝基漆的主要成膜物为硝基纤维素,并配合以合成树脂如醇酸树脂等,树脂溶于有机溶剂中,依靠溶剂挥发形成连续漆膜,是一种典型的溶剂挥发型涂料。其特点如下。

1) 优点

(1) 干燥速度快,易于施工。可喷涂、淋涂、浸涂、刷涂,综合性能较好。

(2) 价格低。原料成本低,制备工艺简单。

(3) 良好的透木纹性。涂膜坚硬、光亮,可打磨,是一种理想的清漆产品。

2) 缺点

(1) 丰满度差。固体分低造成丰满度不好。

(2) 附着力差。硝基纤维素中含有强极性硝基,分子间作用力大,导致硝基漆涂膜收缩性较大,漆膜硬脆,黏附性不好。为了弥补这些缺点,硝基漆中一般要添加适量增塑剂,同时加入一定量的合成树脂,除了配合成膜以外,也可起到大分子增塑剂的作用,成膜过程中可使硝基纤维素应力得到缓和并提高附着力。

(3) 耐候性差。硝基纤维素受紫外线照射易于分解,造成失光和粉化。

(4) 耐溶剂性差。硝基纤维素是线型大分子,硝基漆是一种可再溶的挥发性涂料,耐溶剂性很差。

(5) 污染大。一般硝基漆固含量(质量分数)为 20%～30%,含大量可挥发性有机溶剂。

2. 硝基木器漆的主要成分

硝基漆既可用于面漆,又可用于底漆。它一般由主成膜物(硝基纤维素、合成树脂)、次成膜物(增塑剂)、辅助成分(溶剂、稀释剂、颜填料等)组成。

1)主成膜物

硝基纤维素是纤维素分子上羟基的氢被硝基取代的产物(图 8-1),单独使用硝基纤维素制成的涂料光泽低,附着力差,需要加入合成树脂改性。加入的合成树脂又可分为硬树脂和软树脂两种:硬树脂通常用顺丁烯二酸酐(马来酸酐)树脂,软树脂通常用醇酸树脂和丙烯酸树脂。合成树脂能增加涂料的固体含量,提高其抗紫外线的能力,提高漆膜的光泽、附着力和丰满度。

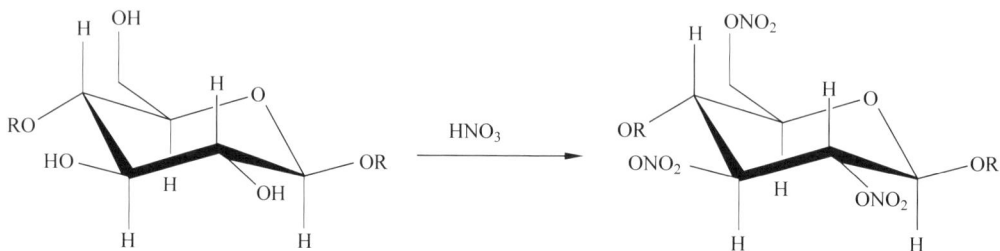

图 8-1　硝基纤维素的制备

2)次成膜物

增塑剂常用的是邻苯二甲酸二丁酯、邻苯二甲酸二辛酯以及生物基油脂等,增塑剂能改进涂料的柔韧性和流平性,促进涂料各组分均匀结合。

图 8-2 是硝基涂料的成膜机理示意图。首先硝基纤维素分子溶解在由主溶剂、助溶剂和稀释剂组成的溶剂体系中,线型大分子非常舒展松弛,大分子内部及其中间充满了大量的溶剂分子。随着溶剂的挥发,大分子逐步蜷曲,同时相互纠缠,黏度变大,分子之间及分子内部包容的溶剂越来越少,最终硝基纤维素大分子及其他成膜物质的分子相互缠绕和贯穿在一起,附着于基材表面,完成主体成膜过程。

图 8-2　硝基漆成膜机理

3)辅助成分

溶剂能使溶解性不相同的几种成分保持相容的溶解状态,同时在涂膜干燥过程中提供合适的挥发速率,避免施工过程出现泛白、橘皮等问题。一般使用混合溶剂效果较好。由于硝基纤维素分子极性极强,需使用极性较强的酯类、酮类作为主溶剂,并配合醇类和芳香族稀释剂来调节挥发速率,降低成本,便于施工。表 8-1 给出了硝基漆所用溶剂的主要组成。

表 8-1　硝基漆溶剂主要组成

	品　种	作　用
主溶剂	乙酸乙酯、乙酸正丁酯、丙酮、丁酮	溶解成膜树脂
助溶剂	正丁醇、异丙醇、乙醇	调节溶剂挥发速率
稀释剂	甲苯、二甲苯	起稀释作用,可降低溶液黏度,便于施工,同时降低涂料成本

4）颜填料

木器漆常用颜填料的主要成分见表 8-2。颜料使漆膜着色和产生装饰效果,有遮盖力;填料用来提高涂膜硬度、刚性、耐划伤性、耐磨性等物理性能,同时提高漆的固含量,降低成本。

表 8-2　木器漆颜填料的主要组成

颜填料	组　成
白色	钛白、立德粉、硫化锌和锑白等
红色	铁红、镉红、钼铬红、大红、甲苯胺红和苂红等
橙色	铁黄、镉黄、铅铬黄等
绿色	酞菁绿、氧化铬绿等
蓝色	酞菁蓝、群青、铁蓝等
黑色	铁黑、灯黑、炭黑、石墨等
填料	滑石粉、重晶石粉、沉淀硫酸钡、陶土、云母粉、碳酸钙、硅藻土、气相二氧化硅、石英粉等

5）助剂

（1）流平剂

流平剂的作用是降低涂料组分间的表面界面张力,增加流动性。包括有机硅树脂、丙烯酸树脂、乙酸纤维素、丁醇改性三聚氰胺甲醛树脂、硝化纤维素、聚乙烯醇缩丁醛等。

（2）消泡剂

消泡剂主要为醇类、脂肪酸及酯类、酰胺、磷酸酯、金属皂、聚硅氧烷等。

（3）增稠剂

增稠剂可防止施工产生的流挂,提高颜填料分散的稳定程度。包括纤维素类、有机膨润土类、硅微粉、丙烯酸聚合物等。

表 8-3 给出了一种典型硝基清漆的组成及物料配比。

表 8-3　一种典型硝基清漆的组成和物料配比

成　分	原料名称	比例/%
成膜物质	硝化纤维素(质量分数为 30%乙醇润湿剂)	21.5
	松香改性蓖麻油醇酸树脂(质量分数为 50%甲苯溶液)	20
	顺丁烯二酸酐树脂	5
	丙烯酸树脂	5
增塑剂	邻苯二甲酸二丁酯	1.25
	邻苯二甲酸二辛酯	1.25

续表

成　　分	原 料 名 称	比例/%
主溶剂	乙酸正丁酯	14
	乙酸乙酯	6
助溶剂	正丁醇	8
	乙醇	3
稀释剂	甲苯	12
其他	色浆	3

3. 硝基木器漆的施工工艺

硝基木器漆可选择喷涂、淋涂、浸涂和刷涂施工工艺,具体步骤见《家具表面涂覆　溶剂型木器涂料施工技术规范》(QB/T 4372—2012)。

漆膜的性能要求见《室内装饰装修用溶剂型硝基木器涂料》(GB/T 23998—2009)。

4. 硝基木器漆的污染源分析

一般工业界认为 VOCs 指的是在标准大气压下,沸点低于 250℃ 的有机化合物。硝基漆的固体成分危害较小,主要污染源来自配方中的各类有机溶剂。表 8-4 给出了硝基漆中常用溶剂、沸点及其相对挥发速率。

表 8-4　硝基漆中常用溶剂、沸点及挥发性

溶　　剂	沸点/℃	相对挥发速度(以乙酸正丁酯为100)
乙酸乙酯	77	400
乙酸正丁酯	126.5	100
丙酮	56.53	570
2-丁酮	79.6	380
正丁醇	117.25	44
异丙醇	82.45	150
乙醇	78	170
甲苯	110.6	200
二甲苯	137～140	77

有关有害物质限量参见标准《木器涂料中有害物质限量》(GB 18581—2020)。

5. 硝基木器漆的改性

硝基纤维素分子中含有六元环结构,且环上含有羟基、硝酸酯基等强极性基团,使得硝基纤维素分子间作用力大,分子内旋转困难,分子链柔顺性差,玻璃化转变温度(T_g)较高,导致漆膜硬脆。

目前硝基漆的改性主要是对硝基纤维素进行接枝共聚,降低其分子间作用力,降低漆的黏度,提高硝基漆的施工性能。如张有德等合成了一种新型纤维素甘油醚的硝酸酯,由于硝基纤维素的葡萄糖环上接枝了多碳的小支链,对半刚性的纤维素分子起到"分子内增塑"的作用,与硝基纤维素相比,改性后产品的结晶度和力学强度略低,延伸率较高,T_g 变低且 T_g

温度范围变宽。

6. 硝基木器漆的发展方向

硝基木器漆的发展方向还是以环保性为主,包括提高硝基漆的固含量以减少有机溶剂的使用,优化硝基漆配方如使用低毒性溶剂来替代芳香烃溶剂等。

8.2.2　聚氨酯木器漆

聚氨酯木器漆是以聚氨酯为主要成膜物质的一类重要涂料。聚氨酯树脂自 20 世纪 50 年代以来获得飞速发展。1951 年美国利用干性油及其衍生物与甲苯二异氰酸酯(TDI)反应,制得油改性聚氨酯涂料。以后又研制成功了双组分催化固化型聚氨酯涂料和单组分湿固化型聚氨酯涂料。

我国自 1956 年就开始了对聚氨酯涂料的研发与应用工作。随着人们物质生活水平的提高,有关汽车、家具制造、石油化工、机械工业、桥梁船舶等产业的发展速度不断提升,聚氨酯涂料凭借其突出的性能优势,开始进入快速发展的全新阶段。

聚氨酯是聚氨基甲酸酯(Polyurethane,PU)的简称,为主链含氨基甲酸酯键—NHCOO—的高分子化合物。其结构式见图 8-3,它主要通过二元或多元异氰酸酯与二元或多元羟基化合物逐步加成聚合得到,主链一般为软段和硬段交替共存的结构。

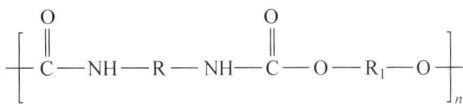

图 8-3　聚氨酯结构式

1. 聚氨酯木器漆的特点

聚氨酯涂料通常是通过一定的化学反应在基材上成膜和固化交联的,因此聚氨酯涂料属于反应型涂料,特点突出。

1)优点

(1)漆膜柔韧性好。聚氨酯分子链上的硬段提供物理交联点,软段提供弹性,赋予涂膜柔韧性。

(2)低温成膜性。聚氨酯 T_g 为 $-50\sim50℃$,可满足低温成膜。

(3)分子结构可调控。可通过调节软硬段组成和比例进行性能调控。

(4)附着力强。聚氨酯分子极性强,分子间作用力大。

(5)优异的耐磨性和硬度。聚氨酯分子内有较强氢键相互作用,同时通过交联固化成膜,漆膜耐磨性和硬度俱佳。

2)缺点

(1)耐水性不佳。极性基团多,导致耐水性不好,同时成膜后未反应的—NCO 可以与水反应,生成 CO_2,易造成起泡和针孔。

(2)使用苯系固化剂的聚氨酯漆膜易发黄。

2. 聚氨酯木器漆的主要成分

聚氨酯木器漆既可用作底漆,又可用作面漆。按产品形式可分为单组分和双组分两种。

1）成膜物质

（1）单组分湿汽固化聚氨酯木器漆

单组分湿汽固化聚氨酯漆的成膜物质是由含羟基的高分子化合物（如聚酯、聚醚及环氧树脂等）和过量的多异氰酸酯化合物反应生成的产物，过量的—NCO 基团保留下来。在施工应用中，利用空气中的水和残留—NCO 反应，经多步反应交联成脲键而固化成膜。固化反应如图 8-4 所示。

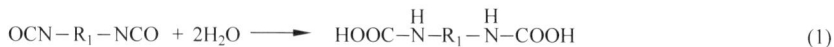

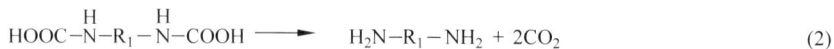

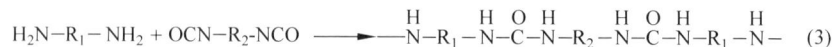

$$OCN-R_1-NCO + 2H_2O \longrightarrow HOOC-\overset{H}{N}-R_1-\overset{H}{N}-COOH \qquad (1)$$

$$HOOC-\overset{H}{N}-R_1-\overset{H}{N}-COOH \longrightarrow H_2N-R_1-NH_2 + 2CO_2 \qquad (2)$$

$$H_2N-R_1-NH_2 + OCN-R_2-NCO \longrightarrow -\overset{H}{N}-R_1-\overset{H}{N}-\overset{O}{\underset{}{C}}-\overset{H}{N}-R_2-\overset{H}{N}-\overset{O}{\underset{}{C}}-\overset{H}{N}-R_1-\overset{H}{N}- \qquad (3)$$

图 8-4　单组分湿汽固化聚氨酯涂料的固化机理

湿汽固化聚氨酯涂料成膜以后内含大量的氨酯键和脲键，漆膜耐磨、耐腐蚀、耐油、附着力强且柔韧性好，既可做成底漆也可制成面漆。但是由于在固化过程中会有 CO_2 放出，所以漆膜不能太厚，以免影响漆膜封闭性；且单组分漆固化速率和空气湿度关系很大，同时对涂料其他组分的水分含量要求严格。

（2）双组分聚氨酯木器漆

在聚氨酯涂料系统中，使用最广的还是羟基固化型双组分聚氨酯漆。以多异氰酸酯预聚物为甲组分（A 组分），以含羟基的高分子化合物为乙组分（B 组分），在施工时，甲、乙组分按照一定比例配合，进行室温固化或低温烘烤固化，其固化反应如图 8-5 所示。

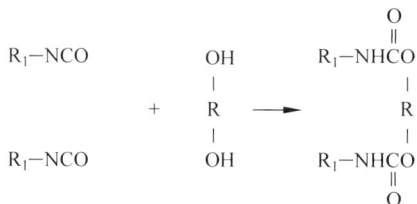

$$\begin{matrix} R_1-NCO \\ \\ + \quad R \\ \\ R_1-NCO \end{matrix} \quad \begin{matrix} OH \\ | \\ R \\ | \\ OH \end{matrix} \quad \longrightarrow \quad \begin{matrix} R_1-NH\overset{O}{\overset{\|}{C}}O \\ | \\ R \\ | \\ R_1-NH\underset{\|}{\underset{O}{C}}O \end{matrix}$$

图 8-5　双组分聚氨酯漆的固化机理

由于小分子异氰酸酯挥发性强，具有较大的毒性，一般将小分子异氰酸酯制成加成物或预聚体，作为双组分聚氨酯涂料的甲组分。

① 甲组分：异氰酸酯组分

多异氰酸酯加成物。主要利用 TDI、HDI、MDI 等二异氰酸酯单体与含羟基的低聚物或化合物反应，生成端基为—NCO 的多异氰酸酯产物。如图 8-6 所示，其中 TMP 为三羟甲基丙烷。

HDI 缩二脲多异氰酸酯。通过六亚甲基二异氰酸酯（HDI）与水反应生成缩二脲，其结构见图 8-7。

三聚多异氰酸酯。异氰酸酯单体在合适的催化剂作用下，可自聚成三聚体。常用的催化剂包括三正丁基膦、磷咻衍生物、三乙烯二胺、五甲基二亚乙基三胺、乙酸钾、碳酸钠、苯甲酸钠、曼尼斯碱等。另外，为了得到理想的三聚体，需要根据具体情况，在自聚过程中加入阻聚剂以终止三聚反应。常用的阻聚剂有硫酸二甲酯、对甲苯磺酸酯、苯甲酰氯和磷酸等。

几种常用的三聚体多异氰酸酯理想结构式见图 8-8。

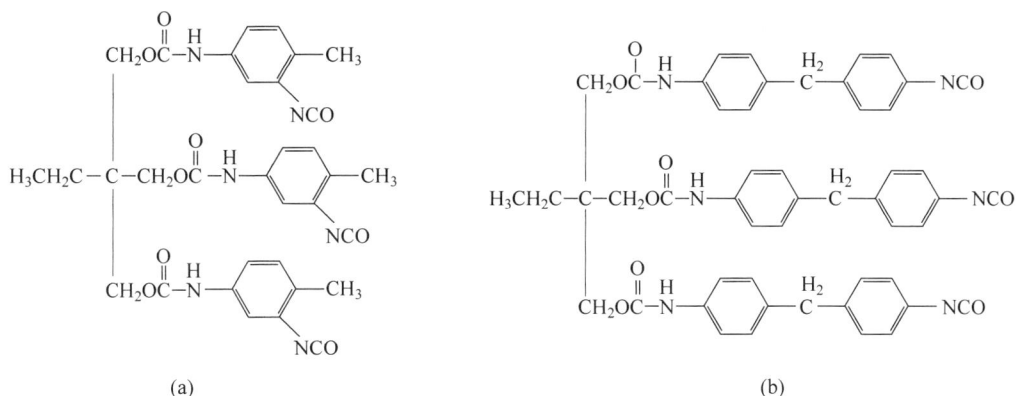

图　8-6

（a）TDI/TMP 加成物；（b）MDI/TMP 加成物

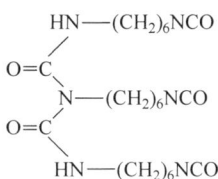

图 8-7　缩二脲三异氰酸酯

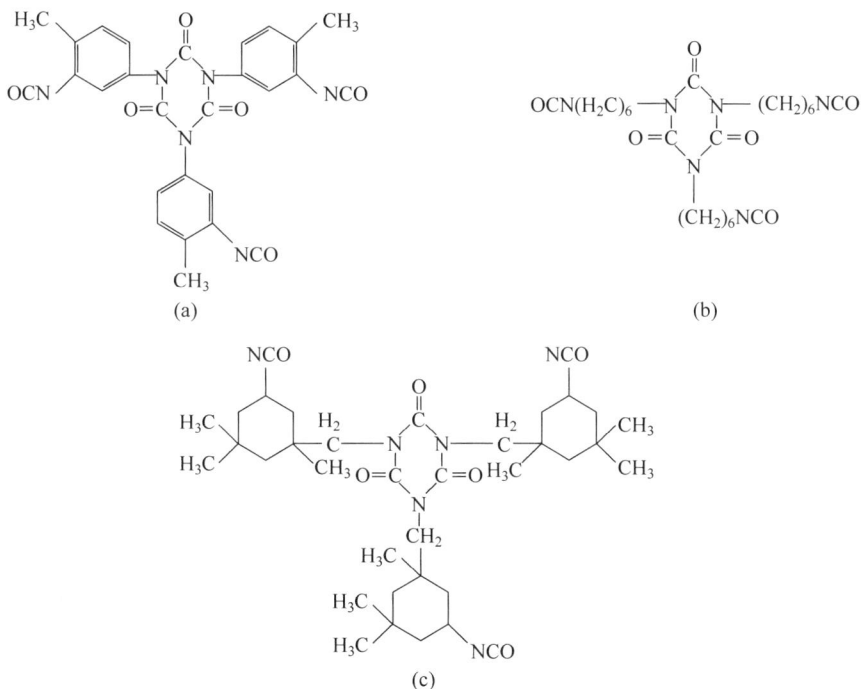

图　8-8

（a）TDI；（b）HDI；（c）IPDI 理想三聚体结构式

多异氰酸酯预聚物。主要为过量小分子异氰酸酯与聚酯多元醇、聚醚多元醇以及各类含羟基的丙烯酸树脂、环氧树脂、醇酸树脂等反应,制得端基为—NCO 的聚氨酯树脂。最常见的预聚物包括植物油醇酸型聚氨酯预聚物、聚醚型聚氨酯预聚物、聚酯型聚氨酯预聚物等。

需要指出的是,小分子异氰酸酯一般都具有一定的挥发性,对人体有刺激作用,其中 TDI 更是剧毒物质,有致癌性。因此双组分聚氨酯漆的甲组分使用的都是小分子异氰酸酯配合物、缩合物、三聚体及预聚体,可有效降低其挥发性,大大降低环境污染和对人体的危害。其中,三聚体形式的小分子异氰酸酯分子之间空间位阻增加,不易被氧化,使得以三聚体芳香族多异氰酸酯固化剂(TDI 类和 MDI 类)的聚氨酯漆产品的泛黄性大大降低。

② 乙组分:羟基树脂＋颜填料＋各类助剂

蓖麻油及其衍生物。蓖麻油的化学结构见图 8-9,羟基平均官能度为 2.7。作为生物基植物油可直接使用,也可和其他多元醇进行酯交换醇解后使用。

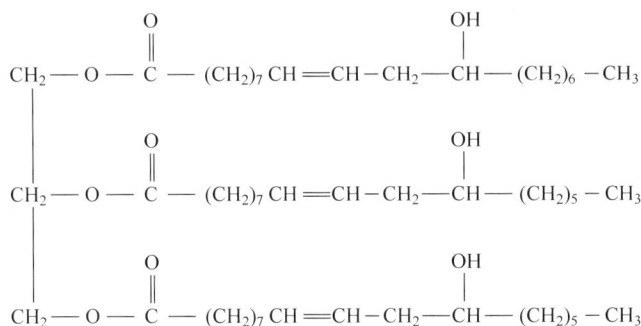

图 8-9　蓖麻油结构式

聚酯树脂。由多元酸和过量多元醇缩聚而成,分子链两端为羟基。

聚醚树脂。分子链中为醚键,两端为羟基。相比于聚酯树脂,耐碱、耐水性更好。

羟基丙烯酸树脂。使用各种丙烯酸羟基酯单体和苯乙烯等单体共聚而成。

环氧树脂。分子中含有两个和两个以上环氧基团的一类聚合物,可与胺或酸性树脂发生开环反应生产羟基。

醇酸树脂。可通过控制醇含量来控制树脂中的羟基含量。

值得一提的是,聚氨酯木器漆中的颜填料、助剂组分都是加入到乙组分中,使用时与甲组分混合后固化成膜。

2) 溶剂

聚氨酯含有大量的氨酯键和脲键,极性较强,所用溶剂以酯类最多,其次是酮类和芳烃类溶剂。另外,考虑到聚氨酯涂料中含有—NCO 基,所使用的溶剂不能含有与—NCO 反应的物质,否则会使涂料胶化变质,故醇、醚醇类溶剂都不能采用。表 8-5 给出了聚氨酯漆溶剂的主要品种。

表 8-5　聚氨酯木器漆溶剂主要组成

	品　种	作　用
主溶剂	丙二醇甲醚乙酸酯、乙酸乙酯、乙酸正丁酯、丙酮、2-丁酮(甲乙酮)、环己酮、四氢呋喃、二氧六环、二甲基甲酰胺	溶解固体成分
稀释剂	甲苯、二甲苯	降低体系黏度,便于施工,同时降低涂料成本

在聚氨酯所用的溶剂中,不能含有与—NCO反应的活泼氢化合物,例如水、醇和胺等,也不能含有酸、碱等杂质。一般可供聚氨酯涂料使用的溶剂,纯度比一般工业级产品要高,业内称为"氨酯级溶剂"。

3）颜填料

聚氨酯木器漆使用的颜填料和硝基漆类似,见8.2.1节。需要指出,由于聚氨酯漆的特殊性,所用颜填料一般不采用碱性物质,且必须经过干燥除水。

4）助剂

聚氨酯漆主要使用催化剂、紫外光吸收剂和抗氧剂、流平剂、消泡剂和增稠剂五大助剂。后三者在8.2.1节已有介绍,不再赘述。在此仅对其他助剂作一简要介绍。

（1）催化剂

在制备聚氨酯涂料和固化过程中,主要有三种反应类型需用催化剂:异氰酸酯固化剂二聚或三聚反应;异氰酸酯与多元醇反应;异氰酸酯与水汽反应。

常用的催化剂有以下几类:有机锡类,如二月桂酸二丁基锡、辛酸亚锡;环烷酸金属盐类,如钴盐、锰盐、铅盐、锌盐、钙盐和铁盐等;胺类催化剂,如二甲基乙醇胺、三乙醇胺、三亚乙基二胺等;有机磷类,如三乙基磷、三丁基磷等。

（2）紫外吸收剂

为了削弱紫外光对涂层的破坏作用,需要加入紫外吸收剂。按照化学结构分类,紫外吸收剂主要包括二苯甲酮、水杨酸酯化合物、杂环类化合物、取代丙烯腈类化合物、金属络合物等。

（3）抗氧剂

提高漆膜的抗氧抗老化性能。主要分为酚类、胺类、亚磷酸酯类和硫酸酯类等。

（4）其他助剂

诸如附着力增强剂、消光剂、耐磨剂、偶联剂及储存稳定剂等,这里不作详述。

表8-6给出了一种双组分聚氨酯木器漆的组成和物料配比。

表8-6 一种双组分聚氨酯木器漆的组成和物料配比

原 料	质量分数/%
甲组分(50份)：甲苯二异氰酸酯加成物	2.5
甲苯二异氰酸酯三聚体	40
六亚甲基二异氰酸酯三聚体	5
乙酸正丁酯	2.5
乙组分(100份)：短油度醇酸树脂	60
聚醚多元醇	10
乙酸正丁酯	10
丙二醇甲醚乙酸酯	10
乙烯类树脂	1
分散剂	0.5
防沉剂	1
手感剂	1
消光剂	5
流平剂	0.5
消泡剂	1

3. 聚氨酯木器漆的施工工艺

聚氨酯木器漆可选择喷涂和刷涂施工工艺,具体步骤见《家具表面涂覆溶剂型木器涂料施工技术规范》(QB/T 4373—2012)。

漆膜性能见《室内装饰装修用溶剂型聚氨酯木器涂料》(GB/T 23997—2009)。

4. 聚氨酯木器漆污染源分析

聚氨酯木器漆有害源主要为有机溶剂、固化剂中残留的异氰酸酯单体、催化剂,以及颜填料中的可溶性重金属。其中有机溶剂的性质见表 8-7,异氰酸酯单体的性质及毒性见表 8-8。

表 8-7　聚氨酯木器漆中溶剂的性质

溶　　剂	沸点/℃	相对挥发速度(以乙酸正丁酯为1)
丙二醇甲醚乙酸酯	146	0.14
乙酸乙酯	77	4
乙酸正丁酯	126.5	1
丙酮	56.53	5.7
2-丁酮	79.6	3.8
环己酮	155.6	0.3
四氢呋喃	66	4.8
二氧六环	101.1	中
二甲基甲酰胺	153	慢
甲苯	110.6	2
二甲苯	137~140	0.77

表 8-8　聚氨酯木器漆中异氰酸酯单体的性质及毒性

异氰酸酯单体	沸点/℃	大鼠吸入 LD_{50} /(mg·m^{-3})	饱和蒸汽浓度(20℃) /(mg·m^{-3})
TDI	251 (101.3 kPa)	14 ppm (4h)	142
MDI	156~158 (1.33 kPa)	370 (4h)	0.2
HDI	127 (1.33 kPa)	60 (4h)	47.7
IPDI	158 (15 mmHg)	123 (4h)	3.1
HMDI	168 (1.5 mmHg)	—	3.5
NDI	167 (0.67 kPa)	—	0.16(50℃)

有机重金属主要是有机锡类和环烷酸金属盐,本身无挥发性,主要是污染水源。有关有害物质限量标准参见《木器涂料中有害物质限量》(GB 18581—2020)。

5. 聚氨酯木器漆的改性

针对聚氨酯漆本身的缺点,目前的改性研究很多,主要包括:有机硅改性(提高耐水性)、环氧树脂改性(提高涂膜黏附性和硬度)、聚丙烯酸酯改性(提高硬度,耐候性,降低成本)、生物基改性(环保,降低成本)等。

聚硅氧烷具有优异的耐水性和柔顺性,Chen 等利用氨基聚硅氧烷对聚氨酯进行扩链,合成了有机硅改性聚氨酯,在基本不降低其机械性能的情况下,改善了聚氨酯的拒水性。

环氧树脂具有较强的刚性和附着力,光泽、稳定性和硬度也很好,且为多羟基化合物,在与聚氨酯的反应中,可以将支化点引入聚氨酯主链,使之形成部分网状结构,性能更为优异。许戈文等通过环氧树脂和聚氨酯的接枝反应,制备了环氧改性水性聚氨酯,树脂光泽高、附着力好,在木地板涂装上应用良好。

水性聚氨酯-丙烯酸酯复合体系(PUA)可以将聚氨酯较高的拉伸强度和冲击强度、优异的耐磨性,与丙烯酸酯良好的附着力、耐候性、耐酸碱、较低的成本有机地结合在一起,是一种性价比很好的木器漆。陈金莲等将 PU 种子乳液用丙烯酸酯单体在室温下溶胀 24 h,然后再进行种子乳液聚合,大大提高了 PUA 中聚丙烯酸酯的含量,使 PUA 乳液和涂膜性能得到很大的改善。

植物油是来源广、可降解、成本低的可再生资源。以其为原料合成聚氨酯可节约石化原料,有利于环保。Rajarshi 等以蓖麻油为原料,合成了蓖麻油基聚氨酯,改性聚氨酯除了具有较好的韧性和弹性之外,还具有一定的生物可降解性。

6. 聚氨酯木器漆的发展方向

针对聚氨酯分子结构易调控的特点,未来聚氨酯漆的发展方向一方面是制备亲水性的聚氨酯,向水性化发展。实际上水性聚氨酯木器漆已有应用,将在 8.4 节进行介绍。另一方面,利用可再生资源对聚氨酯进行改性,或引入独特的分子链来提高聚氨酯的实用性能,也是聚氨酯漆的未来发展趋势。

8.2.3 醇酸树脂木器漆

醇酸树脂漆是以醇酸树脂为成膜物,通过氧化交联成膜的一类重要涂料。1927 年美国通用电气公司的 Kienle 对多元醇与多元酸合成的聚酯做了重大的改进,即在聚酯的成分中增加了不饱和脂肪酸单元,这标志着醇酸树脂正式产生。从此为醇酸树脂在涂料工业中的应用奠定了基础,确立了地位,并逐渐得到了广泛应用。

醇酸树脂涂料综合性能好,它的出现是涂料产业迈向现代化大规模生产模式的里程碑,我国也于 1957 年前后使用熔融法成功试制出了醇酸树脂。在 20 世纪 50—60 年代,醇酸树脂曾占国外涂料市场 90% 以上的份额。即使在其他合成树脂高度发展的今天,醇酸树脂在全球仍占工业涂料树脂的 40% 以上。

醇酸树脂的本质是聚酯,图 8-10 是其结构示性式。但和通常用于纤维及工程塑料的聚酯不同,它分子量低,无结晶倾向,且一般含有油的成分,所以可称为油改性的聚酯。涂料行业作为成膜物的醇酸树脂可通过吸收空气中的氧气进行氧化交联成膜,也称为气干性醇酸树脂,可用于木器漆中。

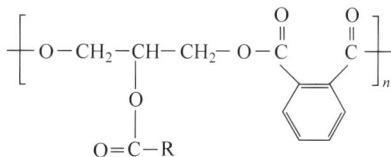

图 8-10 醇酸树脂结构示性式

1. 醇酸树脂木器漆的特点

醇酸树脂漆的主要成膜物为醇酸树脂,通过将其溶于有机溶剂中,依靠溶剂挥发形成连续涂膜,也是一种溶剂挥发性涂料。和硝基漆不同的是,其成膜过程还经历自动氧化交联反应过程。醇酸树脂漆有以下特点。

1) 优点

(1) 价格低。原料易得,工艺简单,成本低,性价比高。

(2) 施工方便。可以刷涂、喷涂、辊涂和浸涂等,既能自干,又能烘干。

(3) 漆膜柔韧,耐摩擦,附着力较好。分子主链是聚酯结构,极性强,赋予涂膜一定的硬度和对底材较强的黏附性,同时分子侧链上又有长链脂肪酸结构,可以减少分子间相互作用力,赋予涂膜一定的柔韧性。

(4) 耐久性和耐候性较好。漆膜干燥以后,形成高度交联的网状结构,不易老化,耐候性好,光泽能持久。

(5) 对颜料、填料等有较好的润湿和分散性。由于醇酸树脂分子量一般较低,且由于醇酸树脂含有大量的长链饱和脂肪烃或者不饱和脂肪烃基团,由于这类基团的存在,醇酸树脂相比一般的聚酯树脂具有更低的表面张力,从而有更好的润湿能力。

(6) 易于改性。醇酸树脂分子具有极性主链和非极性侧链的结构,可与许多极性不同的树脂通过共混进行物理改性。同时醇酸树脂分子中具有酯基、羟基、不饱和双键等功能基团,能与各种功能性单体和树脂反应来实现化学改性。

2) 缺点

(1) 耐碱性较差。聚酯遇碱易水解。

(2) 漆膜完全干燥时间长。通过自动氧化交联成膜,过程一般较慢。

2. 醇酸树脂木器漆的主要成分

醇酸树脂木器漆已大规模用于一般家具的涂装,其主要成分包括以下几个方面:

1) 成膜物质

醇酸树脂木器漆的成膜物主要是醇酸树脂,目前醇酸树脂已形成专业化生产和系列化产品,可根据市场需要和终端用户要求选择醇酸树脂。醇酸树脂包括干性与半干性植物油的中油度、长油度醇酸树脂和干性植物油的短油度醇酸树脂。一般来说,提高醇酸树脂的油度,使得植物油的含量增加,可降低树脂的黏度,易于施工,同时漆膜不易泛黄,但也会导致漆膜硬度和耐久度下降。

涂敷在基材表面的醇酸树脂涂料能在室温下靠空气氧化干燥成膜,故称为气干性涂料。其干燥成膜原理可以概括成:醇酸树脂分子侧链的不饱和脂肪酸双键旁的亚甲基 α-H 被氧气自动氧化,生成氢过氧化物 R-OOH,并在催干剂的催化下生成自由基,然后不同结构的自由基之间进行反应,形成具有交联大分子结构的漆膜。自动氧化交联反应过程如图 8-11 所示。

2) 溶剂

醇酸树脂分子中含有大量的酯基,极性较强,也是以酯类、酮类有机化合物为主要溶剂,醚类、醇类、烃类为辅。表 8-9 给出了醇酸树脂漆常用溶剂的主要品种。

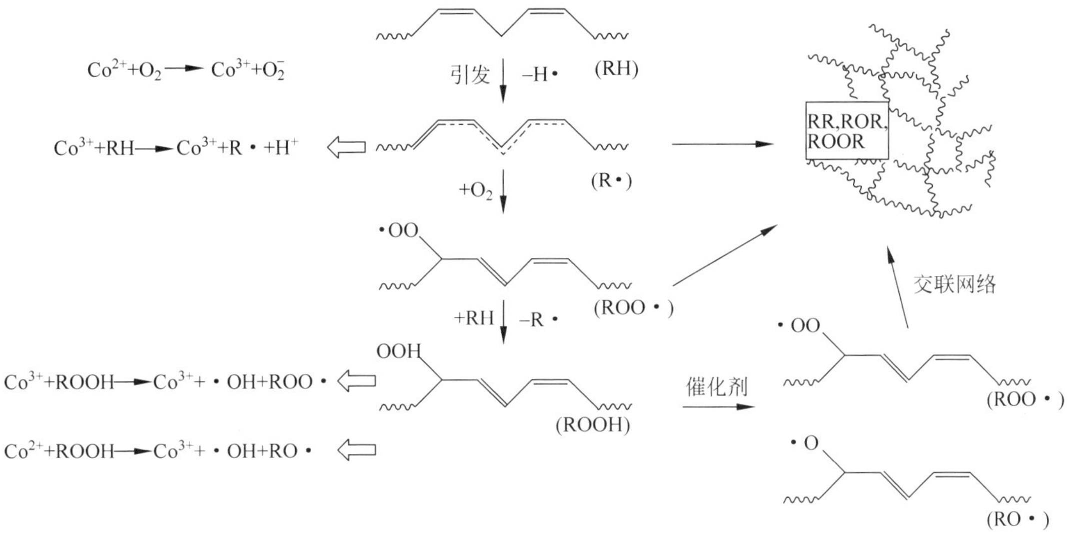

图 8-11 醇酸树脂的交联固化机理

表 8-9 醇酸树脂木器漆常用溶剂

溶剂	品 种	作 用
主溶剂	乙酸己酯、乙酸正丁酯、乙酸庚酯、环己酮、异佛尔酮	溶解固体成分
助溶剂	乙二醇丁醚、丙二醇丁醚、正丁醇	
稀释剂	二甲苯、100♯溶剂(主要成分为三甲苯)、150♯溶剂(主要成分为四甲苯)、D40溶剂(主要成分为长链烷烃)	起稀释作用,可降低溶液黏度,便于施工,同时降低涂料成本

3)颜填料

醇酸树脂木器漆所用的颜填料和一般溶剂型木器漆类似,见本章8.2.1节。

4)助剂

醇酸树脂木器漆所用助剂较多,如流平剂、防沉剂、消泡剂和增稠剂等,和一般木器漆类似,见本章8.2.1节。醇酸树脂木器漆专用助剂有催干剂和防结皮剂。

(1)催干剂

醇酸树脂本身的自动氧化过程很慢,若不加催干剂,在室温下即使放置时间过月,涂膜也不能实干,因此催干剂是气干性醇酸树脂木器漆不可或缺的助剂。醇酸树脂木器漆主要使用金属皂形式的催干剂,通式为 RCOOMe,Me 为金属离子,使用最多的为钴、锰、铅、锌、钙、铁及锆、铈/稀土等,RCOO 为有机酸部分,一般使用环烷酸、异辛酸及 $C_7 \sim C_9$ 合成脂肪酸等有机酸。催干剂的特性取决于金属部分,而有机酸部分使金属成盐后能溶解于醇酸树脂介质中。

醇酸树脂漆中一般还会加入辅助催干剂,单独使用对自动氧化不起催化剂作用,但可调节主催干剂的活性,调节漆膜干燥速率,这类催干剂包括铅、钙、锌、铁、钡等的羧酸盐。

(2)防结皮剂

气干性醇酸树脂木器漆在使用和储存过程中接触空气易结皮,添加抗结皮剂能有效地防止结皮。抗结皮剂有酚类及肟类两种,其本身易被氧化而使醇酸漆的氧化结膜受阻,以延迟其表面结膜。酚类抗结皮剂包括 2,6-二叔丁基苯酚、邻甲氧基苯酚和邻异丙基苯酚。肟类抗结皮剂有甲乙酮肟、丁醛肟、环己酮肟和丙酮肟。

表 8-10 给出了一种醇酸树脂底漆的组成和物料配比。

表 8-10　一种醇酸树脂底漆的组成和物料配比实例

原　　料	质 量 份 数
长油度醇酸树脂	33.0
铁红	26.3
锌黄	6.7
沉淀硫酸钡	13.2
氨基树脂	0.5
钴催干剂(4%)	1.0
其他混合催干剂	2.5
二甲苯	18.8

3. 醇酸树脂木器漆的施工工艺

醇酸树脂木器漆可选择刷涂、喷涂、辊涂和浸涂施工工艺,具体步骤见《家具表面涂覆　溶剂型木器涂料施工技术规范》(QB/T 4373—2012)。

漆膜的性能见《室内装饰装修用溶剂型醇酸木器涂料》(GB/T 23995—2009)。

4. 醇酸树脂木器漆污染源分析

醇酸树脂木器漆有害源主要为有机溶剂以及催干剂和助催干剂中的可溶性重金属。醇酸树脂木器漆常用溶剂及其性质见表 8-11,由于乙二醇丁醚会抑制中枢神经系统,高浓度可能造成头痛、恶心等,极高浓度可能造成死亡,目前是禁用品,工业上一般用丙二醇丁醚代替。

可溶性重金属为催干剂和助催干剂中的金属皂和金属羧酸盐。有关有害物质标准见《木器涂料中有害物质限量》(GB 18581—2020)

表 8-11　醇酸树脂木器漆常用溶剂及其性质

溶　　剂	沸点/℃	相对挥发速度(以乙酸正丁酯为 1)
乙酸正丁酯	162~176	1
乙酸己酯	126.5	0.16
乙酸庚酯	176~200	0.07
环己酮	155.6	0.3
异佛尔酮	215.2	0.03
乙二醇丁醚	170.6	0.1
丙二醇丁醚	171.0	0.09
正丁醇	117.7	0.45
二甲苯	137~141	0.77
100♯溶剂	155~185	0.19
150♯溶剂	180~210	0.04
D40 溶剂	164~192	0.12

5．醇酸树脂木器漆的改性

目前对醇酸树脂木器漆的改性主要有三个途径：用丙烯酸酯改性来提高漆膜的硬度和耐候性；用苯乙烯改性来提高漆膜的快干性和硬度，成本也较低；用聚氨酯改性来提高漆膜的力学强度和耐化学性。

用丙烯酸改性醇酸树脂可以弥补醇酸树脂耐候性、硬度等性能的不足。Uschanov等通过微乳液聚合法，将共轭或者非共轭长油度醇酸树脂与丙烯酸正丁酯及甲基丙烯酸甲酯进行共聚，得到了具有较好贮存稳定性的醇酸树脂乳液。

用苯乙烯改性醇酸树脂的成本比用丙烯酸酯、聚氨酯改性低，它将苯乙烯的快干、高硬度、耐水性好等优点与醇酸树脂的柔韧性好、颜料承载能力强及工艺简单、成熟等优点结合起来，拓宽了醇酸树脂的应用领域，具有较好的发展前景。Nimbalkar等以菜籽油为基料，成功合成出了苯乙烯与新型丙烯酸单体(ATBS)共同改性的水性醇酸树脂，提高了醇酸树脂的耐化学腐蚀性、硬度和热稳定性。

将聚氨酯引入醇酸树脂中，可以改进醇酸树脂的力学性能、耐候性和耐化学腐蚀性。文艳霞等采用一步法合成了端羟基醇酸树脂，然后与异氰酸酯反应得到聚氨酯改性醇酸树脂乳液，综合性能优良。

6．醇酸树脂木器漆的发展方向

作为传统的溶剂型木器漆之一，醇酸树脂木器漆的主要发展方向还是高固体份和水性化。已有不少学者进行了关于水溶性和水分散性醇酸树脂的研究，但是由于水性醇酸漆的干燥速度比溶剂型慢，目前水性醇酸树脂漆在高端木器漆领域中的应用还较少。

8.2.4　不饱和聚酯木器漆

不饱和聚酯涂料，是指以气干型不饱和聚酯树脂为主要成膜物质的涂料。20世纪30年代，美国学者Bradley发现不饱和单体(如苯乙烯)和不饱和聚酯可以发生交联反应，线型聚酯可迅速转变为不熔不溶的固体，其反应速率比酯化反应快30倍，这是现代不饱和聚酯的起点。美国于20世纪40年代实现了不饱和聚酯漆的规模化生产。

我国于20世纪60年代开始将其应用于家具涂装。20世纪80年代，随着我国经济水平的提高，对家庭及办公家具需求量增大，高光泽组合式家具得到迅速发展，用不饱和聚酯树脂制成的木器底漆，改善了垂直涂装的流挂现象，具有良好的外观，极佳的透明度，较高的硬度和丰满度，因此不饱和聚酯漆在家具涂装中开始大量使用。

不饱和聚酯是不饱和二元酸与二元醇经缩聚而成的、主链上具有酯键和不饱和双键的线性高分子化合物。

1．不饱和聚酯木器漆的特点

不饱和聚酯涂料通过不饱和双键交联固化成膜，综合物化性能优异，主要应用于高档家具，也被称为"钢琴漆"，它具有如下特点。

1）优点

(1) 一次涂装可获得较厚涂层。以不饱和单体(如苯乙烯)为交联剂兼稀释剂，不饱和聚酯漆为无溶剂涂料,漆中所有成分均参与成膜。

(2)漆膜丰满,硬度和光泽度高。分子主链为聚酯结构,极性强,赋予涂膜较好的硬度和丰满度。

(3)漆膜耐摩擦,附着力较好。分子主链为聚酯结构,极性强,赋予涂膜一定的硬度和对底材较强的黏附性;同时若分子侧链上引入长链脂肪酸结构,可以减少分子间相互作用力,赋予涂膜一定的柔韧性。

(4)耐久性和耐候性很好。与醇酸树脂类似,漆膜干燥以后,形成高度交联的碳链结构,不易老化,耐候性好,光泽性持久。

2)缺点

(1)耐碱耐水性略差。酯基亲水且遇碱可水解。

(2)漆膜柔韧性差,受力时容易脆裂。不饱和聚酯漆成膜后交联度大,分子内相互作用力强,且含有苯环,导致分子刚性强,柔韧性差,漆膜受损不易修复。

(3)附着性不佳。固化速率快,固化时漆膜收缩率较大,对基材的附着容易出现问题。

2. 不饱和聚酯木器漆的主要成分

不饱和聚酯木器漆主要成分包括不饱和聚酯树脂、活性单体、固化剂、颜填料和助剂等,现分述如下。

1)成膜物质

不饱和聚酯木器漆的主要成膜物质为不饱和聚酯和活性单体。其中不饱和聚酯通过脂肪族不饱和二元酸、芳香族或饱和脂肪族二元或三元酸以及脂肪族多元醇通过缩聚制得。不饱和二元酸为最关键的原料,它要与活性单体有着良好的共聚能力,芳香族或饱和脂肪族二元或三元酸用于调节聚酯体系的硬度、柔韧性和酸值等,所用多元醇一般要保证体系羟基过量。

活性单体除作为单体发生交联固化反应外,同时还具有稀释剂的作用,因此也叫活性稀释剂。单体要求与树脂混溶性好,共聚速度快。这类单体有苯乙烯、乙烯基甲苯、甲基丙烯酸甲酯、丙烯酸甲酯、乙酸乙烯酯、丙烯酸异辛酯、丙烯酸环己酯和丙烯酸羟乙酯等。其中苯乙烯由于其价格低、交联效果好而得到广泛使用。

固化反应的引发体系通常由有机过氧化物和促进剂组合而成,前者包括过氧化苯甲酰及过氧化环己酮等,后者一般是钴盐或者芳香胺,例如环烷酸钴、异辛酸钴、N,N-二甲基苯胺、N,N-二乙基苯胺等。

不饱和聚酯漆的固化机理如图 8-12 所示,在引发剂的作用下,体系产生自由基,引发不饱和树脂中的双键和活性单体发生自由基共聚反应,最终交联固化成膜,固化过程不释放小分子有害物质。

然而,这一交联共聚反应在有氧存在的情况下会被阻聚。在室温下,氧和树脂体系中的初级自由基发生反应,会先形成不活泼的过氧自由基,如图 8-13 所示。氧气会极快地消耗体系中的活性自由基,生成活性较低的过氧自由基。过氧自由基本身或与其他自由基发生歧化终止或偶合终止,有时也与少量单体加成,形成相对分子质量低的共聚物,使得体系交联固化无法继续进行。因此,漆膜在空气中固化时,总是下层先固化,固化得很坚硬,而表面由于接触氧而发黏。

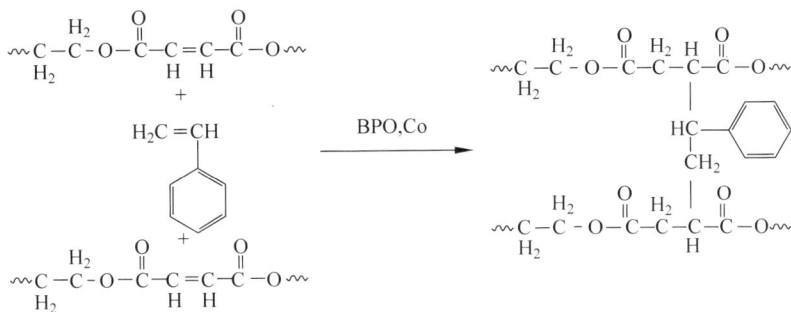

图 8-12 不饱和聚酯木器漆的交联固化机理

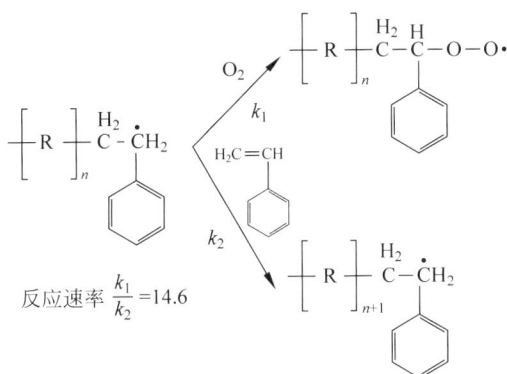

$$反应速率 \frac{k_1}{k_2}=14.6$$

图 8-13 不饱和聚酯木器漆固化时空气的阻聚机理

为了解决该问题,又发展了气干性不饱和聚酯涂料,一般有几种方法:

(1)薄膜覆盖法:在不饱和聚酯漆成膜过程中使用塑料薄膜或玻璃纸将漆膜覆盖隔绝空气,待固化完全后再除去薄膜。这种方法费工费时,操作复杂,对结构复杂的部件无法覆盖。

(2)石蜡覆盖法:在涂料配方中加入少量石蜡等蜡状材料,在固化过程中,石蜡会随苯乙烯的挥发迁移到涂层表面,形成一层薄薄的蜡膜浮于涂膜表面,以隔绝空气并形成物理屏蔽,防止氧与自由基的接触。这一物理屏蔽方法的主要问题是,涂膜表面(包括底材和涂层界面)石蜡浓度高,使得漆膜与底材的附着较差,同时固化完成后,接触空气的漆面必须通过打磨抛光来除去蜡。

(3)引入气干性基团:在不饱和聚酯漆中加入烯丙基醚类化合物,如三羟甲基丙烷烯丙基醚、聚乙二醇烯丙基醚,烯丙基缩水甘油醚等。与之前所述的醇酸树脂固化机理类似,这类分子中碳碳双键旁的亚甲基 α-H 易被氧化,自动生成氢过氧化物 R-OOH,其在钴盐(促进剂)的催化下生成自由基(图 8-14)。

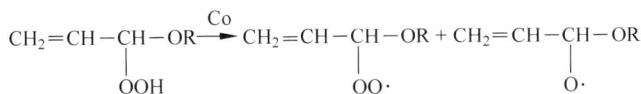

$$CH_2=CH-CH-OR \xrightarrow{Co} CH_2=CH-CH-OR + CH_2=CH-CH-OR$$
$$\quad\quad\quad\ |\quad\quad\quad\quad\quad\quad\quad\quad |\quad\quad\quad\quad\quad\quad\quad\quad\quad |$$
$$\quad\quad\quad OOH\quad\quad\quad\quad\quad\quad\quad\quad OO\cdot\quad\quad\quad\quad\quad\quad\quad\ O\cdot$$

图 8-14 烯丙基醚类吸收氧气并生成自由基原理

烯丙基醚类吸收氧气产生的自由基具有活性,可与聚酯主链上的丁烯二酸酯不饱和键共聚或与活性稀释剂苯乙烯共聚,一方面消耗了氧气,另一方面又促进了固化的进行。这一方法面临的主要问题是,烯丙基醚类单体合成过程复杂,价格较高,限制了工业化推广应用。

(4)异氰酸酯共聚改性。考虑到前面几种方法的缺陷,目前一般使用的方法是引入异氰酸酯组分参与固化。此时不饱和木器漆涂膜固化中主要发生两个反应:第一个是在引发剂的作用下,不饱和聚酯与活性单体的自由基共聚反应;第二个是不饱和聚酯中的羟基与—NCO的加成反应,产生氨基甲酸酯。第二个反应不受空气的阻聚,使得漆膜表面能很快固化,不发黏。常用的异氰酸酯组分与双组分聚氨酯木器漆中的甲组分相同,包括多异氰酸酯加成物、HDI缩二脲多异氰酸酯、三聚多异氰酸酯和多异氰酸酯预聚物,不再赘述。

因此,不饱和聚酯木器漆的配方一般由三个组分构成:组分1由不饱和聚酯、活性单体(活性稀释剂)、颜填料、各类助剂以及阻聚剂组成;组分2为异氰酸酯;组分3为引发剂和促进剂。具体见表8-12。

表 8-12 一种不饱和聚酯木器漆的组成和物料配比

原　　料	质 量 分 数
组分1(100份):含羟基醇酸或丙烯酸树脂	40
不饱和聚酯树脂	40
活性稀释剂	10
流平剂	2
消泡剂	2
颜料	6
组分2(50份):TDI加成物	30
溶剂	20
组分3(2份):过氧化物	1
钴盐	1

2)溶剂

对于传统的不饱和聚酯漆,活性单体(活性稀释剂)即为体系的溶剂,由于其本身也通过共聚参与固化成膜过程,因此不饱和聚酯漆的显著特点是固化剂含量高,一次涂装可获得较厚涂层(结膜厚)。传统的不饱和聚酯漆在业界内也被称为"无溶剂漆"。

对于使用异氰酸酯共聚改性的不饱和聚酯漆,组分2的异氰酸酯需要使用有机溶剂溶解,具体见8.2.2节中溶剂型聚氨酯木器漆所用溶剂。

3)颜填料

不饱和聚酯木器漆所用的颜填料和之前所述溶剂型木器漆类似,见本章8.1.1节,这里不再重复。

4)助剂

不饱和聚酯木器漆所用助剂主要为流平剂、消泡剂、防沉剂和增稠剂等,和一般木器漆类似。比较特殊的是,不饱和聚酯漆中需要加入阻聚剂,其作用在于防止在储存过程中,不饱和聚酯与活性单体发生共聚反应。常用的阻聚剂主要为苯酚类,包括对苯二酚和对叔丁基邻苯二酚等。

表8-12给出了一种不饱和聚酯木器漆的物料配比。

3．不饱和聚酯木器漆的施工工艺

不饱和聚酯木器漆可选择空气喷涂、静电喷涂、刷涂、淋涂等工艺进行施工,具体步骤见《家具表面涂覆　溶剂型木器涂料施工技术规范》(QB/T 4372—2012)。

漆膜的性能要求见《木器用不饱和聚酯漆》(LY/T 1740—2008)。

4．不饱和聚酯木器漆污染源分析

不饱和聚酯木器漆的主要污染源为活性单体(活性稀释剂)、异氰酸酯组分中残留的异氰酸酯单体以及组分2所使用的有机溶剂。表8-13给出了不饱和聚酯木器漆常用的溶剂、沸点及其毒性。关于异氰酸酯单体和有机溶剂相关内容,可参考本章8.2.2节溶剂型聚氨酯木器漆部分。

目前,不饱和聚酯木器漆使用的活性稀释剂都具有挥发性,且对人体有害,大都具有致癌性,需要严格控制。目前工业上的发展趋势是换用高沸点的丙烯酸酯类代替传统的活性稀释剂,如丙烯酸异辛酯、丙烯酸环己酯、丙烯酸羟乙酯等,以降低稀释剂的挥发度。

表 8-13　不饱和聚酯木器漆常用溶剂及其性质

单　　体	沸点/℃	大鼠吸入 LD_{50}/(mg·m^{-3})
苯乙烯	146	24 000 (4 h)
乙烯基甲苯	171.5	—
甲基丙烯酸甲酯	101	12 412 (4 h)
丙烯酸甲酯	80	4752 (4 h)
乙酸乙烯酯	72～73	14 080 (4 h)
丙烯酸异辛酯	215～219	—
丙烯酸环己酯	182～184	—
丙烯酸羟乙酯	210～215	500 ppm (4 h)

有关有害物质限量标准参见《木器涂料中有害物质限量》(GB 18581—2020)。

5．不饱和聚酯木器漆的改性

不饱和聚酯木器漆的改性主要集中在低收缩率改性和增韧增强改性上。引入热塑性树脂可用来降低和缓和不饱和聚酯的固化收缩。Mun 等用不饱和聚酯树脂作为固化剂来改性聚甲基丙烯酸酯砂浆,结果表明,当不饱和聚酯用量质量分数为2%～5%时,产物的收缩性趋近于零,耐压强度增大。

另外,体系中混入刚性粒子是常见的涂膜增强增韧手段。Xiao 等用纳米 $TiOR_2$ 作为填料对聚酯进行改性,发现 $TiOR_2$ 的加入可明显地增强不饱和聚酯漆膜的力学性能,当其质量分数为4%时,聚酯的抗张强度升高了47%,弯曲强度升高了173%,伸长弹性系数增大了22%,弯曲弹性系数增大了12%,冲击强度升高了60%。

6．不饱和聚酯木器漆的发展方向

1) 水性不饱和聚酯漆

水性不饱和聚酯也是通过传统的多元醇和多元酸经缩聚反应得到的,为了使其获得亲水性,向其中引入亲水性组分,主要有聚乙二醇、偏苯三酸酐等,然后中和成盐使树脂获得自乳化能力。

2)光固化不饱和聚酯漆

由于不饱和聚酯木器漆是通过自由基机理进行交联固化的,因此可以在体系中引入光引发剂,使其在紫外光的照射下产生自由基而固化。这种光固化涂料,固化速度快,在几秒到几分钟内即可固化,适合大规模板式家具生产线。常用的光引发剂体系包括二苯甲酮与醇、醚或胺组成的引发体系(图 8-15(a)),以及安息香类引发体系(图 8-15(b))。

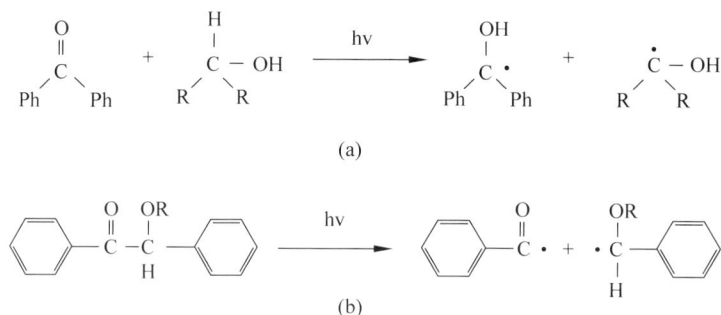

(a)

(b)

图 8-15　常见的光固化引发体系

(a) 二苯甲酮与醇、醚或胺组成的引发体系;(b) 安息香类引发体系

8.3 高固体分木器漆

传统溶剂型木器漆中 VOCs 对大气的污染和人体的危害越来越受到关注。发展高固体分涂料,降低 VOCs 含量是涂料研发的重要方向。高固体分涂料很难有确切定义,现在溶剂型热固性涂料固含量一般在 40%~60%,而高固体分涂料的固含量则在 60%~80%,因成膜物不同,颜填料不同,高固体含量指标差异很大。

要提高涂料的固体分含量,首先考虑的是体系黏度,同时还要保证漆膜性能,使其达到一般溶剂型涂料的水平甚至更高,这是一个十分复杂的问题。

目前制备高固体含量涂料主要考虑两方面问题:一个是体系的黏度,一个是颜填料的分散。为了避免涂料固体组分的提高而引起体系黏度的急剧升高,影响施工,可降低成膜物质的平均相对分子质量。一般平均分子量较低、分子量分布较窄的聚合物对体系黏度降低的效果更好。溶剂型木器漆中的聚氨酯、醇酸树脂和聚酯都是通过逐步反应得到,可调节异氰酸酯或二元酸/多元醇的配比来达到降低分子量的目的。但使分子量分布变窄的方法多是经验性的,例如反应条件、加料方式等。另外,如何合理地选用溶剂也是提高涂料固含量的一个重要途径。例如,酮类溶剂为氢键受体,可以有效破坏聚合物分子间的氢键交联,使体系黏度下降。而醇类溶剂既是氢键受体,又是氢键给体,聚合物仍然可以通过溶剂形成氢键交联作用,其降黏作用在多羟基聚合物体系中不如酮类。

对于颜填料的分散问题,由于高固体分涂料溶剂有限,颜填料的加入也会提高体系的黏度,所以高固体分涂料的颜填料用量一般要减少。且由于分散介质黏度较高,润湿过程较慢,颜填料的加入速度也要减慢。另外,避免颜填料在涂料中重新聚集析出也是一个重要问题。固含量提高和树脂分子量降低对颜填料的分散及稳定性影响,是制备高固体分涂料必须予以考虑的问题。

Blah

8.4　水性木器漆

我国是木器漆生产和消费的第一大国,且大部分采用溶剂型涂料。溶剂型涂料在生产、施工和固化过程中会排放挥发性有机化合物(VOCs),不仅造成了环境污染,而且严重危害人体健康。为此,欧美国家和地区都相继制定了相应的环保法规,限制涂料中 VOCs 的排放。例如,美国的 66 法规(1966 年)、CAA(空气洁净法 1970 年)和 CAAA(空气洁净法修正案 1990 年);德国 TA-Luft 法规(大气洁净法 1986 年)、英国 Environmental Protection ACT(1996 年)、欧盟 Directive 99/13/CE 等。我国 2002 年制定了以从源头上削减污染为主要特征的《中华人民共和国清洁生产促进法》。2008 年建立了"中国涂料低污染化发展安全国家标准体系",其中包括涂料中有害物质的测试方法标准。

VOCs 的主要来源是涂料中的有机溶剂,而水性涂料是以水为溶剂或分散介质的涂料,可大幅度降低 VOCs 含量,是木器漆的一个重要发展方向。

8.4.1　水性木器漆特点

水性木器漆是指以水为介质的涂料,其主要特点如下。

1. 优点

(1) 环境友好

介质为水,可以大幅度降低溶剂型木器漆中的 VOCs,使制造和施工的一线工人的健康问题得到改善。

(2) 资源节约

有机溶剂的生产需要消耗化石原料,水性木器漆减少甚至不使用有机溶剂,节省了化石资源,大大降低了对自然资源的依赖程度。

(3) 安全性提高

水性木器漆本身不燃不爆,运输、储存和使用安全。

2. 缺点

(1) 稳定性差

溶剂型漆为有机溶液,成膜物质以分子状态分散在溶剂中,是均相体系;而水性漆多是成膜物质以小颗粒或卷曲线团形态分散在水中构成的体系,为非均相、非分子级分散,热力学上属于不稳定体系,对冻融、加热和剪切敏感,容易破乳和分相。水环境还容易滋生细菌、真菌等。

(2) 成膜性差

水性漆的成膜经历了乳胶粒子的堆积、变形和融合三个阶段,与溶剂型漆相比,水性漆存在最低成膜温度(MFFT),低于此温度,水性漆无法成膜。另外,水表面张力大,这使得水性漆在流平性、消泡性方面出现的问题比溶剂型漆多。同时,水的蒸发潜热为一般有机溶剂的 4~8 倍,水性漆的自然干燥时间要远长于溶剂型漆。最后,水表面张力大,也使得水性漆不容易浸润底材,易发生缩孔现象,且对施工过程中的清洁度和材质表面的清洁度要求较高。

（3）漆膜性能较差

由于成膜物的亲水性较大,漆膜的耐水性、耐溶剂性常常不及溶剂型漆;另外由于要保证水性漆要有较低的 MFFT,成膜物质的 T_g 不能很高,导致漆膜硬度也不会很高。

（4）成本较高

水性漆的生产和施工工艺要更加复杂,提高了其综合成本。

水性漆和溶剂型漆相比各有特点,现总结于表 8-14 中。

表 8-14　水性漆和溶剂型漆的特点

数据类别	性能特点	水 性 漆	溶 剂 型 漆
漆的性能	表面张力	高($72.5\ \text{mN} \cdot \text{m}^{-1}$)	低($20 \sim 40\ \text{mN} \cdot \text{m}^{-1}$)
	蒸发潜热	大	小
	黏度	取决于粒径及其分布	取决于成膜物分子量及分布
	干燥速率	慢,受环境湿度影响大	可调,环境影响小
	成膜机理	乳胶粒聚集成膜,不易均匀,过程不可逆	分子成膜,均匀,过程可逆
	配方可调性	小	大
	冻融和施工性	温度低于 MFFT 不能施工	不冻结,可低温施工
	易燃性	不燃	高
	安全性	高	低
	VOCs 及环境污染	低至无	高
	霉菌污染性	易污染发霉	不易污染发霉
	水稀释和清洗	可	不可
漆膜性能	硬度	难得高硬度（<2H）	可调
	丰满度	差,难厚涂,多道涂亦差	好,可厚涂
	光泽	难高光	可高光
	哑光	易,消光剂用量少	难,消光剂用量大
	耐水性	往往较差	好

8.4.2　水性木器漆的成膜

溶剂型木器漆是聚合物在分子状态下成膜,漆的均匀性、致密性好。与溶剂型木器漆不同,水性木器漆成膜经历了水分挥发,乳胶粒子聚集、压缩变形、在成膜助剂作用下融合聚结、最终形成漆膜的过程(图 8-16)。

相比于溶剂型漆,水性漆成膜过程阶段多,并且微观上是非分子级的,任何阶段都有可能产生不完全性,特别是最后阶段,乳胶粒借助于成膜助剂形成均匀的连续相,是水性漆最终性能的根本保证。

8.4.3　水性木器漆的主要成分

1. 成膜物质

传统涂料中的成膜物质如聚氨酯、醇酸树脂以及丙烯酸树脂等,它们在水中的溶解度要

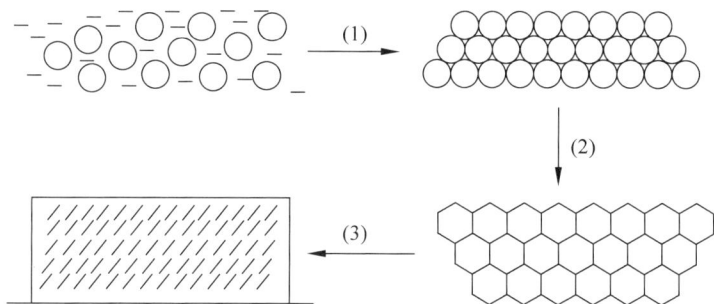

图 8-16 水乳型木器漆成膜过程

远小于在有机溶剂中的溶解度,这也是涂料水性化配方设计所面临的主要挑战。目前,涂料的水性化主要是通过制备涂料组分的水性分散体来实现。常见的水性木器漆主要包括水性聚氨酯木器漆和水性丙烯酸木器漆。

1) 聚氨酯水分散体

聚氨酯水分散体的制备方法分为外乳化法和自乳化法。外乳化法是通过添加大量乳化剂,在高剪切力作用下使成膜物质得以在水中分散。外乳化制备的乳液粒径大、不均一且稳定性差,大量乳化剂带来的漆膜质量的缺陷如耐水性差、耐玷污性不好、附着力不良等难以克服。目前该方式已经应用很少。

自乳化法是在成膜物分子结构中引入亲水基,利用亲水基团的亲水性使得成膜物质不用乳化剂就能很好地分散在水中。这种亲水性基团属于极性基团,例如非离子性的有—OH 和—O—等,离子性基团有—SO$_3$H、—COOH、—NH—NH$_2$ 等。

(1) 单组分水性聚氨酯漆

单组分水性聚氨酯漆一般是以含有亲水性极性基团的扩链剂为原料之一,先通过本体或溶液聚合制得含亲水基的聚氨酯预聚体,然后在高速搅拌下通过相反转工艺分散于水中制得。应用最广泛的是阴离子型聚氨酯分散体,制备时一般通过使用二羟甲基丙酸(DMPA)、二羟甲基丁酸(DMBA)等多羟基酸,在分子链上引入羧基阴离子,典型的制备过程见图 8-17。

需要指出的是,在聚氨酯预聚体的制备中,有时候预聚物黏度很大,以至于很难搅拌均匀。为了利于预聚体的分散一般需要加入适量的有机溶剂。主要采用丙酮、甲乙酮、二氧六环、N,N-二甲基甲酰胺、N-甲基吡咯烷酮等,考虑到成本问题,最常用的是丙酮和甲乙酮。因此预聚体中残留的有机溶剂也是水性聚氨酯木器漆的有害来源之一。

另外,对于单组分水性聚氨酯漆,由于聚氨酯中的—NCO 会与水反应,体系中—NCO残留很少,基本都已反应完全并形成脲键。所以单组分水性聚氨酯漆的成膜过程主要还是经历乳胶粒子的聚集、变形和聚结过程,而不发生溶剂型单组分聚氨酯漆的湿气固化交联过程。

(2) 双组分水性聚氨酯漆

对于双组分体系,甲、乙两组分都要分别进行水性化,才能制成水分散体。

① 甲组分:亲水改性异氰酸酯

对多异氰酸酯进行亲水改性(即内乳化)多采用非离子型改性,常用单羟基聚醚,如聚乙二醇单醚等。图 8-18 是亲水改性 HDI 三聚体的示意图。

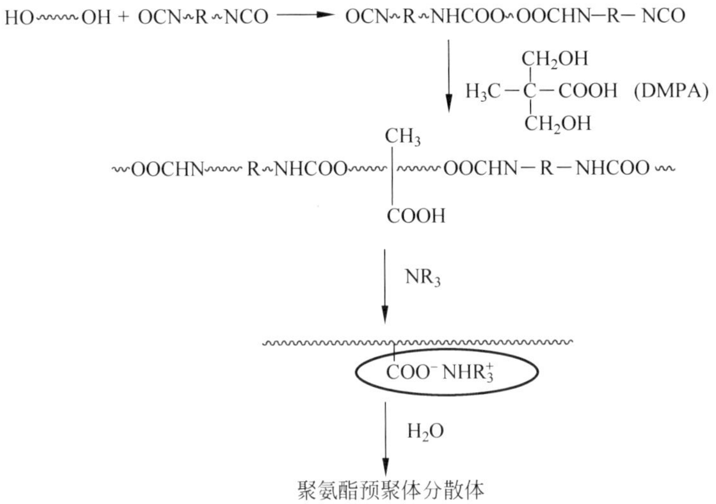

图 8-17　亲水性聚氨酯分散体的制备原理及过程

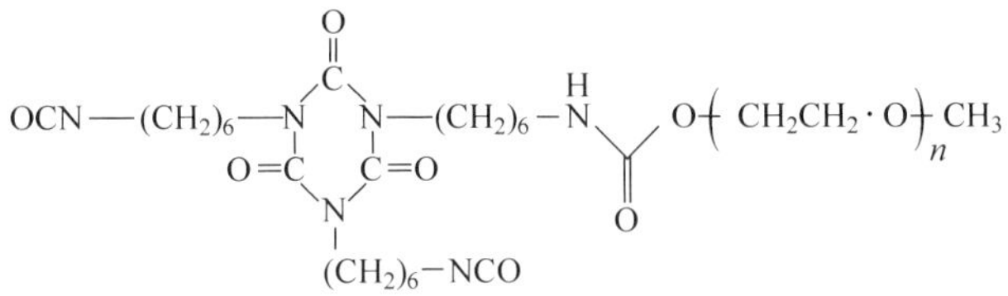

图 8-18　亲水改性 HDI 三聚体

改性后的多异氰酸酯具有良好的水分散性。脂肪族异氰酸酯如 HDI、IPDI 和 HMDI 等与水的反应活性远小于芳香族异氰酸酯,经过亲水改性后可直接与水混合制成甲组分使用。实际上,脂肪族异氰酸酯在酸性至弱碱性范围内在水中的反应速率较慢(6 h 只能消耗 1/4),pH 为 5～8 时可以满足水性漆开放期要求。

对于芳香族异氰酸酯,如 TDI、MDI、NDI 等,—NCO 一般要经过封闭处理才能与水混合。常利用苯酚类、肟类、丙二酸酯类以及己内酰胺类封闭剂与—NCO 反应抑制其活性,使其不能与水反应,才能制成甲组分固化剂。成膜后经过烘烤处理,在受热过程中解封,参与交联反应。由于封闭型异氰酸酯的解封温度都较高(超过 120℃),故一般不用作水性木器漆。

常用封闭剂的解封温度为:苯酚(160℃),丙酮肟(130～150℃),己内酰胺(150℃),丙二酸二乙酯(130～140℃),乙酰乙酸乙酯(140～150℃),乙酰丙酮(140～150℃)。

② 乙组分:亲水改性羟基树脂＋颜填料＋各类助剂

同样,可在多元醇树脂体系(如聚酯树脂,聚醚树脂等)分子结构中引入亲水离子或非离子链段,然后将树脂分散于水中得到乙组分。

多元醇体系具有乳化能力,从而保证两组分混合后容易把固化剂组分乳化,从而保证固化反应的顺利进行。

需要指出,和溶剂型聚氨酯漆不同,双组分水性聚氨酯漆乙组分中的催化剂一般只使用有机金属化合物(如有机锡类),其他类型催化剂(如胺类)不仅催化—NCO 与—OH 的反应,也会强烈催化—NCO 与水的反应。

与单组分水性聚氨酯漆不同,双组分水性聚氨酯漆成膜过程中除了经历乳胶粒子的聚集、形变和聚结过程,乳胶粒内部还会发生—NCO与羟基的交联固化反应。因此,双组分水性聚氨酯漆的耐磨、硬度及耐化学品性都更好。

2) 丙烯酸树脂水分散体

丙烯酸树脂是以丙烯酸、甲基丙烯酸及其酯类衍生物为主要原料合成的聚合物的总称(图8-19)。1937年在英国帝国化学工业公司(ICI)首先实现了产业化,随后Du Pont和ICI相继进行涂料用丙烯酸树脂的生产,热塑性丙烯酸涂料是继硝基漆后开始在汽车和工业涂料上应用的涂料。到20世纪50年代,美国、加拿大相继开发了热固性丙烯酸涂料,用于汽车涂装。我国自20世纪60年代开始丙烯酸涂料的研究,70年代开始推广。几十年来,世界各国对丙烯酸涂料进行了全面开发,丙烯酸树脂系列涂料已成为一类通用性很强的合成树脂涂料,被广泛应用于汽车、飞机、家具、机械及建筑等领域。

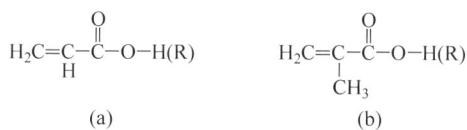

$$H_2C{=}C{-}C{-}O{-}H(R) \qquad H_2C{=}C{-}C{-}O{-}H(R)$$

(a) (b)

图8-19 合成丙烯酸树脂所用主要原料的结构式

(a) 丙烯酸(酯);(b) 甲基丙烯酸(酯)

一方面,丙烯酸(酯)单体中的双键经聚合反应,生成丙烯酸树脂,它的主链为碳-碳链,有很强的光、热和化学稳定性,所以丙烯酸树脂漆膜拥有很好的耐候性、耐污染性及耐酸碱性能。另外,由于分子中含有极性羧基、酯基,丙烯酸树脂漆不易结晶,能够改善其在不同介质中的溶解性,同时对基底有较好的黏附性,这也使得丙烯酸树脂漆具有优异的施工性能。另一方面,丙烯酸树脂也因极性基团多,耐水性较差,T_g偏高,漆膜较硬,柔韧性差,存在明显的"热黏冷脆"问题。因此,目前丙烯酸树脂一般需要经过与其他单体共聚改性后使用。

区别于之前介绍的聚氨酯和聚酯,丙烯酸(酯)单体含有双键,可直接通过自由基乳液聚合得到水基产品,生产过程简单,因此丙烯酸树脂漆一直是水性木器漆领域中的一个重要分支。目前,水性丙烯酸树脂木器漆的成膜物质主要有四类:

(1) 传统纯丙树脂乳液

以丙烯酸酯类单体为原料经乳液聚合而得,聚合过程中添加了乳化剂、稳定剂、pH调节剂等各种助剂,组成较复杂。通过调节丙烯酸单体的种类和比例,可控制产品的T_g以及MFFT。

(2) 自乳化丙烯酸树脂乳液

为了避免传统丙烯酸树脂乳液中乳化剂的大量使用,可采取分子中同时含有不饱和键和亲水基团或亲水链段的表面活性剂作为原料参与聚合。最常用的包括2-丙烯酰胺基-2-甲基-丙基磺酸钠(AMPS)和3-烯丙氧基-2-羟基丙基磺酸钠(AHPS),其结构式见图8-20。

(3) 自交联丙烯酸树脂乳液

为了改善丙烯酸树脂漆的耐水性和柔韧度,往往需要在体系中引入一定的交联度。工业上一般是利用酮羰基和酰肼在室温下可发生快速的化学反应(图8-21(a))的特点,以双丙酮丙烯酰胺(DAAM,图8-21(b))为共聚单体与丙烯酸(酯)单体进行乳液共聚得到产品乳液,配合己二酸二酰肼(ADH,图8-21(c))溶于水相中使用。

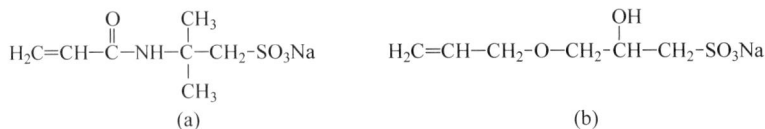

图 8-20　常用单体乳化剂的结构式

（a）AMPS 结构式；（b）AHPS 结构式

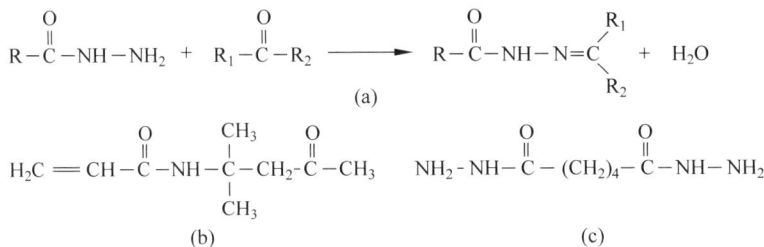

图 8-21　酮肼交联丙烯酸树脂乳液体系

（a）酮羰基和酰肼的反应；（b）DAAM 结构式；（c）ADH 结构式

由于 DAAM 处于乳胶粒子内,而 ADH 处于水相,在乳液状态下两者反应速率很慢,产品涂膜后,随着水分的挥发,ADH 逐渐进入聚合物内部,促使交联反应的发生。

（4）硅/氟改性丙烯酸树脂乳液

有机硅和有机氟的引入可改善丙烯酸树脂的耐水性。主要方式是用带双键的有机硅/有机氟单体与丙烯酸（酯）单体进行自由基共聚。常用的单体有乙烯基三乙氧基硅烷、乙烯基三异丙氧基硅烷、甲基丙烯酸三氟乙酯、丙烯酸六氟丁酯等。

3）丙烯酸-聚氨酯杂化乳液

丙烯酸-聚氨酯杂合物（PUA）又叫丙烯酸-聚氨酯杂化乳液,是目前水性木器漆所用乳液中最好的品种之一,杂合物可以综合丙烯酸聚合物和聚氨酯的优点,如耐候性、柔韧性等,形成优势互补,性能要优于单一乳液,从而将水性木器漆的性能提高到了一个新的水平。通用的合成方法是先合成水性聚氨酯种子乳液,由于聚氨酯已经经过亲水改性,可作为大分子表面活性剂,稳定丙烯酸（酯）单体在水相中进行乳液聚合。

PUA 乳液一般有两种粒子结构形态:一种为核壳结构,由于聚氨酯含有大量—COOH 强亲水基团,因此其倾向于靠近水相,而亲油的丙烯酸（酯）单体加入乳液后倾向于进入聚氨酯胶束内部,最后聚合得到的是核壳结构的乳液;另一种为互穿网络结构,若在聚氨酯和聚丙烯酸（酯）中引入交联结构,在丙烯酸（酯）单体聚合前使用单体充分溶胀聚氨酯网络,使得两者充分混合,聚合交联后所得乳胶粒是两种不同种类聚合物在分子水平上强迫互容的互容网络结构。

2. 成膜助剂

成膜助剂又称聚结剂、助溶剂或共溶剂,多为醇、醇酯、醇醚类化合物,是聚合物的一种溶剂。在漆膜干燥过程中,与成膜助剂溶胀聚合物乳胶粒相互融合成连续的膜。随着时间的推移,成膜助剂从漆膜中逐渐挥发逸出。成膜助剂除对乳胶粒起溶解和溶胀作用外,还会对聚合物起增塑作用,降低其玻璃化转变温度。

常用的成膜助剂包括：乙二醇单丙醚、乙二醇单丁醚、二乙二醇单甲醚、二乙二醇单乙醚、二乙二醇单丁醚、丙二醇单甲醚、丙二醇单丙醚、丙二醇单丁醚、丙二醇叔丁醚、二丙二醇单甲醚、二丙二醇单丙醚、二丙二醇单丁醚、丙二醇甲醚乙酸酯、二丙二醇甲醚乙酸酯、二丙二醇二甲醚、乙二醇苯醚、丙二醇苯醚、Texanol(醇酯-12)、二丙酮醇等。

3. 颜填料

与溶剂型木器漆使用的类似,见 8.2.1 节。

4. 助剂

1) 消泡剂

水性漆中组分复杂,必然会产生泡沫,消泡剂是必须使用的助剂之一。消泡剂种类繁多,主要包括矿物油和有机硅表面活性剂。

2) 流平剂

主要是有机硅树脂和丙烯酸树脂。

3) 增稠剂

主要使用缔合型聚氨酯增稠剂。

4) 润湿分散剂

增进成膜树脂对颜填料的润湿并促进颜填料在漆中的分散。水性木器漆使用的润湿分散剂牌号众多,主要活性物质包括:胺中和的丙烯酸共聚物、乙氧基化的脂肪酸、芳香族化合物或者醇类化合物、聚丙烯酸酯和聚磷酸盐类、苯丙共聚物等。润湿分散剂一般先与颜填料和水混合制成颜填料浓缩浆,再用于配制水性木器漆。

5) 防霉防腐剂

水性体系容易滋生细菌、真菌,需加入防霉防腐剂,目前最常用的防霉防腐剂为异噻唑啉酮类化合物。

6) pH 调节剂

很多情况下,漆液要呈弱碱性才能稳定(如水性聚氨酯漆甲组分),水性木器漆大多都调成中性或者弱碱性。最常用的 pH 调节剂为氨水和有机胺类,但由于氨水易挥发,影响室内空气质量,已逐渐被限制使用。

7) 蜡和蜡乳液

调节水性木器漆膜表面性质,如爽滑性、抗划伤性、耐磨性等。常用的有天然蜡和人工合成蜡。

8) 其他助剂

诸如消光剂、偶联剂及香精等,在此不作详细介绍。

表 8-15 给出了一种水性木器清漆的组成和物料配比实例。

表 8-15　一种水性木器清漆的组成和物料配比

原　　　料	质量分数/%
水	<10
乳液(固含量一般为 30%～40%)	≥80

原　　料	质量分数/%
成膜助剂	3~10
消泡剂	0.05~0.5
流平剂	0.1~1
流变助剂	0.1~1
增稠剂	0~0.5
防腐剂	约 0.1
香精	0~0.1
pH 调节剂	0~0.1
蜡乳液	0~8
颜填料	0
其他	<5

8.4.4　水性木器漆的施工工艺

水性木器漆可选择喷涂、辊涂和刷涂等施工工艺,具体步骤见《家具表面涂覆　水性木器涂料施工技术规范》(QB/T 4373—2012)。

漆膜的性能要求见《室内装饰装修用水性木器涂料》(GB/T 23999—2009)。

8.4.5　水性木器漆污染源分析

水性木器漆污染源主要为成膜助剂以及催化剂中的可溶性重金属。常用的成膜助剂及其性质见表 8-16。

表 8-16　水性木器漆常用成膜助剂及其性质

成膜助剂	沸点/℃	相对挥发速度(以乙酸正丁酯为 100)
乙二醇单丙醚	151.3	20
乙二醇单丁醚	170.2	7.9
二乙二醇单甲醚	194.1	1.9
二乙二醇单乙醚	201	1
二乙二醇单丁醚	230.4	0.4
丙二醇单甲醚	120	62
丙二醇单丙醚	149	21
丙二醇单丁醚	171.1	9.3
丙二醇叔丁醚	151	30
二丙二醇单甲醚	190	3.5
二丙二醇单丙醚	213	1.4
二丙二醇单丁醚	228	0.6
丙二醇甲醚乙酸酯	146	33
二丙二醇甲醚乙酸酯	209	1.5
二丙二醇二甲醚	175	13
乙二醇苯醚	244	0.1
丙二醇苯醚	243	0.2
Texanol	245	0.13
二丙酮醇	168.1	12

有关有害物质标准参见《木器涂料中有害物质限量》(GB 18581—2020)。

8.4.6 水性木器漆的发展方向

1. 改进耐水性能

相比于溶剂型漆,水性漆体系的亲水性更强,导致漆膜的耐水性差,利用疏水性树脂改性是一种常用手段。

2. 自乳化水性漆

自乳化功能强而又较少影响耐水性的反应型乳化剂和扩链剂是研究和开发的热点。

3. 提高性价比

在保证性能的同时,降低成本,使其在市场上更具竞争力。

8.5 粉末涂料

粉末涂料是一种区别于普通溶剂型及水性涂料的新型固体粉末状环保涂料。国际上粉末涂料的生产应用始于 20 世纪 50 年代,生产技术以及研发相对于国内较为领先。我国粉末涂料产业起步于 1965 年,几十年来,随着家电、家具,尤其是建筑行业的快速发展,粉末涂料的相关产业链也日渐成熟,发展很快。

粉末涂料作为一种不含溶剂、固含量为 100% 的固体粉末状涂料,为环境友好型涂料提供了一种重要的技术解决方案。如今,在环境保护政策及法律法规的推动下,已促使粉末涂料成为涂料市场中发展最快的品种。虽然目前粉末涂料在木器漆行业中的应用还十分有限,但未来发展前景可观。

8.5.1 粉末涂料的特点

粉末涂料及其涂装技术作为节省资源、节省能源、无污染和高生产效率而得到世界各国的重视,是近年来发展速度最快的涂料品种,它有如下特点。

1. 优点

1)环境友好与资源节约

不含有机溶剂,可避免有机溶剂对大气的污染和对人体的危害,同时也避免了有机溶剂资源的浪费。

2)安全性提高

不燃不爆,运输、储存和使用的安全性很好。

3)涂料利用率高

在封闭体系中进行涂装,喷逸的粉末可以回收再用。

4)涂装效率高

主要采取静电喷涂和流化床浸涂施工,涂膜厚度容易控制,一道涂装厚度大。

5) 施工容易

粉末涂料的涂装不受气温和空气湿度影响,且由于是熔融流平,涂膜时也不容易产生流挂、起泡等弊病,容易实施自动化流水线涂装。

2. 缺点

1) 设备复杂,成本高

粉末涂料的制造和涂装不能使用溶剂型和水性涂料的制造或涂装装备,要使用专用设备,还要配备粉末回收装置,设备一次性投入高。

2) 生产和施工调节麻烦

粉末涂料主要通过熔融挤出、超临界流体、蒸发和沉淀法等工艺来制造,而施工方式主要为静电喷涂和流化床浸涂,无法像溶剂型和水性漆一样通过色浆或者色粉进行调色;同时在制造和涂装过程中,若需要调整涂料组成,需停止产线,并彻底清洁系统,才能继续涂膜。

3) 烘烤温度高

粉末涂料涂覆于基材的表面后,需再经过烘烤使其熔融流平,固化成膜。而粉末涂料的烘烤温度一般在150℃以上,多数为180～200℃,不适合耐热性差的塑料、木材和纸张等基材的涂装。因此,目前粉末涂料在家居行业中主要应用于金属家具的涂装,用作木器漆还十分有限。

表 8-17 给出了粉末涂料和溶剂型涂料的特点对比结果。

表 8-17 粉末涂料和溶剂型涂料的特点

项 目	粉 末 涂 料	溶剂型涂料
一道涂装的涂膜厚度/μm	50～500	10～30
薄涂的可能性	比较困难	很容易
厚涂的可能性	比较容易	比较困难
喷逸涂料的回收利用	比较好	很难
涂料的利用率	很高	一般
涂装劳动生产效率	很高	一般
熟练的涂装操作技术	不需要	需要
涂料的专用制造设备	需要	不需要
涂装的专用设备	需要	不需要
涂料制造中调色和换色	比较麻烦	比较简单
涂装中换颜色和树脂品种	比较麻烦	比较简单
涂料的运输和储存	方便	不太方便
实现涂装线的自动化	比较容易	一般
涂膜的综合性能	很好	一般
溶剂带来的火灾危险	没有	有
溶剂带来的大气污染	没有	有
溶剂带来的毒性	没有	有
粉尘带来的爆炸危险	有,但很小	没有
粉尘带来的污染问题	有,但很小	没有

8.5.2 粉末涂料的成膜

粉末涂料被涂装到基材上后,经过烘烤粉末软化并变为熔融状态,由此具有一定的流动性,在基材表面流淌成较光滑与平整的表面。同时,熔融后粉末中各成分得以充分混合,可通过交联反应固化为坚硬的漆膜。

8.5.3 粉末涂料的主要成分

1. 成膜物质

根据树脂类型的不同,粉末涂料可以分为两类:一类是由热塑性树脂制备的热塑性粉末涂料,另一类是由热固性树脂制备的热固性粉末涂料。由于前者一般使用的是无极性基团且相对分子质量较大的热塑性树脂,导致树脂韧性强、粉碎困难、软化温度和熔融温度高、流平性差以及附着力不好等缺点,因此,限制了其应用。热固性粉末涂料是采用相对分子质量较小的热固性树脂,在烘烤温度下与固化剂进行交联反应,形成网状结构的聚合物涂层。与热塑性粉末涂料相比,热固性粉末涂料性能好,产量大,使用范围广,是目前粉末涂料的主流。常见的热固性粉末涂料包括聚酯粉末涂料、聚氨酯粉末涂料和丙烯酸粉末涂料等。

1) 聚酯粉末涂料

聚酯粉末涂料主要通过熔融挤出混合法制造,目前以聚酯-异氰脲酸三缩水甘油酯(TGIC)和聚酯-羟烷基酰胺(HAA)体系为主。聚酯粉末涂料中所用的树脂绝大部分都是端羧基聚酯树脂,它与固化剂的固化机理见图 8-22 和图 8-23。

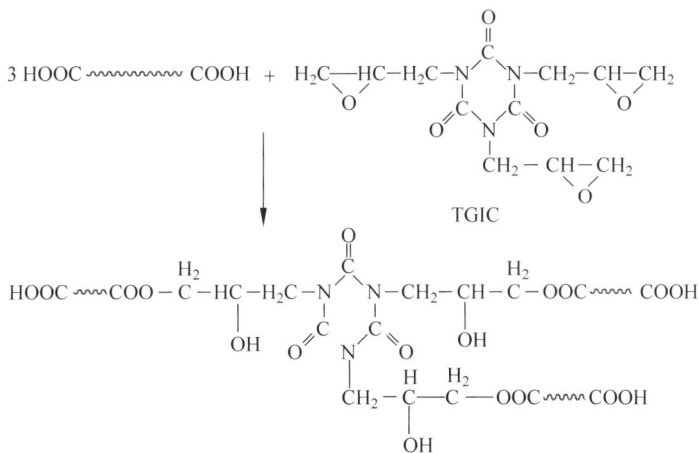

图 8-22 聚酯-TGIC 体系的固化反应式

可以看出,使用 TGIC 作为固化剂的固化反应无副产物生成,而使用 HAA 时有小分子水产生,涂膜过厚时水分子的逸出容易产生毛孔和针孔,因此前者的成膜质量更好。但是 TGIC 固化剂容易吸潮,并对皮肤有一定的刺激性,吸入及吞食有毒,因此欧洲已经基本用 HAA 来替代 TGIC。我国目前仍以 TGIC 为主,HAA 拥有很大发展潜力。

2) 聚氨酯粉末涂料

和聚酯粉末涂料一样,聚氨酯粉末涂料大部分都以熔融挤出混合法制造。目前已经在

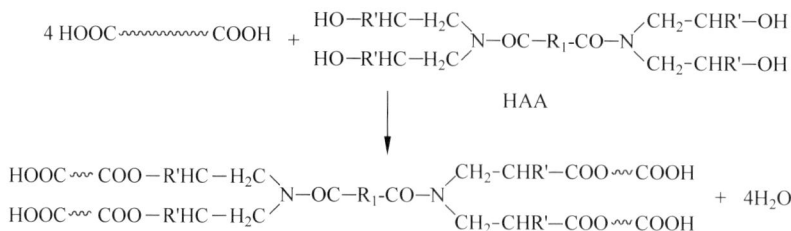

图 8-23　聚酯-HAA 体系的固化反应式

日本大规模使用,其固化主要靠羟基聚酯树脂和异氰酸酯的反应来实现。为了防止异氰酸酯受潮,需要先对—NCO 进行封闭处理。前文已述,一般利用苯酚类、肟类、丙二酸酯类以及己内酰胺类化合物对—NCO 进行封闭。聚氨酯粉末涂料的封闭和固化过程分别如图 8-24 和图 8-25 所示。

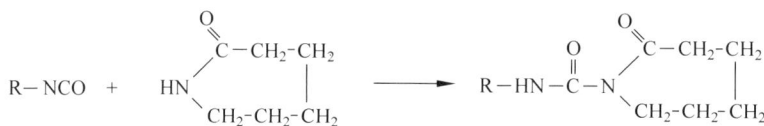

图 8-24　异氰酸酯与己内酰胺的封闭反应

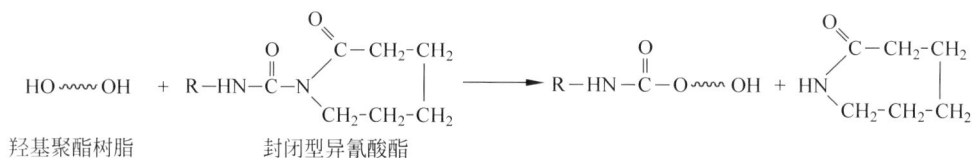

图 8-25　聚氨酯粉末涂料的固化反应

聚氨酯粉末涂料受热熔融后,首先发生固化剂解封产生—NCO,聚酯树脂的羟基与游离出来的固化剂上的—NCO 进行交联固化反应,直至活化基团完全反应成膜,同时还释放出封闭剂。为了加快反应进行,配方中一般还会加入有机金属化合物(如有机锡类)作为催化剂。

显然,相比于其他粉末涂料,聚氨酯粉末涂料在烘烤过程中首先要经历固化剂解封过程,因此粉末的熔融流平时间更长,聚氨酯粉末涂料拥有突出的流平性。但是由于其固化过程释放出封闭剂,涂厚膜时也容易出现毛孔和针孔问题。

3）聚丙烯酸酯粉末涂料

聚丙烯酸酯粉末涂料主要通过熔融挤出混合法和蒸发法制造,其耐候性优于聚酯和聚氨酯粉末涂料,是耐候性粉末涂料的主要品种之一。目前,日本的聚丙烯酸酯粉末涂料所占比例较大,欧美的产量和占比都较小,我国还没有实现产业化。

目前的聚丙烯酸酯粉末涂料主要有用多元羧酸固化的缩水甘油酯丙烯酸树脂体系和用封闭型多异氰酸酯固化和羟基丙烯酸树脂体系。它们的固化机理见图 8-26,前者固化不产生副产物,后者会释放封闭剂小分子,影响厚涂质量。

2. 颜填料

粉末涂料用颜填料和溶剂型涂料及水性涂料类似,但对颜填料的耐热性要求更高,因此某些受热易分解的颜填料不能使用。

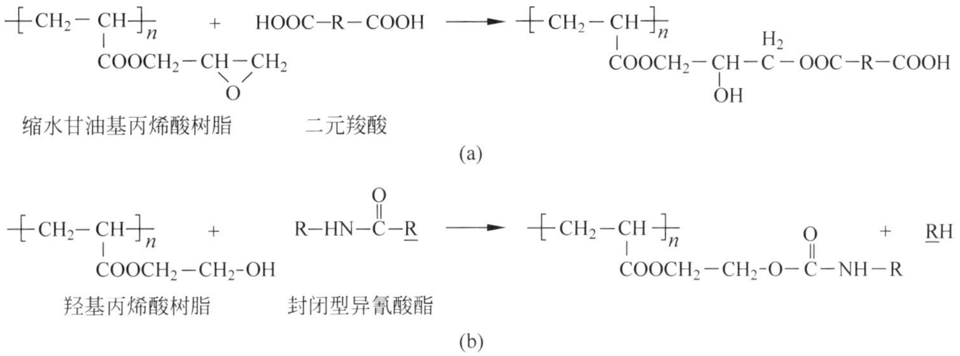

$$\begin{array}{c}\left[CH_2-CH\right]_n\\ \quad\ \ |\\ COOCH_2-CH-CH_2\\ \qquad\qquad\ \backslash\ O\ /\end{array} + HOOC-R-COOH \longrightarrow \begin{array}{c}\left[CH_2-CH\right]_n\\ \quad\ \ |\qquad\qquad H_2\\ COOCH_2-CH-C-OOC-R-COOH\\ \qquad\qquad |\\ \qquad\qquad OH\end{array}$$

缩水甘油基丙烯酸树脂　　　二元羧酸

(a)

$$\begin{array}{c}\left[CH_2-CH\right]_n\\ \quad\ \ |\\ COOCH_2-CH_2-OH\end{array} + \begin{array}{c}O\\ \|\\ R-HN-C-R\end{array} \longrightarrow \begin{array}{c}\left[CH_2-CH\right]_n\\ \quad\ \ |\qquad\qquad\quad O\\ COOCH_2-CH_2-O-C-NH-R\end{array} + RH$$

羟基丙烯酸树脂　　　封闭型异氰酸酯

(b)

图 8-26　聚丙烯酸酯粉末涂料固化机理

(a) 用多元羧酸固化的缩水甘油酯丙烯酸树脂粉末涂料；(b) 用封闭型多异氰酸酯固化的羟基丙烯酸树脂粉末涂料

3. 助剂

1）消泡剂

为了防止因基材表面缺陷而在涂膜中产生气泡，需要加入消泡剂降低粉末涂料熔体的熔融黏度和熔融表面张力。和溶剂型、水性漆不同，粉末涂料使用的消泡剂主要为安息香类（二苯乙醇酮），但是它容易使涂膜发黄，市场已推出一系列代替安息香的消泡剂，主要成分有酰胺蜡类、聚乙烯蜡、改性碳酸盐和聚氧乙烯类等。

2）流平剂

主要是丙烯酸树脂和有机硅树脂。

3）光亮剂

改善颜填料在树脂和固化剂中的润湿性，起助流平剂作用。主要使用丙烯酸正丁酯与甲基丙烯酸甲酯的共聚物。

4）防结块剂

防止因环境温度较高而结块。防结块剂主要分内加型和外加型两种。前者是在粉末涂料制造过程中，在原材料预混合时添加，以熔融挤出混合法分散，主要为丙烯酸聚合物与有机化合物的复合物；后者是将防结块剂直接添加到熔融挤出后的树脂粉体中，如白炭黑等。

5）增塑、增韧剂

改善粉末涂料硬和脆的弊病，赋予涂膜一定的柔韧性。常用增塑剂包括酯类和氯化烃两种；增韧剂主要有聚乙烯醇缩丁醛、乙酸丁酸纤维素、微粉烯烃蜡等。

6）其他助剂

诸如消光剂、纹理剂、抗黄变剂、抗静电剂等，这里不作详述。

一种聚酯粉末涂料的组成和物料配比的实例见表 8-18。

表 8-18　一种聚酯粉末涂料的物料配比

原　　料	质量分数/%
聚酯树脂	164
HAA	14

续表

原　料	质量分数/%
流平剂	24
光亮剂	2
安息香	0.3
金红石型钛白粉	18
钛菁蓝	3.3
填料	76

8.5.4　粉末涂料的施工工艺

粉末涂料可选择静电喷涂和流化床浸涂施工工艺,还可以用空气喷涂法和火焰喷涂法。漆膜的性能要求见《热固性粉末涂料》(HG/T 2006—2006);《粉末涂料及其涂层的检测标准指南》(GB/T 21776—2008);"Standard Guide for Testing Coating Powders and Powder Coatings"(ASTM D3451-06(2017))

8.5.5　粉末涂料污染源分析

粉末涂料污染源主要为有毒固化剂和固化反应中脱出的小分子封闭剂,具体见表 8-19。

表 8-19　聚酯粉末涂料常见有害物质及其性质

组　分		沸点/℃	大鼠 LD_{50}
固化剂	TGIC	501.1	562 mg·kg^{-1}(口服)
	HAA	—	10 000 mg·kg^{-1}(口服)
	TDI	251(101.3 kPa)	14 ppm mg·m^{-3}(吸入,4 h)
	MDI	156~158(1.33 Pa)	370 mg·m^{-3}(吸入,4 h)
	HDI	127(1.33 kPa)	60 mg·m^{-3}(吸入,4 h)
	IPDI	158(15 mmHg)	123 mg·m^{-3}(吸入,4 h)
	HMDI	168(1.5 mmHg)	—
	NDI	167(0.67 kPa)	—
封闭剂	苯酚	181.9	316 mg·m^{-3}(吸入,4 h)
	丙二酸二乙酯	198.9	>1600 mg·kg^{-1}(口服)
	己内酰胺	270	1155 mg·kg^{-1}(口服)
	丙酮肟	135	>500 mg·kg^{-1}(口服)

8.5.6　粉末涂料的发展方向

1. 发展多功能性粉末涂料

包括紫外光固化粉末涂料、耐高温粉末涂料等。

2. 新型树脂和固化剂的开发

开发更多的树脂应用于粉末涂料,使溶剂型涂料逐渐向粉末涂料转型是发展趋势。另外,固化温度低、储存稳定性好、毒性小、固化过程无小分子脱出的新型固化剂是粉末涂料固化剂的发展趋势。

3. 低温固化粉末涂料

一般粉末涂料的固化条件为 $180\sim200℃$,20 分钟左右,这给不耐热的底材如电子器件、木材及纸张等的涂装带来困难。要开发低温固化粉末涂料,一是要提高低温下树脂与固化剂的反应活性(影响固化时间),二是要解决低温下树脂熔融黏度高的问题(影响流平性)。2018 年,出现了可用于木器的粉末涂料产品,其固化条件为 $130℃$,20 分钟,标志着低温固化粉末涂料的一大进步。

8.6 人造板中 VOCs 的释放行为

建筑装饰、装修材料和家具中释放出的甲醛和 VOCs 是室内空气的主要污染物。研究装饰、装修材料中 VOCs 的释放行为,以及对室内空气质量和人体健康的影响,一直是学术界和产业界共同关注的问题,也是居民持续关注的热点。

对于建筑材料污染物释放的测试手段主要包括环境舱测试法、FLEC(现场及实验室释放舱,field and laboratory emission cell)测试法、被动通量采样器(PFS)测试法、微型电子天平测试法等。其中以环境舱测试最为常见,它是将被测对象放入由玻璃或不锈钢制成的测试舱中,在一定运行参数下(温度、相对湿度、空气流速等),利用收集器对舱室空气中有机化合物进行吸附收集,并送到分析系统进行分离和定性及定量分析。常见的分离仪器包括气相色谱(GC)和高效液相色谱(HPLC)等,检测仪器包括质谱(MS)、火焰离子化检测仪(FID)和紫外-可见光分光光度计(UV-Vis)等。

总的来说,目前对室内环境 VOCs 的释放行为研究主要集中在人造板、内墙涂料、地毯、汽车内环境、皮革制品等五个方面,本节只对人造板 VOCs 释放行为的研究情况进行介绍。目前木质家具中,实木家具仅占 10% 左右,各种人造板家具占 80% 以上。人造板主要是以木材或非木纤维为原料,经过机械加工、施加胶黏剂、加热、加压等工序制成,在生产过程中所使用的胶黏剂、各种添加剂以及板材表面的漆膜是人造板中 VOCs 的主要来源。

人造板材中 VOCs 的释放受到多种因素的影响,包括人造板本身性质、环境因素和表面涂饰等。

8.6.1 人造板本身性质对 VOCs 释放行为的影响

Borwn 在大型环境舱中测量了不同人造板材制成的办公家具在 1 天、7 天和 14 天时释放的总挥发性有机化合物量(TVOCs),结果显示,释放量由大到小为胶合板>刨花板>中密度纤维板。

Ohlmeyer 等研究了板材厚度对刨花板挥发性有机化合物(VOCs)释放量的影响,发现在相同质量下,厚板材的短期释放量低,而长期的释放量高(图 8-27)。原因在于厚板材的密度更低,木质材料的多孔和毛细管结构延长了释放时间。

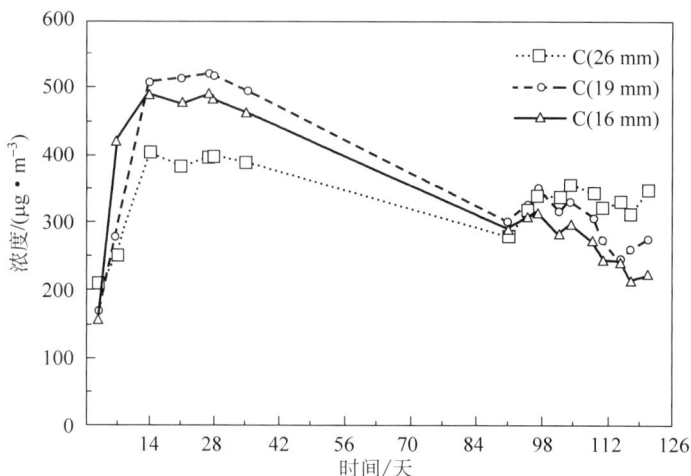

图 8-27 刨花板厚度对 TVOCs 释放量的影响

　　孙世静分别测定了不同含水率的刨花板在不同时间释放的 TVOCs，发现 TVOCs 释放量随着含水率的增加而增加。刘玉等研究了热压工艺参数对刨花板 VOCs 释放的影响，发现随着热压温度的升高或热压时间的延长，VOCs 释放量增加，初始释放浓度增大（图 8-28）。同时，热压温度和热压时间的变化还影响刨花板释放的 VOCs 的成分，热压温度升高和热压时间延长使得刨花板 VOCs 中芳香族化合物的种类增多。

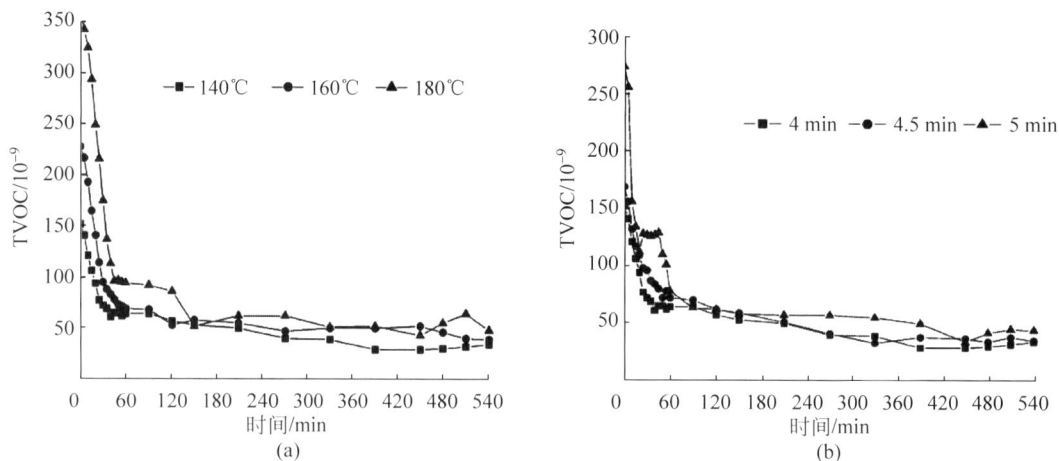

图 8-28 热压条件对刨花板 TVOCs 释放行为的影响
(a) 热压温度；(b) 热压时间

8.6.2　环境因素对 VOCs 释放行为的影响

　　李爽等以胶合板为研究对象，采用小环境舱法，利用气相色谱质谱联用仪（GC-MS）检测胶合板在不同温度、不同相对湿度和不同气体交换速率下 VOCs 的释放速率。发现三个条件的提高都会使 VOCs 释放速率加快。原因在于温度升高会导致有机小分子扩散速率提高，而相对湿度的增加会提高环境水蒸气压，降低板材内水蒸气的挥发速率，从而促使疏水性的有机小分子逸出。同样，增大气体交换率能降低舱体 TVOCs 浓度，使板材和舱体内的空气中 VOCs 浓度差增大,加速释放。此外,他们还发现,芳烃类化合物受到温度、相对湿度、气体交换率的影响程度比烷烃类化合物大。

8.6.3　表面涂饰对 VOCs 释放行为的影响

张文超对比了醇酸清漆、硝基清漆和水性丙烯酸聚氨酯木器漆涂饰刨花板的 TVOCs 释放量,发现三者的 TVOCs 释放量均呈现随时间的延长而逐渐下降并趋于平稳的状态。总的来说,水性清漆饰面刨花板释放量低于其他两种油漆,其环保性能相对较好(图 8-29)。

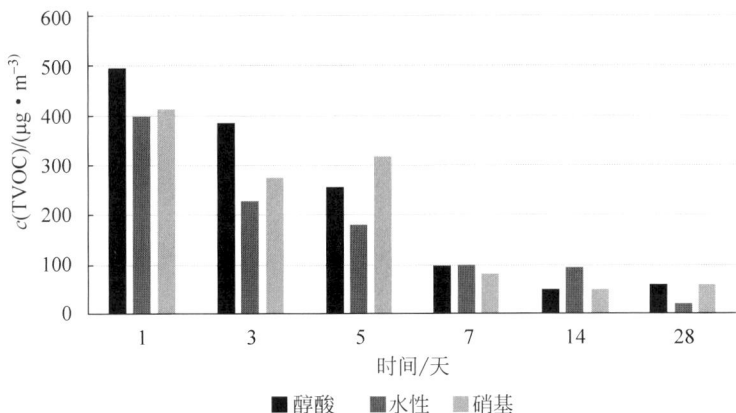

图 8-29　醇酸清漆、硝基清漆和水性丙烯酸聚氨酯木器漆涂饰刨花板的 TVOCs 释放规律

综上所述,人造板 VOCs 的释放主要经历两个阶段:短期内 VOCs 释放速率快,TVOCs 经历一个峰值,即属于快速释放阶段;之后 VOCs 释放速率逐渐减小并趋于稳定,而 TVOCs 也逐渐减少至稳定,即属于稳定释放阶段。

8.7　木器漆中的有害物质和相关标准

8.7.1　VOCs 的危害

木器漆的污染源主要为 VOCs,由于其成分相对复杂,具有毒性并伴随着刺激性,导致人们产生很多种不适的反应,有些种类的 VOCs 甚至还有致癌性,对人体健康造成很大危害。相关内容已作过详述,可参阅 1.4.2 节。

由 VOCs 释放曲线可知,在刚开始的阶段,室内装修材料会在相对较短的时间内释放出大部分 VOCs,之后进入缓慢释放阶段,室内空气中的 VOCs 含量随时间的延长将呈指数减少,从事建筑、喷漆、室内装修的工人会接触到更高浓度的 VOCs。因此施工、装修过程给工人的身体健康带来了很大的危害。

8.7.2　中国相关标准

国家标准《木器涂料中有害物质限量》(GB 18581—2020)对溶剂型、水性和粉末型三种木器涂料的有害物质限量做出了规定,具体见表 8-20。

表 8-20　三类木器漆有害物质的限量值

项　目		限　量　值						
		溶剂型涂料				水性涂料		粉末涂料
		聚氨酯类	硝基类	醇酸类	不饱和聚酯类	色漆	清漆	
VOCs 含量	涂料/(g·L^{-1}) ≤	面漆[光泽(60°)≥80]：550 面漆[光泽(60°)<80]：650 底漆：600	700	450	420	250	300	—
甲醛含量/(g·kg^{-1}) ≤						100		
总铅含量/(mg·kg^{-1}) ≤		90						
可溶性重金属含量/(mg·kg^{-1}) ≤	镉(Cd)	75						
	铬(Cr)	60						
	汞(Hg)	60						
乙二醇醚及其酯类含量(乙二醇甲醚、乙二醇甲醚乙酸酯、乙二醇乙醚、乙二醇乙醚乙酸酯、二乙二醇丁醚乙酸酯总和)/(mg·kg^{-1}) ≤		300						
苯含量/% ≤		0.1				—	—	—
甲苯、乙苯和二甲苯含量总和/% ≤		20	20	5	10	—	—	—
多环芳烃含量总和/(mg·kg^{-1}) ≤		200				—	—	—
游离二异氰酸酯(TDI、HDI)含量总和/% ≤		潮(湿)气固化型：0.4 其他：0.2	—	—	—	—	—	—
甲醇含量/% ≤		—	0.3			—	—	—
卤代烃含量/% ≤		0.1				—	—	—
邻苯二甲酸酯含量总和/(%) ≤		—	0.2			—	—	—
烷基酚聚氧乙烯醚含量总和/% ≤		—				1000		—

　　2001 年,中华人民共和国质量监督检测检疫总局会同中华人民共和国建设部联合发布了《民用建筑工程室内环境污染控制规范》(GB 50325—2001),明确规定民用建筑工程及室内装修工程必须进行室内环境质量检测,其中对于 I 类民用建筑工程,室内环境 TVOCs 的浓度限量应≤0.5 mg·m^{-3}。自 2002 年 7 月 1 日起我国开始实施《室内装饰装修有害物质限量》的十项强制性国家标准,这十项标准中与 VOCs 相关的包括木器涂料、内墙涂料、木家具、胶黏剂、壁纸、聚氯乙烯卷材地板、地毯、地毯衬垫及地毯胶黏剂等。其中,木器涂料的最新现行版本 GB 18581—2020 之前已有介绍,而《室内装饰装修材料　木家具中有害物质限量》(GB 18584—2001)规定,木质家具中甲醛释放量应≤1.5 mg·L^{-1}。之后,我国又在 2023 年 2 月 1 日开始实施《室内空气质量标准》(GB/T 18883—2022),其中规定了室内甲醛、苯系物和总挥发性有机物等对象的室内标准值(表 8-21)。这两项标准(《室内装饰装修

有害物质限量》《室内空气质量标准》）共同构成了我国一个比较完整的室内环境污染控制体系。《民用建筑工程室内环境污染控制标准》（GB 50325—2020）对室内环境质量，尤其是幼儿园和学校提出了更高的要求。

表 8-21 室内空气部分质量标准

项目	最大标准值/(mg·m^{-3})	备注
苯	0.03	1 h均值
甲苯	0.20	1 h均值
二甲苯	0.20	1 h均值
苯并[a]芘	1.0	24 h均值
TVOCs	0.60	8 h均值

8.7.3 国外相关标准

不同国家和地区有不少标准规定了人造板及其制品 TVOCs 的限量值，见表 8-22。

表 8-22 部分国家和地区人造板及其制品有害物质的限量标准

区域	标准号/名称	对象	有害物质名称	限值
国际	ISO 10580	浸渍纸木质层压地板	TVOCs	≤10 mg·m^{-3}（3 天） ≤1 mg·m^{-3}（10 天）
美国	GS-11 漆和涂料	涂料	1,2-二氯苯	禁用
			烷基酚乙氧基化物（APEs）	禁用
			甲醛及含甲醛物质	禁用
			重金属（铅、汞、镉、六价铬和锑元素或化合物）	禁用
			邻苯二甲酸盐	禁用
			三苯基锡（TPT）和三丁基锡（TBT）	禁用
			挥发性芳香族化合物含量	（重量计）≤0.5%
	《建筑涂料挥发性有机化合物释放》国家标准：40 CFR Part 59 Subpart D	室内木器清漆	TVOCs	≤400 g·L^{-1}
	美国 SCAQMD（南海岸空气质量管理区 1113 号规则）；是美国各州以及地方政府最严格的 VOC 限定标准	木器涂料	TVOCs	≤275 g·L^{-1}
	加利福尼亚空气资源委员会（CARB）2007 年建筑涂料建议控制措施	木器涂料	TVOCs	≤275 g·L^{-1}

区域	标准号/名称	对象	有害物质名称	限　　值
美国	加利福尼亚州公共卫生局（CDPH）标准方法 v1.2—2017	木地板、家具中目标CREL VOCs 及其最大允许浓度（μg·m^{-3}）	乙醛	≤70
			苯	≤30
			四氯化碳	≤400
			二硫化碳	≤20
			氯苯	≤500
			氯仿；三氯甲烷	≤150
			1,4-二氯苯	≤400
			1,1-二氯乙烯	≤35
			N,N-二甲基甲酰胺	≤40
			1,4-二氯己烷	≤1500
			表氯醇（环氧氯丙烷）	≤1.5
			乙苯	≤1000
			乙二醇	≤200
			乙二醇单乙醚乙酸酯	≤35
			乙二醇单乙醚	≤150
			乙二醇单甲醚	≤30
			乙二醇单甲醚乙酸酯	≤45
			甲醛	≤16.5
			n-己烷	≤3500
			异氟尔酮	≤10 000
			异丙醇	≤3500
			甲基氯仿	≤500
			二氯甲烷	≤200
			甲基叔丁基醚	≤4000
			臭樟脑	≤4.5
			苯酚	≤100
			丙二醇单甲醚	≤3500
			苯乙烯	≤450
			四氯乙烯	≤17.5
			甲苯	≤150
			三氯乙烯	≤300
			乙酸乙烯酯	≤100
			混合二甲苯	≤350
	美国 WELL 认证	家具、木制品	全氟化合物	禁用
			脲醛含量	≤100 ppm
	美国绿色卫士认证	办公家具、地材	甲醛	≤0.05 ppm
			4-苯基环己烯	≤0.0065 mg·m^{-3}
			苯乙烯	≤0.07 mg·m^{-3}
			TVOCs	≤0.5 mg·m^{-3}
			醛类总量	≤0.1 ppm

续表

区域	标准号/名称	对象	有害物质名称	限　值
美国	低排放办公家具装置和座椅的甲醛和 TVOC 排放物用标准：ANSI/BIFMA X7.1—2007	办公系统(开放或私人)家具中释放浓度限值	TVOC(甲苯)	$\leqslant 0.5 \ \mathrm{mg \cdot m^{-3}}$
			甲醛	$\leqslant 50 \ \mathrm{ppb}$
			总醛含量	$\leqslant 100 \ \mathrm{ppb}$
			4-苯基环己烯	$\leqslant 0.0065 \ \mathrm{mg \cdot m^{-3}}$
		办公椅中释放浓度限值	TVOC(甲苯)	$\leqslant 0.25 \ \mathrm{mg \cdot m^{-3}}$
			甲醛	$\leqslant 25 \ \mathrm{ppb}$
			总醛含量	$\leqslant 50 \ \mathrm{ppb}$
			4-苯基环己烯	$\leqslant 0.00325 \ \mathrm{mg \cdot m^{-3}}$
		独立家具组件最大逸散因子限值(开放办公环境)	TVOC(甲苯)	$\leqslant 42.3 \ \mathrm{\mu g \cdot m^{-2} \ hr}$
			甲醛	$\leqslant 345 \ \mathrm{\mu g \cdot m^{-2} \ hr}$
			总醛含量	$\leqslant 2.8 \ \mathrm{\mu mol \cdot m^{-2} \ hr}$
			4-苯基环己烯	$\leqslant 4.5 \ \mathrm{\mu g \cdot m^{-2} \ hr}$
		独立家具部件中最大逸散因子浓度限值(私人办公环境)	TVOC(甲苯)	$\leqslant 85.1 \ \mathrm{\mu g \cdot m^{-2} \ hr}$
			甲醛	$\leqslant 694 \ \mathrm{\mu g \cdot m^{-2} \ hr}$
			总醛含量	$\leqslant 5.7 \ \mathrm{\mu mol \cdot m^{-2} \ hr}$
			4-苯基环己烯	$\leqslant 9.0 \ \mathrm{\mu g \cdot m^{-2} \ hr}$
欧洲	VOC 法案：EC-42—2004	室内/外木质和金属件用装饰性和保护性漆	TVOCs	溶剂型$\leqslant 300 \ \mathrm{g \cdot L^{-1}}$
				水性$\leqslant 130 \ \mathrm{g \cdot L^{-1}}$
		室内/外最小构件的木材着色剂	TVOCs	溶剂型$\leqslant 700 \ \mathrm{g \cdot L^{-1}}$
				水性$\leqslant 130 \ \mathrm{g \cdot L^{-1}}$
	德国蓝天使标识	室内木制品	甲醛	最终值(第 28 天)：$\leqslant 0.05 \ \mathrm{ppm}$
			TVOCs	最终值(第 28 天)：$\leqslant 300 \ \mathrm{\mu g \cdot m^{-3}}$
			总半挥发性有机化合物(TSVOCs)	最终值(第 28 天)：$\leqslant 100 \ \mathrm{\mu g \cdot m^{-3}}$
			致癌、突变、畸形的物质	初始值(24 h)$< 1 \ \mathrm{\mu g \cdot m^{-3}}$
			颜料和油漆催干剂	不得使用以铅、镉、六价铬及其化合物
				允许以原材料杂质的方式带入铅,但铅的含量不得超过：100 ppm(天然产生物)、200 ppm(加工生产物)
			增塑剂	不得添加邻苯二甲酸酯类或者有机磷类增塑剂
			烷基酚聚氧乙烯醚	不得人为添加
日本	JIS A1901-2009	建筑产品	甲醛	$\leqslant 100 \ \mathrm{mg \cdot m^{-3}}$
			甲苯	$\leqslant 260 \ \mathrm{mg \cdot m^{-3}}$
			二甲苯	$\leqslant 870 \ \mathrm{mg \cdot m^{-3}}$
			二氯苯	$\leqslant 240 \ \mathrm{mg \cdot m^{-3}}$
			乙苯	$\leqslant 3800 \ \mathrm{mg \cdot m^{-3}}$

续表

区域	标准号/名称	对象	有害物质名称	限　值	
日本	JIS A1901-2009	建筑产品	苯乙烯	≤220 mg·m^{-3}	
			十四烷	≤330 mg·m^{-3}	
			乙醛	≤48 mg·m^{-3}	
	农林标准（JAS）、工业标准（JIS）	人造板、地板	甲醛	F☆☆☆ ☆☆	平均值≤0.3 mg·m^{-3}
					最大值≤0.4 mg·m^{-3}
				F☆☆☆ ☆	平均值0.5 mg·m^{-3}
					最大值≤0.7 mg·m^{-3}
				F☆☆	平均值≤1.5 mg·m^{-3}
					最大值≤2.1 mg·m^{-3}
				F☆S	平均值≤3.0 mg·m^{-3}
					最大值≤4.2 mg·m^{-3}
				F☆	平均值≤5.0 mg·m^{-3}
					最大值≤7.0 mg·m^{-3}

对于室内装修材料的释放限量规定,各个国家对污染物的种类进行了详细的划分,除常见的苯系物、芳香族化合物、醛类化合物之外,德国蓝天使环保标识还规定了致癌物质的限量标准,美国绿色卫士认证和美国 BIFMA 标准还规定了苯基环己烯的释放限量。总的来说,对 VOCs 释放限量最严格的是美国制定的标准。

8.8 小结与展望

8.8.1 主要木器漆漆种综合对比

本章已详细介绍了各类木器漆的情况。在此,首先分别将各主要漆种中主要品种的特点、性能、综合成本、主要污染源、环保性、适用范围等总结于表 8-23(溶剂型木器漆)、表 8-24(水性木器漆)和表 8-25(粉末涂料),然后将上述三大漆种的综合对比列于表 8-26。

表 8-23　溶剂型木器漆各漆种特点对比

项目	溶剂型硝基漆	溶剂型聚氨酯漆	溶剂型醇酸漆	溶剂型不饱和聚酯漆
漆种特点	通过有机溶剂挥发成膜	异氰酸酯组分和羟基组分反应固化成膜	有机溶剂挥发成膜,需要空气氧化干燥	与活性单体反应固化,需隔绝氧或外加固化剂成膜
漆膜性能	透明性好,但漆膜硬脆、丰满度差、耐溶剂性差	柔韧性好、硬度大、丰满度、光亮度均优异	柔韧性、硬度、丰满度、光泽、耐久好,耐水差	成膜厚,硬度、丰满度、光泽、耐久性好,柔韧差,开裂难修复
施工工艺	喷涂、淋涂、浸涂、刷涂	喷涂、刷涂	刷涂、喷涂、辊涂、浸涂	喷涂、刷涂、淋涂
施工难度	低	中(禁忌与水、碱、酸、醇等接触)	较高(干燥慢,易起皮、起皱)	中(一般为三组分混合使用)
安全性	差(易燃有毒)			

续表

项目	溶剂型硝基漆	溶剂型聚氨酯漆	溶剂型醇酸漆	溶剂型不饱和聚酯漆
综合成本	低	较高	低	高
主要污染源	酯类、酮类、醚类、醇类、芳香烃类溶剂	酯、酮和芳烃溶剂、单体、催化剂重金属	酯、酮、醚、醇类、烃类溶剂、催干剂重金属	活性稀释剂、异氰酸酯单体、酮、酯类溶剂
环保性能	最差(固含低)	差		
主要用途	一般木器表面，如门窗、栏杆等或简单小面积家具涂装	一般或高级木器表面涂装，适用于家具和木地板	用于门窗、栏杆等一般家装，不宜用于地板、桌面和高档涂装	俗称"钢琴漆"，用于高级木器表面涂装，尤其是高档木地板

表 8-24　水性木器漆各漆种特点对比

项目	水性聚氨酯漆	水性丙烯酸漆	水性丙烯酸聚氨酯漆
漆种特点	反应固化或水分挥发	自交联固化或水分挥发	自交联或双组分固化
漆膜性能	具有聚氨酯的一般特点；硬度和耐水性要更差	耐候、附着力好；硬度、光泽、丰满度、柔韧性不高，热黏冷脆易开裂	兼具丙烯酸和聚氨酯的优点，硬度较高、耐候性、丰满度较好
施工工艺	喷涂、辊涂、刷涂		
施工难度	中(受气温和空气湿度影响大，存在 0℃冻结破乳、影响低温施工等问题)		
安全性	优		
综合成本	较高	低	中
主要污染源	醇、醇酯、醇醚类成膜助剂；催化剂重金属	醇、醇酯、醇醚类成膜助剂	醇、醇酯、醇醚类成膜助剂；催化剂重金属
环保性	优良		
主要用途	一般或高级木器表面，适用于家具和木地板	低级或一般木器表面，门窗、栏杆等家庭装修	适用面广，家庭装修涂装，家具和木地板涂装

表 8-25　粉末涂料各漆种特点对比

项目	聚酯粉末涂料	聚氨酯粉末涂料	丙烯酸粉末涂料
漆膜性能	可达到溶剂型聚酯漆水平	可达到溶剂型聚氨酯漆水平	可达到溶剂型丙烯酸漆的水平
施工工艺	主要为静电喷涂和流化床浸涂，也可以用空气喷涂法、火焰喷涂法		
施工难度	中(不受气温和空气湿度影响，容易实施自动化流水线涂装；但只适用于厚涂，生产和涂装需要专用设备，换涂料颜色和品种麻烦)		
安全性	优		
综合成本	中等(喷粉利用率高，一次涂装的面积大，综合成本低)		
主要污染源	固化剂单体	异氰酸酯；封闭剂	封闭剂
环保性	优		
主要用途	电器仪表外壳、自行车、高级金属家具涂装。开始少量用于木器家具	家电、汽车、摩托车及高级金属家具涂装	汽车零部件、仪器仪表外壳、机电设备、一般室内金属家具涂装

表 8-26　主要大类木器漆漆种特点对比

项目	溶剂型木器漆	水性木器漆	粉末涂料
漆膜性能	可制成硬度从低到高的涂层；丰满度好；可厚涂；可制得高光泽涂膜；耐水性好	难制得高硬度漆膜；丰满度较差；难厚涂；高光泽难；耐水性较差	可制成硬度从低到高的涂层；丰满度好；可制得高光泽膜；耐水性好，可厚涂，薄涂难
施工工艺	喷涂、淋涂、浸涂、刷涂、辊涂	喷涂、刷涂、辊涂	静电喷涂、流化床浸涂、空气喷涂、火焰喷涂
施工难度	低（配方调节性大，受气温和空气湿度影响小，干燥速率可调，不会冻结破坏，可低温施工，无 MFFT 问题）	中（配方可调性小，受气温和空气湿度影响，干燥速度慢，存在 0℃冻结破乳和 MFFT 影响低温施工问题）	中（不受气温和湿度影响，易于自动化涂装，涂料利用率高；但生产和涂装需要专用设备，换涂料颜色和品种麻烦）
储存性	可长期储存	长期储存易污染发霉	可长期储存
安全性	差（易燃有毒）	优	优
综合成本	中（产业成熟，生产成本低；涂装受限少，成膜质量优于水性漆，需要的处理工序少于水性漆，施工成本低）	较高（废液处理难，无法像溶剂型涂料那样焚烧，生产成本高；干燥时间长，施工受限多，人工成本高）	低（规模化生产成本低；一次涂装面积大，自动化作业，综合成本低）；（较同等质量的家具，综合成本低 1/3 到 1/2）
主要污染源	有机溶剂、异氰酸酯单体、可溶性重金属	成膜助剂、可溶性重金属	固化剂单体、异氰酸酯单体、封闭剂单体
环保性能	差	良	优
主要用途	家庭装修（门窗、栏杆等）、家具、木地板涂装	家庭装修（门窗、栏杆等）、家具、木地板涂装	金属家具、家电仪表、汽车涂装，木器家具上占比很低

8.8.2　展望

　　溶剂型木器漆使用最广泛的是硝基漆和聚氨酯漆，前者便宜，后者性能更好；水性木器漆最常见的是聚氨酯漆和丙烯酸聚氨酯漆，两者综合性能好，适用广泛；粉末涂料性价比很高，但在木器漆领域的应用尚不成熟，烘烤温度高和专用喷涂设备是限制其发展的主要因素，也是未来的研究与开发重点。

　　随着木器漆行业的发展，新型绿色环保木器漆已经成为研究开发的热点。但目前我国木器漆行业还有不足，与发达国家还存在差距。需要学术界和产业界共同努力，提高理论创新和应用创新能力，推动木器漆朝着环境友好型的可持续化、多功能化及高效化的方向发展。

第9章
金属漆和玻璃漆

涂料是指能够涂覆在物体的表面,并在表面形成稳定、黏附作用强的连续薄膜,起到保护、防腐、防污、装饰等作用的一类物质或产品。金属和玻璃是现代居家环境中不可或缺的材料,金属和玻璃家具也已逐渐进入人们的生活,因而家装金属漆和家装玻璃漆也得到了发展。随着环保意识和健康意识的增强,人们除关注产品本身外,还关注可能产生的污染物及其对人体的危害。分析研究金属漆和玻璃漆的产品特点以及污染物的来源和释放规律,全面认识室内环境污染源,正确选择金属和玻璃家具,改善居家环境空气质量。

与木材和水泥基材不同,由于金属和玻璃均属于非吸收性材质,所使用的漆、胶黏剂等化学品中的有害化学物质很少能渗透到它们内部,加上目前金属和玻璃家具属于小众产品,在家具中占比还较低,因此家具用金属漆和玻璃漆对室内环境污染的贡献相对较小。

9.1 家装金属漆

9.1.1 金属漆的组成和涂装工艺

为了认识金属漆对室内环境污染的影响,在此主要关注金属漆的组成和装涂工艺,并探讨这些因素对居家环境的影响。事实上,在涂装过程中,涂料在金属基板表面进行润湿成膜,由于金属晶体的致密性,涂料体系的物质很难被吸收进入金属材料之中,因此只需考虑涂料体系在装涂过程中以及成膜后表面有毒有害物质的残留即可。

金属漆组成复杂,包括以下成分:①成膜物质,如树脂、乳液,要求具有较好的溶解性、混溶性、成膜性和稳定性,是牢固黏附于被涂基材表面上的连续薄膜的主要物质,它决定了涂料的主要性质;②颜填料,包括着色颜料,如钛白粉、铬黄等,还有体质颜料,如碳酸钙,滑石粉等;③分散介质(粉末涂料除外),如苯、甲苯、二甲苯、汽油、醚类、醇类、酯类和酮类等有机溶剂和水,可溶解或分散成膜物质,为涂料连续相,利于施工和成膜;④添加剂(助剂),具有特殊功能,添加量少,一般不成膜,可提高产品的施工性和漆膜的性能。

典型的金属表面涂装工序包括:上底漆、刮腻子、打磨、喷漆、打蜡抛光等。金属表面涂装方法有刷涂、喷涂、电泳、静电喷涂等。

在多数情况下,一个良好的涂层体系由底漆、中层漆、色漆和面漆组成。底漆要对底材和面漆有较高的附着力和黏结力,并有缓蚀防锈作用,常用的底漆树脂包括环氧树脂类、聚酯类、聚氨酯类、丙烯酸酯类、醇酸树脂类等,这些树脂与金属材料结合能力强,应用较为广泛。此外,在底漆层干透后,要在底漆层表面涂装腻子,起到平整工件表面的作用,常用的腻子包括自调腻子、环氧腻子、醇酸腻子等,自调腻子包括水性、油性和漆基三大类。中层漆是过渡层,起抗渗作用,它要对底漆和面漆起到很好的配合作用。从底漆、腻子、中层漆和面漆的配套使用角度来看,同类溶剂、同类漆基的涂料可以相互配套,而且要具有相近的硬度和抗张强度。即使不能相互配套,也要求从里到外由硬到软,溶剂由强到弱,而且差别不能过大。面漆为最外层,要具有所需光泽、高硬度、高耐划伤性和较好的耐腐蚀性,对下涂层还应具有适宜的附着力,并提供一定的装饰效果,一般采用硝基清漆、醇酸清漆、聚氨酯清漆、不饱和聚酯清漆、氨基清漆等。

9.1.2 金属漆的形态及污染源分析

一般而言,最可能产生室内污染的是分散介质有机溶剂的挥发,其次是成膜物质中未聚合的残余单体等,有些颜料和添加剂也有一定污染。这些残存的有机物在经过涂装和固化等工序后,未能挥发逸出的部分被树脂的固化膜封闭,在放置使用过程中会缓慢释放VOCs而污染环境。

按照分散介质或形态的不同,可将涂料分为溶剂型涂料、水性涂料、粉末涂料和高固体分涂料等,其中又以溶剂型涂料、水性涂料、粉末涂料在实际中有较广泛的应用。

1. 涂料形态和分散介质的影响

1)溶剂型涂料

溶剂型涂料是以有机溶剂作为分散介质的涂料。溶剂型涂料施工简单,漆膜硬度和丰满度俱佳,光泽度高,装饰效果好。但溶剂型涂料也存在很明显的缺点,即VOCs排放量非常大,因而正逐渐被其他涂料所取代。几种典型的用于金属涂料的溶剂及其对人体的危害见表9-1。

此外,溶剂型涂料也要使用一些助剂,但与大量使用的溶剂相比,助剂用量少,对VOCs的贡献相对很小。

表9-1 溶剂型涂料常用溶剂及其危害举例

溶剂	对人体的危害
苯	高浓度苯对中枢神经系统有麻醉作用,引起急性中毒;长期接触苯对造血系统有损害,引起慢性中毒
甲苯	吸入有害,造成中枢神经系统抑制;蒸气可造成头痛、疲劳、晕眩、眼花、麻木、恶心、精神错乱、动作不协调,长期接触可发生神经衰弱综合征,肝肿大、皮肤干燥、皲裂、皮炎等

溶剂	对人体的危害
二甲苯	对眼睛及上呼吸道有刺激作用,高浓度时对中枢神经系统有麻醉作用
石油醚	其蒸气对眼睛、黏膜和呼吸道有刺激性;中毒表现可有烧灼感、咳嗽、喘息、喉炎、气短、头痛、恶心和呕吐;可引起周围神经炎;对皮肤有强烈刺激性
异丁醇	较高浓度蒸气对眼睛、皮肤、黏膜和上呼吸道有刺激作用;眼角膜表层形成空泡,还可引起食欲减退和体重减轻;涂于皮肤,引起局部轻度充血及红斑
环己酮	对皮肤有刺激性;眼接触有可能造成角膜损害;长期反复接触可致皮炎
乙酸正丁酯	对眼睛及上呼吸道均有强烈的刺激作用,有麻醉作用;吸入高浓度本品会出现流泪、咽痛、咳嗽、胸闷、气短等,严重者出现心血管和神经系统的症状,可引起结膜炎、角膜炎、角膜上皮有空泡形成;皮肤接触可引起皮肤干燥

以用于金属的氟碳漆、绝缘漆和醇酸树脂漆为例,在涂装时排放的挥发性有机化合物(VOCs)中,间/对二甲苯、甲苯和乙苯均占有较高比例。此外,这三种漆各有特点,邻二甲苯在氟碳漆中排放较多,苯乙烯在绝缘漆中排放较多,醇酸漆排放的乙酸乙酯较多。实际上,由于金属涂料体系的复杂性,VOCs排放也很复杂。从对VOCs成分的分析结果看,毒性较大的苯系物占VOCs的比例较大。除涂装时的污染外,这些VOCs也会小部分地被封存于漆膜内,在使用过程中会逐渐地释放出来而污染环境。

2)水性涂料

水性涂料以水为介质,环境友好,发展很快。目前建筑涂料水性化率已高于90%,内墙涂料水性化程度几乎达到100%,但在木器涂料和工业涂料领域,水性化还在快速推进之中,工业领域中又以汽车涂料环保化进程较为领先。

但是水性漆的漆膜硬度、防腐性能等较溶剂型涂料相比还有一定差距,而且具有干燥时间长、对温湿度要求高、能耗高、对生产设施材质的防腐性要求高、性价比略低等缺点,目前水性涂料也并不能完全消除VOCs的释放。

另外,由于水的表面张力大,水性漆对基材的润湿能力和在基材上展布的能力较弱,会影响成膜的质量,往往需要借助成膜助剂将乳胶粒子融合均匀,水性漆对涂料助剂的依赖性比溶剂型要高得多。表9-2是一种典型的水性丙烯酸乳液型底漆的组成和配方实例。

表9-2 一种典型的水性丙烯酸乳液金属底漆的组成及配方

组 分 名 称	规格型号或溶液质量分数	质 量 份
水	—	165.00
羟乙基纤维素	Natrosol 250 MR	1.73
消泡剂	Nopco NXZ	1.80
氨水	28%	0.87
分散剂	Tamol 850(30%)	13.48
润湿剂	Triton CF-10	2.12
二氧化钛	Ti-Pure R-960	144.40
水磨云母	45 μm	24.07
碳酸钙	Atomite	105.89
偏硼酸钡	Busan 11-M1	96.26
丙烯酸乳液	Rhoplex MV-2 (46%)	446.86

组 分 名 称	规格型号或溶液质量分数	质 量 份
乳化剂	Triton X-405(70%)	1.64
酯醇-12	Texanol	3.66
醇酸树脂	Aroplaz 1271(1)	57.76
乳化剂	Triton X-100	4.28
乙二醇	—	22.33
亚硝酸钠溶液	13.8%	5.78
水/羟乙基纤维素溶液	2.5%	28.88
合计	—	1126.81

为了获得施工性和漆膜性能良好的水性漆,生产过程中需要使用多种助剂,常用的助剂包括以下几种。

(1) 基材润湿剂

基材润湿剂用来增强涂料对基材的润湿和展布,属于表面活性剂的范畴,分为阴离子型、非离子型、聚醚改性聚硅氧烷类、炔二醇类等;有些产品还会向润湿剂中加入一定量的溶剂,如乙二醇、正丙醇、异丙醇、丙二醇、乙二醇丁醚、二丙二醇单甲醚等,这些基材润湿剂产生的 VOCs 不容小觑。

(2) 润湿分散剂

润湿分散剂的作用是将粉体颜料和填料润湿并分散在基料中,润湿后表面活性剂长期吸附在粒子表面,并使之保持分散状态。润湿分散剂主要分为无机类、有机类和高分子类。无机类主要有磷酸盐和硅酸盐等;有机类如烷基硫酸酯或磺酸酯、烷基芳香基硫酸酯或磺酸酯、烷基酚聚氧乙烯醚等;高分子类如聚羧酸盐、聚丙烯酸衍生物、聚醚衍生物、顺丁烯二酸酐共聚物等。对于一些高分子润湿分散剂,还会加入少量溶剂促进高分子的分散,比如二丙二醇甲醚,因此也会产生一定量的 VOCs。

(3) 润湿流平剂

润湿流平剂的作用是提高高剪切状态下的体系黏度,增加流平性,防止施工过程产生流挂,使涂膜变得平整、光滑、均匀。常用的流平剂有纤维素醚类(如乙基羟乙基纤维素、甲基乙基羟乙基纤维素等)、聚丙烯酸酯类(如聚丙烯酸丁酯)、有机硅类(如聚二甲基硅氧烷)、氟碳化合物等。润湿流平剂对 VOCs 的排放贡献不大。

(4) 消泡剂

水性漆常用的消泡剂包括:矿物油类,如脂肪烃类、有机醇类、脂肪酸酯、磺化脂肪酸等化合物;有机硅表面活性剂,如聚二甲基硅氧烷及其聚醚改性物。对于矿物油类的消泡剂,也会产生一定量的 VOCs。

(5) 成膜助剂

许多水性漆配方中的成膜助剂是 VOCs 的最大来源。成膜助剂多为高沸点的有机化合物,对成膜树脂起到溶剂的作用。在水分挥发后,乳胶粒中的成膜助剂促使乳胶粒融合成连续的膜,成膜后随着时间的推移又逐渐挥发出来。常用的成膜助剂多为醇类、醇酯类、醇醚类等,如 Dowanol DB 的主要成分是二乙二醇丁醚,Dowanol EB 是乙二醇单丁醚,Dowanol DPM 是二丙二醇甲醚,Dowanol PPh 是丙二醇苯醚,Texanol 是 2,2,4-三甲基-1,

3-戊二醇单异丁酸酯(又叫醇酯-12),等。塑料用增塑剂,如邻苯二甲酸二辛酯(DOP)、邻苯二甲酸二丁酯(DBP)难以挥发,不仅会降低漆膜硬度,后续还会迁移造成环境污染,很少应用于水性漆。为了降低 VOCs,要在满足特定施工需求的条件下,尽可能减少成膜助剂的用量。

(6) 防腐剂和防霉剂

水性漆在合适条件下会有利于微生物和霉菌的繁殖和生长,导致分层、破乳、长霉斑、发黄等变质现象。防腐剂和防霉剂通过阻碍微生物和细菌的新陈代谢、生物合成和遗传,破坏细胞壁和细胞膜等方式阻碍微生物生长、繁殖或将其杀灭。防腐剂和防霉剂用量一般不超过 0.2%,有以下几类:异噻唑啉酮衍生物(如 2-甲基-4-异噻唑啉-3-酮)、苯并咪唑化合物(如苯并咪唑氨基甲酸甲酯)、取代芳烃化合物(如四氯间苯二腈)、三嗪类化合物(如羟乙基六氢均三嗪)、有机溴化合物、有机胺化合物以及甲醛释放体类防腐剂(如 1,3-二羟甲基-5,5-二甲基乙内酰脲)等。这些物质常温下多为固体,对 VOCs 没有贡献。

(7) pH 调节剂

聚合物乳液通常在偏碱性的状态下具有最佳的稳定性,pH 在 8~9 之间效果最佳,具有较好的储存稳定性、抗微生物侵蚀、防沉性、施工性和漆膜性能等。常用的 pH 调节剂有氨水和有机胺类化合物。氨水因挥发快、对早期涂层影响小、价廉而在乳胶漆中得到广泛应用,但由于贮存时乳胶漆 pH 易变化,且有不愉快的气味,因而现在已被更好的有机胺类 pH 调节剂取代。有机胺类化合物较氨水挥发性慢,产品 pH 稳定性较好,包括一乙醇胺、二乙醇胺、三乙醇胺、2-氨基-2-甲基-1-丙醇等,它们的沸点分别是 170℃、268.8℃、360℃、165℃,也具有一定的挥发性。

水性涂料对于 VOCs 的减排贡献是巨大的。曲颖以环氧底漆和聚氨酯面漆为例,探究了溶剂型涂料和水性涂料的 VOCs 排放行为,结果显示,水性漆的 VOCs 排放量仅为溶剂型涂料的十分之一,且 VOCs 来源主要是成膜助剂。崔伟伟用气相色谱-质谱联用仪对水性漆中的 VOCs 进行了分析,检测出了乙二醇、2-氨基-2-甲基-1-丙醇和 1,2-丙二醇。马丛欣也从水性涂料中定量检测出了 1,2-丙二醇、乙二醇、二乙二醇单丁醚和乙二醇丙醚。高宗江则在使用水性涂料对金属表面进行涂装的工艺车间的空气样品中检测出了苯乙烯、乙基苯、间/对-二甲苯、1,2,4-三甲苯、正丁醇、丙酮、乙烯、正癸烷、甲苯等有机物。以上研究都说明水性漆中也会有少量挥发性有机化合物,通过对比前述水性涂料助剂成分,可以发现水性漆 VOCs 的来源主要是成膜助剂、消泡剂、基材润湿剂等低沸点、易挥发成分。

3) 粉末涂料

粉末涂料由固体树脂、固化剂(存在于热固性粉末涂料中,热塑性粉末涂料不需要)、颜料、填料及助剂等组成。粉末涂料的涂装一般由生产金属件的厂家在生产线上进行涂装,或是送到专门的粉末涂装厂委托加工,许多大型家用电器生产厂、金属家具厂、厨房用具厂、灯具厂等也有自己的粉末涂装线,几乎不会在居家环境内进行金属表面的粉末涂装,因而涂装过程对居家环境影响小,其中的残留物质及其挥发、迁移是室内污染的来源。

粉末涂料主要应用于家电、车辆、建材、管道、办公家具、金属构件和金属制品等。室内不同应用场景中采用的树脂种类列于表 9-3。此外,随着耐候性聚氨酯涂料的发展,聚氨酯粉末涂料也逐渐得到应用。

表 9-3 粉末涂料在家居中的应用及使用的粉末涂料种类

用　途		涂料品种			
		环氧类	聚酯类	丙烯酸类	聚酯/环氧类
住宅相关制品	预制件钢筋(内部)	○	○	—	○
	预制件钢筋(外部)	○	○	○	○
	篱笆	—	○	○	○
	窗框	—	○	○	○
	储藏室,汽车房	—	○	○	○
钢制家具类	桌子、椅子	○	○	○	○
	庭院用具	○	○	○	○
	厨房用具	○	○	○	○
	储藏室	○	○	○	○
家用电器类	冰箱、洗衣机	○	○	○	○
	餐具洗涤机	—	○	○	○
	微波炉	△	○	○	○
	空调器、风扇	—	○	○	○
管道类	煤气管	○	—	—	—
	自来水管	○	—	—	—
	地下管道内面	○	—	—	—
	地下管道外面	△	○	○	○
	阀门	○	—	—	—

注：○表示性能优良,△表示性能较差,—表示不能应用。

粉末涂料可分为热塑性和热固性两种。热塑性粉末涂料在室内家具中的应用包括聚氯乙烯用于洗碗机、电冰箱和洗衣机等的货架和网篮,聚酰胺用于洗衣机零部件,聚苯硫醚用于不粘锅等。现在工业中主要采用热固性粉末涂料,产量约为热塑性粉末涂料的 10 倍,常用的有环氧树脂类、聚酯类、环氧-聚酯复合类、聚氨酯类、丙烯酸类等。热固性粉末涂料相较于热塑性粉末涂料树脂品种多,应用范围广,但同时也需要使用更多的助剂和填料,表 9-4 给出了一种家电用粉末涂料的组成和配方实例。

表 9-4 一种普通家电用粉末涂料的配方实例

原　料	质量/g
羟基树脂	480
封闭性异氰酸酯	120
流平剂	10
金红石型钛白粉	250～300
抗氧剂	8～10
安息香	3～5

以下就粉末涂料及所用助剂可能产生的 VOCs 污染源进行分析。

(1) 颜料与填料

颜料包括无机颜料和有机颜料两大类,常用的无机颜料有钛白、铁系(铁红、铁棕、云母氧化铁、铁黑等)、铅铬黄系、钼铬红系、铜金粉等,常用的有机颜料包括酞菁蓝、酞菁绿、永固红、永固黄等。常用的填料有沉淀硫酸钡、重晶石粉、轻质碳酸钙、重质碳酸钙、高岭土、滑石粉、膨润土等。这两种组分不会产生大量的 VOCs。

（2）流平剂

常用于粉末涂料的流平剂有丙烯酸酯均聚物和共聚物、有机硅改性聚丙烯酸酯聚合物和聚硅氧烷等，产生的 VOCs 很少。

（3）光亮剂

光亮剂用于改进颜料、填料在树脂和固化剂里的润湿性，同时使得粉末涂料在熔融流平过程中更好地降低表面张力，提高流平效果，常用的光亮剂是丙烯酸丁酯类共聚物，VOCs 排放量很少。

（4）脱气剂和消泡剂

脱气剂是在成膜时使粉末涂料中含有的空气、水分以及交联固化产生的小分子脱逸，及时弥合针孔，减少涂膜缺陷的助剂。常用的脱气剂为二苯乙醇酮，其熔点和沸点均较高，难以挥发形成 VOCs。

（5）消光剂

消光剂是使粉末涂料涂层消光的助剂，常用的消光剂有蜡型消光剂和非蜡型消光剂（树脂型非反应性消光剂），不产生 VOCs。

需要指出，有些热塑性粉末涂料中也会加入邻苯二甲酸酯类、磷酸酯类、癸二酸酯类和环氧酯类增塑剂等，但热固性粉末涂料中一般不采用，因而影响也不大。

李霞等对佛山市典型铝型材行业表面涂装粉末涂料排放的 VOCs 组成进行了分析，占比前十位的是丙酮、丙烷、乙烯、乙烷、正丁烷、丙烯、异丁烷、乙炔、1-丁烯、甲基乙基酮，其中前四种之和约为 67%，苯系物的占比相较于溶剂型涂料和水性涂料大大降低。

2. 成膜物及固化剂的影响

1）环氧树脂涂料

环氧涂料的成分包括环氧树脂、固化剂、颜料、填料和助剂等。环氧树脂分子链上含有环氧基团，多为双酚 A 型和酚醛改性型。固化剂包括有机胺类［乙二胺、二乙烯三胺、三乙烯四胺、己二胺、双氰胺、取代双氰胺、二羧酸二酰肼（主要是癸二酸二酰肼）等］、咪唑类（2-甲基咪唑、环脒 SPI 等）、酸酐（邻苯二甲酸酐、四氢邻苯二甲酸酐等）、酚羟基树脂。其中有机胺类固化剂最为常用。在这些固化剂中，只有具有挥发性的乙二胺、二乙烯三胺、三乙烯四胺等会产生 VOCs。考虑到小分子有机胺类固化剂的挥发性大，对人体的刺激性强，以及伯胺可与空气中的二氧化碳反应生成碳酰胺发白而影响涂膜的性能的缺点，多采用改性伯胺固化剂、酰胺化多胺固化剂或聚酰胺固化剂等代替小分子固化剂。

2）不饱和聚酯树脂涂料

聚酯树脂是由多元醇与多元酸缩聚而得到的产物，以不饱和多元酸为原料得到的产物称为不饱和聚酯。制备不饱和聚酯常用的多元醇是 1,2-丙二醇、乙二醇、一缩二乙二醇、三缩三乙二醇、1,3-丁二醇、1,4-丁二醇、多聚丙二醇等。二元醇的链越长沸点越高，越不易挥发；不饱和聚酯树脂所用多元酸主要是马来酸酐和富马酸，甲基反丁烯二酸及亚甲基丁二酸等在特殊情况也有应用。使用低沸点、挥发性好的多元醇易导致 VOCs 排放。

不饱和聚酯涂料一般由直链型不饱和聚酯和含双键的单体稀释剂（如苯乙烯、丙烯酸酯等)组成,施工前加入引发剂和促进剂,引发聚合后得到体型结构的漆膜。苯乙烯等单体稀释剂的使用会导致 VOCs 排放。近年来,低苯乙烯和无苯乙烯的不饱和聚酯涂料发展较快,可以大大降低苯乙烯带来的 VOCs 污染问题。采用的方法包括在不饱和聚酯固化过程中加入成膜添加剂或苯乙烯抑制剂、用挥发性低的单体代替苯乙烯或通过化学改性法合成低苯乙烯的不饱和聚酯等。

3)醇酸树脂涂料

是以多元醇、多元酸与脂肪酸或植物油为原料制得的聚合物。当以不饱和脂肪酸或相应的油为原料时,所得醇酸树脂在常温下可与空气中的氧气反应固化成膜,又叫干性油醇酸树脂;当采用饱和脂肪酸时,得到的是不干性油醇酸树脂,需要与其他树脂涂料体系混合使用。醇酸树脂的原料毒性、挥发性都相对较小。为了加速醇酸树脂涂膜的氧化、交联和干燥,常会在体系中加入催干剂。催干剂为金属氧化物、金属盐和金属皂类物质,不会挥发,没有 VOCs 释放问题,但会因为重金属离子而产生污染。

4)丙烯酸酯树脂涂料

溶剂型丙烯酸酯树脂涂料一般用苯、甲苯、乙酸乙酯、乙酸正丁酯等作溶剂,是 VOCs 的主要来源。对于水性丙烯酸酯树脂涂料,VOCs 的来源主要有:①乳液中的残余单体;②添加的助溶剂或成膜助剂(如醇酯-12)等;③矿物油类消泡剂和缔合型增稠剂等;④pH 调节剂[如 2-氨基-2-甲基-1-丙醇(AMP-95)]。

5)聚氨酯涂料

聚氨酯是由多异氰酸酯与多元醇通过逐步加成聚合得到的产物。在聚氨酯涂料中,异氰酸酯单体会产生较大的污染,如甲苯二异氰酸酯(TDI),其毒性和挥发性大,会产生 VOCs。用沸点更高的异佛尔酮二异氰酸酯(IPDI)为原料,可以减少 VOCs 的排放。

9.1.3 金属漆膜 VOCs 的释放行为

PoPa J 等以金属和石膏板为基材,研究了聚丙烯酸漆膜中 VOCs 污染物的吸附/释放行为。在放有测试样板的封闭舱内先充满甲苯气体,再模拟自然条件通风,得到如图 9-1 所示的吸附-解析曲线。

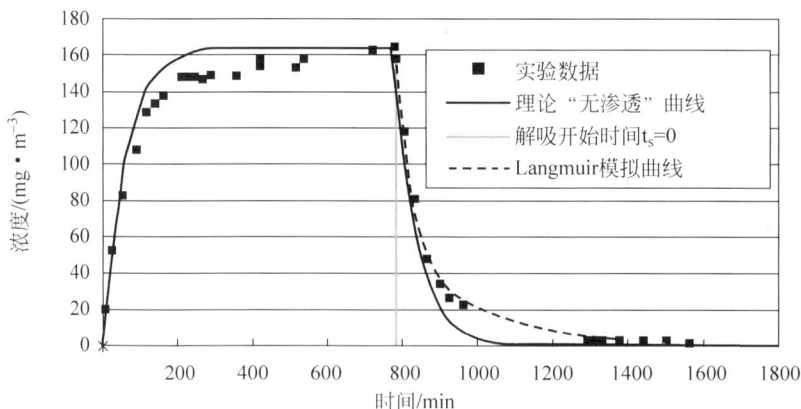

图 9-1 石膏板上聚丙烯酸涂膜对甲苯的吸附/解吸示意图

结果表明,测试舱的不锈钢壁(不含任何样品时单独测试)没有显示出明显的甲苯吸附,说明金属本身不会吸附甲苯。两种基材上的聚丙烯酸漆膜都表现出了对 VOCs 的吸附,而且石膏板上漆膜吸附甲苯和挥发性有机化合物的速率比铝材更高,表明石膏板本身也会吸附 VOCs。此外,随着漆膜厚度的增加,VOCs 的吸附和释放量也增加;随着温度的升高,VOCs 的释放速率加快。Haghighat 等研究了不锈钢表面漆膜(清漆和色漆)中 VOCs 的释放行为,发现 VOCs 释放速率随温度升高而加快;相对湿度与清漆漆膜 VOCs 的释放速率之间无明显相关性,但对于色漆漆膜,其 VOCs 释放率随相对湿度的增加而增大。时真男等利用静态释放气体实验法对三种涂料中 VOCs 的释放规律进行了探究,共检测出了 35 种组分,其中有 24 种对人体健康有一定危害,且 VOCs 释放速率为防锈漆＞清漆＞醇酸调和漆。

事实上,由于金属基材本身不吸收 VOCs,对金属基材上漆膜 VOCs 释放行为的研究多作为其他材料的对照,对人造板、石膏板、皮革、地毯、汽车内饰等有较大比表面积的吸收性材料的研究比较多。

9.1.4　金属涂料研究进展及发展趋势

1. 水性涂料

水性涂料体系因其低 VOCs 排放而得到广泛关注。但就水性金属漆而言,以下不足限制了它的广泛使用:①对钢铁有闪蚀作用;②表面活性剂的存在使得漆膜对水敏感,导致漆膜附着力丧失;③硬度、耐热性、耐久性和装饰性较差;④漆膜致密性不高,对水蒸气和氧气屏蔽较差。针对这些缺陷研究人员进行了大量的研究,其中对 VOCs 排放有较大影响的研究有以下几个方面。

1) 成膜树脂的改性

对成膜树脂进行改性可以提高成膜能力和附着力,减少润湿剂、成膜助剂等 VOCs 源的使用。例如,环氧树脂漆膜对水蒸气和氧气具有较好的屏蔽性,附着力好,广泛用作金属防腐涂料的成膜物,但其耐光性、耐候性差,易粉化;聚丙烯酸类漆膜能保光保色,耐老化,但膜致密性差、对水蒸气和氧气的屏蔽效果不佳;有机硅树脂耐热性、防水性好,还能降低树脂成膜时的内应力。水性环氧树脂通过丙烯酸树脂的接枝改性获得了良好的快干性、耐水性和防腐性能,且耐冲击性、柔韧性、层间附着力得到提高。对聚氨酯进行环氧树脂改性、丙烯酸树脂改性、有机硅改性、纳米改性等也时有报道,这些改性树脂在不同程度上提高了水性漆的储存稳定性、耐碱性、耐溶剂性、耐黏污性、力学性能、耐水性、耐磨性及耐干热性。

2) 低 VOCs 排放助剂的研究

成膜助剂是水性漆 VOCs 的主要来源,要降低居室环境中的 VOCs 浓度,提高空气质量,就要开发低气味、低毒、高安全性的新型成膜助剂(最好具有可生物降解性),同时要综合优化涂料配方体系,尽量减少成膜助剂的使用。研究表明,曾被作为成膜助剂而广泛使用的乙二醇醚和乙二醇酯系列产品能导致生物的生殖系统病变,在欧洲若使用类似成膜助剂,产品不能贴上"欧洲之花"的环保标志。活性成膜助剂,如丙烯酸双环戊烯基氧乙基酯(DPOA),可使乳胶漆在室温成膜,空气中在催干剂作用下可以进行自由基聚合,无挥发,不仅环境友好,还能提高漆膜的硬度和光亮度。目前以丙氧基为主要结构的醇、醚类成膜助剂环保无毒,且具有更好的综合性能,如丙二醇苯醚(KL-PPH)沸点高,混溶性好,与醇酯-12

相比,在相同的漆膜性能要求下,用量可降低 30%~50%,对颜料的润湿分散作用也较强。丙二醇油酸酯作为无 VOCs 的成膜助剂也被开发出来,可以用于所有的水性漆,与用传统醇酯-12 相比,VOCs 排放量降低了 31%。

2. 粉末涂料

粉末涂料为环境友好、节能、性能优良、近于 VOCs 零排放的涂料,也是涂料领域的重要发展方向。但目前存在价格相对较高、难以获得很薄的漆膜,烘烤、固化温度较高,施工场所受限等缺点,今后的发展趋势主要包括以下几个方面。

(1) 选择/开发合适的固化剂,降低固化温度;

(2) 减少漆膜缺陷,改进黏度分布,提高耐高温、耐光性、耐候性、耐化学品性;

(3) 研制薄涂型粉末,如使用纳米技术等;

(4) 开发新型特种效果面漆及扩大颜色选择;

(5) 双重固化技术(如红外加热和紫外固化),提高固化效果。

3. 其他环保型涂料

1) 高固体份涂料和无溶剂涂料

一般将体积固体份大于 65% 的溶剂型涂料称作高固体份涂料,而不使用溶剂的涂料为无溶剂涂料。这两类涂料的技术难点主要在于平衡树脂的高分子量与涂料体系低黏度之间的矛盾,以获得较好的施工性能。它们的研究方向主要包括。

(1) 降低成本;

(2) 研发高分子量、低黏度、超支化树脂;

(3) 用高沸点、低挥发、刺激性小的活性稀释剂和单体替代部分溶剂;

(4) 新型流变控制剂的研制。

2) 辐射固化涂料

辐射固化涂料由齐聚物、稀释剂单体、光引发剂和非反应性添加剂组成,固化成膜过程是通过紫外光(UV 固化涂料)或电子束(EB 固化涂料)引发聚合反应实现的。辐射固化涂料具有固化速度快、节省能源、室温固化、基本无溶剂排放、涂层性能优异(光泽高、硬度大、耐化学品)、涂装设备体积小、占地面积少等优点。目前对辐射固化涂料的改进趋势主要包括:

(1) 功能改进(耐磨及耐腐蚀性、UV 活性、硬度、低黏度及适应性的提高);

(2) 改进光引发剂效率,提高附着力等;

(3) 降低成本。

9.1.5 金属涂料相关标准

1. 国内相关标准

北京市地方标准《民用建筑工程室内环境污染控制规程》(DB 11/T 1445—2017)中对涂料规定见表 9-5。

表 9-5　溶剂型涂料 VOCs、苯、甲苯＋二甲苯＋乙苯限量

涂料名称	VOCs /(g·L^{-1})	苯/%	(甲苯＋二甲苯＋乙苯)/%
酚醛防锈涂料	≤270	≤0.3	—
建筑防水涂料	≤750	≤0.2	≤40
建筑防火涂料	≤500	≤0.1	≤10
其他溶剂型涂料	≤600	≤0.3	≤30

对于聚氨酯涂料,检测固化剂中游离二异氰酸酯(TDI、HDI)含量后,按规定的最小稀释比例计算,游离二异氰酸酯(TDI、HDI)含量应不大于 4 g·kg^{-1},符合 GB/T 18446 的规定。

《工业防腐涂料中有害物质限量》(GB 30981—2020)分别对水性涂料、溶剂型涂料、无溶剂涂料和辐射固化涂料 VOC 的含量进行了明确限制,并对不同用途、不同类型的漆种,以及不同涂层(包括底漆、中涂、面漆等)进行了详细的区分。其他有害物质的限量值见表 9-6。

表 9-6　产品中有害物质含量的限量值要求

项　目		限量值
苯含量[1](限溶剂型涂料、非水性辐射固化涂料)/%		≤0.3
甲苯与二甲苯(含乙苯)总和含量[1](限溶剂型涂料、非水性辐射固化涂料)/%		≤35
卤代烃总和含量[1](限溶剂型涂料、非水性辐射固化涂料)/% (限二氯甲烷、三氯甲烷、四氯化碳、1,1-二氯乙烷、1,2-二氯乙烷、1,1,1-三氯乙烷、 1,1,2-三氯乙烷、1,2-二氯丙烷、1,2,3-三氯丙烷、三氯乙烯、四氯乙烯)		≤1
多环芳烃总和含量[1](限溶剂型涂料、非水性辐射固化涂料)/(mg·kg^{-1})(限萘、蒽)		≤500
甲醇含量[1](限无机类涂料)/%		≤1
乙二醇醚及醚酯总和含量[1](限水性涂料、溶剂型涂料、辐射固化涂料)/% (限乙二醇甲醚、乙二醇甲醚乙酸酯、乙二醇乙醚、乙二醇乙醚乙酸酯、乙二醇二甲醚、 乙二醇二乙醚、二乙二醇二甲醚、三乙二醇二甲醚)		≤1
重金属含量(限色漆[2]、粉末涂料、醇酸清漆)/(mg·kg^{-1})	铅(Pb)含量	≤1000
	镉(Cd)含量	≤100
	六价铬(Cr^{6+})含量	≤1000
	汞(Hg)含量	≤1000

① 按产品明示的施工状态下的施工配比混合后测定,如多组分的某组分的使用量为某一范围时,应按照产品施工状态下的施工配比规定的最大比例混合后进行测定,水性涂料和水性辐射固化涂料所有项目均不考虑水的稀释比例。

② 指含有颜料、体质颜料、染料的一类涂料。

有关室内金属涂料性能和测试标准见《室内装饰装修用溶剂型金属板涂料》(GB/T 23996—2009)。还有一些关于水性金属漆的企业标准,这些企业标准很大程度上参考了《室内装饰装修材料内墙涂料中有害物质限量》(GB 18582—2008)和《建筑用墙面涂料中有害物质限量》(GB 18582—2020),不再赘述。

2. 国外相关标准

表 9-7 中列出了美国和欧洲发布的与金属漆相关的 VOCs 限制标准。

表 9-7　美国和欧洲金属涂料相关标准

国家/地区	标准号	有毒有害物质		限值 (g·L^{-1})
美国	GS-11 Paints and Coatings	VOCs(不含色漆)	底漆	≤100
			防腐涂料	≤250
		VOCs(色漆)	底漆	≤150
			防腐涂料	≤300
	《建筑涂料挥发性有机化合物释放》国家标准：40 CFR Part 59 Subpart D	VOCs（建涂）	室内涂料	≤250
			粉体涂料流平界面剂	≤650
			金属颜料涂料	≤500
			室内涂料(非平光)	≤380
			防锈涂料(快干)	≤400
			清漆	≤450
	SCAQMD(南海岸空气质量管理区 1113 号规则，是美国各州以及地方政府最严格的 VOCs 限定标准)	VOCs	金属着色涂料	≤150
			底漆、封闭漆、下涂漆	≤100
			防锈涂料	≤100
			建筑涂料,不包括工业养护涂料	≤50
			溶剂型工业养护涂料	≤600
欧洲	VOCs 法案：2004/42/EC	木材着色剂	水性	≤130
			溶剂型	≤700
		多色涂料	水性	≤100
			溶剂型	≤100
		装饰性涂料	水性	≤200
			溶剂型	≤200
		底漆	中涂漆和一般性金属底漆	≤540
			防腐底漆	≤780
		面漆	各种类型	≤420
		专用封闭漆	各种类型	≤840

9.2　家装玻璃漆

9.2.1　玻璃漆现状

　　玻璃是一种高硬度、清洁无污染、耐腐蚀、耐老化的材料,已广泛应用于建筑、汽车和包装等领域。在建筑和家装领域,通常将色彩各异的玻璃漆涂装于玻璃表面,进一步提高玻璃制品的装饰效果和其他性能。

　　玻璃漆要求对玻璃具有良好的附着力,同时还要有较好的隔热、保温、透明、易施工、易打磨等基本性能。随着人们生活水平的提高,对装饰玻璃的要求越来越高,特种玻璃漆应运而生,根据应用领域的不同出现了多种功能性玻璃漆。

9.2.2　玻璃漆的种类

　　按照分散介质,可分为溶剂型玻璃漆和水性玻璃漆两种。前者是以有机化合物如苯类、酯类作为溶剂,后者是以水作为介质。按照固化方式的不同,又可分为玻璃烤漆与玻璃自干漆两种。烤漆是以烘烤加热的方式实现漆膜的固化,自干漆是在常温下通过溶剂挥发或交联反应实现漆膜的固化。

1. 溶剂型玻璃漆

溶剂型玻璃漆又叫油性玻璃漆,是玻璃漆中最常见的一种,它能黏附在玻璃表面形成稳定的漆膜,具有高透明、高光泽等特点,同时在施工过程中黏度较低,不会产生流挂现象。它可以直接在玻璃上喷涂,喷涂过程中环境因素至关重要。若使用烘烤设备时,烘烤温度不要超过 180℃,以免漆膜变脆黏结不牢而脱落。油性玻璃漆固化时间较长,溶剂等易挥发成分会污染室内环境。近年来由于国家对环保的要求日趋严格,油性玻璃漆发展趋于缓慢。

2. 水性玻璃漆

水性玻璃漆以水为介质,分为单组分自干型、单组分烘干型和双组分自干型三种。单组分自干型大多采用聚氨酯水分散体、水溶性聚丙烯酸树脂以及改性丙烯酸树脂为成膜树脂;单组分烘烤型是由含羟基聚合物乳液和氨基树脂制备而成;双组分自干型主要成分为水性环氧树脂、二元胺类固化剂以及少量助剂。

与油性玻璃漆相比,水性玻璃漆 VOCs 的释放量较少,安全环保,施工方便,固化设备简单,近年来受到家装领域的青睐。但目前水性玻璃漆存在附着力差,耐水、耐溶剂性较差,抗污渍能力欠佳等缺陷。为了能更好地应用于室内家装玻璃,科技工作者进行了大量的改性研究,现阶段的改性是在水性玻璃漆中添加异氰酸酯、氮丙啶等交联剂进行固化,以提高其性能。

例如,朱万章等通过加入交联固化剂,制得一种室温即可固化的双组分水性玻璃漆,其附着力可达 0 级,吸水率小于 9.4%,漆膜透光率达到 96% 以上。江勤等以水性羟基丙烯酸分散体为成膜树脂,以水性聚氨酯作为固化剂,制备出了一种水性玻璃漆,漆膜硬度大于 2H,附着力达 0 级,耐沸水煮可达 24 h。

3. 透明隔热玻璃漆

玻璃门窗的透光性好,但绝热性能较差,使得来自太阳光的能量大量地进入室内,极大地影响室内环境舒适性和建筑能耗。近年来透明隔热玻璃漆得到了迅速发展,但我国建筑玻璃透明隔热漆普及率较低,远低于欧、美、日、韩等国家和地区。

透明隔热玻璃漆可直接涂覆于玻璃表面,形成的薄漆膜具有透明、隔热、隔紫外线等功能。透明隔热玻璃漆包括两大核心技术,一是无机功能材料的选择、制备与均匀稳定地分散,二是透明树脂的选择与制备。

国外有关透明隔热玻璃漆研究较早,研究重点主要集中在无机功能材料的选择与制备上。国内对此项研究起步较晚,姚晨等以水性聚氨酯为成膜物,制备出了纳米 ATO(antimony tin oxide)隔热透明玻璃漆,对其性能的表征结果显示,产品具有良好的隔热效果和足够的透明度。

9.2.3 玻璃漆污染源分析及相关标准

除成膜树脂外,玻璃漆中一般包括成膜助剂、颜料、溶剂和助剂等组分,其中成膜助剂和溶剂在使用过程中易挥发出来而污染环境,是 VOCs 的主要来源。但玻璃属于非吸收材料,由玻璃漆所带来的室内空气污染相对较小,主要的有害源有苯、甲苯、乙苯、二甲苯、游离甲醛、乙二醇醚和醚酯等,具体见表9-8。

表9-8　玻璃漆中常见的 VOCs

有害源种类	具体物质
醇类	乙二醇、丙二醇、己二醇等
醇酯类	十二碳醇酯等
醇醚类	乙二醇丁醚、丙二醇乙醚、二丙二醇单甲醚、三丙二醇正丁醚等
醇醚酯类	己二醇丁醚乙酸酯等
烷烃	正戊烷、正庚烷、环己烷、环戊烷等
氯代烃	二氯甲烷、氯仿等
苯类	苯、甲苯、二甲苯等
酮类	丙酮、甲乙酮、环己酮等
酯类	甲酸甲酯、甲酸乙酯、乙酸甲酯等

国内外玻璃漆的性能标准较少,2012 年 5 月 1 日我国实施了《建筑玻璃用隔热涂料》(JG/T 338—2011),该标准对建筑玻璃用隔热涂料的定义、硬度和光热性能指标等进行了规范;法国、德国、希腊、英国等欧洲国家共同实施了 *Glass in Building-Coated glass* 等标准。

目前没有对玻璃漆中有害源的限量标准,现阶段都是参照相关溶剂型涂料和水性涂料的标准执行。

9.2.4　玻璃漆发展方向

目前市场上主流的玻璃漆是以溶剂型为主的自干漆和烤漆,但传统溶剂型玻璃漆中因含有大量有机溶剂,对自然环境和人们健康都有一定的危害。水性玻璃漆无毒无味,绿色环保,近几年来正逐渐取代油性玻璃漆。此外,功能性玻璃漆作为一种新兴的玻璃漆发展迅速,包括自清洁玻璃漆、抗紫外玻璃漆、耐磨玻璃漆等。在未来的玻璃漆产业中,要在保证基础性能的前提下,向着高性能、低成本、低毒性和功能化的方向发展。

9.3　小结与展望

9.3.1　金属漆和玻璃漆主要漆种综合对比

本章简要介绍了各类家装金属漆和玻璃漆的组成、特点、VOCs 来源及其释放规律,分析了它们的研究现状、改性途径和现行标准。在此对相应的主要漆种进行综合对比,结果分别列于表9-9(溶剂型金属漆)、表9-10(水性金属漆)、表9-11(粉末涂料)和表9-12(玻璃漆)。

表9-9　溶剂型金属漆特点对比

涂料种类	环氧树脂漆	丙烯酸树脂漆	聚氨酯漆	不饱和聚酯漆	氟碳漆
漆种特点	与有机胺等固化剂固化成膜	与其他树脂如环氧固化成膜	异氰酸基和羟基反应固化成膜	反应固化,需隔氧或加引发剂	溶剂挥发或交联固化皆有

续表

涂料种类	环氧树脂漆	丙烯酸树脂漆	聚氨酯漆	不饱和聚酯漆	氟碳漆
漆膜特性	附着力好,硬度高耐划伤,适用范围广;耐候性差	耐候、耐酸碱、黏附性好、较硬;耐水性和柔韧性较差	柔韧性、附着力、硬度、耐磨、丰满和光泽优异;耐水欠佳	可厚涂,硬度高,耐久性好;耐酸碱和柔韧稍差,开裂难修复	防腐和耐热耐候性强;加工性差,难厚涂,弹性差
施工工艺	辊涂、刷涂、喷涂	喷涂、刷涂	喷涂、刷涂	喷涂、刷涂、淋涂	喷涂、刷涂
施工难度	低	低	中	低	高
安全性	差				
成本	中	低	中	中	高
主要污染源	酯、酮、醚、醇、芳香类溶剂,胺类固化剂	酯、酮、醚、醇、芳香类溶剂	酯、酮、芳烃类溶剂;异氰酸酯单体;催化剂重金属	酯、酮、醚、醇、芳香类溶剂;稀释剂、异氰酸酯单体	酯、酮、醚类、芳香类溶剂
环保性能	差				
主要用途	钢筋、桌椅、管道等金属件的防腐涂装	门窗框、桌椅、厨房用具、家电外壳等金属件	储罐、瓷砖、屋顶、不锈钢等金属部分的防腐	门窗框、桌椅、厨房用具、家电外壳等金属件	不粘锅、自清洁管道等,在家居中用量较少

表 9-10　水性金属漆各漆种特点对比

涂料种类	水性环氧漆	水性聚氨酯漆	水性丙烯酸漆	水性聚酯漆
固化特点	反应固化	反应固化或水挥发固化	交联固化或水挥发固化	反应固化
漆膜特性	能达到油性漆的性能,漆膜光泽度好,耐化学腐蚀,膜硬度高,适用范围广,但耐候性差	柔韧性好,附着力和耐磨性强,丰满度,光亮度均优异,可室温固化,但硬度和耐水性要差于溶剂型	附着力、耐候性和耐酸碱性强;但硬度一般,光泽丰满度不高,柔韧性差,热黏冷脆易开裂	硬度较高、耐候性、丰满度较好,但耐水性不强
施工工艺	喷涂、辊涂、刷涂、电泳法			
施工难度	中（环氧树脂和固化剂难溶于水,需要乳化搅拌,还需要加热）	中（多元醇与多异氰酸酯需乳化搅拌,同时需要提高对基材的润湿性）	中（树脂与其他树脂固化剂要乳化搅拌,同时需提高对基材的润湿性）	中（多元醇与多异氰酸酯需乳化搅拌,同时需要提高对基材的润湿性）
安全性	优良			
综合成本	中	高	较低	中
主要污染源	醇、醇酯、醇醚类成膜助剂,少量润湿剂和消泡剂;游离胺类固化剂	醇、醇酯、醇醚类成膜助剂,少量润湿剂和消泡剂;游离多异氰酸酯	醇、醇酯、醇醚类成膜助剂,少量润湿剂和消泡剂	醇、醇酯、醇醚类成膜助剂,少量润湿剂和消泡剂;烯烃类活性稀释剂

184

续表

涂料种类	水性环氧漆	水性聚氨酯漆	水性丙烯酸漆	水性聚酯漆
环保性能	优良			
主要用途	适用范围广,可作地坪,也可用作管道防腐	可用于储罐、瓷砖、屋顶、不锈钢等金属部分的防腐涂料	适用于门窗、栏杆等家庭装修涂装,以及家用电器金属外壳涂层	可用于门窗框、桌椅、厨房用具、家电外壳等金属件的涂装,广泛应用于烤漆领域

表 9-11 粉末涂料各漆种特点对比

涂料种类	环氧粉末涂料	丙烯酸粉末涂料	聚酯粉末涂料	聚氨酯粉末涂料
漆膜特性	强度、韧性、电绝缘性、硬度、耐划伤、耐碱、耐化学腐蚀均优异,固化体积收缩率低;耐候性稍差	耐候性及耐酸碱性能强,对基底黏附性好;耐水性差,漆膜较硬,柔韧性差	韧性好,附着力强,硬度大,耐磨性强,丰满度和光亮度优异;耐水性稍差	成膜厚,硬度高,耐久性好;耐酸、碱性、柔韧性稍差,开裂难修复
施工工艺	主要是静电喷涂和流化床浸涂,也可以采用空气喷涂法、火焰喷涂法			
施工难度	中			
安全性	优			
综合成本	中	较高(源于原料)	中	较高(源于原料)
	喷粉利用率高,一次涂装面积大,但需要设备的投入			
主要污染源	残留固化剂,少量流平剂	少量流平剂	少量流平剂	残留单体,封闭剂,少量流平剂
环保性能	优良			
主要用途	钢筋、桌椅、管道等金属件的涂装	门窗框、桌椅、厨房用具、家电外壳等金属件的涂装	门窗框、桌椅、厨房用具、家电外壳的涂装	家用金属器具、电器等的装饰涂装

表 9-12 玻璃漆各漆种特点对比

涂料种类	溶剂型醇酸漆	溶剂型丙烯酸漆	水性丙烯酸漆	水性聚氨酯漆
漆膜特性	光泽、韧性、附着力、耐磨、耐候和绝缘性好;耐水性差	附着力、耐候、耐酸碱性能强;漆膜较硬,柔韧性和耐水性较差	耐候、耐酸碱性强;硬度、光泽、丰满度、柔韧性不高,热黏冷脆易开裂	韧性、附着力、耐磨、丰满度和光亮度优异,可室温固化;硬度和耐水性比溶剂型差
施工工艺	喷涂、辊涂、刷涂	喷涂、辊涂、刷涂	喷涂、辊涂、刷涂、电泳法	喷涂、辊涂、刷涂、电泳法
施工难度	低	低	中	中
安全性	差	差	良	良
综合成本	较低	较低	中	较高
主要污染源	酯类、酮类、醚类、醇类、芳香烃类溶剂	酯类、酮类、醚类、醇类、芳香烃类溶剂	醇、醇酯、醇醚类成膜助剂,少量润湿剂和消泡剂	成膜助剂,少量润湿剂和消泡剂;游离异氰酸酯单体
环保性能	差	差	优良	优良

9.3.2　展望

环保要求日趋严格,金属漆也从溶剂型向水性和粉末涂料转变;粉末涂料由于易于自动化涂装,在家电外壳、厨房用具等领域得到广泛应用,并以丙烯酸树脂漆和聚酯漆为主。聚氨酯漆有较好的装饰效果,但其成本略高,有待于进一步研究,以降低其应用的成本。

鉴于金属和玻璃均属于非吸收性材质,化学污染源比木质家具要小很多,今后金属和玻璃类家具会更多地走进人们的生活,相应低 VOCs、高性能和多功能化将成为金属漆和玻璃漆的发展方向。

第10章

地毯胶黏剂

10.1 地毯和地毯胶黏剂概述

地毯,又名纺织铺地物,通常是以棉、麻、毛、丝等天然纤维或者化学合成纤维为原料,通过手工或机械工艺进行编结、簇绒、机织等制成的铺覆于地面、楼面等的编织物。作为重要的铺地材料,地毯具有很多硬质铺地材料没有的优点,如装饰华美、行走舒适、铺设方便、隔热、吸音、防潮、防碰撞等,因此在世界范围内被广泛使用。以前,我国的地毯消费市场主要集中在宾馆、饭店、写字楼等商用领域,家用地毯的市场占比较少。近年来,随着生活水平的不断提高,中、高档地毯逐渐走进了人们的家庭,需求量持续增加。此外,经过二十年的设备引进与技术吸收,我国地毯工业也具备了较好的设备基础与技术基础,一批具有相当规模、产品质量过硬、档次高的企业脱颖而出,扭转了十几年前中、高档地毯几乎都要依靠进口的局面,使我国地毯产业走上了健康发展的快车道,前景广阔。

地毯胶黏剂是制备地毯的主要辅助原料之一,起到固定绒纱衬布、防止绒头脱落的作用。地毯绒纱不采取一定方法进行固结,容易脱落,而传统的方法如焊接、铆接等不适用于织物。使用胶黏剂黏结的方法不受材料以及形状的限制,并且具有黏结均匀、工艺操作简单的优势,在地毯行业得到了最普遍的应用。此外,地毯胶黏剂也可以辅助地毯的安装,用于固定式铺贴和地毯接缝。随着地毯行业的快速和持续发展,地毯胶黏剂的需求量与日俱增,对地毯胶黏剂的性能也提出了更高的要求。地毯胶黏剂的性能直接决定了地毯的品质以及安装施工的质量,因此地毯胶黏剂的开发对地毯行业的发展有着重要的影响。

10.1.1 地毯的分类

1. 按照地毯材质分类

按地毯基本材质的不同,可分为羊毛地毯、化纤地毯、混纺地毯等。

羊毛地毯具有天然的弹性,在受力形变后能快速恢复,富有弹性,不带静电、不易粘尘,具有良好的阻燃性,此外,羊毛地毯还具有图案精美、触感舒适的特点。化纤地毯多以锦纶、涤纶等合成化学纤维为主要原料,具有耐磨性强、不易发生腐蚀和霉变的优势,但阻燃性和抗静电性没有羊毛地毯好。混纺地毯由不同纤维混纺编织而成,可适用多种使用环境。

2. 按照地毯绒头形状分类

按照地毯绒头的形状不同,主要可分为圈绒地毯、割绒地毯和圈割绒地毯三类。

3. 按照地毯制造方法分类

按制造方法分类如图 10-1 所示。机制地毯因具有产量大、效率高、便于大规模生产等优点,已逐渐成为地毯行业的主力军。其中大部分机制地毯在生产的时候需要乳胶等黏合剂来固结绒头、黏结背衬。

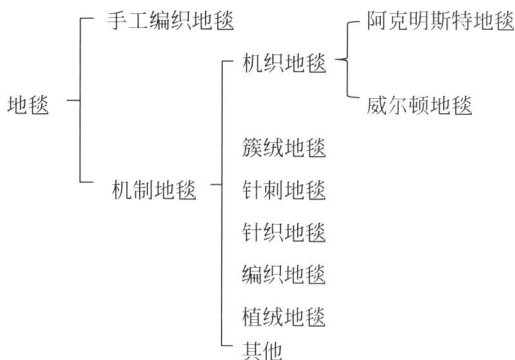

图 10-1　地毯的分类

10.1.2　地毯胶黏剂的分类

随着技术的发展,地毯胶黏剂的种类越来越多,组成也各不相同。为了便于后续选择和应用,从不同的角度对地毯胶黏剂进行了分类。

1. 按照用途分类

可以分为地毯生产用胶(又称地毯背衬胶黏剂)和安装用胶。地毯背衬胶黏剂主要用于固结绒头以及黏结背衬;地毯安装用胶可辅助地毯的施工安装,用于固定式铺设地毯以及地毯之间的黏结式接缝。

2. 按照体系分类

地毯胶黏剂可分为胶乳型胶黏剂、溶剂型胶黏剂和热熔型胶黏剂。

10.1.3　地毯胶黏剂的作用

1. 在地毯生产过程中,所用地毯背衬胶黏剂主要有以下作用:

(1)通过涂敷胶黏剂将绒头固定在底布上,防止地毯在搬运或者使用过程中因硬物钩住绒圈等,将绒圈拉长或者拉大,导致绒圈高低不平、纤维脱落;

（2）提高地毯质量，使地毯平整、硬挺、厚实；

（3）增加地毯的尺寸稳定性；

（4）防止地毯打滑，改善着地性，防止在铺用中打卷绕角；

（5）提高地毯坚固性，延长使用寿命。

2. 在铺装地毯过程中，胶黏剂的作用是地毯的固定以及地毯接缝的拼接。

10.1.4 地毯胶黏剂的特性

作为地毯用胶黏剂，要具备以下性质：

（1）化学稳定性好，耐水、耐磨、耐湿磨，具有低起泡性；

（2）机械稳定性好，具有储存稳定性和施工稳定性；

（3）耐久性好，耐环境老化性好；

（4）黏结性好，具有高的剥离强力和耐冲击强度；

（5）易增黏性，容易调节到指定的黏度；

（6）环境友好，对人体无危害；

（7）性价比高。

10.2 地毯背衬胶黏剂

地毯背衬胶黏剂简称地毯背衬胶，主要有胶乳型、溶剂型和热熔型三种。

溶剂型胶黏剂因其在生产过程中使用有机溶剂，存在易燃、不安全、污染环境等问题，人们更倾向于用胶乳型胶黏剂等取代溶剂型胶黏剂。国内外市场上使用最普遍的就是胶乳型胶黏剂，但这类胶黏剂也存在用胶量大、生产和使用环境受限、烘干过程能耗高、聚合物热分解产物污染环境等问题。为了减少环境污染、提升产品品质、降低能耗，人们研发了以热熔性黏合材料来固结地毯绒头的方式，热熔型胶黏剂应运而生，但热熔型胶黏剂也存在流动性差、渗透性差等问题。本章将按照此分类方式进行介绍、分析和总结。

10.2.1 胶乳型胶黏剂

地毯用胶乳型胶黏剂有天然橡胶胶乳和合成橡胶胶乳两类。天然胶乳于20世纪30年代就被应用在无纺地毯的生产中，尽管当时天然橡胶资源丰富、价格便宜，然而由于它本身的稳定性较差，人们逐渐开发出了合成橡胶胶乳。目前天然胶乳已基本被合成胶乳所取代，只有在特殊需求时才将天然胶乳与合成胶乳按一定比例混合使用。合成胶乳的最大优点是可以根据用途进行设计和制备，而且柔韧性、耐久性好，容易涂敷，广泛用于地毯背衬涂胶。采用胶乳作为黏合剂来固结地毯的绒头和背衬，是目前地毯生产中最普遍的方法。

1. 胶乳的特点

胶乳是聚合物微粒（又称乳胶粒）分散于水中形成的胶体乳液的总称。它以天然高分子或者合成高分子作为黏料，以水为溶剂或者分散介质，不含或很少含有对环境和健康有害的有机溶剂。胶乳作为地毯背衬胶的特点如下。

1）优点

（1）避免了因溶剂挥发造成的环境污染；

（2）成本较低；

（3）胶的制备、储存和使用过程更加安全。

2）缺点

（1）大部分乳胶是通过丁二烯、苯乙烯、乙酸乙烯酯、丙烯酸酯等单体聚合得到的，其中或多或少地会有未聚合的单体。在地毯烘干过程和地毯使用过程中，这些残余单体会逐渐挥发出来，造成室内空气污染，危害人体健康。

（2）为提高绒头拔出力，一般在地毯生产过程中会增加涂胶量，这往往会导致地毯的品质下降，弹性降低，硬度升高。高含胶量的地毯无法作为优等品使用。

（3）地毯背衬的涂胶工艺以及后续干燥固化工序的能耗高、效率低，同时，烘干工序也会使地毯湿热收缩，降低产品的制成率。

2. 胶乳的类型

在地毯生产过程中，常使用的合成胶乳主要包括丁苯胶乳、羧基丁苯胶乳、乙烯-乙酸乙烯酯共聚乳液、乙酸乙烯酯-丙烯酸酯共聚乳液、丁腈胶乳等，其中羧基丁苯胶乳的工业用量较大。

1）丁苯胶乳

丁苯胶乳（SBR）在合成胶乳中占有重要地位。它是以丁二烯和苯乙烯单体为主要原料，并根据需求添加不同的化学助剂，通过自由基乳液共聚得到的聚合物乳胶。丁苯胶乳具有良好的黏结性。由于丁苯胶乳中乳胶粒的粒径比天然胶乳的粒径小，可以和天然胶乳进行任意比例的混合。

为了提高丁苯胶乳的综合性能，周兆丰等发明了一种用于地毯背衬涂胶的环保型丁苯胶乳。以丁二烯、苯乙烯为主单体，加入功能单体和辅助单体，以纳米碳酸钙和纳米淀粉做种子胶，采用种子乳液聚合工艺，所得胶乳呈现很窄的粒径分布，黏结强度高、稳定性好；将反应型乳化剂与阴离子乳化剂进行复配，大幅降低了胶乳中乳化剂的含量，胶膜干燥后的耐水洗性、耐干洗性均有所提高。另外，在体系中加入纳米碳酸钙和淀粉，不仅降低了生产成本，而且赋予乳胶聚合物一定的降解性，更加环境友好，符合当今材料的发展趋势。改性后的丁苯胶乳可用作中、高档簇绒地毯、针刺地毯的背衬黏结材料，用其制成的地毯手感柔软，具有很好的弹性，黏结强度高，耐水性好。

2）羧基丁苯胶乳

为了提高胶乳的黏结性能，羧基丁苯胶乳（XSBR）成功问世。其原料除丁苯胶乳中使用的苯乙烯、丁二烯以外，还要额外加入一定量的甲基丙烯酸、丙烯酸等不饱和羧酸。具体而言，羧基丁苯胶乳是以苯乙烯、丁二烯和不饱和羧酸为主要单体，添加乳化剂、引发剂、调节剂等助剂，通过不同的乳液聚合工艺制备的一类共聚物胶乳。由于聚合物分子链上拥有强极性的—COOH，羧基丁苯胶乳具有良好的黏结性能、成膜性能以及出色的耐光、耐热、耐老化性。此外，羧基丁苯胶乳稳定性好、储存时间较长、价格低廉，可赋予地毯硬挺、尺寸稳定、富有弹性、厚实舒适、耐老化、耐折皱等特性。从 20 世纪 70 年代起，羧基丁苯胶乳就在地毯制造业中备受青睐，在世界范围内广泛使用，通常预涂胶和次底布上所用的胶乳就是羧基丁苯胶乳。同时,为了提高地毯质量,人们竞相开发新型羧基丁苯胶乳,目前产品已经达 50 多种牌号。

多年来,国内外已经对用作地毯背衬涂敷胶的羧基丁苯胶乳进行了大量研究和改进。

国外生产地毯背涂用羧基丁苯胶乳,一般以丁二烯、苯乙烯为主要单体,一元不饱和羧酸为第三功能单体,也有引入丙烯酰胺、乙酸乙烯酯、丙烯腈等作为辅助单体,采用不同的进料方式在 60～90℃进行聚合。其中分子量调节剂一般采用叔十二碳硫醇。

根据不同的需求,羧基丁苯胶乳的常见物料配比如表 10-1 所示。

表 10-1　合成羧基丁苯胶乳的物料配比

原　　料	用　　量
丁二烯/苯乙烯	3∶7～7∶3
不饱和羧酸	1％～5％[a]
其他功能单体	0％～20％[a]
乳化剂	0.3％～5％[a]
热分解型引发剂过硫酸盐	0.1％～2％[a]

　　a 占丁二烯苯乙烯总质量的分数。

在现有技术中,分子量调节剂叔十二碳硫醇臭味较重,会影响工厂生产环境以及周边居民的生活环境;非离子乳化剂烷基酚聚氧乙烯醚也因环保问题已被明令禁止在乳液合成中使用。蒋志平等采用阴离子型与非离子型复合乳化体系,以过硫酸盐为引发剂,正十二碳硫醇代替叔十二碳硫醇作为分子量调节剂,并加入电解质、螯合剂、pH 缓冲剂等,采用间歇式分批投料工艺制得环保型地毯背涂用羧基丁苯胶乳。在机织地毯、簇绒地毯上使用后,地毯的弹性与硬挺性较好,挥发性有机化合物(VOCs)含量较低。

江一明等对地毯用羧基丁苯胶乳进行了系统的改性与开发,有效提高了地毯干湿剥离强度、抗龟裂、耐用性以及抗菌性。该团队首先通过加聚反应制得同时含有可聚合双键和羧基的聚氨酯预聚体,然后通过相反转乳化技术制得聚氨酯乳液,最后引入苯乙烯、丁二烯等单体进行接枝乳液共聚,制得聚氨酯-羧基丁苯共聚胶乳。该胶乳兼具聚氨酯和羧基丁苯胶乳的性能特点,作为背涂胶用于地毯生产,所得产品耐水性优异、剥离强度高、手感突出。该团队还将氨基树脂引入到羧基丁苯胶乳中对其进行化学改性,将含有 N-羟甲基和/或 N-亚甲烷基醚官能团的氨基树脂与丁二烯、苯乙烯等单体同步加入反应体系中,氨基树脂通过与羧基丁苯聚合物链上的羧基、羟基等功能基团反应进行共价键结合,从而制得氨基树脂改性羧基丁苯共聚物乳液。所得乳液用于地毯和人工草皮制造中,具有优异的耐水性、耐老化性及黏结强度。此外,该团队研究还以无机纳米氧化物分散液为种子,以苯乙烯、丁二烯为主单体,辅以不饱和羧酸酯类及其他多双键型交联单体,通过种子乳液聚合工艺制备了纳米氧化物-羧基丁苯杂化胶乳。该胶乳具有良好的黏结强度和防霉抗菌性能,作为地毯胶能有效提高产品的抗菌和抗霉变性能。

3)乙烯-乙酸乙烯酯共聚乳液

EVA 乳液产品在美国、日本、我国等地均已作为黏合剂应用于地毯行业。由于乙烯的引入,使得高分子链段变得柔软,适用于地毯背衬的黏合。EVA 乳液具有以下特点:①成膜温度低,冻融稳定性和储存稳定性好;②耐候性好,对臭氧、紫外线、氧气都很稳定;③具有良好的抗蠕变性。

以日本开发的某 EVA 乳液(乙烯：乙酸乙烯的质量比为 90：10)为例,将 100 份该乳液和 150 份 $CaCO_3$ 充分混合,用聚丙烯酸钠水溶液作为增稠剂来调节黏度,所得固含量为 65% 的地毯背衬胶黏剂具有较好的黏结强度。

4) 乙酸乙烯酯-丙烯酸酯共聚乳液

聚乙酸乙烯酯乳液可用于地毯背衬的黏合,具有良好的机械稳定性和黏结性,并且黏度可调范围较宽,但它的耐水性、耐热性较差,成膜温度较高(通常为 15～20℃),另外由于乳液容易冻结,给冬季施工带来极大的困难。为了改善聚乙酸乙烯酯乳液的上述问题,更加适用于地毯背衬黏合,采用乙酸乙烯酯和丙烯酸酯共聚的方法,通过合成配方及工艺的优化,可以获得成膜温度低、耐水性耐热性好、储存稳定性高的共聚乳液。

3. 胶黏剂的配制

作为地毯背衬胶的主要成分,聚合物胶乳不能直接使用,必须配制成胶黏剂以后才能用于地毯背衬涂敷。在地毯生产过程中,坯毯和底布所涂胶液的主要成分都是聚合物胶乳。除了在出厂时已含有杀虫剂和软水剂的胶乳外,配制胶黏剂的时候还要加入以下组分:

1) 填料

通常用精细研磨、粒度在 5～20 μm 的滑石粉和碳酸钙粉料作为填料。填料加入量低,有利于簇绒网结,地毯手感柔软,但涂胶成本提高;填料加入量高,生产成本降低,但地毯的重量增加,簇绒固结性差,手感硬挺,甚至会发生脆裂。

2) 表面活性剂

通常使用硫代丁二酸酯、硫代丁酰胺酯、含氟表面活性剂等,能够辅助胶乳渗透到纱线中,提高黏结强度。

3) 增稠剂

为了满足施工性能,胶液的黏度要适中,通常使用聚丙烯酸型增稠剂来进行增稠。

4) 水

调节胶乳的固含量至要求值。

10.2.2　溶剂型胶黏剂

溶剂型胶黏剂是指含有挥发性有机溶剂的胶黏剂,主要包括将天然橡胶、合成橡胶、合成树脂等高分子化合物溶于有机溶剂制成的胶黏剂。胶液的固化主要依靠有机溶剂的挥发。

溶剂型胶黏剂与胶乳型胶黏剂相比,最大的区别就是使用的分散介质不同。以丁苯橡胶为例,将丁苯橡胶通过有机溶剂溶解,并加入各种配合剂,就可以制得溶剂型丁苯橡胶胶黏剂,可以用于地毯背衬的黏结。而胶乳型丁苯胶黏剂,则是由乳液聚合制备的丁苯橡胶乳液直接加入各种配合剂调制而成,其分散介质为水,同样可以用作地毯背衬胶黏剂。由于溶剂型胶黏剂在生产过程中使用了大量有机溶剂,存在着易燃易爆、污染环境、危害人体健康等问题,且成本较高,使用的已经越来越少。

10.2.3　热熔胶黏剂

为了克服胶乳型和溶剂型黏合剂的缺陷,国内外相继研发了热熔黏合剂及其地毯黏合技术。热熔胶黏剂是以热塑性树脂或者热塑性弹性体为主要成分,根据需求添加增稠剂、增塑剂、阻燃剂、抗氧剂以及填料等成分,经熔融混合后制备的不含溶剂的固体黏合剂。目前,热熔胶黏剂已广泛用作化纤地毯的背衬胶。

1. 热熔胶黏剂的特点

热熔胶是一种可塑性黏合剂,无毒无味,黏结强度高,且常温下是固体,便于包装和运输。热熔胶作为地毯背衬黏合剂,具有以下特点。

1) 优点

(1) 常温下呈固态,加热到熔点后表现出优异的黏结性能;

(2) 不含有机溶剂,无溶剂挥发,不会给环境带来污染,避免了溶剂着火带来的安全隐患;

(3) 固化速度快,室温下就能快速凝固,由于不含水和溶剂,无需大型烘干设备;

(4) 可制成块状、薄膜状、条状、粒状等,便于包装、储存、运输和使用;

(5) 对水或潮湿空气较稳定,不会发生蠕变,可满足工业生产自动化操作和高效率的要求。

2) 缺点

(1) 熔体黏度大,流动性和渗透性差,导致难以很好地浸润绒头纱,绒头拔出力较低;

(2) 易出现涂胶困难、涂胶不均匀等问题;

(3) 熔融温度高,会使地毯中的纤维受到损伤,影响地毯质量,同时存在能耗高的问题。

2. 热熔胶黏剂的基本组成

按照胶黏剂基材的不同,地毯背衬热熔胶黏剂主要分为乙烯-乙酸乙烯酯(EVA)胶黏剂、聚酰胺(PA)胶黏剂、聚氨酯(PU)胶黏剂、聚酯(PET)胶黏剂、聚乙烯(PE)胶黏剂、苯乙烯-丁二烯嵌段共聚物(SBS)、苯乙烯-异戊二烯-苯乙烯嵌段共聚物(SIS)等品种。其中EVA热熔胶易制备且适用领域广泛,受到市场青睐。下面就以用于化纤地毯背衬的EVA热熔黏合剂为例,来说明热熔胶的基本组成。

1) EVA 树脂

聚合物基体对热熔胶的性能起到了关键作用,它决定了胶的结晶度、黏度、拉伸强度、伸长率、柔性等。EVA 树脂是乙烯和乙酸乙烯酯的共聚体,不同型号的 EVA 树脂中乙烯和乙酸乙烯酯链节的比例不同,对应的用途也不尽相同。EVA 热熔胶用作地毯胶黏剂时,常用的是含有 28% 左右乙酸乙烯酯组分的 EVA 树脂,EVA 树脂在黏合剂中的用量一般控制在 10%～40%。

2) 增黏剂

增黏剂可改善热熔胶的润湿性,使其与被黏物体充分黏合,从而提高黏结强度。常用的增黏剂主要有丁苯树脂、聚丁二烯树脂、古马隆树脂、菇烯树脂、石油烃脂、松香脂、松焦油、妥尔油、无规聚丙烯、丁基橡胶、天然橡胶等。

此外,向 EVA 热熔型化纤地毯背衬胶中加入适量石蜡、微晶蜡等,可提高基体与增黏剂的相容性,从而提高热熔胶的黏弹性和剥离强度,同时还可以改善耐热性能和耐低温性能。

3）抗氧化剂

EVA 热熔胶黏剂中的聚合物等组分在热和氧的作用下容易发生氧化分解，从而引起胶的热老化和黏合力降低。因此，在制备热熔胶时要加入一定量的抗氧化剂来提高热熔胶的热稳定性。

常用的抗氧化剂主要有 2,2′-亚甲基双(4-甲基-6-叔丁基苯酚)、2,6-二叔丁基-4-甲基苯酚、2,4,6-三叔丁基苯酚、丁基化羟基甲苯、4,4′-硫代双(8-甲基-6-叔丁基苯酚)等。通常用量为 0.1%～1.0%。为了进一步提高抗氧化效果，有时也共同使用多种抗氧化剂。

4）填充剂

为了延长化纤地毯的使用寿命，增强地毯背衬的耐撕裂、耐磨损、耐热及耐低温等性能，还需要在配方中加入一些固体填充剂，如碳酸钙、黏土、滑石粉等。常用的是碳酸钙，其用量为 30%～50%。同时，填充剂的加入可以降低热熔胶的成本。

根据不同需求，还可以向胶黏剂中加入适量的阻燃剂、发泡剂等进行改性。

3. 热熔胶黏剂研究进展

EVA 热熔胶黏度大会带来诸多问题，高升平等为了降低热熔胶的黏度，采用石蜡共混改性 EVA 热熔胶，改性后的热熔胶具有熔点低、流动性好等特点。周其平等研制了一种地毯防滑热熔胶，将增塑剂、抗氧剂、光稳定剂加入反应釜中，升温后加入部分增黏树脂和主体聚合物，并在真空状态下熔融，继续加入剩余部分增黏树脂，搅拌均匀，制得地毯背衬热熔胶，最终所得地毯具有优异的防滑性能和耐候性能。

由于大多数地毯的化纤基材是可燃的，因此地毯等地敷物必须具备阻燃性，地毯的阻燃性能也成为衡量地毯安全性的重要指标。其中一种方法就是采用阻燃胶黏剂，通过捕捉地毯和某些胶黏剂在燃烧时产生的高能自由基以及隔断氧气，进行有效的阻燃。地毯胶黏剂中常用的阻燃剂有含卤素、含磷以及无机(如金属氢氧化物等)等物质。苏志玉等研发了一种阻燃 EVA 热熔胶，解决了无机阻燃剂和 EVA 树脂相容性差的问题，降低了无机阻燃剂给热熔胶黏剂力学性能带来的不利影响，应用于地毯背衬涂胶时效果较好。

此外，从卫生等方面来考虑，还可以赋予地毯杀虫、防霉、防水、抗静电、防污等特性。为了满足相关使用要求，可以在地毯背衬胶黏剂中加入憎水剂(聚乙烯蜡等)、杀菌剂(对二氯苯、橙花醇、柠檬醛等)、吸味剂(活性炭等)等，从而使地毯具有各种特殊功能。

10.2.4　施工工艺

在地毯加工中，地毯背衬上胶工艺不仅会影响地毯的外观及性能，还会影响到地毯的使用寿命。地毯背衬胶黏剂可以通过单面上胶、黄麻背衬、泡沫背衬等工艺涂敷到地毯背衬上。一般而言，针刺地毯采用单面上胶的施工方式；簇绒地毯在一次单面上胶后，再经第二次上胶，同时粘贴黄麻衬布或涂布泡沫胶黏剂，形成泡沫背衬。

1. 上胶工艺流程

单面上胶：地毯→单面上胶→烘干→焙烘→成卷；

黄麻背衬：地毯→单面上胶→预烘→第二次上胶→贴黄麻背衬→加压→烘干→焙烘→成卷；

泡沫背衬：地毯→单面上胶→预烘→涂泡沫胶→烘干→焙烘→成卷。

2．工艺条件

要求上胶薄厚均匀一致，防止胶料渗出到地毯正面。

10.3 方块地毯用胶

方块地毯又名拼块地毯或地毯砖，是以弹性复合材料做背衬、机制地毯胚毯为表层并切割成正方形的铺地材料。这种地毯实际是在满铺地毯的基础上发明的，将大化小，克服了沉重的满铺地毯搬运和安装时带来的种种麻烦。此外，方块地毯受污受损时，可对局部进行清洗处理，无需整体更换，方便保养并节约开支。方块地毯外形尺寸精确稳定，拼合密接，经组合整体设计可拼出大型图案，自 20 世纪 80 年代以来风行欧美。主要应用于商用领域，特别是办公室、写字楼等场合。我国在 20 世纪 90 年代就开始进口方块地毯并开始自行研制，近些年方块地毯在国内发展迅猛，产品已出口许多国家和地区。

方块地毯由绒头、簇绒底布、预涂胶层、背衬四部分组成。其中，背衬材料与前述地毯的背衬不同，不仅可以起到地毯背衬的作用，使地毯硬挺、厚实、平整，增加地毯的尺寸稳定性和坚固性，延长使用寿命，还具有固结绒头、黏结底布与次底布的黏结作用。当然，为了使簇绒的绒头根部更加有效固定，常添加预涂胶层，进行辅助固定，一般采用羧基丁苯胶乳、乙烯-乙酸乙烯酯共聚物等常见地毯背衬胶黏剂。因此，此部分专门针对方块地毯胶黏剂不同于其他地毯胶黏剂的部分进行介绍。

目前市场上最常见的方块地毯胶黏剂有沥青、聚氯乙烯和聚氨酯三种。除此之外，乙烯-乙酸乙烯酯乳液或者热熔胶、无规聚丙烯、低密度聚乙烯等也被用作方块地毯的胶黏剂。在此主要介绍使用最多的三种胶黏剂。

10.3.1 沥青胶

沥青又名柏油，是石油分馏所得的副产品。实际上，沥青本身就是一种热熔胶。可用作地毯背衬材料的沥青是已经氧化的沥青，可分为不同等级。在使用之前应存放在铁制容器内，待升温至 90～120℃时可以倾倒出来使用。

作为地毯背衬用的沥青混合体，应含有一定量的充填剂滑石粉和抗静电剂，并根据需求加入聚乙烯、乙烯-乙酸乙烯酯共聚物（EVA）等进行改性，使得地毯背衬可经受多次弯折、不发脆。作为原油加工的一种产品，沥青具有来源广泛，造价低廉的优势，沥青地毯的价格比 PVC 方块地毯低。此外，沥青可回收再利用，属于环保材料，使得环保型沥青方块地毯在欧洲市场上盛行，90％的地毯都选用沥青环保地毯。但是地毯底背受冬季和夏季温差的影响会收缩，且铺到地面时间太久就无法揭起更换，影响其使用的普遍性。

10.3.2 聚氯乙烯胶

聚氯乙烯胶又名 PVC 胶，是用于地毯背衬黏合的一种典型的塑料溶胶，由 PVC 树脂分散于增塑剂中，并与其他助剂一起加热塑化制得。其中，主增塑剂主要有己二酸酯、磷酸酯、邻苯二甲酸酯、癸二酸酯等，副增塑剂主要有柠檬酸酯、壬二酸酯、硬脂酸酯等。热稳定剂和紫外线稳定剂主要使用碱式碳酸铅、二盐基亚磷酸铅和三盐基硫酸铅等。

在方块地毯制备过程中,通常在涂敷 PVC 胶之前,先在坯毯的底布上预涂一层 EVA 固绒胶辅助黏结。在涂敷时,先将液态 PVC 注入涂有聚四氟乙烯的导带上,然后再把玻璃丝网布的底面覆盖在沾胶的导带上,通过管子再次将 PVC 的背衬胶材灌注到玻璃丝网布上,使其与坯毯的底布黏结起来。可采用刮刀直接涂胶和反向涂胶相结合的方法涂敷厚层 PVC。待涂胶完成后,将地毯送往鼓轮式烘干机,温度设置为 180℃ 左右,使 PVC 胶完全胶凝。

生产得到的 PVC 方块地毯是目前世界上十分流行的一种新型轻体装饰材料,在亚洲地区尤其是日本很受欢迎。PVC 方块地毯具有不易燃、装饰性好、质地柔软且富有弹性等优势,并且地毯色彩鲜艳,制作工艺独特,实用美观。然而,PVC 产品中的残余氯乙烯单体是致癌物质,并且加工时加入了增塑剂、抗老化剂等有毒助剂,燃烧时会产生一氧化碳、氯化氢等有毒气体,影响其推广应用。

10.3.3 聚氨酯胶

聚氨酯是一种高弹性的背衬材料,它是通过双羟基化合物(如聚醚二元醇、聚酯二元醇等)与二异氰酸酯化合物(如甲苯二异氰酸酯、异氟尔酮二异氰酸酯等)的加成聚合制备的。

涂敷时,先将聚氨酯胶液灌注在输送坯毯的传送带上,然后将玻璃丝网布覆盖在传送带的胶液上进行黏合,之后在玻璃丝网面上再次灌注聚氨酯胶液和毯坯底面进行黏结。这样聚氨酯作为胶黏剂,将玻璃丝网布夹在背衬与坯毯之间,玻璃丝网布起到了稳定外形尺寸的作用。然后将坯毯送往温度为 60℃ 的环境中完成聚合以及黏合的过程。

聚氨酯背衬的密度最佳、稳定性好,外观质量接近 PVC。制备的 PU 方块地毯弹性好、脚感舒适、隔音和隔热效果好,并且可以回收利用,属于环保型地毯。但因其生产成本较高,限制了它的应用,国内外生产较少,使用范围较窄。

10.4 地毯安装用胶

安装和铺设地毯是地毯成为完整产品的一个重要的工序。地毯安装用胶用于固定式铺设地毯,以及地毯之间的胶接拼缝。

具体而言,针对不同形式的地毯,如块毯和卷材地毯,要采用不同的铺设方式,分为活动式铺设和固定式铺设。活动式铺设,就是将地毯浮置于待铺设的基层上,无需将地毯和基层固定。固定式铺设主要有两种固定方法,一种是卡条式固定,使用倒刺板拉住地毯;另外一种就是黏结法固定,通过胶黏剂将地毯粘贴在基层地面上。

此外,在铺设地毯时,如需要将两块地毯拼缝连接,常采用胶接拼缝、纸背扒钉拼缝、缝合连接等方式。胶接拼合就是将两块地毯端头反面粘在成品胶带上进行拼接的技术。纸背扒钉拼缝,是将纸背扒钉以 30 mm 间距别在双层皱纹纸背上,多用于活铺地毯的接缝。缝合连接则是用特别的地板针和尼龙线缝合接缝,针脚不宜太密。

10.4.1 地毯安装用胶的类型

地毯在安装时可以固定,也可以不固定,依据具体使用场合而定。下面介绍一些常见的地毯安装用胶。

1. 地毯固定胶

常用的地毯固定胶有氯丁胶、聚丙烯酸酯乳液、聚乙酸乙烯酯乳液、聚氨酯类胶黏剂等。因聚氨酯胶黏剂前面已经提到，不再赘述。

1）氯丁胶

氯丁胶经溶剂溶解后就可以配制成氯丁胶胶黏剂，但是由于其性能较差，因此通常使用的氯丁胶都是以氯丁橡胶为主体，并加入各种配合剂，如树脂、促进剂、硫化剂、防老剂、填料等来改善胶黏剂的性能。

根据介质种类的不同，氯丁胶可以分为溶剂型氯丁胶和水基型氯丁胶（又称氯丁乳胶）。所选溶剂要考虑以下因素：能很好地溶解或者分散氯丁橡胶，有利于浸润被黏物的表面，能够增大胶黏剂分子的流动性。此外，从生产安全和环保的角度而言，所选溶剂的毒性和对环境的污染要尽量小。例如，虽然甲苯对氯丁胶的配制很好，但是其毒性大、沸点高，为了降低毒性以及成本，常加入汽油，并加入一定量的乙酸乙酯来提高挥发速率，也就是常使用甲苯、乙酸乙酯、汽油的混合物来代替纯甲苯。然而溶剂型氯丁胶对环境的污染无法避免，因此以水作为分散介质的乳液型氯丁胶受到了人们的重视。但是目前市面上还是溶剂型氯丁胶偏多。

氯丁胶可室温固化，涂胶后经过适当的晾置，合拢接触后即能瞬间结晶，产生很大的初黏力，黏结速度快，黏结强度高。氯丁胶对很多材料都有很好的黏结性能，如橡胶、皮革、织物、木材、塑料、陶瓷、玻璃、纸张、金属等，享有"万能胶"之称，再加上氯丁胶本身使用方便，性价比高，在地毯安装时，人们常采用它将地毯黏结到基面上。

2）聚丙烯酸酯乳液

聚丙烯酸酯乳液胶黏剂是我国 20 世纪 80 年代以来发展最快的一类聚合物乳液胶黏剂。它以水为分散介质，通过（甲基）丙烯酸酯类单体共聚或者和乙酸乙烯酯等其他单体聚合而得到。这类胶黏剂具有原料来源广泛、制备工艺简单、产品质量稳定、无污染、黏结性能优良等优势，被广泛应用于包装、建筑、纺织等各行各业。然而，聚丙烯酸酯乳液胶黏剂也存在耐水性和对基材的润湿性较差、不能快速涂布、低温变脆、高温发黏等缺点，可以利用环氧树脂、聚氨酯等对其改性来改善其性能。

3）聚乙酸乙烯酯乳液

聚乙酸乙烯酯（PVAc）乳液胶黏剂俗称白乳胶或者白胶，可根据需要添加不同的增塑剂、调节剂、填料、消泡剂、冻融稳定剂等。PVAc 乳液是合成树脂乳液中产量最大的品种之一。我国在 20 世纪 50 年代就开始研发 PVAc 乳液，到 20 世纪 70 年代产业化发展迅速，目前它的产量仅次于聚丙烯酸酯乳液胶黏剂，位居水基胶黏剂产量的第二位。

聚乙酸乙烯酯乳液胶黏剂的优点如下：①对多孔材料的黏结力强，如木材，纸张，地毯，皮革，陶瓷等；②室温固化，干燥速度快；③胶层无色透明；④使用方便，储存期较长，可达一年以上；⑤对环境无污染，安全环保。

但是，这类胶黏剂存在着耐水性和耐湿性差的问题，在相对湿度为 65% 以及 96% 的空气中，吸湿率分别为 1.3% 和 3.5%，通过共聚、共混以及添加保护胶体的方法，可以在一定程度上改善上述问题，扩大应用范围。

2. 地毯接缝胶

地毯接缝常用的胶为热熔胶、白乳胶等，前面均已介绍，不再赘述。

10.4.2 施工工艺

按铺设地毯时使用胶黏剂的固定式铺设工艺和胶接拼缝工艺进行说明。

1. 胶黏式固定铺设地毯

1）基本工艺流程

基层地面处理→实量放线→裁剪地毯→刮胶晾置→铺设辊压→清理保护。

2）施工要点

在铺装前必须进行实量，测量墙角是否规方，记录各角角度，根据计算的下料尺寸在地毯背面弹线、裁割。采用胶黏贴固定地毯，在地毯铺平后，用毡辊压出气泡。裁去多余的地毯边，清理拉掉的纤维。

3）注意事项

（1）基层地面平整干净，含水率不得大于8%。

（2）胶黏铺设时，刮胶后晾置5~10 min，待胶液变得干黏时再进行铺设。

（3）地毯铺设后一定要拉紧、张平、固定，防止以后发生形变。

（4）注意保护成品，用胶黏贴的地毯，在24 h内不许随意踩踏。

2. 胶接拼缝

较为常见的胶接拼缝的施工工艺为：将成品胶带或者约8 cm宽的牛皮纸条或麻布放在接缝处，使宽在两侧均等，并在牛皮纸条或麻布上涂胶，然后将两块地毯的端头反面粘在条子上，缝隙要尽可能小。然后将接缝处不齐的绒毛修齐，并反复揉搓接缝处绒毛，直到表面看不出接缝痕迹。

10.5 地毯中 VOCs 的释放行为

室内地毯主要是纺织品、毛皮类产品，地毯背衬采用了黏结力强的地毯背衬胶来进行黏结。地毯背衬、地毯背衬胶等都会释放出有毒有害物质，污染室内空气。为此，现行标准《室内装饰装修材料地毯、地毯衬垫及地毯胶粘剂有害物质释放限量》(GB 18587—2001)中，专门针对地毯、地毯衬垫以及地毯胶黏剂的有害物质释放作出了限量要求。

Athanasios 等采用环境舱分别对四种不同类型的地毯(Cp-1：由100%聚酰胺和100%合成底布制成的地毯；Cp-2：80%羊毛，10%聚酰胺和10%聚丙烯以及100%合成底衬SBR制成的地毯；Cp-3：由100%羊毛和100%合成底布SBR制成的地毯；Cp-4：100%聚酰胺和100%合成底衬SBR制成的地毯)中挥发性有机化合物和羰基化合物的释放行为进行了对比研究，结果见图10-2。作者发现，在最开始的几小时内，总挥发有机化合物(TVOCs)会出现最大排放率，然后TVOCs排放率迅速衰减。也有其他研究观察到了同样的现象。经过分析，作者强调了聚合物背衬材料的重要性，认为地毯背衬材料是地毯VOCs排放的主要来源。

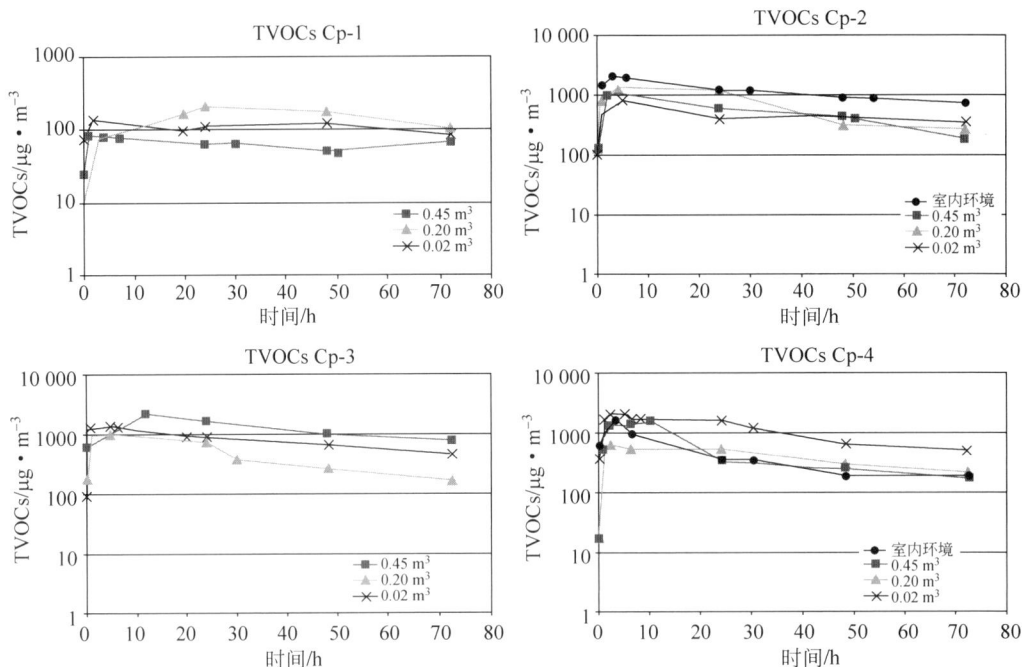

图 10-2 不同种类的地毯在不同体积环境舱中 TVOCs 的浓度随时间的变化

Wilke.O 等对地毯胶黏剂的 TVOCs 和总半挥发有机化合物（TSVOCs，是指沸点在 240～400℃ 范围内的有机物的总和）释放行为进行了探究。图 10-3 展示了地毯胶黏剂在第 1、10、28 天后的释放结果。1 天后，TVOCs 的排放速率在 900～10 000 $\mu g \cdot m^{-2} \cdot h^{-1}$；28 天后，在 9 种胶黏剂中有 8 种的 TVOCs 排放速率低于 175 $\mu g \cdot m^{-2} \cdot h^{-1}$；此外，有 4 种胶黏剂存在 TSVOCs 排放（图 10-4）。在试验箱测试的第 28 天后仍检测到乙基己醇、石竹烯、丁基二甘醇、乙酸、苯氧基丙醇、己醛、庚醛、邻苯二甲酸二甲酯等物质。这些化合物很有可能是属于会长期排放的 VOCs，要格外注意它们对健康和环境的影响。

10.6 地毯胶黏剂污染源分析及相关标准

10.6.1 地毯胶黏剂污染源分析

通过对地毯胶黏剂的讨论和分析可知，在地毯的生产和安装过程中，地毯胶黏剂中危害室内空气质量的物质主要是甲醛和 VOCs。

1. 甲醛

常用的地毯胶黏剂虽然不包含醛类胶黏剂如酚醛树脂、脲醛树脂等，但是在以合成橡胶或合成树脂为主体黏料的水基型、溶剂型、热熔型胶黏剂中仍能检测到甲醛，不过甲醛的含量相对较低，对环境和人体健康的危害较小。此外，沥青胶黏剂中同样含有甲醛。检测到的甲醛可能来源于原材料中的杂质、残留单体氧化后的产物等。

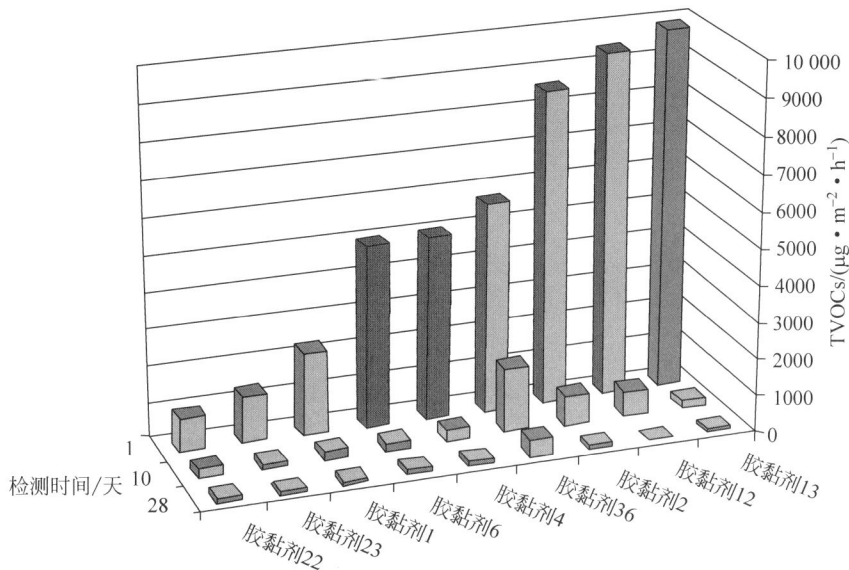

图 10-3　9 种地毯胶黏剂在第 1、10、28 天后的 TVOCs 释放结果

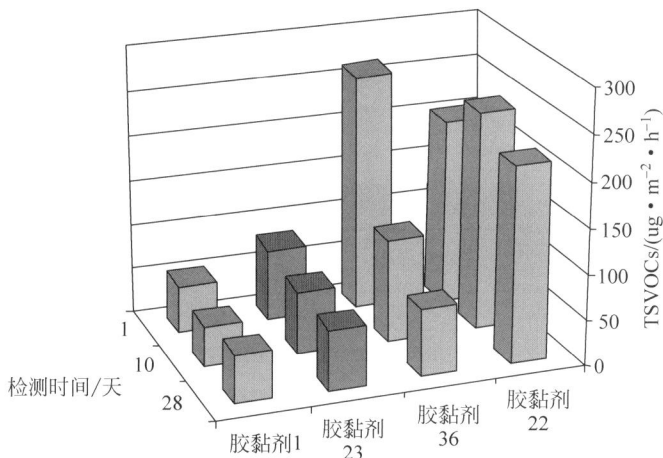

图 10-4　地毯胶黏剂在第 1、10、28 天后的 TSVOCs 释放结果

2. VOCs

地毯胶黏剂中 VOCs 的种类较多,含量也各不相同,其来源主要有以下几种。

1) 残留单体

合成橡胶或合成树脂型胶黏剂在聚合反应中单体都不会完全参与反应,仍会有少量单体残留,是地毯胶黏剂中 VOCs 的来源之一。

2) 溶剂

溶剂型胶黏剂中的有机溶剂是不可忽视的 VOCs 来源。有机溶剂的挥发速度决定了溶剂型胶黏剂的固化速度。常用的有机溶剂主要有脂肪烃、芳香烃、酯类、酮类、氯代烃类、醇醚类、醚类等。

3）增塑剂

在橡胶型和环氧型胶黏剂中常常使用增塑剂,常用的增塑剂包含邻苯二甲酸二甲酯、邻苯二甲酸二乙酯、邻苯二甲酸二丁酯、磷酸三乙酯、磷酸三甲苯酯、己二酸二乙酯等,不过因为大部分增塑剂沸点较高,所以 VOCs 释放速率较慢。

4）其他助剂

其他助剂,如稀释剂、促进剂、防老剂等可能含有少量 VOCs 杂质。

10.6.2　中国相关标准

表 10-2 列举了中国有关地毯胶黏剂以及地毯技术要求的一些标准。

表 10-2　中国有关地毯胶黏剂的相关标准

标准类型	标准号	标准名称
强制性国家标准	GB 18583—2008	《室内装饰装修材料　胶粘剂中有害物质限量》
强制性国家标准	GB 30982—2014	《建筑胶粘剂有害物质限量》
强制性国家标准	GB 33372—2020	《胶粘剂挥发性有机化合物限量》
强制性国家标准	GB 18587—2001	《室内装饰装修材料　地毯、地毯衬垫及地毯胶粘剂有害物质释放限量》
强制性国家标准	GB/T 28483—2012	《地毯用环保胶乳　羧基丁苯胶乳及有害物质限量》
环境标准	HJ 2541—2016	《环境标志产品技术要求　胶粘剂》
轻工行业推荐标准	QB/T 2755—2005	《拼块地毯》
推荐性国家标准	GB/T 14252—2008	《机织地毯》
推荐性国家标准	GB/T 11746—2008	《簇绒地毯》

1. 有害物质限量相关标准

标准《室内装饰装修材料　胶粘剂中有害物质限量》(GB 18583—2008)、《建筑胶粘剂有害物质限量》(GB 30982—2014)、《胶粘剂挥发性有机化合物限量》(GB 33372—2020),以及《环境标志产品技术要求　胶粘剂》(HJ 2541—2016)的内容已在第 4 章相关部分进行了介绍,在此不赘述。

在标准《室内装饰装修材料　地毯、地毯衬垫及地毯胶粘剂有害物质释放限量》(GB 18587—2001)中,专门针对地毯胶粘剂的有害物质释放作出了限量要求,如表 10-3 所示。

表 10-3　地毯胶黏剂有害物质释放限量

序　号	有害物质测试项目		限量/$(mg \cdot m^{-2} \cdot h^{-1})$	
			A 级	B 级
1	总挥发性有机化合物(TVOCs)	≤	10.000	12.000
2	甲醛	≤	0.050	0.050
3	2-乙基己醇	≤	3.000	3.500

此外,针对地毯背胶中使用量巨大的羧基丁苯胶乳,有专门的标准《地毯用环保胶乳　羧基丁苯胶乳及有害物质限量》(GB/T 28483—2012)对其残留单体及挥发性有机化合物的含量提出了限量要求(表 10-4),并且明确规定了禁用的添加剂和助剂(表 10-5)。

表 10-4 地毯用羧基丁苯胶乳中有害残留单体及挥发性有机物限量

序号	有害残留单体及可挥发有机化合物含量测试项目		指标要求/(mg·kg^{-1})
1	苯乙烯	≤	200
2	4-苯基环己烯	≤	100
3	乙苯	≤	50
4	4-乙烯基环己烯	≤	50
5	有害残留单体及可挥发有机化合物总量(TVOCs)	≤	300

表 10-5 地毯用羧基丁苯胶乳中禁用的添加剂和助剂

硫化促进剂(发泡剂)	二乙基二硫代氨基甲酸锌
添加剂(阻燃剂)	多溴联苯(PBB)
	[三-(2,3-二溴丙基)磷酸盐](TRIS)
	[三-(1-丫丙啶基)氧化磷](TEPA)
	五溴二苯醚(PeBDE)
	短链氯化石蜡(SCCPs)

2. 物理性能技术指标

针对地毯背胶中使用量巨大的羧基丁苯胶乳,在标准《地毯用环保胶乳 羧基丁苯胶乳及有害物质限量》(GB/T 28483—2012)中专门对其物理性能作出了要求,如表 10-6 所示。

表 10-6 地毯用羧基丁苯胶乳的物理性能技术指标

序号	检测项目		技术要求(指标范围)
1	总固物含量/%	≥	48.0
2	表面张力/mN·m^{-1}		35~70
3	黏度/mPa·s(23℃)		50~700
4	凝固物 75 μm/%	≤	0.02
5	高速机械稳定性/%	≤	0.05
6	钙离子稳定性/%	≤	0.05
7	pH		6.0~9.0

由于地毯背胶起到固结绒头、黏结背衬、稳定地毯尺寸、阻燃等作用,通过标准《拼块地毯》(QB/T 2755—2005)、《机织地毯》(GB/T 14252—2008)和《簇绒地毯》(GB/T 11746—2008)中对地毯的基本性能要求,尤其是对外观保持性、绒簇拔出力、背衬剥离强力、耐燃性等项目的规定,对保证地毯背胶产品质量和市场规范起到了很好的作用。各种地毯对和地毯背衬胶有关的技术要求分别列于表 10-7 和表 10-8。

表 10-7 拼块地毯的部分技术要求

项目		合格指标
脚轮椅引起的宽度和长度的变化率/%	≤	0.15
由热和水引起的宽度和长度的变化率/%	≤	0.10
由热和水引起影响引起的翘曲/mm	≤	1.5

项　　目	合　格　指　标
绒簇拔出力/N	割绒≥13.0,圈绒≥24.0
耐燃性能(45°法)	续燃、阴燃时间≤20 s,损坏最大长度≤100 mm

表 10-8　机织地毯、绒簇地毯的部分技术要求

项　　目	机 织 地 毯	簇 绒 地 毯
外观保持度:六足 12 000 次	≥2.0 级	≥2.0 级
绒簇拔出力	≥5.0N	割绒≥10.0N,圈绒≥20.0N
背衬剥离强力	—	≥20.0N
耐燃性:水平法(片剂)	最大损毁长度≤75 mm,至少 7 块合格	最大损毁长度≤75 mm,至少 7 块合格

10.6.3　国外相关标准

国外关于地毯以及地毯胶中有毒有害物质限量要求见表 10-9。

表 10-9　国外部分关于地毯和地毯胶的有毒有害物质限量要求

标　　准		有毒有害物质名称	限　　值
美 国 Green Label Plus 认证标准	Green Label Plus and California's CHPS Criteria	测试地毯胶的目标物质	15 种
		测试地毯胶的 TVOCs	每半年一次
	California CDPH Standard Method "Section 01350"	乙醛	≤5 ppb(9 μg·m^{-3})
		苯	≤20 ppb(60 μg·m^{-3})
		氯仿	≤50 ppb(300 μg·m^{-3})
		乙苯	≤400 ppb(2000 μg·m^{-3})
		乙二醇	≤200 ppb(400 μg·m^{-3})
		乙二醇单乙醚	≤20 ppb(70 μg·m^{-3})
		乙二醇醚乙酸酯	≤60 ppb(300 μg·m^{-3})
		乙二醇单甲醚	≤20 ppb(60 μg·m^{-3})
		甲醛	≤2 ppb(3 μg·m^{-3})
		正己烷	≤2000 ppb(7000 μg·m^{-3})
		三氯乙烷	≤200 ppb(1000 μg·m^{-3})
		甲基叔丁基醚	≤2000 ppb(8000 μg·m^{-3})
		异丙醇	≤3000 ppb(7000 μg·m^{-3})
		二氯甲烷	≤100 ppb(400 μg·m^{-3})
		樟脑	≤2 ppb(9 μg·m^{-3})
		苯酚	≤50 ppb(200 μg·m^{-3})
		苯乙烯	≤200 ppb(900 μg·m^{-3})
		四氯乙烯	≤5 ppb(35 g·m^{-3})
		甲苯	≤70 ppb(300 g·m^{-3})
		三氯乙烯	≤100 ppb(600 g·m^{-3})
		(邻、间、对)二甲苯	≤200 ppb(700 g·m^{-3})

续表

标　　准		有毒有害物质名称	限　　值
加州 CHPS 标准	Green Label Plus and California's CHPS Criteria	测试地毯的目标物质	第一次需检测 76 种物质,以后每年检测一次;7＋6 种物质
		测试地毯的 TVOCs	每个季度一次
NSF140 评估标准（NSF 140-2007）：可持续地毯评定	Persistent, bioaccumulative, and toxic (PBT)chemicals 当发生泄漏或释放时,需要报告的最小数量（单位：lbs）	苊,萘嵌戊烷	5000
		苊烯	5000
		艾氏剂；阿耳德林	1
		蒽	5000
		苯并芘醌类化合物(g、h、i)	5000
		苯并(a)芘	1
		镉	10
		氯丹	1
		六价铬	N/A
		DDT	1
		二苯并呋喃	100
		［农药］狄氏剂	1
		二噁英	N/A
		硫丹	1
		异狄氏剂(杀虫剂)	1
		芴	5000
		呋喃	100
		七氯(一种杀虫剂)	1
		环氧七氯(杀虫剂)	1
		［农药］六氯苯,六氯代苯	10
		六氯丁二烯	1
		六氯环己烷、伽马(林丹)	1
		［农药］异艾氏剂	1
		双-烷基铅	10
		水银,汞	1
		甲氧滴滴涕（一种杀虫剂）；［农药］甲氧氯	1
		灭蚁灵	N/A
		臭樟脑	100
		八氯苯乙烯	N/A
		多环芳烃(TRI 中定义的多环芳烃)：PAH	N/A
		PBB	N/A
		PBDE	N/A
		PCB	1
		喷达曼萨林：戊二甲戊灵	N/A
		五氯苯	10
		五氯硝基苯	100

续表

标　准		有毒有害物质名称	限　值
NSF140 评估标准（NSF 140-2007）：可持续地毯评定	Persistent, bioaccumulative, and toxic (PBT)chemicals 当发生泄漏或释放时,需要报告的最小数量(单位：lbs)	五氯酚	10
		菲(用于合成染料和药物)	5000
		芘；嵌二萘	5000
		四溴双酚 A	N/A
		四氯苯	5000
		［农药］ 毒杀芬；八氯莰烯(用作杀虫剂)	1
		1,2,4-三氯代苯；［有化］三氯苯	100
		2,4,5-三氯酚	10
		［农药］ 氟乐灵	10

10.7　小结与展望

10.7.1　各类地毯胶的特点及应用范围

前文已详细介绍了地毯背衬胶、方块地毯用胶以及地毯安装用胶各方面的情况,并对地毯中 VOCs 释放行为进行了阐述,分析了地毯胶黏剂的有害污染源,介绍了国内外与地毯胶黏剂有关的相关标准。

常用的地毯固定胶包含氯丁胶、聚丙烯酸酯乳液、聚乙酸乙烯酯乳液、聚氨酯类胶黏剂等。常用的地毯接缝胶有白乳胶等,可根据需求进行选用。在此,将地毯背衬胶和方块地毯用胶的主要品种、组成、优缺点、施工难度、安全性、主要污染源、环保性等分别总结于表 10-10 和表 10-11 之中。

表 10-10　地毯背衬胶的特点总结

项目	胶乳型胶黏剂	溶剂型胶黏剂	热熔型胶黏剂
主要成分	天然橡胶、合成橡胶、合成树脂、水、乳化剂、增塑剂等助剂	天然橡胶、合成橡胶、合成树脂等、有机溶剂、助剂	热塑性树脂或热塑性弹性体、抗氧剂、增黏剂、填充剂等
固化方式	水挥发	有机溶剂挥发	自然冷却固化或反应固化
优点	柔韧性、耐久性好,以水介质,成本低,安全环保	固化速度快	无毒无味；常温下是固体,便于包装和运输；黏结性能优异；不含有机溶剂,安全环保
缺点	用胶量大、生产和使用环境受影响、烘干过程能耗高、聚合物热分解产物污染环境	易燃易爆、污染环境、危害人体健康、成本较高	熔体黏度大、绒头拔出力差；涂胶困难,容易涂胶不均；熔融温度高,会损坏地毯纤维,影响质量
施工难度	低	低	略高

续表

项目	胶乳型胶黏剂	溶剂型胶黏剂	热熔型胶黏剂
主要污染源	残余单体,烘干过程中聚合物热分解产物	有机溶剂,残余单体等	残余单体,助剂
安全性	好	差	良好
环保性	良好	差	良好

表 10-11　方块地毯用胶的特点比较

项目	沥青胶	聚氯乙烯胶	聚氨酯胶
成本	较低	中	高
燃烧烟雾毒性测试	低	高	低
可回收性	易	难	难
产品弹性	较差	好	好
优点	来源广泛,造价低廉,可回收,环保	不易燃、装饰性好、质地柔软且富有弹性等优势,并且地毯色彩鲜艳、制作工艺独特,实用美观	背衬密度低、稳定性好,外观质量接近PVC,脚感舒适,隔音隔热效果好
缺点	温差导致收缩,铺到地面时间太久无法揭起更换	残余单体氯乙烯是致癌物;含增塑剂、抗老化剂等有毒助剂;燃烧时会产生一氧化碳、氯化氢等有毒气体	成本高,限制其应用
主要污染源	沥青烟及可能含有的有机溶剂	有机溶剂	未反应单体、助剂
环保性	较好	低	较好

10.7.2　地毯胶的发展方向

随着地毯市场的繁荣发展,人们对地毯的环保性、安全性、美观性、耐久性提出了更高的需求,这就要求地毯背衬胶以及地毯安装用胶具有绿色环保、无毒无害、经久耐用,并兼顾低成本、使用方便、绿色生产等方面的特性。尤其是在绿色环保、无毒无害方面,近年来备受关注。

为此,地毯胶黏剂的发展方向以非溶剂型胶黏剂为主,比如水基胶黏剂、热熔胶以及反应型胶黏剂等。其中,以水基型胶黏剂来替代有机溶剂型胶黏剂会受到干燥时间的限制,因而热熔型胶黏剂和反应型胶黏剂以后会更受到市场的青睐。

第11章
织物印染助剂

11.1 织物印染助剂和纺织纤维概述

11.1.1 织物印染助剂

印染又称为染整,是借助各种机械设备,使用物理或化学的方式对纺织物进行处理,从而使其达到所需的外观或应用性能的一种加工方式。印染一般包括前处理、染色/印花、后整理三大过程。前处理是去除纺织材料上的杂质并改善其加工性能,为后续工序提供条件。染色是利用染料与纺织品结合使得纺织品获得某种色泽,而印花则是利用染料或颜料配制的色浆使得纺织品获得彩色图案花纹。后整理是通过机械或者化学处理,改善织物光泽、手感和形态稳定性等,并赋予其一定的防污、防水、防油、阻燃以及其他功能。

本章主要讨论印染过程中的化学处理手段,其中所用化学品统称为印染助剂。按照印染的三大过程,印染助剂也分为前处理助剂、印染助剂和后整理助剂。

11.1.2 纺织纤维

通常的纺织物由各种纺织纤维制成。纤维通常是指长径比很大的细丝状物质,其用途广泛,除可制成线绳和织物以外,还可作为填充或增强物与基体制成复合功能材料。在用量上,由于纤维大都用于制造纺织品,故常称为纺织纤维。

纺织纤维需柔韧而有弹性,强度足够,相互有抱合力,化学性能稳定,长度和细度符合纺织要求,易于化学加工。按照来源的不同,纺织纤维可归纳为天然纤维和化学纤维两大类,如图 11-1 所示。天然纤维又可细分为植物纤维、动物纤维和矿物纤维。植物纤维(棉、麻)是由植物的种子、果实、茎、叶等处理得到的纤维,主要成分为纤维素;动物纤维(毛、丝)是从动物的毛或昆虫的腺分泌物中得到的纤维,主要成分为蛋白质;矿物纤维是从纤维状结构的矿物岩石中获得的纤维,主要成分为各种氧化物,如二氧化硅、氧化铝和氧化镁等,其主要来源为各类石棉。化学纤维中,人造纤维是以天然纤维或蛋白纤维为原料,经过一定的加工(如溶解或熔融等)而纺织成的纤维;合成纤维则是以化石原料为基础,通过复杂的化学合成和机械加工制成的聚合物材料纤维;无机纤维是以天然无机物为原料,经过人工纺丝制成的纤维,它主要用于复合材料的增强、增韧等,用于纺织品的较少。

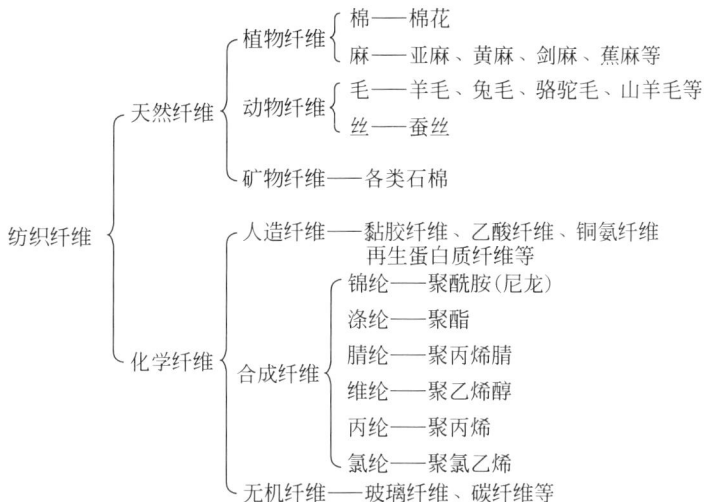

$$
纺织纤维
\begin{cases}
天然纤维
\begin{cases}
植物纤维
\begin{cases}
棉——棉花 \\
麻——亚麻、黄麻、剑麻、蕉麻等
\end{cases} \\
动物纤维
\begin{cases}
毛——羊毛、兔毛、骆驼毛、山羊毛等 \\
丝——蚕丝
\end{cases} \\
矿物纤维——各类石棉
\end{cases} \\
化学纤维
\begin{cases}
人造纤维——黏胶纤维、乙酸纤维、铜氨纤维\\再生蛋白质纤维等 \\
合成纤维
\begin{cases}
锦纶——聚酰胺(尼龙) \\
涤纶——聚酯 \\
腈纶——聚丙烯腈 \\
维纶——聚乙烯醇 \\
丙纶——聚丙烯 \\
氯纶——聚氯乙烯
\end{cases} \\
无机纤维——玻璃纤维、碳纤维等
\end{cases}
\end{cases}
$$

图 11-1　纺织纤维的分类

棉、麻、毛、丝作为传统意义上的四大天然纤维,应用在纺织上已有千年历史。天然纤维在外观、手感和吸湿性等方面优于化学纤维,一直是人们消费的主要品种。但是,天然纤维易缩水,不易保养,在耐用性和防皱性等方面不如化学纤维。因此,针对不同纤维的缺点,为了满足工艺加工和人们对服装面料的使用需求,印染助剂作为纺织纤维染整过程中的添加剂,对于改善纺织印染的品质,提高纺织品的性能起到了重要作用。

11.2　前处理助剂

前处理助剂主要包括浆料、精炼剂、润湿剂/渗透剂、起泡剂、洗涤剂、稳泡剂和消泡剂等。

11.2.1　浆料

纱线在织造的过程中,要经历反复拉伸、曲折和冲击,同时还要经受织机机件的反复摩擦。为了减少纱线断裂和损坏的情况,提高其可织性和产品质量,通常对纱线进行上浆处理,即让纱线以一定速度通过浆料,使其表面黏附一层浆液,浆液可在纱线表面成膜,降低纤维表面毛羽的突出,从而使得纱线获得更高的强度和耐磨性,并尽可能保持纱线原有的弹性。对于浆料的选择,通常要求其具有一定的渗透性和黏附性,提高上浆效率,同时具有成膜性,浆膜具有一定的耐磨性和强韧性。通常使用的浆料主要分为天然浆料、变性浆料和合成浆料三大类。

天然浆料主要是各类淀粉和动物胶。其中,淀粉浆料最为常见,也是纺织业最早使用的浆料之一。淀粉可在水中分散成具有一定黏度的胶状悬浊液,可作为浆料使用,但其悬浮颗粒大,浸透性差,同时浆膜硬脆,上浆效果不佳。随后出现了一系列变性浆料,将天然高分子(如淀粉、纤维素)进行改性,以克服原天然物质的缺陷,获得理想的浆料性能。常见的包括酸化淀粉、氧化淀粉、酯化淀粉、羧甲基纤维素、羧乙基纤维素等。随着合成纤维的发展,各种性能优异的合成浆料得到使用,常见的有聚乙烯醇类,聚丙烯酸酯类,聚丙烯酰胺类等。它们都具有一定的亲水性,可在水中溶解或分散,同时可与多种单体制成共聚物,对浆膜的力学性能进行调控。总的来说,合成浆料的性能要优于前两者,但价格也更高。

11.2.2　精炼剂

对于含有某些天然纤维的织物,还需要经历精炼步骤,才可进行染色。精炼是利用精炼剂去除纤维中的天然杂质(例如棉纤维蜡状物质、果胶质和油脂,以及蚕丝外层的丝胶等),增进织物的吸水性和渗透性,有利于染整加工过程中染料的吸附和扩散。

常用的精炼剂一般为碱性物质,如氢氧化钠(烧碱)、碳酸钠、硅酸钠和亚硫酸钠等。碱性物质一方面可以使得蜡状物质中脂肪酸皂化生成脂肪酸盐,进而在水中乳化去除;另一方面可使果胶质、油脂和丝胶等物质水解成可溶性小分子物质而去除。其本质是破坏了天然纤维的疏水性"保护层",进而提高纤维的吸水性和渗透性。

同时,为了改善精炼效果,提高精炼质量,还需加入助炼剂。助炼剂主要包括表面活性剂和软水剂,前者可以降低精炼液的表面张力,促进精炼液更快润湿和渗透到原料和杂质内部;后者具有软化水的作用,降低水中钙、镁离子含量,节省精炼剂用量,提高精炼效果。常用的表面活性剂有阴离子型和非离子型,如硬脂酸钠、脂肪醇硫酸盐、烷基苯磺酸盐、烷基酚聚氧乙烯醚、烷基聚氧乙烯醚等。软水剂常用磷酸三钠、六偏磷酸钠等。

11.2.3　润湿剂和渗透剂

在印染加工过程中,织物一般是在各种液体中进行处理,液体对织物的润湿和渗透会直接影响到印染的质量。由于纺织纤维是多孔物质,在印染过程中,印染液不但要润湿织物表面,还需要渗透到纤维孔洞中,因此需要用润湿剂/渗透剂来增进润湿和渗透过程。凡是能促进液体表面润湿的物质,一般来说也能促使液体对织物内部的渗透,因此,润湿剂也就是渗透剂。

常用的润湿剂/渗透剂主要是阴离子型和非离子型表面活性剂。可使用的化学品种类繁多,阴离子表面活性剂包括:①硫酸盐($R-OSO_3M$),如十二烷基硫酸钠、鱼油酸丁酯硫酸钠等;②磺酸盐($R-SO_3M$),如烷基苯磺酸盐、烷基萘磺酸盐、丁二酸酯磺酸盐等;③磷酸酯盐,如乙二醇单丁醚磷酸酯钠盐、2-乙基己醇聚氧乙烯醚磷酸酯、壬基酚聚氧乙烯醚磷酸单酯等;④羧酸盐类,如松香酸钠(松香皂)、N-月桂酰-L-缬氨酸钠等。非离子表面活性剂包括:①吐温系列(聚氧乙烯山梨醇酐脂肪酸酯);②烷基酚聚氧乙烯醚类,最常见的是辛基酚和壬基酚类;③脂肪醇聚氧乙烯醚类;④脂肪酸聚氧乙烯酯类;⑤聚氧烯烃共聚表面活性剂等。

11.2.4　洗涤剂

去除织物中异物的过程称为洗涤,洗涤过程中起主要作用的化学物质为洗涤剂。本章虽然将洗涤剂划入了前处理助剂中,但是前处理、印染和后处理过程中都需要经历洗涤过程。例如前处理中需要去除纤维的天然杂质、退浆过程的浆料和精炼过后多余的精炼剂等,染色和印花中要去除未固色的染料,后处理中要去除未附着的各类整理剂等。

洗涤剂分为合成洗涤剂和肥皂两大类。前者由表面活性剂、助剂、螯合剂、漂白剂、荧光增白剂、防结块剂、酶和香料等配制而成;后者主要是以硬脂酸钠和脂肪酸钠(如月桂酸、肉豆蔻酸、棕榈酸和油酸等)为主体,配合碱性助剂和填料配制而成。

合成洗涤剂的洗涤性能要优于肥皂,目前工业上普遍使用的是合成洗涤剂。其中表面活性剂的类型为阴离子型、非离子型和两性离子型。阴离子型主要使用磺酸盐和硫酸盐,如烷基磺酸钠、烷基苯磺酸钠、N,N-油酰甲基牛磺酸钠(胰加漂 T)、烷基硫酸钠和脂肪酰胺硫酸钠等。非离子型主要为烷基酚聚氧乙烯醚、脂肪醇聚氧乙烯醚、聚醚和脂肪酰二乙醇胺等。两性离子表面活性剂同时含有阴离子和阳离子两种基团,所以其既有阴离子的洗涤作用,又有阳离子的织物软化作用,最常见的为氨基酸型两性表面活性剂和甜菜碱型两性表面活性剂。

11.2.5　起泡剂、稳泡剂和消泡剂

由于印染过程使用了大量的表面活性剂,体系容易产生泡沫。泡沫的产生有时是有利的,有时则是需要避免的。起泡剂和稳泡剂就是用于促进泡沫产生和稳定泡沫的助剂,消泡剂则用于快速消除泡沫。

起泡剂和稳泡剂多用于泡沫整理工艺中,即将化学品水溶液或分散液用发泡机制成泡沫,并将泡沫均匀喷洒至织物表面,以便将各类化学品分散至织物当中。泡沫整理在前处理、染色/印花和后整理中均可应用。

起泡剂也属于表面活性剂,其中阴离子表面活性剂起泡性能最佳,为主要使用品种,如各类肥皂、烷基苯磺酸钠和脂肪醇硫酸钠等。

稳泡剂主要有生物胶、卵白、卵磷脂、脂肪酰胺和烷基醇酰胺等,是通过提高泡沫的黏度来降低泡沫流动性,或者本身带一定的正电荷来降低液膜上阴离子表面活性剂阴离子基团之间的排斥力来实现稳泡的。

消泡剂主要是一类低表面张力物质,加入到体系中后会吸附至泡沫表面,使得泡沫部分表面张力降低,进而破裂。常用的消泡剂分为含硅和不含硅两类,前者主要使用硅油乳液,由不同分子量的混合硅油或改性硅油、二氧化硅、各种助剂和水经一定工艺配制而成;后者主要是一些醇、醚、脂肪酸、磷酸酯类小分子物质或者聚醚类聚合物。

11.3　印染助剂

印染助剂主要包括匀染剂、固色剂、增稠剂、黏合剂、荧光增白剂等。

11.3.1　匀染剂

印染的过程是染料进入织物并与织物结合的过程,为了使染色更为均匀,需要加入匀染剂。在实际染色中出现的不均匀现象,一方面是由于纤维的物理或化学结构不均匀,另一方面是由于染色条件不当,上染速度过快。而匀染剂的作用主要是针对后一因素,通过控制染

色速度来获得均匀的染色效果。一般匀染剂应具有缓染性和移染性。

根据匀染机理的不同,可将匀染剂分为亲纤维性匀染剂、亲染料性匀染剂和两亲性匀染剂三类。

1. 亲纤维性匀染剂

这类均染剂分子对纤维的亲和力要大于对染料亲和力,所以匀染剂会先于染料与纤维结合,与染料形成竞染作用。因此匀染剂阻碍了染料与纤维的结合,结果使上染速度减慢。在染色的过程中,虽然匀染剂与纤维结合得更快,但其与纤维的结合力没有染料强,通过升温可以让匀染剂脱出,促使纤维与染料分子结合,最后达到匀染目的。染料分子一旦与纤维结合之后就不能再移动,所以此类匀染剂主要起缓染作用,没有移染性。

亲纤维性匀染剂主要为离子型的表面活性剂。例如,对于蛋白质天然纤维和锦纶,主要使用阴离子型的匀染剂,它可以与纤维分子中的酰胺基或分子末端氨基形成氢键或成盐,具有较好的亲和性。常见的阴离子型匀染剂如匀染剂 S(苄基萘磺酸钠)等。对于腈纶纤维,由于在制备腈纶的原料中除丙烯腈外还含有少量丙烯酸甲酯或乙酸乙烯酯等第二和第三单体,带有一定的负电荷,所以使用阳离子型的匀染剂,如匀染剂 1227(十二烷基苄基二甲基氯化铵)和匀染剂 DC(十八烷基二甲苄基氯化铵)等。

2. 亲染料性匀染剂

这类匀染剂分子对染料的亲和力要大于染料对纤维的亲和力,所以染料会优先与匀染剂结合,因此延缓了上染速度。随后可通过升温让染料脱出并与纤维结合,最后达到匀染的目的。由于染料对匀染剂的亲和性更强,已经与纤维结合的染料分子仍能够重新脱出与匀染剂结合,故亲染料性匀染剂同时具有缓染性和移染性。

亲染料性匀染剂主要是聚乙二醇醚型非离子表面活性剂,它分子上的醚键易与染料上的羟基、氨基及磺酸基等形成氢键或以聚烊盐形式相结合,形成亲染料性。

3. 两亲性匀染剂

对纤维和染料都有亲和力,它们主要是离子型和非离子型匀染剂的复配物,或者是同时带有离子基团和非离子基团的共聚物。如匀染剂 GS(丙三醇聚氧乙烯醚油酸酯类非离子表面活性剂和三苯乙烯基苯酚聚氧乙烯硫酰胺类阴离子表面活性剂的混合物)、聚氧乙烯烷基胺等。

11.3.2 固色剂

由于大部分染料靠范德华力、氢键等与纤维结合,且许多染料还带有亲水性甚至可溶性基团,使得染料染色牢度不佳,织物清洗时易"掉色",所以需要用固色剂进行固色处理,以提高染料与纤维的结合牢度。

固色剂主要分为阳离子型固色剂、树脂型固色剂和反应型固色剂三类。不同类型固色剂的固色机理不同,阳离子型固色剂主要针对酸性染料,它可以与阴离子型染料结合,生成不溶于水的染料盐沉淀于织物纤维的空隙中,以提高染料的水洗牢度。树脂型固色剂分子间可以相互缩合,在纤维表面形成立体网状薄膜将染料封闭起来,并对染料起到一定的保护效果。反应型固色剂主要是作为交联剂,可同时与染料和纤维反应,提高染料与织物纤维的结合力,使其不易脱落,从而提高染色牢度。

1. 阳离子型固色剂

阳离子型固色剂主要有烷基吡啶盐类(图 11-2(a))、Sapamine(萨帕明)类(图 11-2(b))、Solidagen BS 类(图 11-2(c))和多乙烯多胺类季铵盐(图 11-2(d))等。

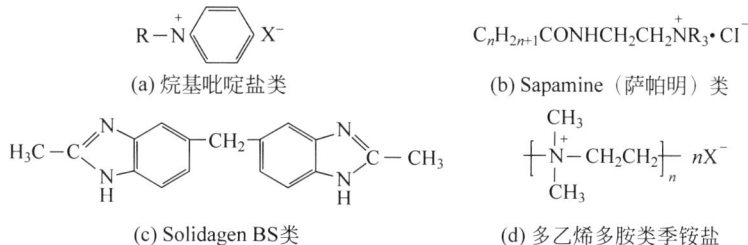

$$R - \overset{+}{N} \bigcirc X^-$$

(a) 烷基吡啶盐类

$$C_nH_{2n+1}CONHCH_2CH_2\overset{+}{N}R_3 \cdot Cl^-$$

(b) Sapamine（萨帕明）类

(c) Solidagen BS类

(d) 多乙烯多胺类季铵盐

图 11-2　几种常见阳离子型固色剂的结构式

2. 树脂型固色剂

树脂型固色剂是目前应用较为广泛的一种固色剂,常见的有以下几种。

1) 固色剂 Y

固色剂 Y 是双氰胺树脂水溶液的初缩体,合成反应如图 11-3。由于它成膜过程中需要使用过量甲醛处理,所以固色剂 Y 中含有甲醛。

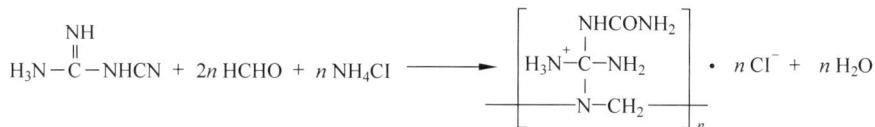

$$H_3N - \overset{NH}{\underset{\|}{C}} - NHCN + 2n\ HCHO + n\ NH_4Cl \longrightarrow \left[H_3\overset{+}{N} - \overset{NHCONH_2}{\underset{|}{\underset{N - CH_2}{C}}} - NH_2 \right]_n \cdot n\ Cl^- + n\ H_2O$$

图 11-3　固色剂 Y 的合成反应

2) 固色剂 M

它主要是在固色剂 Y 的基础上添加铜盐,来提高织物的日晒牢度,固色剂 M 中也含有甲醛。

3) 固色剂 SH-96

它是通过二乙烯三胺与双氰胺经缩合、脱氨环构化得到的,其结构式如图 11-4 所示。

4) 固色剂 CS

它是由含有季铵基的乙烯单体通过聚合反应生成的高聚物,其化学结构如图 11-5 所示。

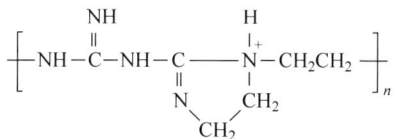

图 11-4　固色剂 SH-96 的结构式

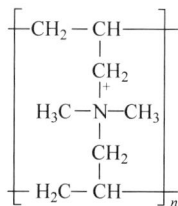

图 11-5　固色剂 CS 的结构式

3. 反应型固色剂

反应型固色剂是既有能与染料阴离子结合的阳离子基团、又有能与纤维键合的活性基团(一般为环氧基)的化合物。常见的反应型固色剂有固色交联剂 DE 和固色交联剂 KS,它们均属于有机小分子,其化学结构分别见图 11-6 和图 11-7。

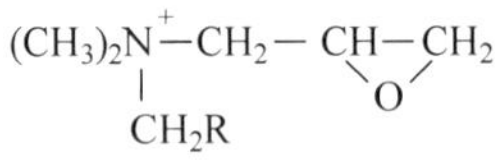

$$(CH_3)_2N^+-CH_2-CH-CH_2 \atop CH_2R \quad O$$

图 11-6　固色剂 DE 的结构式

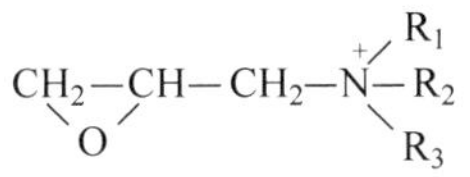

$$CH_2-CH-CH_2-N^+-R_2 \atop O \qquad R_3$$

图 11-7　固色剂 KS 的结构式

反应型固化剂可以在染料分子与纤维之间起到"架桥"作用。由于天然纤维素中含有羟基,固色剂中的环氧基可与其反应形成交联,同时固色剂本身也可自交联成大分子网状结构(图 11-8),从而与染料一起构成大分子化合物,使染料与纤维结合得更为牢固。

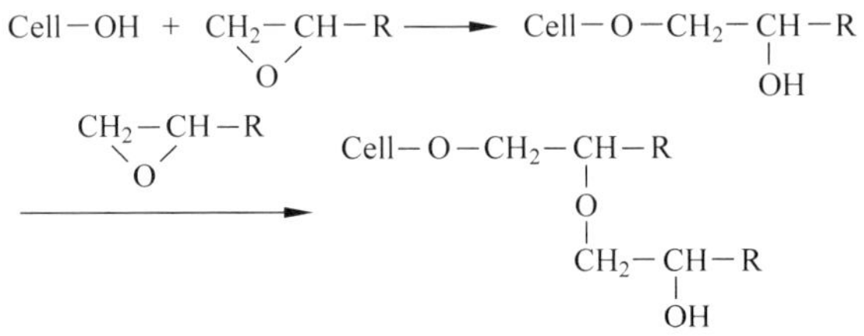

图 11-8　反应型固色剂与纤维素反应以及自交联机理

11.3.3　增稠剂

纺织品的印花主要是以印花色浆为原料,经过一定工艺在纺织品上形成设计花纹的过程。印花色浆的主要成分包括增稠剂、黏合剂、染料和水。在印花过程中,利用印花色浆的假塑性,让印花色浆的黏度在一瞬间大幅度下降,便于花纹图案的绘制。当切变力消失,色浆又可恢复高黏度,使织物图案轮廓清晰。

印花色浆剪切变稀的特性主要靠增稠剂来实现。增稠剂一般是高分子量的聚合物,赋予色浆必要的黏度和假塑性流变特性,防止织物花纹渗化。当印花完成,染料经过固色处理后,增稠剂会在洗涤过程中被洗去。

起初工业上使用的增稠剂为天然高分子化合物,如海藻酸钠、淀粉及其衍生物、纤维素衍生物和树胶等。但是,使用天然增稠剂印花的纺织品在色泽深度、鲜艳度、耐洗牢度和织物手感上都存在一定缺陷,已被逐渐淘汰。

目前工业上使用的多为合成增稠剂,分为非离子型和阴离子型两大类。非离子型增稠剂大多是聚乙二醇醚类衍生物,其增稠效果不如阴离子型增稠剂,在色浆中一般还需补充一定数量的煤油来进一步提高黏度,因此会带来一定的 VOCs 释放问题。

阴离子型增稠剂一般是含有大量羧基的共聚物,并具有一定的交联度。这类增稠剂在加碱中和以后,由于羧基带负电相互排斥,使得增稠剂分子伸展并吸附大量自由水,导致体系黏度显著增大。

11.3.4 黏合剂

黏合剂是印花色浆中的重要组分,它可以通过成膜将颜料颗粒牢固地黏结在纺织品表面,实现印花。黏合剂质量的好坏关系到织物印花牢度的高低。按照黏着的机制,黏合剂可分为非反应型和反应型两类。

1. 非反应型黏合剂

非反应型黏合剂主要是一些高分子物质,它可在印花的地方形成一层薄膜,将颜料颗粒封闭于纺织品表面。常见非反应型黏合剂包括:①聚丙烯酸酯共聚物,它是由丙烯酸酯如丙烯酸甲酯、丙烯酸乙酯、丙烯酸丁酯、丙烯酸辛酯等中的一种或几种与非丙烯酸酯组分如丙烯腈和苯乙烯等中的一种共聚而成。不同的单体会影响黏合剂结膜的硬度,进而影响织物的手感。②丁二烯的共聚物,包括丁苯胶乳(丁二烯和苯乙烯共聚物)、丁腈胶乳(丁二烯和丙烯腈的共聚物)以及氯丁胶乳(聚氯丁二烯)。这类黏合剂成膜弹性较好,赋予织物一定的柔软度。

2. 反应型黏合剂

反应型黏合剂一般为带功能基团的小分子物质,它一方面可通过自身聚合并交联成网状大分子成膜,另一方面又能与纤维反应形成共价键,进一步加强黏附。常见的反应型黏合剂包括丙烯酸-2-羟基乙酯、羟甲基丙烯酰胺和丙烯酸环氧丙酯等(图11-9)。

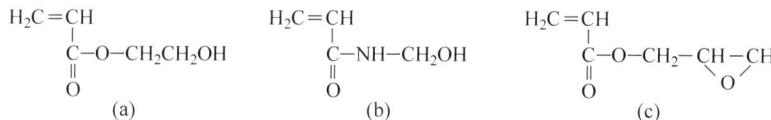

图11-9 常见反应型黏合剂的结构式

其中,羟甲基丙烯酰胺最为常用。以其为例,羟甲基丙烯酰胺的自身交联反应和与纤维素的反应分别如图11-10(a)和(b)所示。

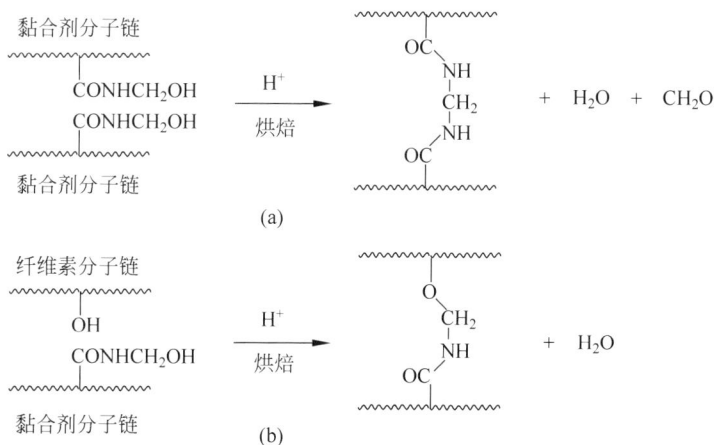

图11-10 羟甲基丙烯酰胺的自身交联反应(a)和与纤维素反应(b)示意图

从图 11-10 可以看出,羟甲基丙烯酰胺在自交联的同时会释放甲醛。另外,羟甲基酰胺类化合物的合成反应式见图 11-11,该反应为可逆反应,羟甲基酰胺类化合物在水溶液中缓慢分解,也会释放甲醛。同时在羟甲基酰胺类化合物的制备过程中,为了有利于羟甲基酰胺的生成,甲醛通常过量,因此在最终产品中会残留一定量的游离甲醛。这三方面因素都会在织物中引入甲醛,因此,黏合剂是织物中甲醛的主要来源之一,必须引起足够的重视。

$$-\overset{\overset{\displaystyle O}{\|}}{C}-NH + HCHO \rightleftharpoons -\overset{\overset{\displaystyle O}{\|}}{C}-NCH_2OH$$
$$\underset{\displaystyle R}{|} \qquad\qquad\qquad\qquad \underset{\displaystyle R}{|}$$

图 11-11　羟甲基酰胺类化合物的合成反应

11.3.5　荧光增白剂

织物染整中一般还会添加少量荧光增白剂,它们多是含有共轭体系的物质,通过自身吸收和反射光谱的光学作用来增加织物的白度。常见的荧光增白剂有唑系、二苯乙烯类、双乙酰胺基取代物、呋喃类、萘二甲酰亚胺类、香豆素类等。

11.4　后整理助剂

后整理助剂一般也是先制成水分散液,然后将其施加到织物上进行整理,最后进行烘干和烘焙。常见的施加方式有浸轧、饱和浸渍、泡沫、喷雾和涂层等。后整理助剂种类很多,包括防皱整理剂、柔软整理剂、抗静电整理剂、抗菌整理剂、抗紫外整理剂、阻燃整理剂、防污整理剂、防油整理剂、防水整理剂等。

11.4.1　防皱整理剂

纺织品在使用过程中,不断经受外力作用会使纤维分子产生滑移,从而导致纺织品变形、起皱。一般来说,分子间相互作用强的纤维如涤纶、锦纶和腈纶等防皱性能较好,而分子间相互作用较弱的纤维如维纶和天然纤维的防皱性能较差,需要进行防皱防变形整理。

防皱整理剂多为树脂的初缩体,或者是含有多个官能团的小分子,它们可以自身缩聚成网状结构大分子,然后与纤维分子形成氢键或者共价结合,起到对纤维的交联作用,通过限制纤维分子的相对滑移来提高织物的抗皱性能。一般来说,共价结合比氢键作用的防皱性效果更好,更耐久。常见的防皱整理剂有以下几种。

1. 脲醛树脂的初缩体

如一羟甲基脲和二羟甲基脲,由尿素和甲醛缩合制成,在酸性条件或高温下可以进一步缩合为脲醛树脂(图 11-12),缩合过程会脱出甲醛。

2. 三聚氰胺甲醛树脂初缩体

常用的是三羟甲基三聚氰胺和六羟甲基三聚氰胺(图 11-13)的初聚体。其缩合反应和脲醛树脂类似,也会脱出甲醛。

$$n\ HOCH_2NHCONHCH_2OH \xrightarrow{H^+} \left[\overset{\displaystyle O}{\underset{\displaystyle \|}{NHCNH-CH_2}} \right]_n +(n-1)H_2O+(n-1)CH_2O$$

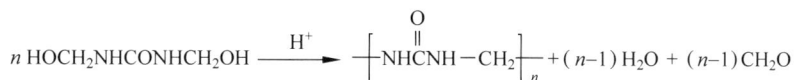

图 11-12　脲醛树脂结构式

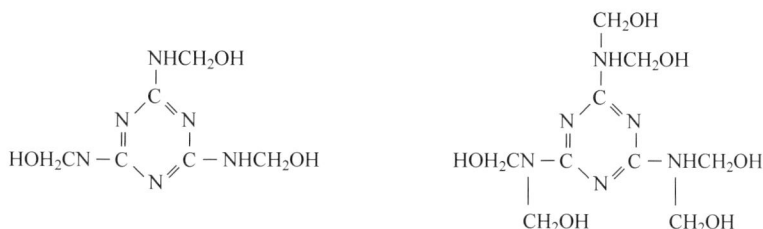

图 11-13　三羟甲基三聚氰胺和六羟甲基三聚氰胺的结构式

3. 脲类化合物

常用的脲类化合物有二羟甲基乙烯脲(DMEU)、二羟甲基二羟基乙烯脲(DMDHEU，2D 树脂)、二羟甲基丙烯脲(DMPU)等(图 11-14)。

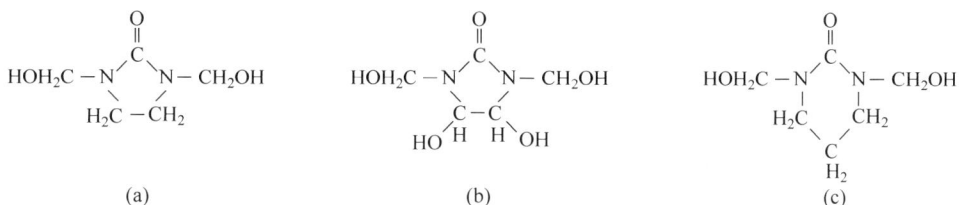

图 11-14　DMEU(a)、DMDHEU(b)和 DMPU(c)的结构式

这类防皱整理剂的羟甲基既能与纤维素的羟基反应形成交联(图 11-15)，彼此之间也可进行脱水和脱甲醛形成大分子。使用这类防皱整理剂，一般会给织物引入较多的甲醛。例如，早期使用 2D 树脂作为织物防皱整理剂，游离甲醛量高达 1000 mg/kg，不符合生态环保要求。

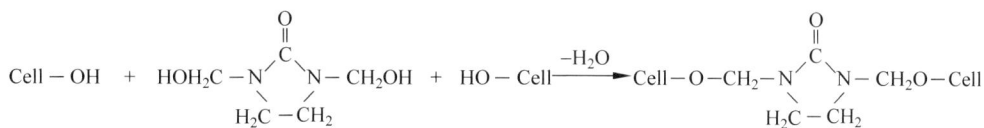

图 11-15　DMEU 与纤维素的反应

4. 甲醛

甲醛在高温、硝酸盐的催化下可与纤维素的羟基反应形成共价键(图 11-16)，因此上述羟甲基类防皱整理剂缩合过程中脱出的甲醛，可以在适当条件下进一步处理，使其与纤维素反应，从而加强防皱整理效果。

然而由于在高温下甲醛损失大，操作环境恶劣，目前很少单独使用甲醛作为防皱整理剂。

$$Cell-OH + n\ HCHO + HO-Cell \longrightarrow Cell-O(CH_2O)_n-Cell$$

图 11-16　纤维素和甲醛的反应

5. 环氧化合物

常用的环氧化合物为二缩水甘油醚化合物(图 11-17),因分子中含有两个环氧基,也可以起到交联剂的作用。

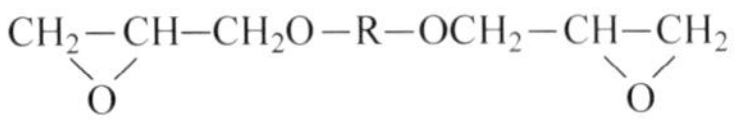

$$CH_2-CH-CH_2O-R-OCH_2-CH-CH_2$$
$$\underset{O}{\diagdown\diagup} \qquad\qquad \underset{O}{\diagdown\diagup}$$

图 11-17　二缩水甘油醚的结构式

目前,使用最为广泛的防皱整理剂为各类 N-羟甲基类树脂,但由于其含有羟甲基,在缩合过程中会脱出甲醛,其本身也会在水溶液中缓慢分解生成游离甲醛,因此,防皱整理剂也是织物甲醛的主要来源之一。

出于对甲醛危害的考虑,无甲醛类树脂整理剂受到人们的关注。例如使用聚氨酯或环氧树脂作为防皱整理剂,它们可以在织物上形成强韧的薄膜,同时与纤维发生氢键相互作用,起到防皱效果,但成本相对高很多。

11.4.2　柔软整理剂

为了调节织物的手感,使其爽滑、柔软,往往要使用柔软剂进行整理。柔软剂主要分为两类,一类是表面活性物质,它可以吸附在织物纤维表面,降低界面张力,使得纤维表面容易扩展,织物蓬松、丰满。同时,表面活性物质的疏水侧远离纤维排列,长的疏水基有利于滑动,可减小纤维的摩擦系数;另一类是树脂类物质,它可以在纤维表面形成连续的树脂薄膜,增加纤维表面的平整性,减小摩擦系数。

第一类主要是各类表面活性剂。其中阳离子表面活性剂使用最为广泛,原因是大多数纺织纤维在水中带负电荷,阳离子表面活性剂可以依靠静电引力牢固地吸附于纤维表面,软化效果好,阳离子型柔软剂以叔胺盐类和季铵盐类为主。阴离子型和非离子型表面活性剂使用较少,常见的阴离子型柔软剂有各种植物油的硫酸化物、脂肪酸或脂肪醇硫酸化物以及脂肪醇磷酸酯等;非离子型柔软剂有季戊四醇脂肪酸酯、甘油脂肪酸单酯、脂肪酸乙醇酰胺、脂肪酸聚乙二醇酯等。

第二类柔软剂的成膜物质主要包括天然油脂/石蜡乳液、有机硅乳液、反应性柔软剂等,其中有机硅乳液使用最为广泛。聚硅氧烷主链十分柔顺且易于旋转,成膜具有较低的表面张力和摩擦系数,对织物整理拥有良好的柔软效果。反应性柔软剂可与织物纤维上的活性基反应形成共价键,进而包裹在纤维表面,其耐磨耐洗的持久性均较好,也称之为持久性柔软剂。常见的反应性柔软剂有酸酐类衍生物、乙烯亚胺类衍生物和吡啶季铵盐类衍生物等。

11.4.3　抗静电整理剂

抗静电整理剂是添加在织物中以防止静电危害的一类化学添加剂。工业上使用的抗静电整理剂主要都是一些表面活性剂,由于其带有亲水基,容易吸附环境中的微量水分,从而在纤维表面形成薄的导电层,有利于电荷的泄漏和转移。

常见的抗静电整理剂主要包括以下几种：

1. 阴离子表面活性剂

如烷基酚聚氧乙烯醚硫酸盐、烷基磷酸酯、烷基磺酸盐、烷基硫酸盐等。

2. 阳离子表面活性剂

和柔软剂一样，阳离子表面活性剂由于本身带正电荷，与织物纤维结合更紧，也是抗静电剂的大类品种。常用的是季铵盐类，如抗静电剂 SN（十八烷基二甲基羟乙基季铵硝酸盐）。

3. 非离子表面活性剂

主要有多元醇和聚氧乙烯醚两大类。

4. 有机硅表面活性剂

目前所使用的主要为聚醚改性聚硅氧烷。

5. 高分子类抗静电剂

属于大分子乳化剂，如苯乙烯磺酸钠低聚物、聚乙烯磺酸盐、聚乙烯苄基三甲基季铵盐、聚丙烯酸酯、聚酯和聚醚等。由于高分子的成膜性更好，高分子类抗电剂的耐久性更佳。

11.4.4 抗菌整理剂

抗菌整理剂的作用是抑制微生物的生长，防止织物纤维受到微生物的侵害。

一类抗菌剂是金属化合物，其金属离子和活性氧可以破坏微生物细胞内的蛋白质结构，阻止微生物生长，包括银、铜、锌等与氧化硅、磷灰石、泡沸石、磷酸锆、氧化钛等载体结合形成的物质。

另一类抗菌剂是离子型化合物，它可以破坏细菌的细胞壁而杀死细菌。常见的有季铵盐类、双胍盐类和苯酚盐类等。

11.4.5 防紫外线整理剂

防紫外线整理剂主要用于吸收或反射紫外线，减少紫外线对织物的老化作用，同时也可增强织物对人体的紫外线辐射保护作用。

在防紫外整理剂中，能够反射紫外线的化学品叫紫外线屏蔽剂。主要是一些金属氧化物，如氧化锌和二氧化钛等，一般是将化合物制成超细粉末并配置成水分散液对织物进行整理。

能够对紫外线选择性吸收，并能进行能量转换而减少紫外线透过量的化学品叫紫外线吸收剂。主要是一些含有共轭体系的化合物，包括二苯甲酮系化合物、苯并三唑类化合物、水杨酸酯类化合物等。

11.4.6 阻燃整理剂

大多数纺织纤维都属于易燃或可燃物，阻燃剂可以降低织物在火焰中的可燃性，它们通过吸热、覆盖隔绝氧气或释放不燃性气体稀释氧气等方式来达到阻燃的效果。阻燃剂主要包括以下几种类型。

1. 无机盐类

无机盐类阻燃剂价格低廉,效果较好,但不耐久。主要有硼酸盐、磷酸盐、硫酸盐、磺酸盐、钛酸盐和锆酸盐等。其中六氟钛酸钾和六氟锆酸钾使用最为广泛。

2. 含卤素类化合物

作阻燃剂使用的卤系化合物一般是氯系和溴系,可分为脂肪族类和芳香族类。脂肪族类阻燃剂主要有氯化石蜡、氯化橡胶、四溴丁烷、六溴十二烷、二溴丙基丙烯酸酯等。芳香族类主要有四氯苯酐、四氯双酚 A、四溴苯酐、三溴苯酚、四溴双酚 A 及其衍生物、十溴二苯醚等等。需要指出的是,多卤苯、多卤联苯、多卤萘等虽然含卤量高,阻燃效果较好,但其本身有毒,且易在生物体内富集,许多产品已被禁用。例如欧盟 Oeko-Tex Standard 100 就将多溴联苯、五溴二苯醚和八溴二苯醚列为禁用化学品,禁止在纺织品中使用。

3. 含磷类化合物

磷系阻燃剂的阻燃效果一般比卤系阻燃剂要好,主要包括磷酸酰胺的羟甲基化合物、四羟甲基磷盐和四羟甲基氢氧化磷等,它们的化学结构如图 11-18 所示。由于这些阻燃剂都含有羟甲基,会缓慢分解释放出甲醛。其中,$N—CH_2OH$ 结构中 $N—C$ 键的键能小,容易断键而分解出甲醛;对于 $P—CH_2OH$,磷原子与氮原子为同一主族,而原子半径比氮原子的大,因而 $P—C$ 的键能更小于 $N—C$ 键,故更易断键而释放出甲醛。因此磷系阻燃剂也是纺织品甲醛的主要来源之一。

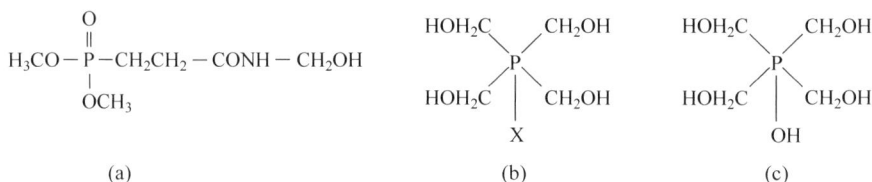

图 11-18 磷系阻燃剂的结构式

(a) 磷酸酰胺的羟甲基化合物;(b) 四羟甲基磷盐;(c) 四羟甲基氢氧化磷

另外,同时含有卤素和磷元素的阻燃剂也备受关注,由于卤素和磷之间可能存在协同作用,使得这类阻燃剂的阻燃效果特别好。这类阻燃剂包括三(β-氯乙基)磷酸酯、三(二氯丙基)磷酸酯、二(2,2,2-三溴乙基)磷酸酯和二(2,4,6-三溴苯基)磷酸酯等。

同样值得注意的是,由于磷系阻燃剂毒性较强,一些品种已经被禁用,如欧盟 79/663/EC、83/264/EC 和 2003/11/EC 3 个法规均规定,三(2,3-二溴丙基)膦酸酯(TRIS)和三(氮环丙基)膦化氧(TEPA)禁止用于与皮肤接触的纺织品。

11.4.7 防污、防油和防水整理剂

防污/防油/防水整理剂又称为三防整理剂,用于提高织物的防污、防油和防水性能。

1．防污和防油整理剂

由于油污一般具有一定的黏度和较低的表面张力,因此防污和防油都采取降低织物的表面能来实现。使用的防污、防油整理剂一般为含氟聚合物,通过将带全氟烃基的单体与丙烯酸、环氧乙烷等共聚,得到既含有全氟烃基的疏水性链段也带有含羧基、聚醚和羟基等的亲水性链段的聚合物整理剂。当织物表面在空气介质中时,含氟的憎水链段定向排布于表面,而亲水链段则分布在表面下,表现出防污、防油的性质。当织物水洗时,亲水链段分布于表面,而憎水段则收拢至表面下,从而改善织物的润湿性,有利于污垢的去除。

2．防水整理剂

由于水的表面张力较高,防水性对于表面能降低要求不像防污防油那么苛刻,这给织物防水剂提供了更多的选择。常用的防水整理剂种类很多,一般可分为两大类。

1）不透气性防水剂

它可以在织物表面形成连续的疏水性薄膜,以防止水的浸透。所使用的疏水性材料包括干性油、沥青、各类橡胶、纤维素衍生物、合成树脂等。不透气性防水剂主要用于帆布、帐篷和包装等织物防水,一般不用于普通衣服布料的整理。

2）透气性防水剂

它是将疏水性物质固着于纤维表面或间隙,本身不形成连续薄膜,但可以降低纤维表面的表面能来达到防水效果。透气性防水剂防水性能一般,但不影响织物的透气性,织物轻便并拥有良好的柔软度,故其被普遍用于衣物、普通布料的防水整理。透气性防水剂一般都具有长链烷基结构,常见的有:

（1）脂肪酸的铬（铝）络合物

防水剂 CR 的化学如图 11-19 所示。铬络合物在水溶液中加热能够缩合,同时与纤维分子上的羟基发生配位结合,使疏水性的长链烃基被固定于纤维表面,获得优良的疏水效果。

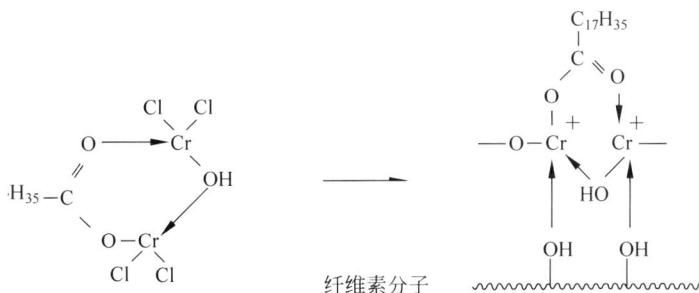

图 11-19　防水剂 CR 以及其与纤维素分子的作用过程

（2）吡啶季铵盐类防水剂

常用的防水剂 PF 为氯化硬酯酰胺甲基吡啶,结构如图 11-20 所示。它属于阳离子表面活性剂,吡啶基为亲水基,为防水剂提供一定的水溶性,便于整理。防水剂分子与织物纤维结合后,长链烃基提供疏水性。

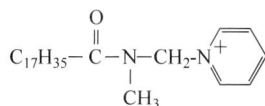

图 11-20　防水剂 PF 的结构式

（3）N-羟甲基化合物

此类防水剂常见的有两种：一是 N-羟甲基十八酰胺，羟甲基可以与纤维的羟基反应，提高防水剂分子的结合牢度，但是 N-羟甲基结构容易释放出甲醛。二是羟甲基三聚氰胺硬脂酸衍生物，如代表性商品防水剂 703 是先由三聚氰胺与甲醛缩合生成六羟甲基三聚氰胺，再加入硬脂酸、乙醇、十八醇、三丙醇胺等进行酯化和消去反应得到的混合物，主要成分为 I 和 II 的混合物（图 11-21）。可见，此类防水剂也含有 N-羟甲基，会脱出少量甲醛，同时其在制备过程中甲醛要过量很多，会残留大量的甲醛。因此，N-羟甲基类防水剂也是织物的甲醛主要来源之一。

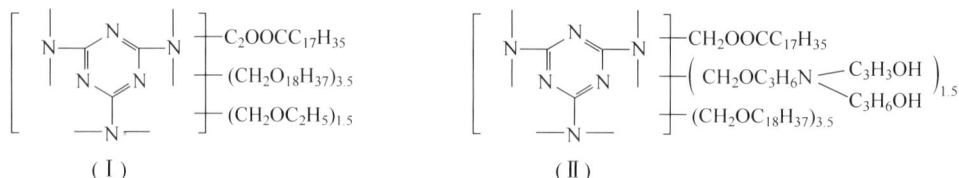

图 11-21　防水剂 703 的主要成分

（4）有机硅乳液

有机硅材料本身就具有优异的疏水特性，适合用作防水剂。常使用的有机硅乳液包括甲基含氢硅油乳液、乙基含氢硅油乳液和二甲基硅油乳液等。有机硅本身可水解产生一定的羟基，在使用过程中可与纤维羟基反应形成附着。同时可混合使用几种硅油乳液调节成膜的软硬，进而改善织物手感。另外，有机硅还具有很好的透水汽性能，这也是它成为高档织物整理剂的一个重要原因。

11.5　染料简介

染料虽然不属于印染助剂的范畴，但它在织物印染过程中被大量使用，在此作简要介绍。

染料是具有一定发色基团的有机化合物，大多数溶于水，将其配成染液浸泡织物或皮革，可与织物或皮革纤维发生物理或化学的结合，赋予基体鲜明且坚牢的色泽。早期的染料主要从动植物中提取，但天然染料具有色谱不全、牢度差、生产效率低等缺点，已被合成染料逐渐取代。目前工业上使用的染料绝大部分都是合成染料。

按照分子结构的不同，染料可分为：①偶氮类染料（含有偶氮基）；②硝基/亚硝基染料（含硝基和亚硝基）；③芳甲烷染料（含有二芳基甲烷或三芳基甲烷结构）；④蒽醌染料（含有蒽醌结构）；⑤靛系染料（由碳碳双键连有两个带羰基的杂环组成的共轭体系）；⑥酞菁染料（含有酞菁金属络合物结构）；⑦菁系染料（含有聚甲醛结构）；⑧杂环染料（含有五元杂环或六元杂环结构）等几大类。

按照染料的应用形态来进行分类：①酸性染料：含有酸性基团，在水溶液中电离为阴离子。酸性染料是最为常见的染料，大多数的偶氮、蒽醌、少数芳甲烷、硝基等染料均为酸性染料。②碱性染料：含有碱性基团，在水溶液中电离为阳离子，包含部分芳甲烷染料以及少量偶氮和蒽醌染料。③活性染料：含有活性基团，可与被染纤维表面的活性基团反应形成共价键，一般由偶氮、蒽醌、酞菁类染料进行功能化改性得到。④金属络合染料：是金属离子与活性染料络合形成的有色金属螯合物。常用的金属离子有 Cr^{3+}、Co^{3+} 等,活性染料有偶氮类和酞菁类等。

需要指出的是,许多染料尤其是偶氮类染料的合成,需要用到芳香胺类物质作为原料或中间体,相当一部分芳香胺类化合物属强致癌物质。在 20 世纪 90 年代,欧洲率先禁止在食品和日用消费品中使用具有致癌作用的 20 余种芳香胺以及它们所衍生的上百种染料。此后,其他国家也提出了相应的条例,对芳香胺和衍生染料进行限制,限制的芳香胺和染料数目各有不同,目前,国内外公认的有害芳香胺的数量有 24 种之多。

11.6 印染助剂污染源分析及相关标准

11.6.1 印染助剂污染源分析

在家居软装过程中,印染助剂的有害源主要以甲醛以及少量的 VOCs 为主。其中甲醛主要来源有:①固色剂中使用的羟甲基类树脂;②黏合剂中使用的羟甲基丙烯酰胺;③防皱整理剂中使用的树脂甲醛缩合物和羟甲基脲类;④含磷类阻燃剂;⑤羟甲基类防水剂等。VOCs 主要来源于增稠剂中使用的煤油,以及合成树脂中残留的少量单体等。

11.6.2 中国印染助剂相关标准

目前,国内对纺织品和印染化学品已经有相关国家标准,即《国家纺织产品基本安全技术规范》(GB 18401—2010)和《纺织染整助剂产品中部分有害物质的限量及测定》(GB/T 20708—2019)。其中,GB 18401—2010 对纺织产品的甲醛含量染色牢度等提出了要求(见表 11-1),GB/T 20708—2019 则进一步对纺织染整助剂中有害物质限量提出了要求(表 11-2)。

表 11-1 纺织产品性能技术指标

项　目		A 类	B 类	C 类
甲醛含量/(mg·kg^{-1})		≤20	≤75	≤300
pH(mg·kg^{-1})[①]		4.0~7.5	4.0~8.5	4.0~9.0
染色牢度[②]/级	耐水	3~4	≥3	≥3
	耐酸汗渍	3~4	≥3	≥3
	耐碱汗渍	3~4	≥3	≥3
	耐干摩擦	≥4	≥3	≥3
	耐唾液	≥4	—	—
异味		无		
可分解致癌芳香胺染料[③]/(mg·kg^{-1})		禁用		

① 后续加工工艺中必须要经过湿处理的非最终产品,pH 可放宽至 4.0~10.5 之间。

② 对需经洗涤褪色工艺的非最终产品、本色及漂白产品不要求;扎染、蜡染等传统的手工着色产品不要求;耐唾液色牢度仅考核婴幼儿纺织产品。

③ 致癌芳香胺清单见附录 C,限量值≤20 mg·kg^{-1}。

A 类:婴幼儿用品;

B 类:直接接触皮肤的纺织产品;

C 类:非直接接触皮肤的纺织产品。

表 11-2　纺织染整助剂中有害物质限量要求

序号	项　　目		限量值/(mg·kg^{-1})　≤	
1	有害芳香胺	4-氨基联苯	30	
		联苯胺	30	
		4-氯-邻甲苯胺	30	
		2-萘胺	30	
		对氯苯胺	30	
		2,4-二氨基苯甲醚	30	
		4,4′-二氨基二苯甲烷	30	
		3,3′-二氯联苯胺	30	
		3,3′-二甲氧基联苯胺	30	
		3,3′-二甲基联苯胺	30	
		3,3′-二甲基-4,4′-二氨基二苯甲烷	30	
		2-甲氧基-5-甲基苯胺	30	
		3,3′-二氯-4,4′-二氨基二苯甲烷	30	
		4,4′-二氨基二苯醚	30	
		4,4′-二氨基二硫苯醚	30	
		邻甲苯胺	30	
		2,4-二氨基甲苯	30	
		2,4,5-三甲基苯胺	30	
		2-氨基-4-硝基甲苯	30	
		邻氨基偶氮甲苯	30	
		邻氨基苯甲醚	30	
		4-氨基偶氮苯	30	
		2,4-二甲基苯胺	30	
		2,6-二甲基苯胺	30	
2	重金属元素[①]	砷	10	
		镉	5	
		钴	50	
		铬	50	
		铜	125	
		汞	4	
		镍	50	
		铅	10	
		锑	125	
		六价铬	25	
3	甲醛		750	
4	烷基酚聚氧乙烯醚（AEPOs）	辛基苯酚（OP）	100[②]	1000[③]
		壬基苯酚（NP）		
		辛基酚聚氧乙烯醚（OPEO）	—	
		壬基酚聚氧乙烯醚（NPEO）	—	

续表

序号	项　　目		限量值/(mg·kg⁻¹)　≤
5	邻苯二甲酸酯	邻苯二甲酸二丁酯(DBP)	1000
		邻苯二甲酸丁苄酯(BBP)	
		邻苯二甲酸二(2-乙基)己酯(DEHP)	
		邻苯二甲酸二正辛酯(DNOP)	
		邻苯二甲酸二异壬酯(DINP)	
		邻苯二甲酸二异癸酯(DIDP)	
6	全氟化合物(PFCs)	全氟辛烷磺酰基化合物	50
		全氟辛酸	50
7	有机锡化合物	单丁基锡(MBT)	5
		二丁基锡(DBT)	20
		三丙基锡(TPT)	5
		三丁基锡(TBT)	5
8	含氯苯酚	四氯苯酚(TeCP)	20
		五氯苯酚(PCP)	

① 对于具有阻燃功能的产品,其锑(Sb)、砷(As)、铅(Pb)指标不做要求。

② 辛基苯酚(OP)与壬基苯酚(NP)含量≤100 mg·kg⁻¹。

③ 辛基苯酚(OP)与壬基苯酚(NP)、辛基酚聚氧乙烯醚(OPEO)、壬基酚聚氧乙烯醚(NPEO)含量≤1000 mg·kg⁻¹。

可以看出,我国对于纺织产品和印染助剂的甲醛只进行了总体限量,而VOCs也只是要求无异味即可,较为宽松。另外,我国对于印染助剂中的表面活性剂种类、树脂增塑剂、防水剂、固化催化剂和阻燃剂等也进行了限制。

与先进国家相比,我国的相关标准要求较低,也不够细致,相信在不远的将来会有新的标准推出,对纺织产品和印染助剂中有害物质的限量将日趋严格。

11.6.3　国外印染助剂相关标准

国外对印染纺织产品的有害物限量要求如表11-3所示。

表11-3　国外对印染产品的有害物质限量

国家/地区	法规/标准	对象	有害物质名称	限　值
欧洲	REACH体系	消费化学品	烷基酚聚氧乙烯醚(APEO)　≤	质量分数0.1%
			五溴二苯醚　≤	质量分数0.1%
			八溴二苯醚　≤	质量分数0.1%
			多溴联苯　≤	质量分数0.1%
			全氟辛烷磺酰基化合物(PFOS)与全氟辛酸(PFOA)　≤	质量分数0.1%或1 μg·m⁻²
			24种致癌芳胺类及衍生染料	禁用

续表

国家/地区	法规/标准	对象	有害物质名称	限 值
欧洲	Oeko-Tex Standard 100	纺织品	甲醛/mg·kg^{-1} ≤	婴幼儿用纺织品（Ⅰ类）：不可检出 直接接触皮肤类纺织品（Ⅱ类）：75 非直接接触皮肤类纺织品（Ⅲ类）：300 装饰材料（Ⅳ类）：300
			有机锡化合物 ≤	婴幼儿类纺织品（Ⅰ类）：三丁基锡（TBT）和三苯基锡（TPhT）：0.5 mg·kg^{-1}，二丁基锡（DBT）：1.0 mg·kg^{-1}
			邻苯二甲酸酯类增塑剂的质量分数 ≤	婴幼儿类纺织品（Ⅰ类）：0.1%
			可分解芳香胺染料	禁用
	Eco-Labelling	纺织品	甲醛 ≤	婴幼儿纺织品、内衣及床上用品：30 mg·kg^{-1} 外衣：100 mg·kg^{-1} 窗帘、家具纺织品、地毯：300 mg·kg^{-1}
			可吸附有机卤化物（AOX）	人造纤维（包括黏胶、二醋酯、三醋酯、铜氨纤维和 Lyocell 等）生产中，AOX 排放水平不得超过 250 mg·kg^{-1} 棉和亚麻等氯漂最终漂白产品聚合度在 1800 以下时，AOX 排放应低于 100 mg·kg^{-1}，其他纺织品应低于 40 mg·kg^{-1}。
日本	112 法规《关于日用品中有害物质法规》	日用品	甲醛 ≤	2 岁以下婴幼儿服装：20 mg·kg^{-1} 与皮肤直接接触的服装：75 mg·kg^{-1} 与皮肤接触较少的服装：300 mg·kg^{-1} 外衣：1000 mg·kg^{-1}
	日本纺织品检查协会标准	纺织品	甲醛 ≤	2 岁以下婴幼儿服装：15~20 mg·kg^{-1} 与皮肤直接接触的服装：75 mg·kg^{-1} 与皮肤接触较少的服装：300 mg·kg^{-1} 外衣：1000 mg·kg^{-1}

续表

国家/地区	法规/标准	对象	有害物质名称	限 值
美国	健康和公共事业部及公共卫生局发布的致癌物质报告	服装	甲醛	$\leqslant 500 \ mg \cdot kg^{-1}$

总的来说,目前欧洲对纺织品工业要求最为严格,相关标准和法规最多。对印染助剂的限制主要集中在甲醛含量、表面活性剂种类、有机金属催化剂种类、卤素阻燃剂种类、含氟拒水剂种类等。甲醛易挥发,对人体有致癌性,而其余各类主要是难分解、有毒、易在生物链中富集等。

11.7 织物印染助剂发展方向

随着科技的发展,生态、环境和资源越来越成为国际社会关注的焦点,也促使织物印染助剂向绿色化学品方向发展。

11.7.1 开发绿色表面活性剂

各类表面活性剂是印染助剂的基本原料,用于其他组分在水中的乳化和润湿,染色过程的匀染、固色以及残余化学品的洗涤等都需要使用表面活性剂。表面活性剂的大量使用带来了一系列问题,不少表面活性剂对人体有刺激性,且难以自然降解,给污染治理带来了困难。因此,以天然可再生资源为原料,开发易生物降解的表面活性剂是表面活性剂绿色化的主要方向。

例如,烷基糖苷以碳水化合物淀粉或葡萄糖(可从甘蔗、甜菜、玉米、小麦、谷物等中得到)和长链的天然脂肪醇(可由大豆、花生、油菜等中的油脂经还原得到)为原料,这些原料廉价易得,属于可再生资源。而且理论上生产过程中的副产物少,产品表面活性剂生物降解性能好,对环境污染程度轻,完全符合现代绿色化学的理念。

11.7.2 降低甲醛释放量

纺织品中的甲醛主要来源于固色剂、黏合剂、防皱整理剂等,它们大都是含有羟甲基的化合物,本身不稳定,易脱出甲醛。通过将羟甲基类化合物上的羟基与醇(如甲醇、乙醇、乙二醇等)发生醚化反应,生成醚化树脂,可以有效降低体系的甲醛含量。

需要指出的是,羟基醚化位置的不同也会对甲醛的产生造成影响。例如,Zeidler 对DMDHEU(2D 树脂)的醚化反应进行了研究,发现虽然 2D 树脂分子 4,5 位上的羟基非羟甲基结构,看似不易脱出甲醛,但其未被醚化,则容易发生羟基的转位反应,形成不稳定的中间体,这种不对称结构会进一步释放出甲醛(图 11-22)。当 4,5 位羟基醚化后,转位反应被阻止,提高了交联键的水解稳定性,可降低甲醛释放量。

11.7.3 开发环保型染料

基于传统染料对人体和环境的危害,环保型染料主要着眼于开发不含致癌芳香胺、不会裂解产生致癌芳香胺的染料和非过敏性染料。采取的主要方式为选用低污染性原料,优化

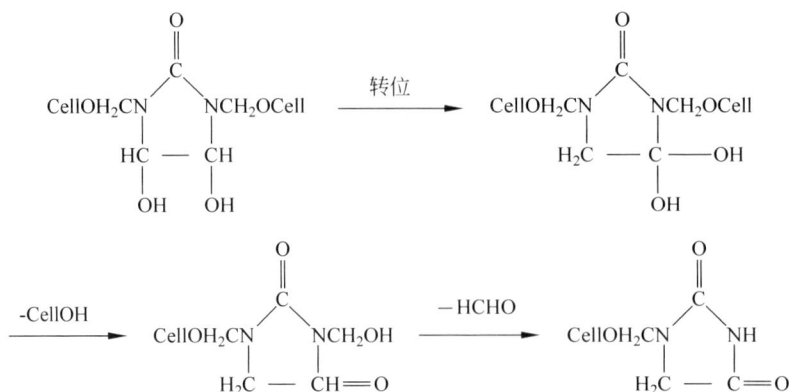

图 11-22　2D 树脂分子 4,5 位羟基的转位反应和脱甲醛反应

合成原料和配方；优化染料合成工艺,减少危害性杂质等。

11.8　小结与展望

　　本章已对织物印染助剂的主要种类、组成、污染源及国内外标准进行了详细介绍,现分别将各主要助剂品种的用途、主要成分、污染来源和环保性等总结于表 11-4。

表 11-4　各种印染助剂的特点总结

项目		用途	主要成分	污染源	环保性
前处理助剂	浆料	提高纺织纱线的强度、耐磨性和弹性	淀粉、纤维素、聚乙烯醇类,聚丙烯酸酯类、聚丙烯酰胺类等	—	—
	精炼剂	去除纤维杂质,提高吸水性	碱性物质、表面活性剂、磷酸钠	碱性物质、表面活性剂	碱液污染水源、部分表面活性剂难降解
	润湿剂/渗透剂	增进润湿和渗透	表面活性剂	表面活性剂	部分表面活性剂难降解
	洗涤剂	去除织物中的异物	表面活性剂、洗涤助剂	表面活性剂	部分表面活性剂难降解
	起泡剂/稳泡剂/消泡剂	产生泡沫、稳定泡沫、消除泡沫	表面活性剂/生物胶、卵白、卵磷脂/硅油乳液、醇、醚、脂肪酸等	表面活性剂	部分表面活性剂难降解
印染助剂	匀染剂	使染色更为均匀	表面活性剂	表面活性剂	部分表面活性剂难降解
	固色剂	增加染料染色牢度	阳离子盐、含氨基树脂、含环氧基树脂	含氨基树脂	部分含氨基树脂中含有甲醛
	增稠剂	提高印花色浆黏度	天然高分子、聚乙二醇醚类衍生物、含有大量羧基的共聚物、煤油等	煤油	VOCs 释放

续表

	项目	用途	主要成分	污染源	环保性
印染助剂	黏合剂	黏着颜料颗粒,实现印花	可成膜高分子物质、羟乙基酯、羟甲基丙烯酰胺和丙烯酸环氧丙酯等	羟甲基丙烯酰胺	自交联释放甲醛
	荧光增白剂	增加织物的白度	含有共轭体系的物质	—	—
后整理助剂	防皱整理剂	提高织物防皱性	N-羟甲基类树脂、醛类化合物、环氧化合物等	N-羟甲基类树脂、醛类化合物	缩合脱出甲醛
	柔软整理剂	调节织物的手感	表面活性剂、成膜类树脂	表面活性剂	部分表面活性剂难降解
	抗静电整理剂	降低织物静电	表面活性剂	表面活性剂	部分表面活性剂难降解
	抗菌整理剂	抑制微生物生长	金属化合物、离子化合物	—	—
	防紫外线整理剂	吸收或反射紫外线,减少织物老化	金属氧化物、共轭体系化合物	—	—
	阻燃整理剂	增加织物阻燃性	无机盐系、卤系、磷系、卤代磷系	卤系、磷系、卤代磷系	毒性较强,部分阻燃整理剂被禁用;同时磷系阻燃剂含有羟甲基,可缓慢释放甲醛
	防污/防油/防水整理剂	提高织物的防污、防油和防水性能	全氟聚合物/可成不透气疏水薄膜物质、含长烷基类化合物	含长烷基的N-羟甲基类化合物	羟甲基可缓慢释放甲醛

总之,印染助剂种类很多,功能各异,包含的化学品种类繁多,危害室内空气质量的因素主要是甲醛以及少量VOCs。同时,由于助剂中含有大量的表面活性剂,其对于自然环境的影响风险也不容小觑。开发替代性绿色织物染整助剂,在保证其基本性能和功能的前提下,尽量减少产品中甲醛和VOCs的释放量将一直是印染助剂的发展方向。

第12章
皮革助剂

12.1 皮革和皮革助剂概述

皮革是经一系列物理、化学加工所得到的已经变性、不易腐烂的动物皮。对生皮进行处理的过程被称为皮革加工过程。

皮革加工大致地可分为湿加工、鞣制、染色、加脂和涂饰五个过程。其中,湿加工又可细分为浸水、脱脂、浸灰及脱灰等步骤,主要是利用酸、碱、盐等物质对天然原料皮进行处理,对皮脱毛和脱除杂质,调节原料皮性质,使其达到后续工序处理要求。鞣制是将生皮转变为皮革的过程,经过鞣制的皮革化学稳定性显著提高,具有很好的使用价值。染色是利用染料或颜料使得皮革获得某种色泽的过程。加脂是用油脂或者加脂剂在一定的工艺条件下处理皮革,使皮革吸收一定量的油脂而赋予皮革一定的物理、力学性能和使用性能的过程。涂饰是利用涂饰剂在皮革表面形成一层具有装饰、保护功能的薄膜,涂饰剂类似于皮革的"涂料"。

按照不同步骤,皮革化学品助剂可分为湿加工助剂、鞣剂、染色助剂、加脂剂和涂饰剂。

12.2 湿加工助剂

湿加工助剂主要包括浸水助剂、脱脂剂、浸灰助剂、脱灰助剂等。

12.2.1 浸水助剂

浸水是湿加工的首道工序,通过将原料皮放入水中浸泡,使生皮充水,一方面可以清洗原料皮上的一些污物,另一方面可以去除部分皮内的脂肪和可溶性纤维间质,使原料皮变软。现代制革工艺中,为了缩短浸水时间,常常加入浸水助剂来促进浸水过程。

浸水助剂主要包括以下几个组分：

1. 酸性和碱性物质

如甲酸、乙酸、乳酸、亚硫酸氢钠、碳酸钠及氢氧化钠等。主要用于调节水浴 pH,使得生皮蛋白质偏离等电点,通过分子间斥力来改善原料皮的吸水性。

2. 无机盐类

如氯化钠和硫酸钠等,用于调节渗透压,控制吸水速率。

3. 表面活性剂

表面活性剂对生皮的污物和不溶性油脂起到乳化作用,便于洗涤。皮革加工过程中使用的表面活性剂和印染助剂中的润湿剂类似,主要为阴离子型和非离子型表面活性剂。

4. 酶制剂

使用特定的蛋白酶去除原料皮中的非胶原蛋白,可使胶原纤维变得松散,促进水的吸收,同时可提高皮革的柔软性和丰满性。

12.2.2　脱脂剂

原料皮中油脂的存在会影响后续鞣制、染色等工序的化学品的渗透和稳定。因此,对于脂肪含量较高的原料皮,如猪皮和绵羊皮,需加入脱脂剂进一步去除皮下油脂。

一般的脱脂方法是用碱性化学品(如碳酸钠和氢氧化钠)或脂肪酶处理原料皮,使脂肪分解,再利用表面活性剂水溶液或有机溶剂去除油脂或者其分解产物。故脱脂剂通常含有四种成分:碱性物质、表面活性剂、溶剂和酶。常见的有机溶剂有煤油、石油醚、三氯乙烷和甲苯等,它们是皮革挥发性有机化合物(VOCs)的来源之一。

12.2.3　浸灰助剂

浸灰过程是在石灰和硫化钠的碱性水分散液中处理生皮,以达到去粗皮、脱毛、脱脂、松散胶原纤维的目的,为后续工序提供良好的基础条件。

在浸灰中,常加入浸灰助剂以增强浸灰效果,其主要成分和作用如下。

1. 表面活性剂

用来降低水的表面张力,促进浸灰材料向皮内渗透,同时对杂质、油脂起到乳化作用。

2. 石灰增溶剂或悬浮稳定剂

可提高石灰水分散液的稳定性,有利于石灰在皮内的渗透和作用更加均匀。常见的石灰增溶剂或悬浮稳定剂包括葡萄糖酸、多元羧酸钠盐、羟基羧酸、聚磷酸盐等。

3. 水溶助胀剂

多为尿素等酰胺类物质,它们可以破坏胶原纤维分子间的氢键相互作用,更有利于膨胀和松散,可以有效减少石灰和硫化钠的用量。

4. 保护胶体

它可以在皮表面形成一层保护膜,以缓冲皮与浸灰液间的相互作用,缓和膨胀速度,有利于原料皮均匀膨胀。

12.2.4　脱灰助剂

脱灰过程(浸酸过程)用来去除浸灰过程中遗留在原料皮中的大量灰碱,并消除皮的膨胀状态。一般是先进行中和,再用水清洗以达到脱灰目的。

脱灰助剂的主要成分及作用如下。

1. 酸类物质

包括硼酸、甲酸、乙酸、柠檬酸、乳酸、烷基苯磺酸、烷基酚磺酸、烷基萘磺酸和磺基邻苯二甲酸等。其中,小分子有机酸具有一定的挥发性,是皮革中 VOCs 的来源之一。

2. 缓冲盐

主要用以防止脱灰体系 pH 突降,引起皮革粗面或皱面,常见的有如一元羧酸钠和二元羧酸钠等。

3. 石灰增溶剂和悬浮稳定剂

有利于石灰从皮内向外渗透,缩短脱灰时间,提高脱灰效果。

4. 氧化剂

减少脱灰过程中硫化氢有毒气体的产生,常见的有亚硫酸氢钠和过氧化氢等。

12.3　鞣剂

普通的生皮不耐微生物和化学药品,且易变形收缩,因此需要经过鞣制过程转变为皮革。皮革遇水不会膨胀,且不易腐烂变质,具有较高的稳定性。

生皮在湿加工过程中经历各种酸、碱、盐和酶的作用之后,胶原纤维蛋白质分子中的部分化学键被破坏,使生皮中的活性基团增加,如氨基、羧基、羟基、巯基和胍基等,其结果使得生皮反应性提高。而鞣制过程中所使用的鞣剂,可以起到交联剂的作用,与皮中胶原分子链上的各种活性基发生化学反应,形成交联,从而增加皮中蛋白质结构的稳定性。

常见的鞣剂包括金属鞣剂、植物鞣剂、合成鞣剂和醛鞣剂等。

12.3.1　金属鞣剂

在所有皮革鞣剂中,铬鞣剂使用最为广泛。由于铬鞣剂制得的皮革具有耐湿热稳定性好、机械强度高、手感柔软、丰满等特点,目前在皮革鞣制中仍占据主导地位。

皮革生产上使用的铬鞣剂一般是铬粉,学名为碱式硫酸铬,为三价铬盐。它在水中可以配聚并与水分子络合(图 12-1),处于羟基对位的水分子由于羟基的反位影响处于不稳定状态,易被生皮胶原活性基取代形成化学键而发生交联。图 12-2 为铬鞣剂的交联反应过程,铬离子首先通过羟配聚作用链接形成交联,之后放出 H^+,形成更稳定的氧配聚配合物。

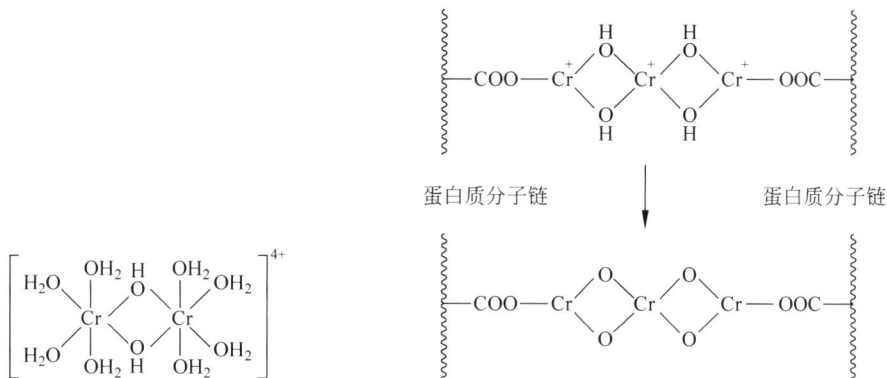

图 12-1 铬鞣剂在水中的络合状态

图 12-2 铬鞣剂与胶原的交联过程

由于铬粉与生皮的反应过快,鞣制时还未等鞣剂分子渗透到胶原内部,它就已经和生皮表面层的活性基反应,从而阻碍鞣剂分子向皮内部渗透。为了解决这一问题,常在鞣制过程前加入蒙囿剂(掩蔽剂)。蒙囿剂与铬的络合能力大于水,可以取代络合物中部分不稳定水分子,从而降低铬络合物与生皮活性基的反应能力,减缓反应速率,增强铬鞣剂在皮内的渗透性。常见的蒙囿剂为一些有机酸及其盐类,如硫酸、亚硫酸、甲酸、乙酸及其盐类。

除铬鞣剂之外,其他一些金属盐对于蛋白质也有结合作用,可用作皮革鞣剂。例如铝鞣剂(主要使用氯化铝或硫酸铝等)、锆鞣剂(主要使用硫酸锆或氯化锆等)、钛鞣剂(主要使用碱式硫酸钛、碱式氯化钛或碱式草酸钛等)和铁鞣剂(主要使用三氯化铁、硝酸铁、硫酸铁或铁钾矾等)等。它们与胶原的交联反应原理和铬鞣剂类似,也可在水中发生配聚和络合作用,不再赘述。

12.3.2 植物鞣剂

通过水浸提植物的皮、茎、叶和果实等部位得到的提取液,经过净化、浓缩制成的固体或膏状物质为植物鞣剂。植物鞣剂中富含植物鞣质,其主要成分是植物活性物质和葡萄糖,两者通过酯键或糖苷键结合。一些常见的植物活性物质如图 12-3 所示。

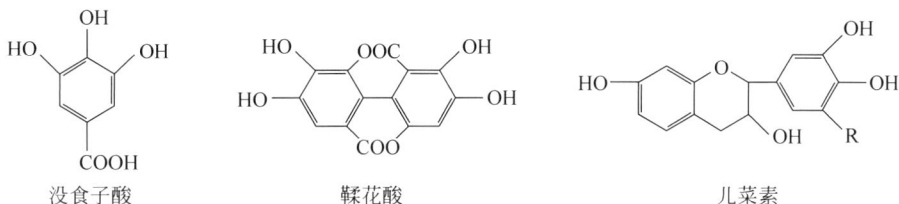

没食子酸　　　　　鞣花酸　　　　　　　　　儿菜素

图 12-3 一些常见的植物活性物质

由于鞣质分子上含有大量的活性羟基,它们可以与生皮胶原蛋白质中的羧基或胍基反应形成交联,从而起到鞣制作用。植物鞣剂制革颜色均匀浅淡,革延伸性小,成型性好,耐磨性较高,目前仍然是生产皮革的基本鞣法。

12.3.3 合成鞣剂

1. 芳香族合成鞣剂

芳香族合成鞣剂是以芳香族化合物为主要原料合成的具有鞣性的有机化合物。其分子中一般含有酚羟基和亲水基团,前者可与生皮中的活性基反应,后者主要是赋予鞣剂适当的水溶性或水分散性。常见的芳香族合成鞣剂如磺化二羟二苯基甲烷和磺化二羟二苯基甲基脲等(图 12-4)。

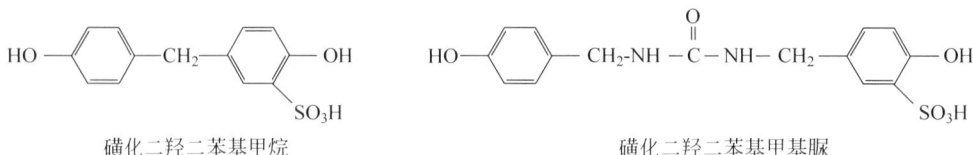

图 12-4 磺化二羟二苯基甲烷和磺化二羟二苯基甲基脲的结构式

2. 脲醛树脂鞣剂

与第 11 章 11.4.1 部分介绍的印染助剂中脲醛树脂防皱整理剂类似,在制革生产中可使用二羟甲基脲和一羟甲基脲的混合物作为鞣剂。在鞣制过程中,鞣剂一方面可与胶原活性基团反应,另一方面自身又可脱出甲醛而缩合为大分子。

3. 双氰胺树脂鞣剂

双氰胺与甲醛通过缩合反应可制得双氰胺树脂鞣剂(图 12-5)。双氰胺树脂鞣剂在制备过程中使用了过量甲醛,且鞣剂在放置过程中也会缓慢脱出甲醛,两者都会导致皮革释放甲醛。

图 12-5 双氰胺树脂鞣剂的合成反应

4. 三聚氰胺树脂鞣剂

与第 11 章 11.4.1 部分的三聚氰胺树脂防皱整理剂类似,羟甲基三聚氰胺也可用作皮革鞣剂,应用最广的是三羟甲基三聚氰胺。其分子上的羟基可以与胶原活性基交联,自身也可脱甲醛进行缩合。

12.3.4 醛鞣剂

1. 甲醛鞣剂

甲醛的化学性质活泼,它可以与胶原蛋白质上的氨基和胍基反应,生成亚甲基化合物,从而起到交联鞣制作用,鞣制机理如图 12-6 所示。

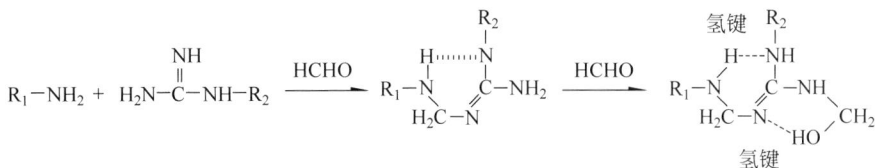

图 12-6 甲醛鞣制机理

2. 戊二醛鞣剂

戊二醛分子两端各有一个醛基,可与蛋白质中的氨基、羟基等反应,产生鞣制作用,鞣制原理见图 12-7。

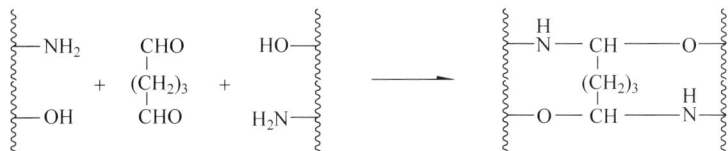

图 12-7 戊二醛鞣制机理

12.3.5 有机磷鞣剂

常见的有机磷鞣剂为四羟甲基季磷盐(THP 盐),其结构式如图 12-8 所示。分子中的羟甲基可以与胶原纤维上的氨基缩合,起到鞣制作用。

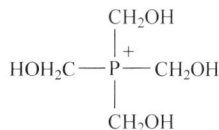

图 12-8 四羟甲基季磷盐
的结构式

由于 THP 盐一般是通过将磷化物与甲醛在强酸溶液中反应得到的,有机磷鞣剂本身会带有少量甲醛,同时在 pH 升高等条件下也会产生甲醛。

12.4 染色助剂

皮革加工中的染色助剂主要包括匀染剂和固色剂。

12.4.1 匀染剂

皮革加工所使用的固色剂与印染加工大致相同,也可分为亲纤维型匀染剂和亲染料型匀染剂,前者只有缓染性,而后者具有缓染性和移染性。

皮革用亲纤维型匀染剂主要是阴离子表面活性剂,它可以与蛋白质分子中的酰胺基或分子末端氨基通过形成氢键或成盐而结合在一起。常见的品种有匀染剂 NNO(亚甲基双萘磺酸钠)和匀染剂 MF(亚甲基双甲基萘磺酸钠)等。

亲染料型匀染剂主要是聚氧乙烯醚类非离子表面活性剂,典型的有脂肪醇聚氧乙烯醚和脂肪胺聚氧乙烯醚。

12.4.2 固色剂

由于皮革染色使用的染料主要是阴离子染料,可以使用正电性的阳离子型固色剂,它们在一定条件下可以与阴离子染料作用,使染料的溶解度降低,甚至沉淀,从而提高染料的湿处理牢度。另外,由于阳离子型固色剂与染料作用能使染料反射波长向长波方向移动,同时光吸收强度也增加,可以起到增色效应,所以很多时候固色剂也同时起到增色剂的作用。

常见的皮革阳离子型固色剂有多价金属盐和含氮阳离子化合物。前者包括三价铬盐、三价铝盐和氯化稀土等。后者主要为烷基吡啶盐和长链烷基季铵盐。

12.5 加脂剂

在生皮的湿加工过程中,大部分油脂被去除以便于皮革的染色。皮革染色后又需要使用加脂剂处理以补充油脂,并赋予皮革一定的柔软性、丰满性和弹性。

皮革纤维是经历了鞣剂的化学或物理交联作用而变性的胶原纤维,分子链主要是蛋白质肽链。加脂剂的渗入增大了纤维分子链间的距离,削弱甚至屏蔽了肽链键的分子间相互作用,从而增加了分子链的柔性,赋予皮革一定的柔软度。

按照来源和加工方式的不同,加脂剂可分为天然动植物油脂、矿物油和合成油脂等。

12.5.1 动植物油脂

天然动植物油脂广泛存在于动植物体中,属于可再生资源。其绝大部分的主要成分是高级脂肪酸甘油酯,少数的主要成分是高级脂肪酸和高级脂肪醇的长链脂——蜡类。

对于高级脂肪酸甘油酯类,常见的植物油有蓖麻油、菜籽油、豆油、橄榄油、花生油、棉籽油等,其中前两者在皮革加脂中使用最为广泛。动物油则主要使用牛蹄油和鱼油等。

天然动植物蜡在自然界中的分布远不如油脂广泛,但由于它具有单酯长直碳链结构,更容易渗透到皮革纤维之间,对皮革进行软化。所以蜡类一般用作加酯剂中的辅助成分,用于改善加脂剂的加脂效果。常见的蜡类有巴西蜡、蜂蜡、白蜡、米糠蜡等。

12.5.2 矿物油

矿物油主要是石油产品的高沸点馏分,通过分馏汽油和轻煤油后得到。矿物油的主要成分是长碳链的烃类物质,它对革纤维的亲和性较弱,加脂后易迁移,效果不持久,所以矿物油一般是与天然油脂混溶后使用。

常见的矿物油有液体石蜡、石蜡和机油。其中,机油具有较好的流动性,渗透性强,可以有效降低加脂剂产品的黏合。但是由于其沸点低,容易流失,更会带来 VOCs 问题,因此其用量受限。

12.5.3 合成油脂

人们可根据需要来设计和合成具有特定分子结构的合成油脂。其中,脂肪酸原料可选择天然脂肪酸或者合成脂肪酸;醇原料可选择甲醇、乙醇、乙二醇、甘油、丁醇、高级脂肪醇等。

12.6 涂饰剂

在经过上述的处理后,皮革最后一般还需要通过喷、淋、浸、刷等方式在其表面附上一层起装饰和保护作用的薄膜,所用材料称为皮革涂饰剂。

皮革的涂饰一般分为底层、中间层和面层,对应着三种用途的涂饰剂。底层提供对皮革的黏附性,对皮革表面的缺陷给予遮盖;中间层用于弥补及改善底层着色的不足,确定成革的色泽;面层的作用是保护涂饰层,并赋予皮革涂层一定的光泽和手感。可见,涂饰剂本质就是皮革的表面涂料,其主要成分也包括成膜物质、颜填料、助剂和溶剂。

12.6.1 成膜物质

1. 酪素

酪素是皮革涂饰中应用最为广泛的水溶性涂饰剂之一。酪素对皮革的黏附性强,常用于皮革底层涂饰,且形成的涂膜光泽柔和,具有良好的透气性。但是酪素成膜较脆,易断裂,同时本身为蛋白质,存放过程中易生霉菌。

酪素又称酪蛋白,是磷蛋白类结合蛋白质,其精细化学结构目前还不是特别清楚,一般从牛奶中提取。酪素在普通水中溶胀,在弱碱性水中则可以迅速溶解,因此皮革涂饰中常用工业氨水和硼砂水溶液溶解酪素。然而,酪素在碱性溶液中会缓慢水解,使其黏附性下降,因此,配制的酪素溶液碱性不能太强,且要随用随配,不能长期存放。

为了减少酪素涂层的脆性,常在酪素溶液中加入硫酸化蓖麻油、甘油、聚乙二醇、油酸三乙醇胺和硬脂酸三乙醇胺等进行增韧改性。另外,为了提高酪素涂层的耐水性,还常用甲醛固定,提高其交联度,原理如图 12-9 所示。

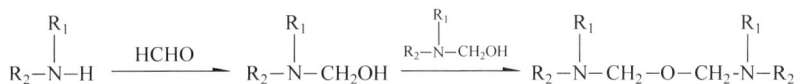

$$R_2-N-H \xrightarrow{\text{HCHO}} R_2-N-CH_2OH \xrightarrow{R_2-N-CH_2OH} R_2-N-CH_2-O-CH_2-N-R_2$$

图 12-9 甲醛对酪素的固定机理

甲醛的使用会对涂饰操作人员以及环境造成危害,且使用甲醛处理的皮革又会以缓慢的速度释放甲醛,使得皮革留有甲醛味。

2. 硝基纤维素

硝基纤维素是纤维素上羟基的氢被硝基取代的产物。硝基纤维素价格低,成膜坚硬、光亮,但其成膜收缩性大,涂层硬脆,黏附性较差,一般需要加入适量的软化树脂和增塑剂,以降低硝基纤维素分子应力,改善其附着力。

软化树脂常使用醇酸树脂和丙烯酸树脂,增塑剂常用邻苯二甲酸二丁酯、邻苯二甲酸二辛酯、生物基油脂等。

目前使用的硝基纤维素涂饰剂主要有两种形式,一是将硝基纤维素直接溶解于有机溶剂中使用,二是用乳化剂将硝基纤维素在水中乳化成乳液使用。后者在成膜性和成膜质量上都不如溶剂型,但是其有机溶剂含量要低很多,环境友好。

3. 丙烯酸树脂

丙烯酸树脂是丙烯酸和丙烯酸酯类单体共聚的产物,其价格便宜,附着性、耐候性良好,遮盖力尚可,也是被普遍使用的皮革涂饰剂。但其柔韧差,弹性温度范围窄,"热黏冷脆"是丙烯酸树脂的通病。

常使用不同的丙烯酸酯类单体或其他单体共聚来改善树脂的性质,例如使用苯乙烯共聚来提高硬度,使用长链的丙烯酸酯共聚来提高柔韧性,使用丙烯腈、甲基丙烯酰胺共聚来提高黏附性和耐溶剂性,使用氯乙烯共聚提高耐水性等。

4. 聚氨酯

聚氨酯是聚氨基甲酸酯的简称,聚氨酯皮革涂饰剂具有黏附性强、化学稳定性好、耐磨性优异、弹性可调等优点,具有较好的综合性能,常用于高端皮革的涂饰。

从第 8 章对木器漆的介绍可知,聚氨酯漆可分为单组分和双组分两类,用作皮革涂饰剂的一般是单组分,即将制备好的聚氨酯溶于有机溶剂中,或者经亲水改性后自乳化于水中直接涂覆于皮革表面。

单组分聚氨酯涂饰剂的成膜物质是通过含羟基的树脂和过量多异氰酸酯化合物的加成聚合反应得到的。施加到皮革表面后,随着溶剂的挥发,活性剂—NCO 会进一步与空气中的水、皮革纤维上的氨基和羟基反应,固化交联形成涂膜。具体的反应过程如图 12-10 所示。

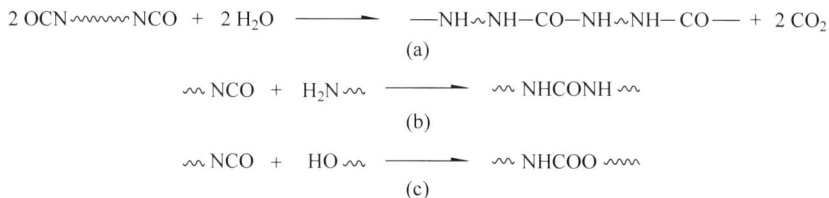

$$2\ OCN \text{\small\textasciitilde\textasciitilde\textasciitilde} NCO\ +\ 2\ H_2O \longrightarrow \text{—}NH\text{\textasciitilde}NH\text{–}CO\text{–}NH\text{\textasciitilde}NH\text{–}CO\text{—}\ +\ 2\ CO_2$$
$$(a)$$

$$\text{\textasciitilde} NCO\ +\ H_2N \text{\textasciitilde} \longrightarrow \text{\textasciitilde} NHCONH \text{\textasciitilde}$$
$$(b)$$

$$\text{\textasciitilde} NCO\ +\ HO \text{\textasciitilde} \longrightarrow \text{\textasciitilde} NHCOO \text{\textasciitilde}$$
$$(c)$$

图 12-10　异氰酸酯基与水分子(a),氨基(b)和羟基(c)的反应

12.6.2　颜填料

颜料用于涂饰剂的着色,填料用于提高涂膜的物理性能,降低成本。皮革涂饰剂中使用的颜料和填料与第 8 章木器漆类似,不再赘述。

12.6.3　溶剂

1. 成膜助剂

水性皮革涂饰剂中除作为主溶剂或分散介质的水之外,还需要加入一定量的成膜助剂来加快成膜物质的成膜过程。成膜助剂实际上是能溶解成膜物质的有机溶剂,包括乙二醇单丙醚、乙二醇单丁醚、二乙二醇单乙醚、二乙二醇单丁醚、丙二醇单丙醚、丙二醇单丁醚、丙二醇叔丁醚、丙二醇甲醚乙酸酯、乙二醇苯醚、丙二醇苯醚、二丙酮醇等。成膜助剂是水性皮革涂饰剂中 VOCs 的主要来源。

2. 有机溶剂

溶剂型皮革涂饰剂使用的有机溶剂主要分为溶剂和稀释剂,前者起溶解作用,后者起到调节溶剂挥发速率、降低成本的作用。溶剂一般为醇类(乙醇、丁醇等)、酮类(丙酮、环己酮等)和酯类(乙酸乙酯、乙酸正丁酯等)。需要注意的是,由于聚氨酯涂饰剂的—NCO会与羟基反应,不能使用醇类溶剂。稀释剂一般为芳香烃类,如甲苯、二甲苯、氯苯等。

有机溶剂也是皮革产品VOCs的主要来源之一。

12.6.4　其他助剂

1．光亮剂

光亮剂可使涂层光亮,常见的光亮剂有蛋白干、虫胶和蜡类物质等。一些种类的涂饰剂如酪素和硝基纤维素本身涂层光泽性就较好,不需额外添加光亮剂。

2．消光剂

消光剂的作用与光亮剂相反,可使皮革更具真皮感和自然感。常见的消光材料有硅溶胶、丙烯酰胺类聚合物、硬脂酸盐及其衍生物、二氧化钛、硝酸纤维素等。

3．手感剂

手感剂用于调节皮革的触感,常见的手感剂有硅油、有机硅乳液等。

4．其他

其他助剂如渗透剂、发泡剂、消泡剂、增稠剂等和第11章印染助剂中的使用类似,不再赘述。

12.7　皮革助剂污染源分析及相关标准

12.7.1　皮革助剂污染源分析

通过上述分析可知,皮革助剂的有害源主要为甲醛和VOCs。

1．甲醛

主要来源于:①鞣剂中的合成树脂鞣剂、小分子醛鞣剂和有机磷鞣剂;②涂饰剂中固定酪素用的甲醛等。

2．VOCs

主要来源于:①脱脂剂中的有机溶剂;②脱灰和鞣制过程使用的小分子挥发性酸;③加脂剂中使用的矿物油;④涂饰剂中的成膜助剂和有机溶剂等。

12.7.2　中国皮革助剂相关标准

目前,国内对于皮革产品的有关标准规定有:《皮革和毛皮　有害物质限量》(GB 20400—2006)、《环境标志产品技术要求　皮革和合成革》(HJ 507—2009)和《家具用皮革》(GB/T 16799—2018)。

其中,国家标准GB 20400—2006对皮革产品的安全性和致癌芳香胺提出了要求

(表 12-1 和表 12-2)；行业标准 HJ507—2009 对于皮革产品安全性的要求比国标 GB
20400—2006 更详细和更严格（表 12-3 和表 12-4）；GB/T 16799—2018 对家具用皮革的物
理性能技术指标和有害物质含量进行了限定（表 12-5）。

表 12-1 皮革和毛皮有害物质限量

项　　目		限　量　值		
		A 类	B 类	C 类
可分解有害芳香胺染料/(mg·kg^{-1})	≤	30		
甲醛含量/(mg·kg^{-1})	≤	20	75	300

A 类：婴幼儿用品；

B 类：直接接触皮肤的纺织产品；

C 类：非直接接触皮肤的纺织产品。

表 12-2 皮革和毛皮中涉及的致癌芳香胺化合物

序　　号	名　　称
1	4-氨基联苯
2	联苯胺
3	4-氯-邻甲苯胺
4	2-萘胺
5	邻氨基偶氮甲苯
6	2-氨基-4-硝基甲苯
7	对氯苯胺
8	2,4-二氨基苯甲醚
9	4,4'-二氨基二苯甲烷
10	3,3'-二氯联苯胺
11	3,3'-二甲氧基联苯胺
12	3,3'-二甲基联苯胺
13	3,3'-二甲基-4,4'-二氨基二苯甲烷
14	3-氨基对甲苯甲醚
15	4,4'-亚甲基-二-(2-氯苯胺)
16	4,4'-二氨基二苯醚
17	4,4'-二氨基二硫苯醚
18	邻甲苯胺
19	2,4-二氨基甲苯
20	2,4,5-三甲基苯胺
21	邻氨基苯甲醚
22	2,4-二甲基苯胺
23	2,6-二甲基苯胺

表 12-3 皮革和合成革中有害物质限量

项 目		A 类	B 类	C 类
pH			3.5～7.5	3.5～9.0
pH 稀释差	≤		0.7	
甲醛含量/(mg·kg^{-1})	≤	20	75	300
可萃取重金属/(mg·kg^{-1})	六价铬		5.0	
	镉		0.1	
	汞		0.02	
	锑		30.0	
	铅	0.2	0.8	
	砷	0.2	1.0	
	镍	1.0	4.0	
	钴	1.0	4.0	
≤	铜	25.0	50.0	
含氯苯酚/(mg·kg^{-1})	五氯苯酚	0.05	0.5	
≤	四氯苯酚	0.05	0.5	
邻苯基苯酚/(mg·kg^{-1})	≤	0.5	1.0	
可分解致癌芳香胺的染料/(mg·kg^{-1})	≤		30	
气味/级	≤		3	
挥发性有机化合物(VOCs)/(mg·kg^{-1})	≤		100	
有机锡化合物/(mg·kg^{-1})	三丁基锡	0.5	1.0	
	二丁基锡	1.0	2.0	
≤	单丁基锡	1.0	2.0	
氯化苯和氯化甲苯/(mg·kg^{-1})	≤		1.0	

A 类：婴幼儿用品；

B 类：直接接触皮肤的纺织产品；

C 类：非直接接触皮肤的纺织产品。

表 12-4 皮革和合成革中涉及的致癌芳香胺化合物

序 号	名 称
1	4-氨基联苯
2	联苯胺
3	4-氯-邻甲苯胺
4	2-萘胺
5	邻氨基偶氮甲苯
6	2-氨基-4-硝基甲苯
7	对氯苯胺
8	2,4-二氨基苯甲醚
9	4,4'-二氨基二苯甲烷
10	3,3'-二氯联苯胺
11	3,3'-二甲氧基联苯胺
12	3,3'-二甲基联苯胺

续表

序 号	名 称
13	3,3'-二甲基-4,4'-二氨基二苯甲烷
14	3-氨基对甲苯甲醚
15	4,4'-亚甲基-二-(2-氯苯胺)
16	4,4'-二氨基二苯醚
17	4,4'-二氨基二硫苯醚
18	邻甲苯胺
19	2,4-二氨基甲苯
20	2,4,5-三甲基苯胺
21	邻氨基苯甲醚
22	2,4-二甲基苯胺
23	2,6-二甲基苯胺
24	4-氨基偶氮苯

表 12-5　家具皮革的物理性能技术指标

项　目		指　标			
		涂层厚度 ≤25 μm		涂层厚度 >25 μm	
摩擦色牢度/级	干擦	50 次	≥4	50 次	≥4
	湿擦	20 次	≥3	20 次	≥3/4
	碱性汗液	20 次	≥3	80 次	≥3/4
耐光性/级		≥3/4		≥5	
10 mm 涂层黏着牢固/N		—		≥2.5	
耐折牢度(50 000 次)		—		无裂痕	
耐磨性(CS-10,500 g,500 r)		—		无明显损伤、剥落	
撕裂力/N		≥20			
气味/级		≤3			
pH		≥3.2			
pH 稀释差(当 pH<4 时,检测稀释差)		≤0.7			
禁用偶氮染料/(mg·kg^{-1})		≤30			
游离甲醛/(mg·kg^{-1})		≤75			
挥发性有机化合物(VOCs)/(mg·kg^{-1})		≤150			
可萃取重金属 /(mg·kg^{-1})	铅	≤90			
	镉	≤75			

可见,我国对皮革产品有害物质的要求主要集中在甲醛、VOCs、可分解致癌芳香胺的染料、有机重金属催化剂以及含卤苯酚抗菌防腐剂等方面。

12.7.3　国外皮革助剂相关标准

国外对于皮革产品的相关要求如表 12-6 所示。总的来说,各国的标准和法律对于皮革产品的限制主要集中在各类致癌物质上,包括甲醛、六价铬、致癌芳香胺及偶氮类染料、含卤苯酚防腐剂、邻苯二甲酸酯类增塑剂等。

表 12-6　国外对皮革产品的相关要求

国家/地区	法规或标准	对象	有害物质名称	限值
欧洲	REACH 体系	消费化学品	烷基酚聚氧乙烯醚(APEO)质量分数	≤ 0.1%
			五溴二苯醚质量分数	≤ 0.1%
			八溴二苯醚质量分数	≤ 0.1%
			多溴联苯质量分数	≤ 0.1%
			全氟辛烷磺酰基化合物(PFOS)与全氟辛酸(PFOA)	≤ 0.1%或 1 $\mu g \cdot m^{-2}$
			24 种致癌芳香胺类及衍生染料	禁用
	德国《食品和日用品管理法》	日用品	五氯苯酚	≤ 5 $mg \cdot kg^{-1}$
			六价铬	≤ 3 $mg \cdot kg^{-1}$
	欧洲鞋类生态新准则 2009/563/EC	鞋类	六价铬	不得含有
			游离甲醛	≤ 150 $mg \cdot kg^{-1}$
			五氯苯酚、四氯苯酚	不得含有
			致癌偶氮类染料	不得含有
			烷基酚聚氧乙烯醚(APEO)	不得含有
			全氟辛烷磺酸盐	不得含有
			邻苯二甲酸酯类增塑剂	不得使用邻苯二甲酸二异壬酯(DINP)、邻苯二甲酸二辛酯(DNOP)和邻苯二甲酸二异癸酯(DIDP)
			挥发性有机化合物(VOCs)	每双<20 g
日本	112 法规《关于日用品中有害物质法规》	家庭用品	甲醛	≤ 一般婴儿鞋：20mg·kg^{-1} 其他鞋：75 $mg \cdot kg^{-1}$
美国	美国消费品安全改进法案（CPSIA 法案）	儿童消费品	铅	≤ 100 $mg \cdot kg^{-1}$
			邻苯二甲酸二乙基己酯(DEHP)、邻苯二甲酸二丁酯(DBP)、邻苯二甲酸丁苄酯(BBP)、邻苯二甲酸二异壬酯(DINP)、邻苯二甲酸二异癸酯(DIDP)、邻苯二甲酸二正辛酯(DnOP)	≤ 0.1 %

12.8　皮革助剂的发展方向

绿色生产是 21 世纪的主题,研究开发绿色、清洁、高效的皮革助剂,已成为当前皮革助剂领域的重要课题。

12.8.1 无铬鞣剂

在皮革的所有鞣制方法中,应用最为广泛的是铬鞣法。但是使用铬鞣法会造成废液中含有大量重金属三价铬离子,严重污染水源。另外,铬有多种价态,皮革的铬鞣、保存和使用过程中,都会有三价铬被氧化为六价铬,其中六价铬毒性大,有强烈的致畸、致癌作用。因此,寻找铬鞣剂的替代品,发展无铬鞣剂是皮革鞣剂未来的发展方向之一。

虽然小分子醛和有机磷鞣剂对生皮也可起到不错的鞣制效果,但这些鞣剂的使用又会给皮革产品带来甲醛污染问题。也有用纳米材料作为皮革鞣剂的研究报道。如吕斌等使用乙烯基聚合物与蒙脱土制成纳米复合体系,并作为鞣剂引入皮胶原纤维内以增强纤维间的交联,赋予皮革良好的填充性能。

12.8.2 环保型表面活性剂和染料

皮革助剂中大量使用各类表面活性剂,有些表面活性剂对环境和人身健康有危害。发展绿色环保的表面活性剂,如烷基糖苷、烷基葡萄糖酰胺、醇醚羧酸盐、酰胺醚羧酸盐等,对促进皮革行业的健康发展具有重要意义。

开发使用环保型染料,减少产品甲醛释放量,一直是皮革助剂研发人员孜孜追求的目标之一。例如,华小社等以 4,4′-二氨基-二苯胺-2-磺酸代替联苯胺,合成了环保型黑色直接染料,产品对皮革的上染率高,耐皂洗牢度和耐日晒牢度均与商品染料性能相当,且不含有致癌芳香胺,符合 Oeko-Tex Standard 100 的要求。

另外,皮革中的甲醛主要来源于树脂鞣剂和黏合剂,通过分子结构设计,尽量减少或消除易产生甲醛的不稳定结构如羟甲基,可以有效降低产品的甲醛释放量。

12.9 小结与展望

本章已详细介绍了皮革助剂的种类、组成、污染源及国内外标准进行了详细介绍,现将各主要助剂的用途、组成、污染源和环保性等总结于表 12-7。

表 12-7 皮革助剂总结

	项目	用途	主要成分	污染源	环保性
湿加工助剂	浸水助剂	便于生皮吸水	酸、碱、盐、表面活性剂和酶	酸、碱、表面活性剂	酸、碱液污染水源、部分表面活性剂难降解
	脱脂剂	去除皮下油脂,便于化学品渗透	碱性材料、表面活性剂、溶剂和酶	碱性材料、有机溶剂	碱液污染水源、有机溶剂有 VOCs 问题
	浸灰助剂	去粗皮,脱毛,进一步脱脂	石灰和硫化碱、增溶、稳定类助剂	碱液、表面活性剂	碱液污染水源、部分表面活性剂难降解
	脱灰助剂	去除浸灰遗留灰碱	酸、盐、石灰稳定剂和氧化剂	酸液	酸液污染水源

续表

项目		用途	主要成分	污染源	环保性
皮革鞣剂	金属鞣剂	将生皮转变为皮革,增加结构形状稳定性	铬盐、铝盐、锆盐、钛盐、铁盐等	金属盐	金属离子污染水源,六价铬毒性大,致癌
	植物鞣剂		富含植物鞣质的植物提取液	—	—
	合成鞣剂		芳香族类树脂、N-羟甲基类树脂	N-羟甲基类树脂	缩合脱出甲醛
	醛鞣剂		甲醛、戊二醛	醛类化合物	本身有毒有害
	有机磷鞣剂		四羟甲基季磷盐	四羟甲基季磷盐	含羟甲基,缓慢释放甲醛
染色助剂	匀染剂	使染色更为均匀	表面活性剂	表面活性剂	部分表面活性剂难降解
	固色剂	增加染料染色牢度	多价金属盐和含氮阳离子化合物	金属盐	金属离子污染水源
加脂剂	天然动植物油脂	补充皮革油脂,赋予皮革一定的柔软性、丰满性和弹性	高级脂肪酸甘油酯、天然动植物蜡	—	—
	矿物油		液体石蜡、石蜡和机油	机油	VOCs 问题
	合成油脂		合成脂肪酸酯	—	—
涂饰剂	酪素类	在皮革表面附上一层起装饰和保护作用的薄膜	酪蛋白	酪蛋白使用甲醛固定,提高耐水性	缓慢释放甲醛
	硝基纤维素类		硝基纤维素、软化树脂、增塑剂、成膜助剂或有机溶剂、其他助剂	成膜助剂或有机溶剂	VOCs 问题
	丙烯酸树脂类		丙烯酸树脂、成膜助剂或有机溶剂、其他助剂		
	聚氨酯类		单组分聚氨酯、成膜助剂或有机溶剂、其他助剂		

　　随着环保法规的日臻完善以及人们对健康生活的孜孜追求,传统皮革工业正面临越来越严峻的挑战。未来皮革助剂的发展方向主要集中在无铬鞣剂、绿色表面活性剂、环保型染料、低甲醛释放产品等方面。皮革助剂的研发和使用应顺应时代的需求,提高创新能力,推动皮革工业向着清洁技术和绿色环保的方向发展。

第13章
建筑通风系统与室内空气质量

    建筑通风系统是指在满足建筑室内使用功能的前提下,能提供相对舒适、安全和健康微气候环境的建筑(设备)系统。其核心是对室内空气品质、环境温度和湿度以及风速进行合理有效的干预与控制。20世纪三四十年代,人们还普遍认为,室内污染物全部来自于人体自身的排放。之后几十年的研究表明,建筑材料和家具才是室内空气污染更为重要的来源,并且通风系统本身设计和维护不当,也会成为重要的污染源,这些污染源共同作用,形成远远超过人们在居家生活中自身所形成的空气污染物。20世纪的六七十年代石油能源危机的爆发,促使人们对建筑围护结构保温隔热和密闭性格外关注,以降低建筑基本能耗。这样必然加剧了室内空气污染的积聚和材料的相互吸收与污染,如空调房间因空气质量带来的危害往往远远超过自然通风房间。

    近年来,建筑通风在建筑的设计与建造过程中越来越受到重视,其目的是保障人们对室内空气品质和热、湿舒适的要求。建筑通风标准,也从仅仅只考虑将人体二氧化碳排放、吸烟烟雾控制在可接受浓度,逐步地试图将室内其他污染源所引起的空气污染全面控制起来。随着空气检测设备的研发与普及,传感控制也结合进了通风系统的整体设计,对一氧化碳、铅、二氧化氮、臭氧、颗粒物($PM_{2.5}$、PM_{10})、二氧化硫,以及甲醛、VOCs、多环芳烃(PAH)和微生物病原体暴露限值进行整体控制,从而维护室内空气质量,保障人体健康。

13.1 呼吸安全

    洁净安全的空气是人类赖以健康生存的必需品。各种类型的空气污染是人类早亡的首要关键诱因,每年全球大约有700万人因之早亡,占早亡率的1/8,其中包括大约有60万年龄不足5岁的儿童。当今社会,人类大部分时间是在室内度过,人们每天呼吸大约1500 L空气,也因此越来越重视室内空气环境的"呼吸安全"。

与不安全的室内空气品质相关的常见病症,被称为病态建筑综合征(Sick Building Syndrome,SBS),而引发病态建筑综合征的重要因素之一,就是通风措施不良所导致无法缓解污染源的有害气体挥发积聚。研究表明,室内空气污染程度一般可达到室外的 2~5 倍,某些情况下可达到 100 倍,这些污染物达到一定浓度后,会引发哮喘、过敏和上呼吸道疾病,包括各种特异症状,如眼睛、皮肤和呼吸道刺激,以及头痛和疲劳。对空气污染的反应因人而异,具体包括污染物浓度,吸入速率和暴露时长。因而造成人们一时无法确定疾病的源头和原因,据北京儿童医院的一份调查,90%的白血病患儿家中在半年内曾装修过。

为了拥有室内安全健康的呼吸环境,通常必须确保:

(1) 10 L/s 的未经污染或安全过滤的新鲜空气。

(2) 为保证对污染气体的稀释,将其控制在住户短期暴露限值以内,美国采暖、制冷与空调工程师学会(American Society of Heating,Refrigerating and Air-Conditioning Engineers,Inc. ASHRAE)的标准对新风供应量进行了设计、计算和规范,以使空气中有机污染物、悬浮颗粒物、气味和二氧化碳浓度保持在有害标准以下。

(3) 通过气流的组织和设计,保证室内相对洁净空气的均匀分布,尤其是在人们主要的活动区域(通常被认为是地面到 1.8 m 的高度)。该区域内也可以通过安装空气质量传感器来实时检测空气质量,为空气质量的维持与改善提供依据,从而帮助呼吸安全。

世界卫生组织(WHO)对"健康"的定义明确超越了不生病和体弱的范畴,从要求每个人的身体、精神和社会性等诸多方面都处于"良好"状态,延伸至"健康"住宅。其"良好"性才是核心,而不是一个仅仅提供了遮风避雨的场所,是要使得居住者达到生理和心理的"良好"状态。同理,"呼吸安全"是基本线,"良好"的空气质量才是目标。通风设计是保障居住"健康",尤其是"呼吸健康"的基本和有效手段。与发达国家相比,我国在保障通风(呼吸)的"安全"或"良好"的基本标准和规范层面上起步较晚。

13.2 自然通风与机械通风

2002 年 1 月 1 日,我国的第一部室内空气污染控制规范诞生,终于对室内空气质量有了明确的要求,以保障住户健康。其中,中华人民共和国国家标准《室内空气质量标准》(GB 18883—2022)和《民用建筑工程室内环境污染控制规范》(GB 50325—2020)规定了室内新风量要能够保障每个人每小时 30 m³;而《夏热冬冷地区居住建筑节能设计标准》(JGJ 134—2010)中,也有换气次数为每小时 1 次的要求。与发达国家相比,虽起步较晚,但我国的标准基本达到了国际先进水平。

13.2.1 自然通风

作为最为节能的建筑通风措施,自然通风可以有效地稀释室内化学污染物、天然污染物和气味,供给新鲜空气并将室内污染空气排出。然而,自然通风有许多局限性,如通风量不稳定、仅在室外空气质量良好和气候条件良好的过渡季节才有效等。在采暖(制冷)季、雨天、室外空气污染的情况下,无法有效利用自然通风的手段控制室内污染物浓度。

建筑自然通风从动力源上可分为风压通风、热压通风以及机械辅助系统的自然通风三类。风压通风利用的是室外空气流动的风速所产生的风压;热压通风是利用建筑内外连通口部不同位置间的温差所引起的空气流动而产生的；机械辅助系统则在关键部位通过被动式机械设备的布局，产生正(负)压、导流效应加强或强制对流，来促进形成自然通风。由于室外风向和风速的不确定性，我国暖通空调相关设计规范中往往只考虑热压通风计算，而不考虑风压计算。目前，国内外对自然通风的研究也更多地处于理论层面和概念阶段。

室外空气的污染也使得建筑自然通风系统的效果显得不容乐观。2018年全国380个城市空气质量数据统计显示，全国空气质量指教平均优良的天数仅为79.3%，京津冀都市圈28座城市平均空气质量优良天数仅为50.5%，而全部380座城市中，空气质量为优的天数也不足五成。面对糟糕的室外空气质量，自然通风也只是将室内被装修化学污染的空气调换成室外的不同源头污染的空气而已。

随着国内房地产业的成熟，招拍挂(收并购)容积率管理、日照管理等现实问题造成了社区规划和户型布局的日益趋同。规划和户型布局往往是追求容积率和销售货值最大化的结果，并未将利用自然通风解决室内化学污染作为核心设计出发点之一。使用计算流体动力学(CFD)模拟软件辅助社区规划和户型设计的项目屈指可数。同时，能耗模拟的审批以及门窗幕墙等部品部件的成本控制，也造成了诸如开窗洞口面积不足，或洞口面积合格，但采用上悬窗、推拉窗等影响最终开窗面积自然通风的形式。2000年，清华大学针对位于北京市的88户住宅的夏季自然通风工况进行了现场测试，发现其结果远未达到ASHRAE的要求。综上所述，仅靠无组织的自然通风，一般很难满足对室内化学污染物的稀释和排放，更谈不上满足住户的舒适性要求。

13.2.2　机械通风

与国际上多层与高层住宅已普遍采用机械通风不同，目前国内住宅普遍采用自然通风方式，机械通风往往仅运用于厨房和卫生间，且仅是过程排风，排风时间极短。为改善住宅的室内空气品质，必须进行全面通风。自然进风加机械排风的独立机械通风方式曾被认为最适合中国国情。目前，厨房脱排油烟机和卫生间换气扇成为新开发房地产项目的标准配置，排风系统工作时，厨房和卫生间处于负压状态，住宅内其余房间的空气就会在压力差的作用下流入厨房和卫生间，室外空气再随着开启的门窗或门窗缝隙渗透流入室内，从而完成室内外空气流通，并保证厨房和卫生间相对更污浊的空气不会流入居住空间内。但随着门窗密闭性能的提升，尤其是吸油烟机和排风扇功率性能的提升，该系统的副作用日益凸显，如厨房门隙因风速啸叫，厨房、卫生间污浊气体的倒流，甚至水封的破坏等。目前部分房地产企业纷纷研发厨房和卫生间补风措施，以缓解该矛盾，即避免造成该"全屋通风"系统"短路"而无法实现其设计功能。

随着建筑气密性要求的逐年提升，全面的有组织机械通风成为大势所趋，且已经迅速普及到国内中高端地产项目。该系统被称为户式中央新风系统，包括：单向流户式中央新风系统、双向流顶送顶回户式中央新风系统以及双向流置换式户式中央新风系统。另外，楼宇式中央集中新风系统也已经被运用到大量高档豪华住宅项目的开发中。(户式)中央新风系统可以全年无休地进行室内外空气交换，无须开窗即可维持室内外空气流通，不受制于室外空气质量和天气的变化，并通过空气过滤系统保证空气品质良好，同时排出室内污染空气，从而满足住户日常新风及舒适所需。

13.3　不同系统策略下的空气净化效用分析

住宅建筑室内空气质量和舒适度的优化控制策略,是健康建筑和绿色建筑室内空气污染物控制方面必须破解的难点,也是实现空气质量全面管控的基础。保持室内空气"呼吸安全"的通风,是基础的卫生性的通风;在此基础上,满足住户热、湿、氧气含量(空气新鲜度)的舒适,是品质的健康舒适性的通风。在中国,庞大的房地产市场规模逐年递增,并逐渐接近年均20万亿的体量,也就是超过20亿平方米每年的建设规模,其中绝大多数的新建住宅仍沿用传统的通风方式,已不能满足住户的差异化需求,且其对应的国家规范,也只是基础的、达标的,接近安全底线的规定。更高的关于室内居家空气质量管理目标,尤其是针对新风、空调,超越规范的指导性标准,如认证类导则,目前则主要集中在低碳节能和减排方面。

2016年后,随着中共中央、国务院《健康中国2030规划纲要》的颁布和实施,建筑规划设计、健康建筑类的全国性的"评价标准"类文件越来越受到行业重视,境外的各种类似评价机构也备受青睐,例如国际健康建筑研究院IWBI等。这些健康建筑类认证标准和认证机构虽然目前仍是行业协会和科研机构组织形式,但其知名度和权威性确已深入人心。尤其是2020年年初新型冠状病毒感染疫情中,健康建筑,尤其是健康住宅、健康新风系统备受重视。从国内疫情最为严重的2020年2月底、3月初开始,诸多领军房企接连举行"无现场观众"的网络新品发布会,无一例外地将"健康住宅空气解决方案"作为主要发布内容。2020年中华人民共和国住房和城乡建设部联合中国人民银行发布了"三线四档",即重点房地产企业资金监测和融资管理规则。行业内的理解是,这将直接或间接地促使中国房地产业由规模发展逐步转向为品质方向。在诸多外部因素的共同作用下,居家空气品质首当其冲,成为大众、房地产开发商、研究机构甚至政府机构共同关注的核心重点。

人们普遍认为,规范是行业的底线,而评价标准则是该行业试图达成的、超预期的发展方向。一个成熟的评价标准,在得到广泛采纳、运用并达成性价比平衡以后,也会逐渐被纳入行业规范体系。"开窗自然通风+厨卫强制排风"是传统的住宅通风形式,它显然是遵循了既有规范的最低标准要求,这也是目前行业主要的解决方案,但距离较高的、差异化的完整空气治理方案和对应的评价标准仍有相当的差距。面对居家环境的空气化学污染威胁,传统的"开窗自然通风+厨卫强制排风"的方案确实无能为力。面对复杂的综合性居家空气化学污染问题,需要一个综合的、多种措施并举的体系化解决方案。在尚无统一标准和一次性通用解决方案的时代,不同策略可以在不同程度上针对性解决当时、当地的问题。随着共识的加强,属地化的,尤其是针对当地气候、经济和政策环境的,同时也是性价比合理的系统性解决方案将逐渐形成,并得到市场的检验和认可。

13.3.1　源头控制、施工污染防治与空气冲刷

业已证明,人们暴露在甲醛、VOCs和其他空气污染物如臭氧、一氧化碳,颗粒物(PM_{10}、$PM_{2.5}$)和氡中,会加大呼吸道和心血管疾病的风险。吸入相关污染物会导致包括头痛、咽干、眼睛刺激感或流鼻涕在内的症状,在后续还会发展为极度严重的健康问题,例如哮喘发作和癌症。因此,将室内空气污染物浓度降低到影响人体健康风险最低水平十分重要。世界卫生组织等国内外健康机构提供了一份"标准"空气污染物清单,通过流行病学研究,确

定了这些污染物浓度、暴露持续时间和健康风险之间的关系,并在此基础上确定了相关标准污染物的允许浓度水平。确定相关的室内化学污染物的阈值,是目前比较普遍采用的管控手段、营销策略和客户宣传内容。权威的第三方检测,证明交付的精装修项目关键指标远低于国家或国际上对健康空气标准的污染物限量要求,是销售承诺实现落地和房地产交易交付中最重要的环节之一。久而久之,将重新定义健康建筑及其材料和设计标准。

解决和控制室内空气质量最有效的方法无疑就是消除污染源,采取的方法包括建筑材料管控和建筑设计方案。另外,改变使用者的行为习惯也至关重要,例如,监测室内空气质量问题并就室内环境质量告知和教育居住者。对所有与室内空气化学污染有关的装修主材、辅材产品以及施工单位的装修小辅料的环保性和 VOCs 释放行为进行有效管控,并通过室内装修空气污染预估软件模拟计算复核其叠加装载量,将其控制在释放标准范围内,是源头控制的第一步。通过对所有关键装修主材和辅材进行甲方集采甲供或甲指乙供,并对出厂材料进行飞行检查和进场抽检,同时在具体施工时,对各类工艺工法,甚至譬如施胶量等细节展开全面管控,是源头解决室内装修化学污染的第二个关键步骤。在确定了设计方案和装饰装修材料后,施工阶段更需要细心地处理、清洁施工碎片、灰尘,尤其是化学污染物蒸气。避免无意中将化学污染物引入到室内,造成易吸附材料污染,防止建筑产品质量下降。尤其是施工期间对成品通风系统管道的密封和防护,将有效地避免可能的污染,在安装出风口、格栅风口或散流器前,也要细致地进行抽排空气处理。若机械新风系统在施工期间曾开启运行,为防止入住后污染物进入该通风系统,在入住前应更换所有过滤器。

新风系统的调试和空气冲刷,则是交付前最后的关键步骤。空气冲刷,或被称为建筑吹洗,是一项在施工后、入住前,强制空气吹过建筑内部的方法,目的是清除施工期间无意间引入室内的各种污染物和颗粒物,尤其是居家有机污染物,即 VOCs。空气冲刷可以通过限制暴露于施工后强污染期的时长来改善室内空气质量。这也是美国绿色建筑委员会和美国国际健康建筑研究院推荐的方法,两个组织也对空气冲刷量、冲刷方式、冲刷气体要求以及"入住前冲刷"或"入住前＋入住后冲刷"的不同冲刷服务类型进行了定量研究,并给出了限值。

13.3.2 窗式新风加空气净化器

人们普遍认为,是昂贵的能源费用促进了对建筑围护结构隔热性能和密闭性的严苛要求。然而,当作为室内外屏障的建筑外围护结构的气密性遭到破坏后,室内空气质量、热湿平衡和热湿舒适性会受到严重且持续的威胁。除因为增加能耗而造成浪费外,室外污染情况下的空气也会侵入室内。更严重的是,在泄漏发生时,由于未知的热湿情况骤变,可能会利于霉菌的滋长而使室内空气质量问题雪上加霜。因此,最大限度地减少未经处理的室外空气通过外围护结构损坏部位侵入室内,成为建筑设计和施工的重要关注要点。

在室外空气质量较优时,打开窗户可以增加室外空气供应量,降低室内空气污染物浓度。这种自然通风能够改善住户体验。尽管经常会出现温度和通风条件低于标准建议值的情况,但研究结果表明与机械通风相比,自然通风更受欢迎。另外,研究还表明,自然通风空间内的工作效率可以提高约 7.7%。在天气和室外空气质量较优时,应鼓励人们使用自然通风。虽然与带有过滤器的机械系统相比,通过窗户通风通常会引入更多的室外污染物,但室外空气的污染通常不包括甲醛、VOCs 等。因此开窗通风,在减少室内化学污染物的瞬时浓度、持续浓度和促使室内化学污染物载体加快释放等方面极有帮助。针对甲醛和 VOCs

危害,部分室内温湿控制设备的供应商也提出了在交付后和入住前这段时间内,利用空调或采暖设备对空间进行间歇性密闭加热,促使有害化学物质释放,结合间歇性开窗,形成一种类似于前文所述的加强型空气补救吹洗解决方案。

对于未安装机械通风设施的居室,住户通常利用制冷空调、采暖设备等来满足热舒适的要求,同时利用空气净化器解决室内空气污染问题。这种方式最为常见,且被认为初始和运营费用最低。正确的空气过滤和及时更换过滤介质有助于改善和保持室内空气质量,营造安全与健康的呼吸环境,并能有效缓解交付后因窗帘、沙发、衣物等引入的化学污染,以及使用清洁剂、个人护理产品、胶黏剂或空气清新剂所造成的污染等。

预装式机械通风设备内的净化装置和后装移动式空气净化器对颗粒污染物($PM_{2.5}$、PM_{10})过滤的工作原理大致相仿,对甲醛、VOCs等挥发性有机化合物的过滤主要是通过活性炭滤芯来实现的,活性炭也能去除较大的颗粒污染物和空气中超过半数的臭氧含量。需要说明的是,活性炭对空气中的水汽也有较大的吸附能力,在高湿度和通风不足的空间,为获得较好的过滤性能,活性炭滤芯需要严格维护和定期更换。目前,国内家居化学污染治理市场非常兴盛,作为空气净化器活性炭滤芯的替代方案,高价金属网片滤芯、紫外线照射二氧化钛(光触媒)网片催化滤芯、氧化锰颗粒滤芯、负氧离子发生器等方式不一而足,甚至不同的活性炭制备方式也成为营销宣传手段,其相对于被验证并广泛使用的传统单一活性炭过滤的稳定性、有效性和性价比,有待进一步的第三方实验数据和市场验证。

近年来,在全国雾霾防治的大背景下,非机械通风建筑,尤其是住宅建筑,后加装机械通风设备日渐增多,它是安装在建筑外围护结构上(门窗、幕墙、墙体)、可独立开启实现室内空气交换的可控通风装置。该装置也可分为动力型通风器和自然驱动型通风器,并具有一定的抗风压和抗水性,由于安装在居住空间范围内,其隔声性能也至关重要。通风器的缺点是通风量小,属于微量新风设备,但在低造价旧城改造项目中优势明显,尤其是该装置具有易安装、易操作、成本低等优点,在改造项目中广泛应用。它给室内空间提供过滤掉颗粒状污染物($PM_{2.5}$、PM_{10})的新鲜空气,并能有效辅助排放部分因装饰装修造成的化学污染物以及业主新购置家具、窗帘、衣物、地毯、使用清洁剂等带来的VOCs。

13.3.3　气候站加智能窗系统

国际上,对于全可开启窗式自然通风方式提出了严苛的条件,以保证在清除室内污染物的同时,不会有更多的室外污染物侵入。前置条件包括在建筑物一定距离内(通常半径是1 km左右)设置气候站,监控实时空气质量数据(温、湿度、$PM_{2.5}$、PM_{10}和室外臭氧),并每小时将数据提供给住户。

对于室内空气,监测项目包括一氧化碳、$PM_{2.5}$、PM_{10}、二氧化碳、臭氧、二氧化氮、TVOCs、甲醛等。由于这些污染物的种类和浓度随时间波动,监测间隔一般也控制在一小时之内。近年来,对家中烹饪时所产生的污染物,尤其是有机化学污染物的研究,也促使人们对厨房内部进行除一氧化碳以外的污染物监控。有研究表明,在过去很长一段时间,肺癌常被认为是"男性癌症"。但值得注意的是,近十年我国女性肺癌患者增加了30.5%,增长速度超过了男性患者,且40岁以上患者居多。研究发现,若将油加热到150℃以上时,油烟中的主要成分为丙烯醛,该物质具有强烈的辛辣味,对鼻、眼、咽喉黏膜有较强的刺激。当油温达到"吐火"温度,即高达350℃时,除丙烯醛外还会产生大量油雾凝聚物质,这种物质被认为是一种慢性毒素,可能诱发各种呼吸和消化系统癌症。而产生这种慢性毒素的条件因油品而异,例如菜籽油、豆油加热到 270~280℃ 时就可产生上述油雾凝聚物。如果厨房通风不好,油烟在房间内久久无法散去,家中所有人都会长期处在油烟的侵害中。研究表明,这种慢性毒素的危害甚至远超吸烟,其中的苯并芘、丁二烯、苯酚等都已被证实为致突变物和致癌物,长期暴露于厨房油烟中,即使保持厨房通风,患肺癌的风险也会提高 1.4~3.8 倍。而厨房烹饪过程中如果不通风,患肺癌的风险将增加到 3.2~12.2 倍。

通过权衡室内外空气质量对住户暴露的风险大小,配合相关住户"呼吸安全"教育,可开启窗式自主智能控制系统也逐渐在国内中高端项目中得到使用和推广。对于无机械通风的室内空间,智能窗无疑是解决自然通风的有效手段。刮风下雨和夜间,这种智能控制系统都可以自主智能关窗以保证安全。另外,社区集中烹饪时间段也应纳入监测,指导智能窗关闭,避免烹饪废气通过自然通风进入到居室。而在住户上班、长期外出或行动不便的情况下,远程控制或智能开窗可很大程度上解决住户的实际困难。对于有机械通风的室内空间,补充一定量的自然通风也极其有好处,尤其是通过室内外气候站的监控,保证获得室外安全的新鲜空气,并智能识别室内空气污染,开启自然通风,将室内居家化学污染物治理提升到"物联网+人工智能"的综合治理方式。

13.3.4　社区微气候与自然通风系统

要使自然通风系统发挥其应有的作用,项目选址气候带、自然地理环境和建筑群落的布局方式至关重要。虽然我国建筑热工设计分区图将中国划分为严寒、寒冷、夏热冬冷、夏热冬暖和温和地区五个热工区划,但总体上我国属于大陆性气候,其显著特点是四季分明。在过渡季全自然通风,在冬季遮挡西北季风方向、多利用热压通风设计,在夏季充分引导东南季风形成"穿堂风",早就被奉为"风水学说"之经典,而其质朴节俭的"节能"特性也与时下绿色低碳理念不谋而合。

然而,随着房地产开发金融模式的同质化演进,在日照审查和容积率最大化的大目标下,标准化户型的价值最大化规划排布成为项目通用答卷。不同企业具有不同的运营模式、融资方式和成本结构,也加剧了城市建设详细规划层面上的无序化建筑排布,使得上位规划中诸如"通风廊道"等的规划努力付诸东流。国内目前少有控制性详细规划和城市设计层面的全面风环境研究,仅有研究方向的主要目的也是缓解城市核心区域的热岛效应和 $PM_{2.5}$ 污染。值得注意的是,能对城市污染物起到扩散和稀释作用的风速通常被认为是 $6\ \mathrm{m \cdot s^{-1}}$,风速低于 $2\ \mathrm{m \cdot s^{-1}}$ 时污染程度会增加。而该有效风速远远高于室内舒适风速,甚至可能危害健康。因此,通过引导该风速的自然风进入室内来治理居家污染物,可能会引起其他健康问题。

详细规划层面的居住区微气候设计及相关风洞试验则更为少见,同时因项目开发强度与静风率之间的关系受到多重变量的相互制约,很难确定各变量之间的相互影响。理论层面的定性结论通常是降低开发强度,如容积率、平均建筑高度和建筑密度,以获得较低的静风率,但这样会违背房地产开发企业的核心利益。直到 2020 年年初,面对新冠疫情所引发的房地产业界对健康住宅,尤其是对通风的重视,社区规划总平面图上的风玫瑰摆脱了其"装饰性",再次成为社区规划和社区微气候营造的重要标准之一。这一局面的变化,也得益于各种计算机模拟软件的应用与日臻成熟。目前该层面的研究还仅仅重点关注局部楼栋,全面的体系化社区微气候计算机辅助设计正逐渐进入住户的视野和开发企业的工程实践。

在户型设计方面,地方上面积规划计算和验收规定、面积段、梯户比和得房率等因素,伴随着开发企业快周转、标准化的产品战略,共同促成了日益剧烈的户型同质化竞争。在这种情况下,自然通风设计虽然是设计出发点之一,也更是向前述诸多因素妥协的结果。户内自然通风体系随使用者习惯、家具表面材质和电器等的不确定性布局,也间接造成了基于现代计算机 CFD 设计方法的结果偏离。由此,各种户型评审场合经验主义大行其道,例如,"穿堂风"的户型因直观上更有利于夏天排热、排湿和污染物排放,其接受程度相对更高。实际上,这种设计方法只是停留在经验层面,受住户昼夜开关窗习惯、室外噪声和气候等因素的影响,"穿堂风"的通风效果无法定量预测,且"穿堂"仅仅涉及部分空间,其他空间的情况更加无法定量预期。

相对于不确定性较大的"穿堂风"式"自然正压通风方式","自然负压通风方式"虽然建造方式更复杂,但其效果相对更加稳定。这种方式主要是利用建筑物中的垂直通高的空间和管井,利用热压"烟囱效应"、风压"伯努利效应"(或称"狭管效应")或两者兼备的方式,组织气流按照固定的路径排向室外。该路径一般由非主要使用的功能空间,例如楼梯间、天井、中庭和管井组成。该通风方式也较为成熟,管井排风方式已被广泛使用在厨房和卫生间集中排风系统中。因为在住宅空间中,中庭和封闭天井通常是不存在的,而楼梯间因防火要求通常密闭且可能还预留正压防烟送风模块,从而使得通风管井成为实现这一"自然负压通风方式"的唯一选择。虽然该通风方式符合节能环保的绿色低碳理念,但若希望利用该通风方式解决所有居住空间的(负压)通风,完整的通风管道系统的造价不容小觑;尤其是为了避免风压不平衡的"交叉感染"风险,在设计分户系统时,每户的风管都需要单独升顶,以利用热压或室外"伯努利效应""捕风器",而其增量成本和占用的计容面积使得这一解决方案几乎无法实现。另外,完整的管道系统,若加上机械风机模块,就可以形成一套较完整的单向流集中或分散式机械通风系统。与原自然通风系统相比,能获得更为稳定的通风效果。

13.3.5　室内微正压与单向流户式中央新风系统

为了保障基本的"可感知"空气质量和基本"呼吸安全",国际上提出了人均至少 10 L·s^{-1} 通风量的标准。而长期全天候、持续有效地保障通风的质量和数量的方式,无疑首选机械新风系统。更为重要的是,建筑外围护结构是无法做到 100% 密闭的,据推测,我国"密闭"外围护结构空气渗透造成的额外能耗可达到 20%。当室外空气严重污染时,也会因密度差的扩散作用和沿门窗缝隙渗透入室内,而机械通风系统可以通过不间断向室内输送经过过滤的干净空气,使室内形成微正压,阻止室外污染和热、湿不舒适空气的扩散渗入,并能起到微弱的室内空气对外扩散排放的补充功能。单向流户式中央新风系统中的"机械进风＋自然排风系统"就是实现此功能最基本的系统。顾名思义,单向流系统仅对在进风或排风的一端进行人工机械空气组织,另一端则保留较简易的自然通风方式,是成本较低的新风与微正压(负压)解决方案。

前文所述的"自然进风＋厨房油烟机排风＋卫生间排风扇排风"就是"自然进风＋机械排风"的单向流系统,该系统是通过使厨房和卫生间形成负压,使得其他居室空间空气流入该负压空间,进而"吸入"室外空气,起到改善室内空气品质的作用。但该系统效果不稳定,干扰因素很多,如室内房门开启状况、外窗开启状况以及排风口位置和距离的关系等,可能会导致新风量不足、新风无法导入室内以及排风与新风短路等问题,其中短路问题多发生于无专用油烟井和卫生间排风竖井的低、多层建筑。因为该系统无法对新风进行热湿和过滤处理,更严重的问题是输入新风受季节和室外污染情况的限制。例如若室外热湿情况恶劣或空气污染严重,即使外窗和外门关闭,当厨房和卫生间排风系统开启时,外部空气仍会被"吸入"室内,加剧室内空气污染。

相对于这种负压式单向流新风系统,正压式整体性单向流新风系统已逐步被市场广为接受,并能实现室内"微正压",在排出室内污染空气的同时,阻断室外可能的污染空气侵入。该系统通过集中室外取风过滤和热湿处理后,经过管道和安装在各使用空间内的新风口输入各功能空间。室内污浊空气的组织排放,可以是排风管集中排放,也可以利用外围护结构的单向通风口或缝隙排风。但这种排风效果也存在一定的不稳定性,主要原因是各空间待排出的空气气压不平衡,导致不同类型和功能的平面布局建筑的排风无法统一合理组织。即使是"正压""负压"单向流系统同时工作,也必须进行充分的设计与模拟,并考虑各种特殊因素,如各个房门的开关状态,充分有效地组织气流,以全面排出污染物,保障各空间空气安全。最后,无论怎么设计可能都无法改变能耗的增加,因为单向流系统不能进行热回收,无法结合热湿空调系统的有效节能设计。在采暖和制冷季,该系统的运行意味着热湿处理完成的空气排放和室外未处理空气的持续输入,需要增加相当大的能耗,以维持室内热湿舒适;另外,因为制冷季室内外温差和湿度差,极有可能引起新风口结露,从而引起发霉和细菌滋生等附加室内空气环境问题。

13.3.6　混风、内循环与双向流户式中央新风

相对于单向流户式新风系统,双向流系统是一种"机械进风＋机械排风系统",除通过机械方式进行集中室外取风过滤、热湿处理,经过管道和新风口将新鲜空气输入各功能空间外,其排风也是用机械排风机通过排风管道排到室外。按照排风管道安装组织方式的不同,双向流新风又可分为分散式回风双向流系统和集中式回风双向流系统。集中式排风是利用中央排风竖井排风,将各房间置换出来的污废空气通过门缝或门上(墙上)的通风器集中回收。以居住建筑为例,集中回收点一般位于公共部位,如客厅或过道等。分散式机械排风方式则是在每个机械送风空间对应地安装回风口进行排风。相对于集中排风的双向流系统,分散式回风的方式更有利于功能空间内的气流组织,更有利于污废空气的有效排放和风压平衡。

双向流的新风系统也具备了热回收的基本功能。热回收,即是在新鲜空气吸入新风机后,经过过滤与排风管道传输过来的室内污废空气进行热交换,回收排风中的热(冷)量,完成热交换。通过热回收,既能保持室内温度恒定,又起到了绿色节能的作用。热交换芯的材质多为金属、纸、铝模、树脂等,按回收类型选用不同的介质。热回收分为显热回收和全热回收两类。显热回收是利用新风和排风的温差,通过热传导回收能量;全热回收则是通过蓄热蓄湿、利用新风和排风的气流温差及水蒸气压力差进行热交换,从而达到显热和潜热同时回收的目的。全热回收装置的优劣决定了其吸附材料对于室内排出的空气污染物与新风发生交叉污染风险的程度。目前,水分子可通过水合反应和离子间静电作用吸附水分子,且不存在微孔结构的离子热交换芯,是防止交叉污染的较好的吸附材料。

对于热交换(回收)后的新风,为严格防止交叉污染所引起的新风进风空气质量下降问

题,可进行二次过滤,且不仅仅是颗粒物过滤($PM_{2.5}$,PM_{10}),需要利用活性炭来吸附 VOCs 和甲醛。这种再过滤方式虽然保证了热交换风再次供给室内时的洁净度,但会引起新风机负荷的增加,造成投资高、能耗高的窘境。相似地,极端"热交换回收"的工作模式就是"内循环",或更多被采用的"部分内循环"形式,或称混风运行,即送风包括了部分室外新风和部分室内排风。混风最大的好处是节能及保障热舒适,节能是指对新风的热湿处理所消耗的能耗远远超过该供风方式在二次过滤(如有)时需要消耗的能量。二次过滤是保证室内新风空气质量的附加保障措施,类似于将室内移动式空气净化器安装到了新风系统空气处理段,利用活性炭过滤吸收室内回风中的甲醛和 VOCs。一般情况下,新风系统不考虑安装活性炭过滤装置,除了滤芯介质的成本,其物理阻尼作用也会需要更大的风机通风量,以保证出风口的新风量,这也间接提高了能耗。当然,热交换(回收)模式是可以关闭的,当室外温湿度在舒适范围内,比如过渡季节,室内无须热湿处理,新风系统也无须热交换。采用热交换的另一个能耗来源,是在北方极端天气下预防全热交换芯结冰所采用的加热方案。无论是电辅热或热泵加热,都是该新风系统的整体能耗负担。因此,对于这种初始投资较大、运营能耗节能与否尚无定论的系统方式,目前国家尚无统一的标准。

因为热交换器效率的问题,经过热交换处理的新风一般不能完全达到室内设定的温、湿度要求,若新风系统不采用混风的双向流新风系统,也不采用加湿或除湿的调试机制,其最后输入的新风除干扰室内舒适性以外,也会如单向流系统一样引起室内附加空气安全问题。例如采用户式中央空调和户式中央新风系统的住宅,由于工程上常常将空调出风口和新风口紧靠并列设置,在制冷季节,虽然供给的新风已相对于前文所述的单向流系统的新风的温湿度降低了不少,但由于与出风口并列,还是无法避免在出风口处发生结露,进而引发霉菌和细菌滋生的情况。

13.3.7 双向流户式中央新风系统的顶送顶回工作方式

只要人们承认:稳定、健康、安全的室内空气质量是生活的必需,那么,双向流户式中央新风系统就是解决室内家居装修化学污染物排放的可靠手段,也是目前在各种室外气象和空气污染条件下无间断持续供排风的有效方式。该新风系统可以对外部所吸入新风进行过滤,也可以将室内污染物进行排放,送风量和排风量不受外界因素影响,可以通过送风量和新风量的调节来达到预想的通风模式或协助某种通风模式,例如使送风量大于排风量,以形成室内空间的微正压,防止室外污染空气侵入。

室内新风机的风量一般为每小时 $100\sim350\ m^3$,机器尺寸和工作噪声也随着风量的增大而逐级增大。因此,采用简单有效的过滤介质减少阻尼,并采用消音管道如 PE 管而不是 PVC 管,成为控制噪声的通用办法。按照国家标准,24 h 常开的新风系统,其室内噪声水平不能超过 37 dB。机器吊装位置必须远离核心居住空间,如设备平台、阳台或厨房,卫生间因为取风口位置选取、面积受限以及管道较多或降板等问题,并非安装位置的首选。

受国内绝大多数建筑层高的经济性和容积率计算方式限制($2.8\sim3.15\ m$),占用室内部分净高的单、双向流新风系统一般采用顶送(顶回)的方式布局和安装。采用穿梁处预留孔洞、施工打孔或安装过梁通风器扁管等方式,可节省室内净高,结合吊顶的合理设计,营造尽可能高敞的室内空间视觉感受。上送上回的住宅新风系统多采用轴向送风口形式,或结合活动百叶的扩散型风口。相对百叶扩散型风口,轴向送风口虽然射程远,但对室内气流组织的诱导作用较小。实际上,该扩散型风口主要是利用圆管进行轴向送风,在出风口进行散射。因此,上送上回新风形式很难对室内气流进行有效组织,且其空气出风速度相对较高,容易引起吹风感。

通常认为,人们主要活动和工作的区域在距地面 1.8 m 范围内,要保证人体头和足踝间空气垂直温差不大于 $3℃$,应把该区域风速控制在 $0.3\ \mathrm{m\cdot s^{-1}}$ 以下。其中,建议冬季风速不大于 $0.2\ \mathrm{m\cdot s^{-1}}$,夏季 $0.25\sim0.3\ \mathrm{m\cdot s^{-1}}$,否则会引起人体表面的局部蒸发放热,造成的局部冷感会导致人体不舒适。在上送上回的住宅双向流中央新风体系内,送风风压必须保持在 $2\sim3\ \mathrm{m\cdot s^{-1}}$,并通过风口的下压调节送风,否则无法保证将新风传送到活动和工作区域。然而,由于前文所述的各种原因,这样的风速差不利于室内气流的有效组织和保证活动区的舒适感,且容易产生较大的噪声,需要做特殊消音处理。较高的风速也会引起气流扰动,造成室内近地面可能的灰尘飞扬,不利于呼吸安全。

相较于全自然通风和单向流新风系统,双向流顶送顶回新风系统虽然也无法从根本上完全解决舒适和气流组织问题,但其新风供、排效率已远远优于前者,提供了气流人工组织的可能。双向流顶送顶回系统也是目前市场上接受度最高、施工简便,很大程度上解决室内污染和新风供应的第一选择。该系统也多采用全热交换及非混风的形式,以保证所供给新风的舒适度、洁净度和相对节能。在室内存在持续污染的情况下,双向流系统也可以通过长时间运行来保证最低平衡浓度。一般不推荐间歇式运行,否则开机前及开机后一定时间内的空气质量难以保证。近年来随着智能家居的蓬勃发展,智能感应空气质量并联动开机控制室内新风机,已成为更节能的备选方案之一。

13.3.8　置换式新风与下送上回新风湖

前文所述的各种通风方式都属于稀释通风,即输入一定量的新鲜空气,混合稀释室内受污染的空气,使其浓度降低到安全卫生所允许的浓度,并通过排出等量或稍多量的混合空气,保持室内微正压和室内新风的输入速率与污染物生成速率的平衡态。近几年国内住宅建设中兴起了另一种通风方式,即置换通风。置换通风方式是在房间垫层、架空地板中,或踢脚线位置输入洁净新风,新风气流以层流的方式缓慢向上移动,以类似活塞的方式将污染空气"顶"到该空间上部,并由在上部设置的排风口引导其至排风竖井集中排出。

运用该通风方式的另一个重要原因是出于新风机的工作原理的延伸。家用新风机的运行风量一般不超过 $350\ \mathrm{m^3\cdot h^{-1}}$,加上噪声控制要求,决定了新风系统房间出风速度不会太高。除了系统机械噪声,风口的噪声也会很大。出于对噪声的控制,新风口的出风速度宜控制在 $1.0\ \mathrm{m\cdot s^{-1}}$ 以下,而较低的出风口风速,无法保障新风能从室内空间较高处强制流动到人员活动区域。因此,将新风口布置在近地面处,采用置换通风方式来降低新风供给风速成为重要的解决方案。地送上回的新风以较低风速,例如新风以 $0.3\ \mathrm{m\cdot s^{-1}}$ 和低于工作区域 $2℃$ 的温度进入工作区底部空间,在重力的作用下保持或下沉,并通过扩散作用弥漫到整个室内空间底部,形成一个较薄的空气层,通常称为"新风湖"。室内经"使用"的空气,一般都会经呼吸、人体传导或家电散热等原因而变热。室内相对较热的污浊空气相对"新风湖"空气密度较低而产生浮力,会在排风口负压的共同影响下缓慢上升,同时吸卷周围空气,以对流、热射流或羽流的方式流向排风口部。这样,住户生活、工作区域的空气逐步被新风空气所取代。达到平衡状态时,呼吸区域(1.8 m)以内的空间都被"新风湖"所占据,而生活、工作区域以上会有一个较小的混合(稀释)区,并不断被"新风湖"稀释和被排风口负压"吸取"。这种下送上回的置换通风方式较好地利用了空气自然运动的规律,通过可控自然对流达到空气输送、调节的效果,并达成传统"稀释通风"不能实现的全空气置换和节能。

相对上送上回的新风系统,下送上回的置换通风系统更符合非自然通风工况下室内空气的自然流向。较小的新风风速有效减少了空气的紊流和扰动以及由此吸卷的空气的下沉颗粒物,从而保证呼吸区的空气安全。与混合通风相比,该通风方式可以减少 16.7% 的送风量,节约能耗 41%。

随着人们对室内空气品质和舒适度要求的逐渐提高,"下送上回的双向流置换新风系统"将会逐渐深入人心,成为住户和开发商的首选,并在改善室内化学污染的合力治理中发挥至关重要的作用。当然,地送风会带来其他的土建、安装以及运行问题,例如需要架空、抬高地面以安装风管和送风静压箱等;同时,由于地面施工工序的原因,极易造成预先敷设的新风地埋管损坏和漏尘,而地面风口的布局可能会对家具摆放和人员的活动产生不利影响。再者,在制冷季节,采用强冷风制冷的空间对空调的形式要求较高,上送风的传统家用分体或小型中央空调的出风会极大削弱甚至阻断置换通风的效果。因此,较多使用置换通风的空间采用了辐射空调的解决方案;相对应地,置换新风系统内也会增加湿度调节控制模块,这样所形成的完整热、湿度独立控制系统也更为节能。

13.3.9 按需控制的智慧家居与精细化控制技术

综上所述,为了减少病态建筑综合征,提高住户舒适度和工作效率,新风系统不可或缺。由于大部分通风标准和规范只是提供给住户基本"安全"和"可接受"的空气质量以降低或减缓 SBS 症状,新风空气流量应高于相关规范的最低值,尤其是住宅建筑交付客户初期,室内装修化学污染物以及新出厂的软硬家具所含化学污染物仍在大量释放期,要有足够的新风空气流量才能达到要求。然而,对于每一种污染物,尤其是针对甲醛和 VOCs 而言,实际生活中的检测非常不便。甲醛和 VOCs 较准确的检测方法是采集空气样品由实验室(如分光光度法)检测,但目前国内市场采用较多的是电化学检测法,该方法争议颇多,易受醇类气体干扰,且需要定期校准,以保证基本数据的准确性。目前工程实践中人们普遍采用的方法是,一方面通过环境实验舱法对装修装饰材料进行源头控制,另一方面以通过新风系统的恒定输出为基础,进行基于计算机模拟的装修材料叠加装载量模拟计算,配合"吹洗+新风供给",以保证居家环境的室内空气品质。

相对于甲醛和 VOCs 而言,空气温度、湿度、颗粒物以及二氧化碳浓度更容易检测,且受干扰程度小,准确性较高。因此在居家、办公、商业等环境中常用二氧化碳浓度作为替代性室内污染物指标。中国国标中,认为二氧化碳浓度低于 $1 \text{ g} \cdot \text{kg}^{-1}$(国际上是 0.8 g·$\text{kg}^{-1}$)时,住户 SBS 的症状明显减少。通过监控运行期间室内二氧化碳浓度,使空间新风输送率与二氧化碳浓度直接挂钩,是一种简单易行的个性化智能控制系统。二氧化碳检测仪一般安装在距地面 1.2~1.8 m 高度,并与新风系统联动实现按需通风,同时,可以辅以空气法甲醛、TVOCs 检测或定期校准的电化学检测测试,来确定室内空气化学安全性。

13.3.10 一体化居家室内空气质量管理

随着人工智能技术的发展,实时检测甲醛和 TVOCs 浓度,并依据检测结果个性化智能控制新风系统运行的能力将逐步完善。目前,绝大多数国内外一线新风和空调企业都推出了中央智慧控制和分布式空气质量传感检测系统,并依据空气质量数据,按照预设的(包括标准设置和结合住户喜好的个性化设置)程序控制整个系统,并承诺为住户提供舒适、安全、健康的"恒定"的室内空气环境。在市场上,宣传语境从"三恒"到"六恒"不等。较为统一的是其中"三恒"的概念,即:"恒温""恒湿""恒氧"。最早人们仅仅关注"恒温"和"恒湿"的问题。美国职业安全卫生署在 1971—1987 年曾主持了 346 个现场测试,发现在造成"病态建筑"或"室内空气品质恶化"建筑的诸多因素中,新风量不足、通风不良、温湿度调节失常占了52%。20 世纪 60 年代发生的"恒温室病"的主要原因也是新风量不足。此后"恒氧"问题才得到关注,并通过二氧化碳浓度控制来解决。在我国,居家环境化学污染的"恒洁"问题直到21 世纪才提上日程。

通常,"三恒"系统是通过"温湿独立控制"的"置换新风系统＋辐射空调系统"来实现的,该系统一方面因其低能耗特性而符合绿色节能低碳的理念,另一方面因辐射空调系统和置换新风系统的低噪声而实现"恒静"。因此,"置换新风系统＋辐射空调系统"的广告宣传通常止于"五恒"。近年来,空调厂商对于"恒风"的宣传力度再一次拓宽了消费者的视野,国内外知名企业不约而同地强调,送风系统应将安全健康的新风有效地输送到房间各处,消除新风死角。显然,其实质内容也涵盖在"恒洁"的范畴之内。

近年来,"温湿度独立控制"的"置换新风系统＋辐射空调系统"经大量实践,证明还存在一些问题。首先,成本问题使得该系统无法迅速普及;其次,其施工的复杂性、人工昂贵、成品维护困难以及建筑净高的损失,是其无法成为广为接受的"三(五)恒"解决方案的重要原因;再次,辐射空调系统调节困难,难以达成个性化舒适的调控,仅能满足住户趋同化舒适性要求;最后,也是该系统的核心困扰问题,就是其对住户使用的苛刻要求,无法自由开窗,需隔绝"湿空间"[厨房、卫生间或家庭高湿度工况,如聚集用餐(火锅等)]使用,以避免因结露发霉而导致二次污染。也是这个原因,使得辐射空调系统极少在华南地区使用。鉴于此,一种能灵活控制、可根据不同气候区划工况和住户使用喜好灵活调整模块配置的"三(五)恒"系统应运而生。该系统一方面取消了"辐射空调系统",改为更灵活的"多联机空调系统";另一方面,沿用"温湿度独立控制"理念,提升新风系统的热、湿处理容量,将基本热、湿处理功能纳入其中。因为在冬季加湿、夏季除湿的工况下,新风系统也极大地将新风温度向舒适区调整,所以该系统在完成新风"恒洁""恒氧""恒湿"的基础上,在一定程度上维持了"恒温";但在极端气候情况下,智慧联动、开启多联机空调以维持"恒温",此时"恒静"则被放弃,仅能实现"四恒"。

虽然在工程实践中遇到了困难,但恒温恒湿系统的"温湿度独立控制"理念的优越性仍是不可动摇的。近年来,该理念也被诸多学者延伸,提出了"湿度优先控制"原则,该原则甚至被认为是在医院洁净室等场所适用的空气治理方式。温湿度独立控制系统中的新风系统亦可单独完成其功能,对超标的室内空气污染状况开启响应,保持室内"恒氧""恒洁"。目前,依赖"四恒"系统的稳定持续新风置换供应,是实现室内空气安全和舒适最可靠的方法之一。

有人也提出了传统系统简单组合、智慧联动的方案,以解决"四恒"系统的成本问题。其中,智能型系统主要由系统主机、检测分机、控制分机及排风设备等部件构成,可自带排风设备,也可与其他排风设备连锁控制,根据室内新风需求量的变化,自动启停排风设备。该系统通常由各自独立的新风系统、加湿模块、空调系统三部分组成,其中新风系统实现新风供给和特定季节加湿,空调系统实现特定季节除湿和温度控制。新风和空调厂商可以是不同的品牌。首先该方案目前还只是一个理想化的设想,其根本问题是前文所述命令源的不准确性,即化学污染物测试的不准确性。其次,作为系统启停的触发机制的二氧化碳浓度检测,更适合正常入住使用的工况,对室内施工期间残留化学污染和住户引入的化学污染物不能进行检测,无法实现预警和控制新风设备启动的作用。最后,控制逻辑的设置是重中之重,即使目前家电市场各品牌厂商开放了后台控制协议,使得各设备可实现联动,但特定地域、特定季节的高湿度新风供给很难符合各房间因湿度不均所引起的露点控制要求,进而无法实现统一指令而停机或结露。新风机全热交换虽然在一定程度上能缓解送风含湿量问题,但无法从根本上解决系统性问题。

总之,一体化居家空气质量管理是一个综合性系统工程。它既包括事前、事中、事后的空气污染物治理,也包括稳定的空气热湿环境的维护,提供住户舒适的室内生活环境并避免二次污染的发生。对于装修及日常生活化学污染的治理,在源头管控、施工污染治理和空气吹洗的基础上,持续稳定的机械新风供给加上间歇性自然通风,是最为稳定有效的治理方式。该新风系统的设计应结合适应当地地域气候特色的室内空气温湿度治理方案。在智能化系统的辅助下,双向流热交换调湿型置换新风系统结合温湿度独立控制空调系统无疑是目前的行业首选。

13.4　空气龄、紫外线与负氧离子

为了有效治理居家环境的空气化学污染物,通风效率和空气龄是学术研究和工程运用中的重要概念。通风效率是对去除污染物的能力的反应,而更直接的概念是“空气龄”。空气龄是指一空气质点从进入房间开始到达到室内某点所经历的时间,也就是新风系统所提供的新风在室内人员生活工作呼吸区域所停留时间的长短。空气龄越短,表明该点空气越新鲜即健康程度越高,所掺杂的污染物就越少,排出室内污染物的能力也就越强。这个概念是比较抽象的,实际测量很困难,实践上,人们采用计算机模拟和示踪气体法对之进行监测。显然,对于全内循环式的空气系统,不存在空气龄的问题。

空气龄除体现换气效率和通风效率外,还直接影响人工空气质量辅助提升措施的实现。为了加强热湿预处理新风系统和空调冷水盘管、排水盘面及加湿模块处的内部除菌功能,往往会在调试模块出风口位置安装紫外线发生装置,用紫外线辐照加湿膜等组件和即将输出的空气,保证杀灭细菌、微生物、病毒等。紫外灯波长使用 254 nm,以便不产生臭氧这一有害气体。

另一种有产生臭氧风险的空气质量提升方案是空气负氧离子发生装置。空气负氧离子是一种带负电荷的微粒,它像食物中的维生素一样,对生命活动有很重要的影响,所以有人称其为“空气维生素”,甚至认为空气负氧离子与长寿有关,称其为“长寿素”。负氧离子浓度的高低与健康息息相关,国际卫生组织建议清新空气的负氧离子标准浓度每立方厘米不应低于 1000 个。气态负氧离子可以通过自然界或者人工两种方法产生。自然界中产生气态负氧离子的方法包括瀑布效应、放射性物质作用、宇宙射线的电离作用、雷电电离、枝叶尖端放电和岩石放电等,人工手段包含电晕放电、紫外线照射和负氧离子矿物材料等。但传统高

压电晕放电法产生负氧离子机制除会产生臭氧副产物外,还会形成高压静电,对家用电器和人体造成不良影响。林金明等申请了几项发明专利,该专利技术可增强负氧离子活性,减少臭氧和高压静电副产物。这种负氧离子发生器,其实也是一种加湿模块,通过小颗粒水雾和负氧离子释放部位产生的负氧离子集合成离子团来提高导电性,大大降低了静电效应。负氧离子除有利人体健康外,对空气中的 $PM_{2.5}$、PM_{10} 等悬浮颗粒物有沉降作用,对细菌、霉菌、化学有害气体如甲醛、酮、氡、苯、甲苯等,甚至酸臭味以及复印过程中产生的二甲基亚硝胺和吸烟气味都有降解消除作用。负氧离子能发挥上述作用的根源在于其自身的高活性。其中,负氧离子能直接产生对人体的治疗、保健和预防疾病的作用。高活性也导致其易受环境干扰而影响迁移距离,使发生器产生的负氧离子先与室内各类污染物发生作用,其后剩余部分才进入"呼吸区",进而进入人体发挥作用。因此,希望负氧离子能更多进入人体,含有负氧离子新风空气龄尤其需要得到关注,而地送上回的新风方式明显具有优势。在国内目前较普遍的上送上回的气流组织项目中,负氧离子发生器经常被安装在空调出风口处,以获得较多的实测负氧离子数据;同时,发生器安装在新风机体内部,经过管路输送的负氧离子新风也能对管网起到清洁的作用。

目前国内还有多种居家负氧离子人工发生机制,如在涂料中混合电气石,利用放射性同位素的微量辐射产生负电荷,或者将负氧离子发生器结合开关、插座、照明灯具设计、安装。因其与新风、空调系统关系不大,这里不作过多讨论,但将负氧离子发生机制引入居家环境空气化学污染的治理,有利于提高住户整体生活质量,是对人们有益的"健康"增量。

13.5　结语：重提"绿色"与"健康"

经历了 20 多年的发展,"绿色""健康"的理念已深入人心,但值得注意的是,目前这两个概念经常被混淆。实际上,"健康"更多的是指一个人超越基础生理需求的状态,既包括身体本身,也包括精神和社会层面的状态;而"绿色",更多的是针对我们所生活的地球的概念。让地球"健康",人们才能健康,甚至才能生存。所以,绿色更多的是指可持续、低碳、节能和环境保护。与健康、舒适相比,绿色不是那么显而易见,不是和每一个个体的每个生活细节都直接相关,有时候它甚至是反人性的,有学者提出"先节能、后舒适",甚至认为"绿色"是一种道德高度,是一种对人类自身欲望的克制。当然,厘清两者的关系,也是尊重"健康"这一基本人权的基础。

13.5.1　免疫力与健康：卫生、健康、洁净的争论

改善和保持室内空气质量是健康住宅的目标,也是重大的争议点之一。对"三恒"和"全新风"系统的质疑从来就没有停止过。"过度"健康的环境会造成人体基本免疫机能的退化,成为反对者的核心观点。需要澄清的是,"卫生安全、健康舒适、无菌洁净"的三档标准是不可以混淆使用的。这就是运用空气质量或空气品质这个单一词汇的弊端。健康的概念仅仅是就超越了安全而言的,是比安全更高的层次。各种夸张的"营销措辞"引起了各种误解,但健康住宅并不意味着将住宅打造成医院或实验室的无菌室或洁净室。与此对应,执意将健康住宅丑化为"反免疫力"——反人性,也同样可理解为市场竞争对手的"营销话术"。一个很浅显的道理是,我们不会因为要去适应自然界"崎岖"的地形,而非要把城市地面或建筑楼

面建造成坑坑洼洼状,现实中,这些更多是施工质量问题造成的。现实房屋交易交付时,这样的施工质量是投诉、争议的核心焦点。同理,住户也绝不会因为要去适应出门后的恶劣天气而放弃室内的空气质量。更何况从源头上看,室内装修引起的化学污染是人类自己造成的,最后会危害到人类自身,而这些化学污染物在室外自然环境中的浓度较低,所以不得不采取额外的措施对室内空气进行治理。在实际购房交付过程中,进行额外的第三方空气质量检测已成了普遍现象。

同样不可忽视的是传播学上的不可确定性。过于复杂的观念很难很快被大众所理解、记忆和接纳。所以在宣传上,坚持"卫生安全、健康舒适、无菌洁净"的三分法是徒劳的。有研究显示,健康感的主观性对健康建筑、健康新风的实施效果也有重大影响,例如因机械噪声控制优良,致使敏感住户因无法察觉新风系统是否工作而出现气短的感受,尤其是在地送风系统中,由于较低的风速和无法安装飘带来显示风动,会使少数居民产生新风系统工作异常的错觉。类似地,"开窗等同于通风,关窗等同于不通风"的认知还普遍存在,因此有人会因为看到窗户关闭而引发"心理性"呼吸困难。当然,极端心理学情况稍偏离了讨论范畴,但健康新风基础概念的普及和健康绿色概念的宣传同等重要。

13.5.2　健康住宅与碳中和

相对于明确的绿色节能低碳建筑目标,目前我国在健康住宅和健康新风方面还缺乏顶层设计和系统化指导标准。而且,相对于《健康建筑评价标准》(团体标准),《绿色建筑评价标准》(国家标准)中对空气污染物的规定是不全面的。《绿色建筑评价标准》GB/T 50378中空气质量部分仅引用了标准 GB/T 18883,而《健康建筑评价标准》T/ASC 02 则多引用了包括 GB 18587、GB 18581、GB 18583、JG/T 481 等居家人工制品中化学成分的细节性规定及其他相关标准。

因此,一方面,市场驱动是健康住宅的主要动力来源,而国家层面所关注的绿色建筑在另一个维度提供着核心动力:容积率补偿,是房地产开发企业的核心利益;另一方面,如前文所述,国家层面暂时缺乏系统化、详细化的健康住宅落地标准,也使得该领域处于自发的"无序竞争"状态,主要表现为一些企业点状化局部发展,一些企业说一套做一套,甚至张冠李戴、混淆视听,而另一些企业因同质化竞争而渐露疲态。行业聚集效应不足,导致该方向的突破性研发成果难以形成。

健康新风源于欧洲,是和空调系统一样年轻的建筑设备系统。1956 年英国政府颁布《清洁空气法案》,1958 年欧洲提出室内新风概念,在各类功能建筑中使用静压送风机。1970 年美国也颁布了《清洁空气法》,1974 年法国和英国也颁布了《空气污染控制法案》。1999 年英国新风系统销售达到 7500 万台,98% 的空间使用新风系统。2000 年欧盟统一了新风标准,2003 年新风系统在日本成为建筑标配,到 2017 年欧美家庭新风普及率高达97%,但我国目前该数字还不到 6%。《2019 中国室内空气污染状况白皮书》数据显示,在家庭、办公室、学校、政府和金融机构等场景的测量中,办公室空气质量不合格的比例最高,达到 90%。在测量的 3530 个家庭样本中,合格率为 35%;492 个学校样本中合格率仅为23%,784 个政府和金融机构样本中合格率只有 20%。室内空气质量与环境温、湿度相关,空气质量合格率和温、湿度升高呈负相关趋势。室内空气污染的主要有害气体是甲醛和VOCs,在 6482 个检测样本中,这两类气体超标样本达 4796 个,占总不合格点位的 97.3%。

可见,我国目前面临的室内空气污染形势依旧相当严峻。

　　伴随着新冠疫情的暴发,行业内普遍看好健康住宅和健康新风系统,2020年也被视为健康建筑的"元年"。健康建筑新风系统是解决居家环境问题,尤其是空气化学污染问题的首要解决方案。据估计,中国潜在新风消费规模将达到1.7万亿元,新风系统是满足人们身心健康、最终实现健康、安全,甚至疗愈的室内生活环境的有效工具,具有广阔的发展空间和市场前景。

第14章
室内装修选材及空气质量控制

影响室内空气质量的因素很多,其中甲醛和挥发性有机化合物(VOCs)是最重要的污染源,而甲醛和VOCs主要来源于建筑物后期的室内装修材料。本书已围绕室内装饰、装修材料的种类、组成、国内外产品现状、现行标准、最新技术和发展趋势进行了系统梳理和分析,阐明了不同类型产品产生甲醛和VOCs的根源、释放行为以及对室内环境及人身健康的危害。本章将就如何选择室内装修材料、装修施工完成后以及日常生活中如何保持居家环境空气质量作简要介绍。

14.1 室内空气质量与装饰装修材料有害物质限量

在1.5节已对我国现行《民用建筑工程室内环境污染控制标准》GB 50325—2020进行了详细解读。住宅属于一类民用建筑,该标准对居家空气中允许的甲醛、苯、甲苯、二甲苯、VOCs的最高浓度进行了限定,已经达到发达国家的水平,具体数值见表1-5。在本书第2章至第12章,也给出了各种装饰、装修材料有害物质的限量标准。显然,所用材料越好,室内空气质量就越高。但室内环境污染控制标准和装修用化学建材有害物质限量标准属于不同的维度,既联系紧密又相对独立,如何在二者之间建立起定量关系,是学术界和产业界迫切需要解决的关键问题。

尽管装饰、装修材料对居家空气质量的影响很大,但室内空气质量的好坏是多种材料、多种因素相互作用的结果。在室内装饰装修的各个环节,不仅要考虑材料自身各种污染物尤其是甲醛和VOCs的含量,也必须同时考虑污染物的叠加效应。因为最终室内空气质量的好坏是基础装修材料、各种家具和各种软装共同作用的结果,即使基础装修材料的有害物质含量很低,若放置的软硬家具过多,同样也会导致室内空气质量不达标。一般的做法是,在选材时,前期的基础装修要为各种硬质家具提供承载空间,而硬质家具又要为软装如窗帘布艺、沙发衣物等留有余地,这样才有可能把室内污染物浓度控制在标准限量以下。

14.2 室内装饰装修材料与甲醛及 VOCs 含量

居室内使用的各种装饰、装修材料本身就属于化学品,是甲醛和 VOCs 的主要来源。因此,要从源头控制和治理这些污染源,就必须从建筑装饰、装修材料的选材做起。

14.2.1 材料性能和甲醛及 VOCs 含量

前面各章已对各种主要装饰、装修材料进行了详细介绍。就室内装饰装修材料而言,首先它们的各种力学性能和施工性能必须满足要求,同时其污染物,尤其是甲醛和 VOCs 释放量也必须满足相关标准的要求。

需要指出的是,材料性能和污染物含量是两个不同的概念,二者没有必然的联系。以内墙乳胶漆为例,漆膜性能主要取决于乳胶漆的类型,它和成膜树脂(即聚合物乳液)的化学组成及结构密切相关,各类乳胶漆的性能为硅丙乳胶漆>纯丙乳胶漆>苯丙乳胶漆>醋丙乳胶漆;乳胶漆中的 VOCs 主要来源于聚合物乳液中未聚合的残余单体和配制乳胶漆时所添加的成膜助剂,不同类型的乳胶漆残余单体的种类不同,和乳胶漆的性能关系不大。换句话说,一般纯丙乳胶漆的性能优于苯丙乳胶漆,但若前者所用纯丙乳液的残余单体(主要是甲基丙烯酸甲酯、丙烯酸丁酯等)含量高于后者所用苯丙乳液的残余单体(主要是苯乙烯、丙烯酸丁酯等)含量,或者配漆时前者成膜助剂用量大于后者,所得纯丙乳胶漆的 VOCs 含量就会比苯丙乳胶漆要高,甚至会超出标准的限量要求。即使对于同一种类型的材料,一般情况下其性能与 VOCs 含量的相关性也比较小。

14.2.2 材料的价格和甲醛及 VOCs 含量

材料的价格首先取决于材料的性能,和材料的类型密切相关,即制备这种材料所用原材料的价格,其次取决于制备这种材料所采用的工艺。首先,对于同一用途,不同类型的材料具有不同的价格,其有机挥发物的种类也各不相同。以水性木器漆为例,不同类型木器漆产品价格与其性能的高低顺序一致,即水性聚氨酯漆>水性丙烯酸聚氨酯漆>水性丙烯酸漆,但高价格的水性聚氨酯木器漆并不意味其 VOCs 含量也低;反之,尽管水性丙烯酸木器漆的力学性能不如水性聚氨酯木器漆,但若采取一定工艺大幅降低所用聚丙烯酸乳液中的残余单体含量,并尽量减少助剂如成膜助剂的用量,其 VOCs 含量完全可以低于水性聚氨酯木器漆中的 VOCs 含量。

其次,对于不同类型的产品,即使 VOCs 含量相同,也并不意味着它们对室内环境和人体健康的危害程度也相同。因为不同类型产品 VOCs 的组成不同,有的成分毒性大,有的成分毒性小。如水性聚氨酯产品中往往含有异氰酸酯单体(如 TDI),有些水性醇酸树脂产品中会含有乙醇或异丙醇,异氰酸酯和醇类都属于 VOCs,但它们的毒性却差别非常大,前者的毒性远远高于后者。

对于同一类型、同一用途的产品,其价格与甲醛及 VOCs 含量的相关性明显提高。这是因为必须使用/添加特殊的设备和采用不同的工艺,才能把产品中的 VOCs 含量降低到某一水平,这无形中增加了生产成本。

14.2.3 降低材料中甲醛和 VOCs 的途径和方法

对于绝大多数建筑公司和装修公司,它们并不从事装饰、装修材料的生产,主要是根据对材料性能和环保的要求从市场上选用各种材料。但这并不意味着这些公司无所作为,尤其是对于规模较大、有社会责任感的公司。这些公司具有技术、产品、市场和经济优势,对建筑装、修装饰材料的需求量大,对行业发展具有引领作用,是推动建筑装饰、装修材料行业技术进步的生力军和中坚力量。它们选择高品质的装饰、装修材料可以压缩低品质材料的市场份额,促使建筑装饰、装修材料行业的有序和健康发展;其次,它们可以向材料生产企业对材料性能指标和有害物质含量提出更高要求,倒逼材料生产企业对产品和技术进行升级和换代;另外,这类企业具有材料检测和追溯的能力,在材料采购和使用过程中可以及时发现问题,通过溯源迫使/威慑材料生产企业负起对产品质量问题的责任。

就材料生产企业而言,对于不同的建筑装饰、装修材料,理论上都可以从原料选择、配方设计、工艺控制、后处理等多方面入手,来控制最终产品中甲醛和 VOCs 的含量。现通过以下几个实例予以说明。

例一,降低脲醛树脂黏合剂中的甲醛释放量。绝大部分木质家具,尤其是板材家具都使用脲醛树脂作为黏合剂,而脲醛树脂是以甲醛和尿素为主要原料,通过一定化学工艺合成出的黏合剂。脲醛树脂中未反应的游离甲醛和分子中羟甲基和二亚甲基醚结构是甲醛释放的主要来源,也是居家环境中甲醛的主要来源。黏合剂生产企业可以通过以下途径和方法来降低脲醛树脂的甲醛释放量:(a)降低甲醛与尿素的投料比,使其物质的量比尽量接近于1;(b)采用尿素分批投料工艺;(c)引入改性剂如戊二醛进行共聚改性;(d)聚合结束后加入氧化剂如过氧化氢(双氧水)、过硫酸盐等;(e)加入甲醛捕捉剂如三聚氰胺、尿素、聚丙烯酰胺等。采用上述几种方法的组合可显著降低脲醛树脂的甲醛释放量,用该树脂制得的板材内甲醛含量可达到 E0 级($\leqslant 0.5$ mg·L^{-1}),可直接用于制作家具和室内装修。

例二,降低聚合物乳液中残余单体的含量。无论是内墙乳胶漆还是水性木器漆,其成膜树脂均为聚合物乳液,而聚合物乳液中未聚合的残留单体是乳胶漆和水性木器漆中 VOCs 的主要来源之一。聚合物乳液生产企业可通过以下几种方法,使单体尽量反应完全或将未反应单体从聚合体系中除去:(a)聚合后期升高温度后继续反应一段时间;(b)聚合后期引入高活性的氧化-还原引发剂继续反应一段时间;(c)聚合结束后通过抽真空使反应釜内呈负压状态,促使残余单体等 VOCs 逸出;(d)反应结束后向反应釜内通入水蒸气,通过水汽蒸馏将残余单体等 VOCs 移出;(e)反应结束后向反应釜内通入水蒸气,同时抽真空使反应釜内呈负压,通过"汽提"将残余单体等 VOCs 移出。一个企业往往需要将上述几种方法组合使用,才能将产品中的 VOCs 含量降到一个很低的水平。

例三,硅酮密封胶中苯系 VOCs 含量的控制。某企业生产的脱肟型硅酮密封胶曾一度出现甲苯等苯系 VOCs 严重超标的问题,但生产脱肟型硅酮密封胶的主要原料为端羟基聚二甲基硅氧烷和甲基三丁酮肟基硅烷,配方中并不存在这些有机挥发物,生产过程中也没有使用和接触这类物质。经过分析和溯源,发现这些苯系 VOCs 是作为甲基三丁酮肟基硅烷中的杂质带入密封胶的,因为硅烷偶联剂生产企业在生产甲基三丁酮肟基硅烷时采用了以甲苯为溶剂的合成路线,产品中没有将溶剂除净。

例四,使用成膜助剂带来的 VOCs 问题。室内装饰、装修材料所用化学品中大部分属于水性体系,其中以聚合物乳液为成膜物和黏结料的产品是主流。为了提高产品的力学性能和施工性能,水性涂料和水性黏合剂生产厂家往往需要向产品中加入一定量的成膜助剂,其加入量越多,产品VOCs含量越高。如何解决或部分地解决这一问题呢?需要聚合物乳液生产企业和涂料及黏合剂生产厂家的共同努力。

首先,作为涂料及黏合剂生产企业的原料供应商,聚合物乳液生产企业可以从聚合物乳液的分子结构设计和生产工艺入手,为下游企业开发和提供少用甚至不用成膜助剂的聚合物乳液。具体方法包括:(a)合成聚合物乳液时引入链转移剂,降低聚合物的分子量;(b)引入特殊功能单体参与共聚,赋予聚合物乳胶及后续水性产品以室温自交联功能;(c)采用特殊种子乳液聚合工艺,制备具有软核硬壳的核壳结构聚合物乳液;(d)分子链上引入光敏性或反应性功能基团。实践中,往往需要同时采用几种方法或几种方法的合理组合,才能获得较好的效果。

其次,作为涂料及黏合剂生产企业,要在成膜助剂用量和种类上多做文章。根据不同的用途和不同的使用环境,要对产品进行精细化、系列化研发和分类。例如,对于乳胶漆而言,我国南北方的温差很大、同一地区冬季和夏天的温差也很大,对于施工温度较高的地域和季节,在配制乳胶漆时应尽量少加成膜助剂,长江以南地区也不用加防冻剂。成膜助剂有多种,要尽量选用沸点较高、挥发性较低和毒性较小的品种。在大部分欧盟、加拿大和亚洲的一些地区,认为沸点高于250℃的溶剂都不属于VOCs。美国环境保护署(EPA)、加州空气资源委员会(CARB),以及跨州的臭氧运输委员会(OTC)规定,VOC豁免溶剂为沸点高于216℃、蒸气压小于0.1mm Hg的有机化合物。

14.3 室内装饰装修材料选材基本原则

建筑装饰、装修材料的选择受多重因素控制,其中材料的物理力学性能、价格、有毒有害物质含量(环保)、客户需求及经济承担能力是最主要的。关于材料的基本性能和有毒有害物质种类和含量等已分别在相关章节进行了介绍。下面简要介绍一下在选择装修材料方面要注意的事项及选材基本原则,供中高端客户群体参考。

14.3.1 性价比

良好的性价比是一般商品的基本属性。在满足性能和环保要求的前提下,价格也要适中。例如,对于乳胶漆,虽然苯丙乳胶漆在综合性能方面略逊于硅丙乳胶漆和纯丙乳胶漆,但它完全能够满足作为内墙涂料的基本性能要求,所以对绝大部分用户可以选择价格较低的苯丙乳胶漆,当然对于少数用户的特殊需求,也可以使用硅丙乳胶漆甚至防涂鸦乳胶漆等功能型产品。又如,在室内装修密封胶的选择上,尽管脱羧型产品性能和价格都合适,但由于其固化过程中释放刺鼻和有腐蚀性的乙酸,一般不宜采用;脱醇型、脱肟型、脱酮型等多种中性硅酮密封胶均可用于室内装修,但脱醇型硅酮密封胶因其较低的价格而成为首选。

14.3.2 产品标准

在确定了材料类型以后,要确定所选材料的物理力学性能指标和有毒有害物质含量是否符合现行国家标准,没有形成国家标准的要符合相关行业标准。国际标准是根据不同国家和地区的实际情况规定的,除非特别说明,一般不作强行规定。在国家标准和行业标准并行时,企业标准中的某些指标要高于国家标准。

需要说明的是,这些标准是产品进入市场的最低门槛,对于符合标准的产品,还要关注标准中规定项目的具体数值,例如最终所选材料的物理力学性能指标越高越好,而甲醛、苯系物和 VOCs 的含量越低越好。

14.3.3　制造商和品牌

得益于我国三十年来房地产行业的快速发展,建筑装饰、装修材料产业也如雨后春笋,发展迅速。与此同时,也给建筑装饰、装修材料产业带来一些问题,各种大小企业技术水平参差不齐,产品质量和稳定性差别很大,而这些差别一般消费者很难分辨出来,只有通过使用后一段较长时间的观察,低质产品的缺陷才能暴露出来,造成市场上产品泥沙俱下的局面。这也是选择建筑装饰、装修材料的痛点和难点。

前文已述,降低材料中甲醛和 VOCs 的释放量并非易事,生产企业必须有雄厚的技术和经济基础才能做到。国际大公司如荷兰阿克苏诺贝尔、德国汉高、德国 BASF、美国宣威、美国道氏化学等在涂料、黏合剂领域都有很强的实力和技术积累,在产品性能、产品质量稳定性和 VOCs 含量等方面有保障,但这些企业的产品价格也相对较高。

近年来,国内一些规模化企业也通过人才和技术引进,以及加大技术投入等措施,加快了产品升级换代的步伐,产品质量逐渐提高,有些产品质量已经与国际标杆企业相当,但价格相对比国外企业低,市场份额逐渐提高,具有较强的市场竞争力,已成为中档客户的首选。对于一般技术含量较低、规模较小的企业,尽管其产品具有价格优势,但时常会出现产品甲醛和 VOCs 含量较高、产品批次稳定性欠佳等问题,建议谨慎选用。

14.3.4　检测和可追溯性

由于建筑装饰、装修材料市场比较混乱,产品质量参差不齐,大型建筑企业和装修企业有能力建立和健全自己的检测体系,或与第三方检测机构建立起稳定的制度化机制,这样可以实现对所采购的化学建材产品质量进行定期检测和跟踪,及时发现问题,减少产品中有害化学物质的含量和排放。

为了保证产品质量,尤其为了避免产品在使用过程中和装修完成后较长一段时间内出现质量和有毒有害物质释放过高等问题,一个可行/可探讨的路径是装修材料使用企业和生产企业建立中长期的战略合作关系,例如对主要材料在产品品质、包装和供货渠道等方面实行差异化设计和管理,实现产品质量的可追溯性,双方互利共赢、共同发展。

14.4　装修完成后室内空气的净化技术

在装饰、装修材料选定以后,要按操作规程进行施工,完成整个装修过程。由于各种材料所含甲醛和 VOCs 对室内环境的污染具有叠加效应,这就意味着,即使所用各种建筑装饰、装修材料都符合甚至高于相应标准,室内空气质量也未必符合要求。除了要科学地规划和分配家具和软装的量和比例,还要采取一些必要措施,将甲醛和 VOCs 尽快从室内环境中移除,将其含量控制在标准限量以下。关于室内装修和空气质量检测与控制方面的研究和专著很多,不再赘述。

无疑,将挥发性有毒有害物质从室内环境中移出的有效途径就是通风,但建筑通风是一个复杂的系统,第13章已详细介绍和分析了建筑通风系统及其对室内空气质量的影响。需要注意的是,装修使用的各种化学建材对居室空气质量的影响确实很大,但这种影响主要表现在刚装修完的一段时间内,随着时间的推移影响会逐渐减弱。日常生活中居室环境的空气质量与个人的生活方式和生活习惯有关,同样需要引起高度关注。例如快递的外包装、新更换的窗帘或床上用品、不良的烹饪习惯等都可能使居家环境受到污染,导致室内 VOCs 的超标。在此简要介绍一下装修完成后以及日常生活中常用的室内空气净化技术。

14.4.1 通风净化

在室内装修刚刚完成的初期,污染物释放量最大,要尽可能开窗通风,使室内外空气充分交换,降低室内污染物浓度。为了提高通风净化效率,有时需要安装通风换气装置或新风系统。

14.4.2 物理净化

物理净化法分为过滤净化和吸附净化两种。过滤净化需要使用过滤净化器,其核心部件是过滤器内的多功能化过滤材料。通过新技术和新材料的使用,近年来已经有多种室内空气净化器产品,其基本原理是通过净化器中多功能化过滤材料在空气循环系统中的截留、静电等效应,来高效净化空气中的悬浮微粒,高效去除空气中的 VOCs,并有效杀灭过滤器内的生物污染物。

吸附净化也是治理室内环境污染的一种物理净化方法。人们发现,一些具有高比表面积的多孔材料可以有效吸附空气中低浓度的甲醛、苯系物、其他 VOCs 等有害物质,将室内空气中的挥发性有害物质含量降到标准极限浓度以下。目前常用的吸附剂有活性炭、竹炭、活性炭纤维、活性矾土、沸石分子筛、硅藻土等,它们对气态有害物质有的是选择性吸附,有的属于非选择性吸附,可以根据具体的室内环境选择不同的吸附材料。

14.4.3 催化净化

催化净化属于化学净化技术,是指在光和纳米催化剂的共同作用下,将甲醛和 VOCs 氧化分解成无毒无害的水和二氧化碳等小分子化合物的技术,最常用的催化剂是纳米二氧化钛。该技术具有反应条件温和、净化彻底、设备简单、绿色广谱等特点,已成为新一代室内空气净化的重要技术之一。

在世界范围内,对室内空气净化技术的研究与开发非常活跃,除上述三种技术外,负离子净化技术、臭氧技术、低温等离子体技术、生物净化技术等也逐渐受到关注。

参 考 文 献

第 1 章

[1] 史德,苏广和.室内空气质量对人体健康的影响[M].北京:中国环境科学出版社,2005.

[2] 刘艳华,王新轲,孔琼香.室内空气质量检测与控制[M].北京:化学工业出版社,2012.

[3] 王喜元,潘红,熊伟,等.民用建筑工程室内环境污染控制规范辅导教材[M].北京:中国计量出版社,2002.

[4] SALTHAMMER T,UHDE E. Organic indoor air pollutions: occurrence, measurement, evaluation [M]. Berlin: Wiley-VCH,2009.

[5] DESTAILLATS H,MADDALENA R L,SINGER B C,et al. Indoor pollutants emitted by office equipment: A review of reported data and information needs[J]. Atmospheric Environment,2008, 42(7): 1371-1388.

[6] BERRHOLD M,FLORIAN B,GUENTHER E,et al. Mass spectrometric profile of exhaled breathfield study by PTR-MS[J]. Respiratory Physiology and Neurobiology,2005,145(2-3): 295-300.

[7] SPENGLER J D,SAMET J M,MCCARTHY J F. Indoor air quality handbook[M]. New York: McGraw-Hill Education,2001.

[8] 张阳,郑紫云,孙明正,等.室内装修材料中甲醛释放时间规律及影响因素分析[J].中国环境管理, 2008,(2): 29-30.

[9] 国家药典委员会.中华人民共和国药典:2005年版.二部[M].北京:化学工业出版社,2005.

[10] 周中平,赵寿堂,朱力,等.室内污染检测与控制[M].北京:化学工业出版社,2002.

[11] 夏云生,房云阁.室内空气质量检测技术[M].北京:中国石化出版社,2012.

[12] 中华人民共和国住房和城乡建设部.民用建筑工程室内环境污染控制标准:GB 50325—2020[S]. 北京:中国计划出版社,2020.

[13] 中华人民共和国住房和城乡建设部.民用建筑工程室内环境污染控制标准:GB 50325—2010[S]. 北京:中国计划出版社,2010.

[14] 中华人民共和国国家卫生健康委员会.室内空气质量标准:GB/T 18883—2022[S].

第 2 章

[1] 刘国杰.水分散体涂料[M].北京:中国轻工业出版社,2004.

[2] 林宣益.70年来建筑涂料风云变化[J].中国涂料,2019,34(10): 1-7.

[3] 中华人民共和国住房和城乡建设部.民用建筑工程室内环境污染控制标准:GB 50325—2020[S]. 北京:中国计划出版社,2020: 5-6.

[4] EDWARD B R. Stains and related compositions: US2161503[P]. 1939-6-6.

[5] 洪啸吟,冯汉保.涂料化学[M].2版.北京:科学出版社,2005.

[6] 金思成.水性多彩涂料的应用现状与发展趋势[J].上海涂料,2011,49(9): 38-39.

[7] 蔡青青,孔志元,史立平.水性多彩弹性外墙涂料的制备研究[J].涂料工业,2013,43(1): 32-35.

[8] 徐峰.我国溶剂型建筑涂料的应用与发展综述[J].现代涂料与涂装,2009,12(2): 28-31.

[9] 韩伟.室内装修内墙涂料应用与对比[J].中国住宅设施.2019,(6): 44-45.

[10] 张玉龙,庄建兴.乳胶漆配方精选[M].北京:化学工业出版社,2018.

[11] 李婷.诠释住房建筑环保涂料-水性乳胶漆[J].乙醛乙酸化工,2018,(10): 27-31.

[12] ZONG Z G,WALL S,LI Y Z,et al. New additives to offer freeze-thaw stability and increase open time of low/zero VOC latex paints[J]. Progress in Organic Coatings,2011,72(1-2): 115-119.

[13] PIRVU C，DEMETRESCU I，DROB P，et al. Electrochemical stability and surface analysis of a new alkyd paint with low content of volatile organic compounds[J]. Progress in Organic Coatings，2010，68(4)：274-282.

[14] 张露，朱殿奎. 内墙涂料的污染、防治及对策[J]. 室内设计与装修，1999，(4)：93-95.

[15] BODRIAN R R，CENSULLO A C，JONES D R. et al. Analysis of exempt paint solvents by gas chromatography using solid-phase microextraction[J]. Journal of Coatings Technology，2000，72(900)：69-74.

[16] 潘洁晨. 涂料中 VOC 的散发与残留研究[D]. 浙江：浙江大学，2015：11-31.

[17] ANDERSON I，LUNDQUIST G R，MOLHEVA L. Indoor air pollution due to chipboard used as a construction materials[J]. Atmospheric Environment，1975，9(12)：1121-1127.

[18] 中国石油和化学工业联合会. 合成树脂乳液内墙涂料：GB/T 9756—2018 [S]. 北京：中国标准出版社，2018：1-9.

[19] 中华人民共和国工业和信息化部. 室内装饰装修材料　内墙涂料中有害物质限量：GB 18582—2020 [S]. 北京：中国标准出版社，2020：1-4.

[20] 环境保护部. 环境标志产品技术要求　水性涂料：HJ 2537—2014[S]. 北京：中国环境科学出版社，2015：6-7.

[21] 中国石油和化学工业联合会. 儿童房装饰用内墙涂料：GB/T 34676—2017[S]. 北京：中国标准出版社，2017：2-3.

[22] 梁国庆，朱磊，包翠荣，等. 国外标准对建筑涂料 VOCs 的要求与解读[J]. 中国高新科技. 2019，53(17)：123-126.

[23] 金珊珊，王结良，李忠东，等. 建筑内墙涂料发展现状与趋势[J]. 现代涂料与涂装. 2013，(8)：13-18.

[24] 刘国杰. 溶剂型涂料发展趋势简介[J]. 中国涂料，2008，23(10)：4-8.

[25] FLORES J J，ALVAREZ G，XAMAN J P. Thermal performance of acubic cavity with a solar control coating deposited to a vertical semitransparent wall [J]. Solar Energy，2008，82(7)：588-601.

[26] CHICO B，SIMANCAS J，VEGA J M，et al. Anticorrosive behaviour of alkyd paints formulated with ion-exchange pigments[J]. Progress in Organic Coatings，2008，61(2-4)：283-290.

[27] MCCREIGHT K. Latex paint gets its color back：broader usage in metal finishing driven by effective coalescing aids and movement away from solventborne coating[J]. Metal Finishing，2006，104(1)：38-41.

[28] SCRINZI E，ROSSI S，DEFLORIAN F，et al. Evaluation of aesthetic durability of waterborne polyurethane coatings applied on wood for interior applications[J]. Progress in Organic Coatings，2011，72(1-2)：81-87.

[29] YUZAWA T，WATANABE C，TSUGE S，et al. Application of a pyrolysis -GC/MS system incorporating with micro-UV irradiation to rapid evaluation of the weatherability of acrylic coating paints for house exterior walls[J]. Polymer Degradation and Stability，2011，96(1)：91-96.

[30] KUMAR V，BHUSARE S. 建筑涂料市场前景乐观[J]. 中国涂料，2019，34(6)：75-76.

[31] 庄燕，陆文雄，李小亮，等. 制备低 VOC 涂料的核壳丙烯酸酯乳液的合成及表征[J]. 新型建筑材料，2008，(1)：62-64.

[32] YAHKINDA A L，PAQUET D A，PAREKH D V，et al. Polyols based on isocyanates and melamines and their applicationsin 1K and 2K coatings[J]. Progress in Organic Coatings，2010，68(1-2)：28-36.

[33] HERRERA-ALONSO J M，MARAND E，LITTLE J，et al. Polymer/clay nanocomposites as VOC barrier materials and coatings[J]. Polymer，2009，50(24)：5744-5748.

[34] 戴巍. 建筑内墙涂料发展动向[J]. 江苏建材，2006，3(3)：22-23.

[35] WANG C，CHU F，GRAILLAT B，et al. Hybrid polymer latexes：acrylics-polyurethane from miniemulsion polymerization：properties of hybrid latexes versus blends[J]. Polymer，2005，46(4)：

1113-1124.

[36] OKADA M,YAMADA Y,JIN P,et al. Fabrication of multifunctional coating which combines lower property and visible light-responsive photocatalytic activity[J]. Thin Solid Films,2003,442(1-2)：217-221.

[37] 肖文清,尹国强,葛建芳.功能性内墙涂料的研究进展[J].广州化工,2011,39(16)：42-43.

[38] 张春兰.功能性涂料的生产与应用[J].建筑工程技术与设计,2016,(22)：111.

[39] 苏文娟,赵明.聚氨酯防水涂料的应用[J].宝钢科技,2018,44(6)：88-90.

[40] 张萍,高峻,雷景新.聚氨酯潜固化剂的固化机理及应用[J].塑料科技,2005,(6)：45-47.

[41] 中国建筑材料联合会.聚氨酯防水涂料：GB/T 19250—2013[S].北京：中国标准出版社,2013：2-3.

[42] 贾芳华,张连红,潘岩,等.用二苯基甲烷二异氰酸酯合成单组分聚氨酯防水涂料[J].化工科技,2011,19(1)：29-31.

[43] 中国建筑材料联合会.聚合物水泥防水涂料：GB/T 23445—2009[S].北京：中国标准出版社,2009：2.

[44] 徐峰,张玉林.聚合物防水涂料的技术原理及其应用[J].新型建筑材料,2005,2(2)：44-47.

[45] 巨浩波,吕生华,邱超超.聚合物水泥防水涂料的研究进展[J].中国建筑防水,2013,(10)：8-12.

[46] 张孟霞,张文会,王海龙,等.道桥用聚合物水泥基防水涂料的研制[J].中国建筑防水,2012,(8)：1-3.

[47] 韩朝辉.聚合物水泥防水涂料的自修复性能研究[J].中国涂料,2011,26(9)：55-58.

[48] 周长远,梁文庆.聚合物水泥防水涂料的研制[J].上海涂料,2011,49(6)：1-3.

[49] 陈立军.丙烯酸酯类聚合物乳液的制备及其相关应用的研究[D].广州：华南理工大学,2006：71-85.

[50] 毛三鹏,张生泉,郑贵涛,等.国内防水沥青的技术现状与发展趋势[J].中国建筑防水,2019,416(11)：1-4.

[51] 陈晓文,刘金景,常英.非固化复合防水系统在彩钢屋面维修中的应用[J].中国建筑防水,2013,(7)：4-7.

[52] 王辉,杨彦昌.改性沥青的黏温特性研究[J].中外公路,2008,28(3)：184-186.

[53] 中国建筑材料联合会.弹性体改性沥青防水卷材：GB18242—2008[S].北京：中国标准出版社,2008：3-4.

[54] 中国建筑材料联合会.塑性体改性沥青防水卷材：GB18243—2008[S].北京：中国标准出版社,2008：3-4.

[55] 李振武.某铁路隧道防水设计与施工技术[J].中国建筑防水,2012,(13)：32-35.

[56] XIAO F P,AMIRKHANIAN S N. Laboratory investigation of utilizing high percentage of RAP in rubberized asphalt mixture[J]. Materials and Structures,2010,43(1-2)：223.

[57] RASMUSSEN R O,LYTTON R L,CHANG G K. Method to predict temperature susceptibility of an asphalt binder[J]. Journal of materials in civil engineering,2002,14(3)：246-252.

[58] 张敦信,彭秀丽.SBS 改性沥青防水卷材施工的环境污染及防治[J].城市管理与科技,2003,5(3)：108-110.

[59] 杨林.弹性体改性沥青防水卷材现状及常见质量问题[J].品牌与标准化,2015,(10)：60-61.

[60] 中国建筑材料联合会.聚合物乳液建筑防水涂料：JC/T 864—2023.

第 3 章

[1] 舒国志,谢贤军,李荣炜.建筑腻子应用现状及发展方向[J].广东建材,2012,28(4)：9-10.

[2] 徐峰,薛黎明,尹东林.腻子与建筑涂料新技术[M].北京：化学工业出版社,2015.

[3] 汪建平,张本山,屈哲辉.建筑内墙腻子研究现状[J].广东化工,2014,41(21)：120-121.

[4] 杨学稳.化学建材概论[M].北京：化学工业出版社,2011.

[5] 住房和城乡建设部标准定额研究所.建筑室内用腻子：JG/T 298—2010[S].北京：中国标准出版社，2010：2-3.

[6] 张朝辉,王沁芳,张菁燕.内墙膏状腻子的研制[J].绿色建筑,2009,25(3)：35-36.

[7] 张朝辉,张菁燕,杨江金,等.内墙耐水型干粉腻子的研究[J].现代涂料与涂装,2009,12(7)：16-18.

[8] 住房和城乡建设部标准定额研究所.建筑外墙用腻子：JG/T 157—2009[S].北京：中国标准出版社，2019：2-3.

[9] 范基骏,陈荣民.高性能建筑腻子的研究现状与前景[J].建材发展导向,2005,(6)：49-52.

[10] 刘成楼.膏状蓄能纳米绝热外墙腻子的研制[J].上海涂料,2018,56(5)：30-34.

[11] 徐峰,周先林.砂壁状建筑涂料性能特征和仿外墙面砖施工技术[J].上海涂料,2010,48(12)：33-36.

[12] 刘成楼,唐国军.调温调湿抗菌低气味内墙保温-装饰一体化系统的研究[J].中国涂料,2012,27(3)：53-57.

[13] 杨学稳,田中华.化学建材[M].重庆：重庆大学出版社,2006.

[14] 中华人民共和国工业和信息化部.建筑用墙面涂料中有害物质限量：GB 18582—2020[S].北京：中国标准出版社,2020：2-3.

[15] 陈荣民.聚合物改性建筑腻子的性能与机理研究[D].南宁：广西大学,2006.

[16] OHAMA Y. Polymer-based admixtures[J]. Cement and concrete composites,1998,20(2-3)：189-212.

[17] PUTERMAN M,MALORNY W. Some doubts and ideas on the microstructure formation of PCC[J]. Proceedings of the 9th ICPIC Congress,1998：165-178.

[18] 徐峰,刘林军.聚合物水泥基建材与应用[M].北京：中国建筑工业出版社,2010.

[19] 张雄,张永娟.建筑功能砂浆[M].北京：化学工业出版社,2006.

[20] 刘均松.液体界面处理剂在混凝土界面粘结中的研究[J].工程建设标准化,2014,(11)：259-259,210.

[21] 中国建筑材料联合会.混凝土界面处理剂：JC/T 907—2018[S].北京：中国建材工业出版社,2018,8.

[22] OLLIVIER J P,MASO J C,BOURDETTE B. Interfacial transition zone in concrete[J]. Advanced cement based materials,1995,2(1)：30-38.

[23] 高剑平,潘景龙.新旧混凝土结合面成为受力薄弱环节原因初探[J].混凝土,2000,6(2)：44-46.

[24] WALL J S,SHRIVE N G. Factors affecting bond between new and old concrete[J]. Materials journal,1988,85(2)：117-125.

[25] BIJEN J,SALET T. Adherence of young concrete to old concrete development of tools for engineering[C]//Proceedings of the 2nd Bolomey Workshop. 1994：1-24.

[26] FREBRICH M H. Scientific Aspects of Phenomena in the Interface Mineral Substrate[C]//Proceeding of the 2nd Bolomey Workshop,1994,25-28.

[27] 张伟.混凝土界面剂研究进展及存在的问题分析[J/OL].(2019-09-02)[2024-11-17].http://www.cqvip.com/QK/71995X/201909/epub1000001815741.html.

第 4 章

[1] 钟兰兰,袁泽辉.建筑中瓷砖胶应用发展浅析[J].住宅产业,2011,(21)：60-63.

[2] 郭思琦.水泥基高性能陶瓷墙地砖粘结剂的研究[D].西安：西安建筑科技大学,2015.

[3] 黄宾,孙长生,吴林荣.瓷砖粘结剂的特点及其应用[J].佛山陶瓷,2013,23(9)：1-3,9.

[4] 朱永国,黄东华,李雪松,等.瓷砖背胶专利配方综述[J].科技视界,2020,(28)：109-110.

[5] 俞良,高维钰,黄尚文.瓷砖背胶及其制造工艺：CN107541162B[P].2020-04-07.

[6] 杨科.一种水性环保型瓷砖背胶乳液及其制造方法：CN106117421A[P].2016-11-16.

[7] 郭道明.实用建筑装饰材料手册[M].上海：上海科学出版社,2009.

[8] 吴永文.瓷砖填缝材料现状及发展趋势[J].新型建筑材料,2020,47(9)：80-81,88.

［9］　刘建钊,祝海龙,王丽霞,等.室内装饰装修用美缝剂及其标准现状[J].中国建材科技,2019,28(2)：5-6.

［10］　李盛彪.胶粘剂选用与粘接技术[M].北京：化学工业出版社,2002.

［11］　中国石油和化学工业协会.室内装饰装修材料　胶粘剂中有害物质限量：GB 18583—2008[S].北京：中国标准出版社,2008：1-2.

［12］　中国建筑材料联合会.陶瓷砖胶粘剂：JC/T 547—2017[S].北京：中国建材工业出版社,2017：4-6.

［13］　中国建筑材料联合会.陶瓷砖填缝剂：JC/T 1004—2017[S].北京：中国建材工业出版社,2017：4-5.

［14］　张宏健.木结构建筑材料学[M].北京：中国林业出版社,2013.

［15］　程时远.胶粘剂生产与应用手册[M].北京：化学工业出版社,2003.

［16］　李红强.胶粘原理、技术及应用[M].广州：华南理工大学出版社,2014.

［17］　中国石油和化学工业联合会.木质地板铺装胶粘剂：HG/T 4223—2011[S].北京：化学工业出版社,2011：1.

［18］　郭道明.实用建筑装饰材料手册[M].上海：上海科学技术出版社,2009.

［19］　王义,李勇.D3级地板铺装用接缝胶的研究[J].人造板通讯,2001(6)：24-25.

［20］　唐召群,王瑞,吕斌.新版 GB/T 20238《木质地板铺装、验收和使用规范》标准解读[J].中国人造板,2019,26(3)：1-6.

第 5 章

［1］　华西林,林建伟,盛奇峰,等.建筑用硅酮密封胶特点及应用注意问题[J].中国建筑防水,2010,(1)：7-10.

［2］　段宇.阻燃脱醇型 RTV-1 硅酮密封胶的制备及性能[D].广州：华南理工大学,2013.

［3］　赖振峰,王万金,贺奎,等.装配式建筑外墙拼接缝用密封胶的选择探讨[J].中国建筑防水,2016,(14)：18-21.

［4］　吴攀洛,周盼盼,杨安康,等.装配式建筑密封胶研究进展[J].胶体与聚合物,2019,37(2)：86-90.

［5］　王跃林.硅酮胶二十年发展概览[J].中国建筑金属结构,2014,(6)：32-35.

［6］　Buyl F D. Silicone Sealants and Structural Adhesives[J]. International Journal of Adhesion and Adhesives,2001,21(5)：411-422.

［7］　王跃林,吴利民,周意生.增塑剂对充油型硅酮玻璃密封胶性能影响的研究[J].弹性体,2002,12(5)：43-45.

［8］　易生平,白洪强,黄驰,等.新型聚硅氧烷增塑剂的制备及其在缩合型室温硫化硅橡胶中的应用[J].化工新型材料,2013,41(12)：162-164.

［9］　张引弟,万伟伟,王洵.触变剂在低模量硅烷改性建筑密封胶中的应用研究[J].粘接,2017,38(6)：52-54.

［10］　缪荣明.有机溶剂中毒防治手册[M].北京：人民卫生出版社,2019：42-65.

［11］　崔孟忠,李竹云,张瑷霞.有机硅建筑密封材料的性能与研究进展[J].中国胶粘剂,1998,7(2)：37-40.

［12］　赵陈超,章基凯.硅橡胶及其应用[M].北京：化学工业出版社,2015：126-167.

［13］　陆海旭.有机硅密封胶市场现状及发展趋势[J].化学工业,2016,34(4)：28-33.

［14］　何晓军,黄活阳,方铭中.硅酮密封胶阻燃研究进展[J].广东化工,2013,40(18)：82-83.

［15］　何小芳,张崇,代鑫,等.氢氧化镁阻燃剂在聚合物改性中的应用研究进展[J].精细与专用化学品,2011,19(1)：12-16.

［16］　庞文武,陈炳耀,温海军,等.环保型建筑阻燃硅酮密封胶的制备[J].轻工科技,2018,34(6)：26-27.

［17］　田建国.一种耐高温防火硅酮密封胶及其制备方法：CN111019592A[P].2020-04-17.

［18］　娄小浩,林坤华,陈中华.阻燃型硅酮密封胶体系中偶联剂的选择[J].中国建筑防水,2015,(24)：18-20.

[19] 张丹丹,王奉平,苗刚,等.阻燃有机硅密封胶中阻燃填料与补强填料的适配性研究[J].有机硅材料,2018,32(1):38-41.

[20] 牛蓉.密封胶抗菌防霉剂种类及防霉性能检测介绍[J].中国建筑防水,2017,(17):17-19.

[21] 刘永龙,甘智豪,林家洪,等.银系抗菌剂的研究进展[J].中国洗涤用品工业,2020,(3):202-207.

[22] 陈炳强,陈炳耀,张意田,等.纳米防霉中性硅酮密封胶:CN101298550A[P].2008-11-05.

[23] 曹健,曾庆铭.阻燃型防霉硅酮密封胶的制备及性能研究[J].中国建筑防水,2017,(6):9-11.

[24] 张东东,段存业,朱卫如,等.一种防霉杀菌剂和服役期长效防霉型改性硅酮防霉密封胶及其制备方法:CN111117518A[P].2020-05-08.

[25] 黄锋华.一种耐高温防霉硅酮密封胶及其制备方法:CN109575872A[P].2019-04-05.

[26] 杜年军,孙勇峰.高比表纳米碳酸钙的制备及其在中性透明硅酮胶中的应用[J].中国建筑防水,2018,(18):15-18.

[27] 刘亚雄.中性硅酮密封胶专用纳米碳酸钙的制备[J].山东化工,2019,48(14):64-68.

[28] 谢文清.改性纳米碳酸钙的表征及其在 RTV 硅酮胶上的应用[J].广东化工,2014,41(23):64-65.

[29] 颜干才,黄海平,吴荣忠,等.纳米碳酸钙改性工艺对硅酮密封胶性能的影响[J].中国建筑防水,2018,(22):15-17.

[30] 文胜,蓝峻峰,覃逸明,等.一种硅酮胶用纳米碳酸钙的制备方法:CN108913058A[P].2018-11-30.

[31] 张和庆,张顺帆,陈宁,等.一种硅酮胶用纳米活性碳酸钙的制备工艺:CN108841205A [P].2018-11-20.

[32] 曾容,郭嘉玲.一种低温耐撕裂硅酮密封胶及其制备方法:CN111057519A[P].2020-04-24.

[33] 王晓岚,费志刚,祝金涛.一种快干型硅酮粘结材料及其制备方法:CN111154412A[P].2020-05-15.

[34] 张燕红,张燕青,赵景铎,等.一种喷涂型硅酮密封胶:CN111234769A[P].2020-06-05.

[35] 姜云,王建斌,陈田安.一种具有高度环境适应性的硅酮密封胶:CN111234773A[P].2020-06-05.

[36] 方少明,王昊.α,ω-二羟基二甲基硅氧烷齐聚物的合成与研究[J].郑州轻工业学院学报,1992,7(1):69-73.

[37] 徐文媛,李凤仪,王乐夫.二甲基二氯硅烷的制备及应用[J].江西科学,2002,20(3):190-193.

[38] 李冲合,王伟,陈嘉华,等.一种三乙酰氧基烃基硅烷的制备方法:CN107746413B[P].2020-04-28.

[39] 高建秋,肖俊平,赵家旭,等.丙基三乙酰氧基硅烷的制备方法:CN102816180A[P].2012-12-12.

[40] 李斌.甲基氯硅烷单体生产中副产物的资源化利用[D].北京:北京化工大学,2011.

[41] 滕尧.甲基三丁酮肟基硅烷工业生产的研究与模拟[D].上海:华东理工大学,2015.

[42] 孙九立,张秋禹,罗绍兵,等.乙烯基三异丙烯氧基硅烷的合成研究[J].化学工程,2007,35(4):68-71.

[43] 李晓雷,凌钦才,谢国庆,等.苯基三异丙烯氧基硅烷的合成、表征及应用[J].有机硅材料,2013,27(5):339-343.

[44] 冼丽屏,陈炳耀,姚荣茂,等.硅酮胶表干时间的影响因素探讨[J].建材发展导向,2018,16(8):95-97.

[45] 谢丽莎,林坤华,肖珍,等.硅酮密封胶应用过程常见问题分析[J].中国建筑防水,2018,(14):23-27.

[46] COMYN J. Moisture cure of adhesives and sealants [J]. International Journal of Adhesion & Adhesives,1998,18(4):247-253.

[47] HE J Z,LV M Q,YANG X D. A one-dimensional VOC emission model of moisture-dominated cure adhesives[J]. Building and Environment,2019,156:171-177.

[48] 中国石油和化学工业协会.室内装饰装修材料 胶粘剂中有害物质限量:GB 18583—2008[S].北京:中国标准出版社,2008:1-2.

[49] 中国石油和化学工业联合会.建筑胶粘剂有害物质限量:GB 30982—2014[S].北京:中国标准出版社,2014:1-3.

[50]　中国建筑材料工业协会.建筑密封胶分级和要求：GB/T 22083—2008[S].北京：中国质检出版社，2008：2-4.

[51]　中国建筑材料联合会.硅酮和改性硅酮建筑密封胶：GB/T 14683—2017[S].北京：中国质检出版社，2017：2-7.

[52]　中国建筑材料工业协会.建筑窗用弹性密封胶：JC/T 485—2007[S]北京：中国建材工业出版社，2007：2-4.

[53]　中国建筑材料联合会.建筑用阻燃密封胶：GB/T 24267—2009[S].北京：中国标准出版社，2009：2-5.

[54]　中国建筑材料联合会.建筑用防霉密封胶：JC/T 885—2016[S].北京：建材工业出版社，2016：1-5.

[55]　ASTM International. Standard Specification for Elastomeric Joint Sealants：C920-18[S/OL]. (2021-03-05)[2024-11-17]. https://compass. astm. org/EDIT/html_annot. cgi? C920＋18.

[56]　International Organization for Standardization. Building construction—Jointing products—Classification and requirements for sealants：ISO 11600：2002[S/OL]. (2021-03-05)[2024-11-17]. https://www. iso. org/standard/26328. html.

第6章

[1]　李兵兵,王贵友,胡春圃.聚氨酯密封胶研究进展[J].粘接,2015,36(3)：65-69.

[2]　吴攀洛,周盼盼,杨安康,等.装配式建筑密封胶研究进展[J].胶体与聚合物,2019,37(2)：86-90.

[3]　马洪涛.双组分聚氨酯密封胶的制备及性能研究[D].哈尔滨：哈尔滨工业大学,2013.

[4]　李伟,郑策.聚氨酯密封胶在建筑工程中的应用特点[J].聚氨酯,2009,(2)：30-31.

[5]　武金笔.单组分湿气固化聚氨酯汽车密封胶的制备[D].郑州：郑州大学,2014.

[6]　韩怀强,张平,张文胜.原料和配方对单组分聚氨酯密封剂性能的影响[J].中国胶粘剂,1998,(5)：3-5.

[7]　余建平.单组分聚氨酯密封胶及其应用[J].中国建筑防水,2008,(9)：19-22.

[8]　王文鹏,王向宇,郗洪源.密封胶用高效触变剂的研究[J].粘接,2015,36(4)：57-60.

[9]　李瑞川.硅烷偶联剂/聚氨酯密封胶的制备与性能研究[D].成都：西南石油大学,2014.

[10]　马文石,何景学.增塑剂对硅烷化聚氨酯密封胶性能的影响[J].中国胶粘剂,2007,16(9)：11-14.

[11]　陈森,尹业琳,刘亚琼,等.双组分聚氨酯密封胶的制备与性能研究[J].中国胶粘剂,2016,25(10)：32-35.

[12]　王德鹏,杨猛,冯艳.单组分聚氨酯泡沫填缝剂的制备[J].当代化工,2013,42(3)：282-284.

[13]　王伟,于剑昆,刘继纯.单组分聚氨酯泡沫填缝剂研究进展[J].聚氨酯工业,2009,24(6)：1-4.

[14]　田学深,杨猛,乔雪冬,等.新型单组分聚氨酯泡沫填缝剂的研制[J].中国胶粘剂,2015,24(6)：28-31.

[15]　狄超.聚醚多元醇对单组分聚氨酯泡沫填缝胶性能的影响[J].聚氨酯工业,2003,18(1)：19-21.

[16]　毛俊轩,潘林,熊婷.硅烷改性聚氨酯密封胶与 PC 粘接性的研究[J].化学研究与应用,2016,28(11)：1654-1656.

[17]　任小军,袁素兰,王有治,等.有机硅偶联剂改性聚氨酯密封胶研究进展[J].中国胶粘剂,2010,19(11)：53-56.

[18]　修玉英,贾云龙,罗钟瑜.硅烷改性聚氨酯密封胶的研究进展[J].现代化工,2004,24(1)：40-42.

[19]　DING H，XIA C，WANG J，et al. Inherently flame-retardant flexible bio-based polyurethane sealant with phosphorus and nitrogen-containing polyurethane prepolymer[J]. Journal of Materials Science, 2016,51(10)：5008-5018.

[20]　毛先安,艾九红,肖祥湘,等.一种硅烷封端改性聚氨酯树脂、高强度低模量改性聚氨酯密封胶及其制备方法：CN111471155A [P].2020-07-31.

[21]　刘志培,王建斌,陈田安,等.一种 UV-湿气双重固化聚氨酯密封胶及其制备方法：CN111303827A [P].2020-06-19.

[22]　艾飞.一种单组分耐高温聚氨酯密封胶的研制[J].山东化工,2019,48(13)：28-29.

[23] 张志文,韦思其,黄华.加热和湿气双重固化聚氨酯胶的制备和性能研究[J].中国胶粘剂,2019, 28(6):22-24.

[24] 罗志.纳米二氧化硅表面改性及增强聚氨酯密封胶[J].中国胶粘剂,2019,28(4):24-27.

[25] 孙辉,周朝栋,王少杰,等.中空玻璃用双组分聚氨酯密封胶的研究[J].玻璃,2019,46(4):42-47.

[26] 唐礼道,艾少华,赵祖培,等.一种双固化单组分体系聚氨酯密封胶的研制[J].中国胶粘剂,2019, 28(3):27-29.

[27] 姚志臣,刘卫红,牛双双.邻苯二甲酸二辛酯增塑剂合成催化剂与工艺条件研究[J].精细石油化工 进展,2006,7(11):19-22.

[28] 李明,李玉芳.邻苯二甲酸酐生产技术进展及国内市场分析[J].乙醛乙酸化工,2013,(9):16-20.

[29] 李卫朋,尹业琳,张燕红,等.聚氨酯密封胶中 VOC 的检测与控制[J].化工技术与开发,2016, 45(9):38-41.

[30] 陶永娴.异氰酸酯类物质的毒性研究[C]//中国劳动保护科学技术学会.全国第二次安全科学技术 学术交流大会论文集.北京市预防医学研究中心,2002:239-242.

[31] 迟世江,尤红军.MDI 的合成技术及应用[J].化学工程与装备,2008,(9):127-128.

[32] 许金玉,王志琰,景研.甲苯二异氰酸酯的研究进展[J].山东化工,2016,45(17):56-57.

[33] 中国石油和化学工业协会.室内装饰装修材料 胶粘剂中有害物质限量:GB 18583—2008[S].北京: 中国标准出版社,2008:1-2.

[34] 中国石油和化学工业联合会.建筑胶粘剂有害物质限量:GB 30982—2014[S].北京:中国标准出版 社,2014:1-3.

[35] 中国建筑材料联合会.聚氨酯建筑密封胶:JC/T 482—2003[S].北京:中国建材工业出版社,2003: 2-4.

[36] 中国建筑材料工业协会.单组分聚氨酯泡沫填缝剂:JC 936—2004[S].北京:中国建材工业出版 社,2004:1-3.

[37] ASTM International. Standard Specification for Aerosol Polyurethane and Aerosol Latex Foam Sealants:C1620-16e1[S/OL]. (2021-03-05)[2024-11-21]. https://compass. astm. org/EDIT/html_annot. cgi? C1620＋16e1.

第 7 章

[1] 黄春雷,韦毅,文志朋,等.人造板工业用胶粘剂应用现状及市场分析[J].大众科技,2022,24(12): 43-48.

[2] 张成林.人造板用三醛树脂胶粘剂改性研究进展[J].中国人造板,2024,31(10):6-11.

[3] 王学川,张思肖,刘新华,等.工业用木材胶粘剂的研究进展[J].中国胶粘剂,2018,27(9):51-56.

[4] 雷洪,杜官本.木材工业胶粘剂的现状与未来[J].中国人造板,2012,(11):1-4.

[5] 陆林森.木材胶粘剂现状与发展趋势[J].家具,2013,34(4):11-14.

[6] 吴馨姝,周吓星,汤艳华,等.脲醛树脂胶粘剂低毒化研究现状[J].化学与粘合,2018,40(5): 367-369.

[7] ZANETTI M,PIZZI A J. Low addition of melamine salts for improved melamine-urea-formaldehyde adhesive water resistance[J]. Journal of Applied Polymer Science,2003,88(2):287-292.

[8] YOUNESI-KORDKHEILI H,PIZZI A. A comparison between lignin modified by ionic liquids and glyoxalated lignin as modifiers of urea-formaldehyde resin[J]. Journal of Adhesion,2017,93(14): 1120-1130.

[9] 陈代祥,邱俊,沈介发,等.E0 级人造板用微游离醛脲醛树脂的制备工艺研究[J].化工新型材料, 2015,43(7):239-241.

[10] AYRILMIS N,LEE Y K,KWON J H,et al. Formaldehyde emission and VOCs from LVLs produced with three grades of urea-formaldehyde resin modified with nanocellulose [J]. Building and Environment,2016,(97):82-87.

[11] GHAFARI R,DOOSTHOSSEINI K,ABDULKHANI A,et al. Replacing formaldehyde by furfural in urea formaldehyde resin:effect on formaldehyde emission and physical-mechanical properties of particleboards[J]. European Journal of Wood and Wood Products,2016,74(4):609-616.

[12] 文美玲,朱丽滨,张彦华,等.低甲醛释放脲醛树脂的合成温度与固化性能[J].东北林业大学学报, 2015,43(4):123-126.

[13] 赵厚宽,王鹏,谢星鹏,等.脲醛树脂合成过程中游离甲醛的抑制[J].生物质化学工程,2017,51(1): 20-26.

[14] 邱俊,陈代祥,沈介发,等.分段聚合工艺中醛脲配比对脲醛树脂性能的影响研究[J].化工新型材料,2017,45(7):255-257.

[15] 隋月梅.酚醛树脂胶粘剂的研究进展[J].黑龙江科学,2011,2(3):42-44.

[16] 黄发荣,焦杨生.酚醛树脂及其应用[M].北京:化学工业出版社,2003.

[17] 胡立红,周永红,李书龙.低游离酚热塑性酚醛树脂的合成[J].热固性树脂,2008,23(3):29-31.

[18] KALAMI S,CHEN N,BORAZJANI H,et al. Comparative analysis of different lignins as phenol replacement in phenolic adhesive formulations[J]. Industrial Crops and Products,2018,(125): 520-528.

[19] ZHANG W,MA Y,XU Y,et al. Lignocellulosic ethanol residue-based lignin-phenol-formaldehyde resin adhesive[J]. International Journal of Adhesion and Adhesives,2013,(40):11-18.

[20] 林文丹,刘伟俊,李刚,等.一种环保松香改性酚醛树脂及其制备方法:CN 110437400A [P].2019-11-12.

[21] 谢梅竹,刘振,肖进彬,等.一种酚醛树脂胶粘剂及其制备方法:CN 110172319A [P].2019-08-27.

[22] 徐雁茹,张浩楠,翟华敏,等.酚醛树脂的研究现状、工业化应用需求及展望[J].中国胶粘剂,2019, (9):54-62.

[23] 吕静波,滕泽恒,甘卫星,等.三聚氰胺甲醛树脂的改性研究进展[J].广西林业科学,2016,45(3): 280-283.

[24] 邵瑞梦,张梅,于范芹,等.三聚氰胺甲醛树脂改性的研究进展[J].广东化工,2016,43(24):92-93.

[25] 孙浩杰,王恩伟,李冬.改性三聚氰胺甲醛树脂研究进展及应用[J].化工设计通讯,2018,44(10): 72.

[26] 袁敏,李建军,卢志刚,等.木材胶粘剂的应用现状及发展趋势[J].上海化工,2012,37(5):27-29.

[27] 张武,许钧强,康伦国,等.一种高性能环保三聚氰胺树脂胶及其制备方法:CN106118565B [P]. 2019-05-14.

[28] LIU Y,ZHU X D. Measurement of formaldehyde and VOCs emissions from wood- based panels with nanomaterial-added melamine-impregnated paper[J]. Construction and Building Materials,2014, (66):132-137.

[29] 杨振国,钟力,池华春.一种超低甲醛含量的三聚氰胺甲醛树脂的制备方法:CN109134795A [P]. 2019-01-04.

[30] 郭智臣.生物质改性三聚氰胺甲醛树脂研究进展[J].化学推进剂与高分子材料,2016,14(6):6.

[31] 张阳,郑紫云,孙明正,等.室内装修材料中甲醛释放时间规律及影响因素分析[J].中国环境管理, 2008,(2):29-30.

[32] 王牧日.室内甲醛浓度与人造板装载度的模拟研究[D].长沙:中南林业科技大学,2018.

[33] 倪畅远.人造板及其制品甲醛释放原因及对策[D].沈阳:沈阳建筑大学,2016.

[34] HAYASHI M,ENAI M,HIROKAWA Y. Annual characteristics of ventilation and indoor air quality in detached houses using a simulation method with Japanese daily schedule mode[J]. Building and Environment,2001,36(6):721-731.

[35] VANDERWAL J F,HOOGEVEEN A W,WOUDA P. Theinfluence of temperature on the emission of volatile organic compounds from PVC flooring,carpet and paint[J]. Indoor Air,1997,7(3):

215-221.

[36] KNUDSEN H N, KJAER U D, NIELSEN P A. Sensory and chemical characterization of VOCs emissions from building products: impact of concentration and air velocity[J]. Atmospheric Environment,1999,33(8): 1217-1230.

[37] 庄晓虹.室内空气污染分析及典型污染物的释放规律研究[D].沈阳:东北大学,2010.

[38] 苟胜荣.建筑室内装修甲醛污染分析及甲醛排放量预测研究[J].当代化工,2019,48(9): 2158-2161.

[39] 王丽平,汪林.人造板材甲醛的来源和影响甲醛释放量因素的研究[J].建材与装饰,2018,(22):40.

[40] 袁少伟,戴新荣,贺传友,等.人造装饰板材甲醛的释放特征[J].建材与装饰,2017,(44):120-121.

[41] 梅宵,汤红妍,朱书法,等.新装修住宅甲醛释放规律及控制措施探究[J].广州化工,2017,45(8): 143-145.

[42] 李锐,岳茂增,宋玉峰,等.浅析人造板与木质家具中甲醛、TVOCs释放量以及污染的降低、防范对策[J].绿色环保建材,2019,144(2): 28-29.

[43] 刘海英,赵焕,肖富昌,等.聚乙酸乙烯酯乳液木材胶粘剂胶接性质的研究[J].化学与粘合,2013, 35(5): 1-4.

[44] 程增会,林永超,刘美红,等.氧化还原体系条件下耐水聚乙酸乙烯酯乳液的合成[J].粘接,2015, (3): 39-42.

[45] 穆锐,邓爱民.AMPS在聚乙酸乙烯酯乳液中的应用研究[J].化学与粘合,2019,41(2): 90-93.

[46] OVANDO-MEDINA V M, PERALTA R D, MENDIZÁBAL E, et al. Microemulsion copolymerization of vinyl acetate and butyl acrylate using a mixture of anionic and non-ionic surfactants[J]. Polymer bulletin,2011,66(1): 133-146.

[47] ZHANG Y, PAN S, AI S, et al. Semi-continuous emulsion copolymerization of vinyl acetate and butyl acrylate in presence of AMPS[J]. Iranian Polymer Journal,2014,23(2): 103-109.

[48] 张秀超,田翠.一种降低聚乙酸乙烯酯乳液VOCs含量的方法: CN106883326A [P]. 2017-06-23.

[49] 段相周,程俊,林杰生,等.聚乙酸乙烯乳液及其制备方法: CN110055015A [P]. 2019-07-26.

[50] 杨芳,楼兴隆,艾变开,等.聚氨酯胶粘剂产业发展趋势与现状[J].化学推进剂与高分子材料,2018, 16(6): 1-5.

[51] 李婷.读解水性聚氨酯胶粘剂的应用发展概要[J].塑料包装,2019,29(4): 20-28.

[52] 张东阳,营飞,马智俊,等.水性聚氨酯胶粘剂国内研究进展[J].粘接,2019,(4): 53-57.

[53] HIROSE M, KADOWAKI F. The structure and properties of core-shell type acrylic-polyurethane hybrid aqueous emulsions[J]. Progress in Organic Coatings,2005,20(2): 20-23.

[54] 王志强,吴晓青,艾罡,等.丙烯酸酯改性水性聚氨酯的合成及性能研究[J].天津化工,2012,26(1): 14-17.

[55] ORGILES-CALPENA E, ARANAIS F, TORRO P, et al. Biodegradable polyurethane adhesives based on polyols derived from renewable resources [J]. Journal of Materials: Design and Applications,2014,228(2): 125-136.

[56] 程博,成煦,杜宗良,等.封端型环氧树脂改性聚氨酯乳液的制备与膜性能研究[J].塑料工业,2016, 44(8): 18-22.

[57] 余先纯,孙德林,李湘苏.木材胶粘剂与胶合技术[M].北京:中国轻工业出版社,2011.

[58] 陈焱,石爱民,刘丽,等.木材用植物蛋白胶粘剂蛋白质改性与性能改善研究进展[J].中国油脂, 2017,42(2): 125-129.

[59] 王金双,赵继红,刘永德.大豆基胶粘剂的研究进展[J].绿色科技,2018,(16): 190-192.

[60] 顾继友.生物质基和非甲醛类木材胶粘剂[J].中国人造板,2017,24(8): 1-9.

[61] HETTIA R, ACHCHY N S, KALAPATHY U, et al. Alkali-modified soy protein with improved adhesive and hydrophobic properties[J]. Journal of the American Oil Chemists Society,1995,72

(12)：1461-1464.

[62] JANG Y，HUANG J，LI K. A new formaldehyde-free wood adhesive from renewable materials[J]. International Journal of Adhesion and Adhesives，2011，31(7)：754-759.

[63] CHEN N，LIN Q，ZENG Q，et al. Optimization of preparation conditions of soy flour adhesive for plywood by response surface methodology[J]. Industrial Crops and Products，2013，51(6)：267-273.

[64] 杨志辉，马启毅，王海鹰，等. 一种改性大豆蛋白胶粘剂及其制备方法：CN109825248A [P]. 2019-05-31.

[65] 张一炜，蒋岚，邵双喜，等. 环境友好生物质胶粘剂现状[J]. 皮革科学与工程，2018，28(4)：32-36.

[66] 何泽森，孙瑾，樊奇，等. 我国淀粉基木材胶粘剂的研究与应用[J]. 木材工业，2017，31(1)：32-36.

[67] HANG Y，DING L，GU J，et al. Preparation and properties of a starch-based wood adhesive with high bonding strength and water resistance[J]. Carbohydrate Polymers，2015，(115)：32-37.

[68] 郭宁，李立军，程昊，等. 高强度淀粉基木材胶粘剂的基本及其性能研究[J]. 中国胶粘剂，2016，25(4)：34-37.

[69] RIDACH W，JONJANKIAT S，WITTAYA T. Effect of citric acid，PVOH，and starch ratio on the properties of cross-linked poly(vinyl alcohol)/starch adhesives[J]. Journal of Adhesion Science and Technology，2013，27(15)：1727-1738.

[70] 周晓剑，王辉，张俊，等. 单宁树脂在木材工业的应用研究进展[J]. 西北林学院学报，2017，32(5)：225-229.

[71] PIZZI A. Wood Adhesives：Chemistry and Technology[M]. New York：Marcel Dekker，1989.

[72] TROSA A，PIZZI A. A no-aldehyde emission hardener for tannin-based wood adhesive for exterior panels[J]. Holz Roh Werkstoff，2001，59(4)：261-271.

[73] MASSON E，PIZZI A，MERLIN M. Comparative kinetics of the induced radical autocondensation of polyflavonoid tannins. Ⅱ Flavonoid units effects[J]. Journal of Applied Polymer Science，1997，(64)：243-265.

[74] SHINATANI K，SANO Y，SASAYA T. Preparation of moderate temperature setting adhesives from softwood kraft lignin[J]. Holzforschung，1994，48(4)：337-342.

[75] 穆有炳，王春鹏，赵临五，等. E0 级碱木质素-酚醛复合胶粘剂的研究[J]. 现代化工，2008，28(S2)：221-224.

[76] PRADYAWONG S，QI G Y，LI N B，et al. Adhesion properties of soy protein adhesives enhanced by biomass lignin[J]. International Journal of Adhesion and Adhesives，2017，75：66-73.

[77] 国家林业局. 木材工业胶粘剂用脲醛、酚醛、三聚氰胺甲醛树脂：GB/T 14732—2017[S]. 北京：中国质检出版社，2017：1-2.

[78] 中国石油和化学工业协会. 室内装饰装修材料胶粘剂中有害物质限量：GB 18583-2008[S]. 北京：中国标准出版社，2008：1-2.

[79] 环境保护部. 环境标志产品技术要求 胶粘剂：HJ 2541—2016[S]. 北京：中国环境科学出版社，2016：2-4.

[80] 中华人民共和国工业和信息化部. 家具中有害物质限量：GB 18584—2024[S]. 北京：中国标准出版社.

[81] 中华人民共和国住房和城乡建设部. 民用建筑工程室内环境污染控制标准：GB 50325—2020 [S]. 北京：中国计划出版社，2020：5-6.

[82] 国家林业局. 室内装饰装修材料人造板及其制品中甲醛释放限量：GB 18580-2017[S]. 北京：中国计划出版社，2017：1.

[83] 李连山，马春莲，陈寒玉. 室内甲醛污染的分析调查[J]. 环境科学与技术，2002，25(3)：44-45.

第 8 章

[1] 洪啸吟，冯汉保，申亮. 涂料化学[M]. 北京：科学出版社，2019.

[2] 肖军.绿色环保的木器涂料挑战未来[J].中国生漆.2012,31(4)：17-22.

[3] 李小燕,张仁旭.硝基涂料的常见弊病、产生机理及消除方法[J].广州化工.2019,37(6)：68-70.

[4] 许莉.硝基木器漆[J].中国涂料.1998,(3)：29-34.

[5] 吕维华,王荣民,何玉凤,等.高固体份硝基漆的制备[J].上海涂料.2008,46(4)：1-3.

[6] 任治,李笑江.硝化棉改性研究现状及展望[J].化学推进剂与高分子材料.2014,12(5)：48-51.

[7] 张有德,邵自强,周晋红,等.纤维素甘油醚硝酸酯黏合剂及其推进剂的力学性能[J].推进技术.
2010,31(3)：345-350.

[8] 从树枫,喻露如.聚氨酯涂料[M].北京：化学工业出版社,2003.

[9] 苏涌,杜文功,刘娜,等.聚氨酯涂料研究现状及其发展探索[J].河南化工.2018,35(10)：9-14.

[10] 王萃萃,张彪,黎兵,等.聚氨酯防腐蚀涂料研究进展[J].涂料技术与文摘.2009,30(8)：10-14.

[11] 麦庆庆,马映湘,詹成钢.一种快干高硬度双组分聚氨酯木器漆及其制备方法：CN109370413 A[P].
2019-02-22.

[12] 李维虎,戴家兵,张兴元.木器涂料用水性聚氨酯研究进展[J].中国涂料.2013,28(6)：12-15.

[13] 吴琦,魏珂瑶,吉虎,等.水性聚氨酯涂料改性研究新进展[J].化工新型材料.2017,45(1)：15-19.

[14] CHEN H,FAN Q,CHEN D,et al. Synthesis and properties of polyurethane modified with an aminoethylaminopropyl-substituted polydimethylsiloxane. II. Waterborne polyurethanes[J]. Journal of Applied Polymer Science,2001,79(2)：295-301.

[15] 许戈文,熊潜生,王彤.水性环氧改性聚氨酯涂料的研制[J].涂料工业.1998,(11)：30-32.

[16] 陈金莲,瞿金清,陈焕钦.丙烯酸改性水性聚氨酯乳液的研制[J].化学建材.2004,(6)：8-10.

[17] BAYAN R,KARAK N. Renewable resource modified polyol derived aliphatic hyperbranched polyurethane as a biodegradable and UV-resistant smart material[J]. Polymer International,2017,66(6)：839-850.

[18] 叶新.涂料用醇酸树脂的合成及发展方向[J].中国新技术新产品.2011,(7)：29-30.

[19] 文艳霞,闻福安.水性醇酸树脂的合成及改性的研究进展[J].上海涂料.2007,45(2)：21-25.

[20] 刘国杰.醇酸树脂涂料[M].北京：化学工业出版社,2015.

[21] 孙潇潇,谢永新,陈朝阳,等.水性醇酸树脂的改性研究最新进展[J].涂料工业.2012,42(10)：77-80.

[22] USCHANOV P,HEISKANEN N,MONONEN P,et al. Synthesis and characterization of tall oil fatty acids-based alkyd resins and alkyd-acrylate copolymers[J]. Progress in Organic Coatings,2008,63(1)：92-99.

[23] NIMBALKAR R V,ATHAWALE V D. Synthesis and characterization of canola oil alkyd resins based on novel acrylic monomer (ATBS)[J]. Journal of the American Oil Chemists' Society,2010,87(8)：947-954.

[24] 文艳霞,闫福安.水性醇酸树脂及其聚氨酯改性的研究[J].中国涂料.2007,22(1)：25-28.

[25] 刘毅,阚成友,刘德山.自干型水溶性醇酸树脂的配方设计[J].化学建材.2004,(1)：17-20.

[26] 周显宏,袁腾,赵韬,等.自干型水性醇酸树脂的合成研究[J].热固性树脂.2014,29(4)：1-11.

[27] 张小苹.不饱和聚酯树脂及其新发展[J].玻璃钢.2008,(2)：23-30.

[28] 李相权.我国涂料用不饱和聚酯树脂研究进展[J].上海涂料.2011,49(12)：36-39.

[29] 李泽生.不饱和聚酯树脂[J].涂料工业.1993,(6)：27-28.

[30] 叶守富.不饱和聚酯涂料[J].上海涂料.1994,(4)：235-241.

[31] 任青.不饱和聚酯树脂在涂料中的应用[J].企业技术开发.1999,(7)：4-6.

[32] 刘始华.不饱和聚酯涂料的开发应用[J].热固性树脂.1988,(2)：59-62.

[33] 金迎霞,王合情,宦胜民,等.不饱和聚酯涂料常见缺陷及对策[J].上海涂料.2012,50(8)：52-54.

[34] 刘廷栋,王遒昌,王有禄.气干型不饱和聚酯涂料[J].精细石油化工.1986,(5)：38-42.

[35] 肖亚亮,叶义英.聚氨酯改性不饱和聚酯漆：CN101230231A[P].2008-07-30.

[36] MUN K J,CHOI N W. Properties of poly methyl methacrylate mortars with unsaturated polyester resin as a crosslinking agent[J]. Construction and Building Materials,2008,22(10):2147-2152.

[37] YINGHONG X,XIN W,XUJIE Y,et al. Nanometre-sized TiO$_2$ as applied to the modification of unsaturated polyester resin[J]. Materials Chemistry and Physics,2003,77(2):609-611.

[38] 张心亚,魏霞,陈焕钦.水性涂料的最新研究进展[J].涂料工业.2009,39(12):17-23.

[39] 陈春霖,孟晓伟,唐毅,等.水性涂料的特点及其应用发展[J].山东化工.2019,48(7):87-88.

[40] 罗帅.水性涂料的研究进展[J].重点报道.2015,18(12):1-6.

[41] 朱万章,刘学英.水性木器漆[M].北京:化学工业出版社,2008.

[42] 何程林,徐坤,徐玉华,等.高性能水性聚氨酯木器涂料的制备及应用[J].中国涂料.2017,32(5):54-58.

[43] 黄毅苹,许戈文.水性聚氨酯及应用[M].北京:化学工业出版社,2015.

[44] 汪长春,包启宇.丙烯酸酯涂料[M].北京:化学工业出版社,2005.

[45] 周志虎,范慧俐,郑延军.水性聚氨酯改性丙烯酸木器涂料[J].中国涂料.2005,20(7):27-28.

[46] 朱万章.多重交联的丙烯酸聚氨酯水分散体[J].中国涂料.2005,20(5):19-21.

[47] 张辉,闫宝伟,杨帅,等.功能性粉末涂料的研究现状与发展[J].化学工业与工程.2020,37(2):1-18.

[48] 南仁植.粉末涂料与涂装技术[M].北京:化学工业出版社,2014.

[49] 何明俊,胡孝勇,柯勇.热固性粉末涂料的研究进展[J].合成树脂及塑料.2016,33(4):93-97.

[50] 张华东.粉末涂料的应用现状及新进展[J].中国涂料.2007,22(10):6-7.

[51] 黄丽.影响家具木器漆挥发性有机化合物(VOCs)散发关键因素研究[D].南京:南京大学,2018.

[52] 王学川,路维娜,袁绪政,等.室内环境 VOC 的释放行为研究进展和展望[J].皮革科学与工程.2007,27(6):19-23.

[53] BROWN S K. Chamber assessment of formaldehyde and VOC emissions from wood-based panels [J].Indoor Air,1999,9(3):209-215.

[54] OHLMEYER M,MAKOWSKI M,FRIED H,et al. Influence of panel thickness on the release of volatile organic compounds from OSB made of Pinus sylvestris L[J]. Forest Products Journal,2008,58(1/2):65.

[55] 孙世静.人造板释放影响因子的评价研究[D].黑龙江:东北林业大学,2011.

[56] 刘玉,沈隽,朱晓冬.热压工艺参数对刨花板 VOCs 释放的影响[J].北京林业大学学报.2008,30(5):139-142.

[57] 李爽,沈隽,江淑敏.不同外部环境因素下胶合板 VOC 的释放特性[J].林业科学.2013,49(1):179-184.

[58] 张文超.室内装饰用饰面刨花板释放特性的研究[D].哈尔滨:东北林业大学,2011.

[59] 中华人民共和国工业和信息化部.木器涂料中有害物质限量:GB 18581—2020[S].北京:中国标准出版社,2020:3-4.

[60] 中华人民共和国住房和城乡建设部.民用建筑工程室内环境污染控制标准:GB 50325—2020[S].

[61] 中国轻工业联合会.室内装饰装修材料 木家具中有害物质限量:GB 18584—2001[S].北京:中国计划出版社,2001:5-6.

[62] 中华人民共和国国家卫生健康委员会.室内空气质量标准:GB/T 18883—2022[S].

第9章

[1] 庄光山,李丽,王海庆,等.金属表面涂装技术[M].北京:化学工业出版社,2010.

[2] 高宗江.典型工业涂装行业 VOCs 排放特征研究[D].广州:华南理工大学,2015.

[3] 曲颖.从 VOCs 减排看我国涂料工业绿色发展[J].化学工业,2019,37(3):1-10.

[4] 朱万章,刘学英.水性涂料助剂[M].北京:化学工业出版社,2011.

[5] 耿耀宗.环境友好涂料—配方与制造工艺[M].北京:中国石化出版社,2006.

[6] 崔伟伟.水性涂料中主要 VOCs 成分研究[J].工程质量,2013,31(6):28-30.

[7] 马丛欣.气相色谱法测定水性涂料中的 VOCs[J].中国涂料,2008,23(8):58-61.

[8] 南仁植.粉末涂料与涂装技术[M].北京:化学工业出版社,2014.

[9] 李霞,苏伟健,黎碧霞,等.佛山市典型铝型材行业表面涂装 VOCs 排放组成[J].环境科学,2018,39(12):5334-5343.

[10] 张明.水性环氧树脂及其固化剂的制备与研究[D].武汉:武汉理工大学,2014.

[11] 曾雪琦,徐国敬,王玉鹏,等.低挥发不饱和聚酯涂料的固化[J].青岛科技大学学报(自然科学版),2020,41(1):29-36.

[12] 许迁,温绍国,王继虎,等."零 VOC"丙烯酸酯类涂料的研究进展[J].上海工程技术大学学报,2009,23(3):282-286.

[13] POPA J,HAGHIGHAT F. The impact of VOCs mixture,film thickness and substrate on adsorption/desorption characteristics of some building materials[J]. Building and Environment,2003,38(7):959-964.

[14] WAL J F,HOOGEVEEN A W,WOUDA P. The influence of temperature on the emission of volatile organic compounds from PVC flooring,carpet,and paint[J]. Indoor Air,1997,7(3):215-221.

[15] HAGHIGHAT F,BELLIS L D. Material emission rates:Literature review,and the impact of indoor air temperature and relative humidity[J]. Building and Environment,1998,33(5):261-277.

[16] 时真男,王冬云,李思敏.涂料中挥发性有机化合物对建筑室内的环境污染[J].环境监测管理与技术,2005,17(5):15-17.

[17] 王学川,路维娜,袁绪政,等.室内环境 VOCs 的释放行为研究进展和展望[J].皮革科学与工程,2017,27(6):19-23.

[18] 夏正斌,涂伟萍.水性金属防护涂料的研究进展[J].材料保护,2003,36(4):5-8.

[19] 范田水,李昌诚,李翠苹,等.丙烯酸树脂改性环氧树脂防腐涂料防腐性能研究[J].涂料工业,2017,47(4):12-17.

[20] 戴震.环氧、丙烯酸改性水性聚氨酯的合成及性能[D].合肥:安徽大学,2011.

[21] 王淑宏.助剂在水性涂料中的应用与发展[J].化工设计通讯,2017,43(9):64-65.

[22] 周兆喜,姜艳,王忠宝,等.成膜助剂丙二醇苯醚在乳胶漆中的应用[J].上海涂料,2005,43(4):36-39.

[23] SHRUTI S. Coalescents for VOCs-Free Paints[J].涂料工业,2006,36(9):62-63.

[24] 李翠红,甄焕珍,王玉曼,等.粉末涂料研究进展[J].信息记录材料,2020,21(12):2-4.

[25] 张辉,闫宝伟,杨帅,等.功能性粉末涂料的研究现状与发展[J].化学工业与工程,2020,37(2):1-18.

[26] 北京市住房和城乡建设委员会.民用建筑工程室内环境污染控制规程:DB 11/T 1445—2017[S].北京:北京城建科技促进会,2017:3-8.

[27] 中华人民共和国住房和城乡建设部.民用建筑工程室内环境污染控制规范:GB 50325—2010 [S].北京:中国计划出版社,2010:7.

[28] 中华人民共和国工业和信息化部.工业防护涂料中有害物质限量:GB 30981—2020[S].

[29] 中华人民共和国工业和信息化部.建筑用墙面涂料中有害物质限量:GB 18582—2020[S].

[30] Green Seal. Paints,Coatings,Stains,and Sealers:GS-11[S/OL]. (2021-03-05)[2024-12-17]. https://www.greenseal.org/standards/gs-11.

[31] Environmental Protection Agency. National Volatile Organic Compound Emission Standards for Architectural Coatings:40 CFR Part 59 Subpart D[S/OL]. (2021-03-05)[2024-11-17]. https://www.govinfo.gov/app/collection/cfr/1999/title40/Chapter/subchapterC/part59/subpartD/.

[32] South Coast Air-Quality Management District. Architectural Coatings:Rule 1113[S/OL]. [2021-03-05]. http://www.aqmd.gov/.

[33] The European Parliament and The Council of The European Union. Paints，Varnishes and Vehicle Repair Directive：2004/42/EC.[S/OL].[2021-03-05]. https://www.ojeu.eu/.

[34] 隆发云,蔡芸.淋涂玻璃烤漆的研制[J].中国涂料,2010,25(1)：32-35.

[35] 倪维良,虞嘉.玻璃涂料的发展现状及研究进展[J].涂料技术与文摘,2017,38(5)：50-54.

[36] 朱万章,刘学英.水性玻璃涂料的研制[J].上海涂料,2006,44(7)：1-3.

[37] 江勤,邱饶生,邱桂香,等.水性氨基玻璃(酒瓶)烤漆的开发研究[J].涂料技术与文摘,2013,34(7)：30-33.

[38] 徐金枝,王大期.透明隔热玻璃涂料的现状及发展[J].绿色建筑,2010,2(6)：53-54.

[39] 范亚军.纳米隔热涂膜玻璃的制备及应用[J].玻璃.2017(10)：41-44.

[40] 姚晨,赵石林,缪国元.纳米透明隔热涂料的特性与应用[J].涂料工业,2007,37(1)：29-32.

第 10 章

[1] 薛士鑫.机制地毯[M].北京：化学工业出版社,2004.

[2] 王坤.地毯背衬乳胶研究进展[J].中国橡胶,2010,26(23)：36-37.

[3] 董常涛.常用地毯胶研究[J].山东纺织科技,2019,60(4)：11-13.

[4] 邱晓亭.地毯背衬胶乳的发展研究[J].山东纺织科技,2019,60(3)：50-52.

[5] 周兆丰,龙绪俭,谢素华,等.地毯用丁苯胶乳的制备方法：CN105237667A [P].2016-01-13.

[6] ALIMARDANI M,ABBASSI-SOURKI F. New and emerging applications of carboxylated styrene butadiene rubber latex in polymer composites and blends：review from structure to future prospective [J].Journal of Composite Materials,2015,49(10)：1267-1282.

[7] 蒋志平,杨浩平,叶剑豪,等.地毯背涂用羧基丁苯胶乳制备方法：CN101125902 [P].2008-02-20.

[8] 江一明,陈卓雄,蔡辉,等.包含聚氨酯改性羧基丁苯共聚物的胶乳及其制备方法：ZL 201710038048.5 [P].2019-10-08.

[9] 江一明,蔡辉,伍云俊,等.氨基树脂改性羧基丁苯共聚物胶乳及其制备方法：ZL 201711005726.4[P].2018-02-09.

[10] 江一明,董巍,林炜坤.用于地毯和人工草皮背涂的氨基树脂改性羧基丁苯共聚物胶乳：ZL 201711005591.1[P].2018-01-23.

[11] 蔡辉,江一明,董巍,等.一种制备改性丁苯胶乳的方法、由此得到的改性丁苯胶乳及其应用：ZL 201711063030.7[P].2018-03-09.

[12] 杨雄麟.地毯背衬胶粘剂开发动向[J].现代化工,1992,(1)：41-44.

[13] 杨栩,赵庆芳.我国热熔胶粘剂市场状况及发展趋势[J].化学工业,2018,36(4)：40-46.

[14] 田娜.热熔粘合衬地毯用研究[J].山东纺织经济,2020,(6)：17-19.

[15] 向明.热熔胶粘剂[M].北京：化学工业出版社,2002.

[16] 高升平,朱兰保.EVA 热熔胶的改性研究[J].科技信息,2010,(14)：401.

[17] 周其平,丁得浩,李洁玲.地毯防滑用热熔胶组合物及其制备方法：CN102786898A[P].2012-11-21.

[18] 苏志玉.阻燃 EVA 热熔胶：CN104531007A[P].2015-04-22.

[19] 王坤.不同方块地毯背衬的加工工艺与产品性能研究[J].济南纺织服装,2010,(4)：31-35.

[20] SOTAYO A,GREEN S,TURVEY G. Carpet recycling：a review of recycled carpets for structural composites[J].Environmental Technology & Innovation,2015,3：97-107.

[21] 陈罗辉.装饰材料与施工构造[M].2 版.北京：中国轻工业出版社,2018.

[22] 程时远.胶粘剂生产与应用手册[M].北京：化学工业出版社,2003.

[23] 崔玉艳.建筑装饰材料与施工工艺[M].西安：西安交通大学出版社,2014.

[24] KATSOYIANNIS A,LEVA P,KOTZIAS D. VOC and carbonyl emissions from carpets：A comparative study using four types of environmental chambers[J].Journal of Hazardous Materials,2008,152(2)：669-676.

[25] WILKE O,JANN O,BRÖDNER D. VOC and SVOC-emissions from adhesives,floor coverings and

complete floor structures[J]. Indoor Air,2004,14：98-107.

[26] 中国轻工业联合会.室内装饰装修材料地毯、地毯衬垫及地毯胶粘剂有害物质释放限量：GB 18587—2001[S].北京：中国标准出版社,2001：2.

[27] 中国轻工业联合会.地毯用环保胶乳　羧基丁苯胶乳有害物质限量：GB/T 28483—2012[S].北京：中国标准出版社,2012：2.

[28] 中国轻工业联合会.拼块地毯：QB/T 2755—2005[S].北京：中国轻工业出版社,2005：2.

[29] 中国轻工业联合会.机织地毯：GB/T 14252—2008[S].北京：中国标准出版社,2008：2-4.

[30] 中国轻工业联合会.簇绒地毯：GB/T 11746—2008[S].北京：中国标准出版社,2008：2-3.

第 11 章

[1] 吴土萍.印染助剂的分类及其用途[J].工业生产,2016,42(4)：188.

[2] 潘文丽.印染助剂的环境影响与发展方向[J].染整技术,2016,38(3)：22-25.

[3] 刑凤兰,徐群,贾丽华.印染助剂[M].北京：化学工业出版社,2008.

[4] 宋玉莹,吴雄英,丁雪梅.印染助剂的生态问题及替代物[J].印染助剂,2009,26(7)：1-5.

[5] 陈荣圻.纺织印染助剂中的甲醛隐患及其替代研究进展(一)[J].印染,2013,39(12)：48-52.

[6] 李兰亭.论脲醛树脂胶释放甲醛机理[J].东北林学院学报,1983,11(2)：164-168.

[7] 陈荣圻.印染助剂发展回顾和发展方向探讨(Ⅰ)[J].印染助剂,2006,23(7)：1-7.

[8] 赵婷,王胜鹏,赵梅.印染助剂中的禁用物质及相关法规[J].纺织导报,2011,(4)：48-53.

[9] 陈荣圻.纺织印染助剂中的甲醛隐患及其替代研究进展(二)[J].印染,2013,(13)：45-48.

[10] 季浩.纺织染整助剂中有害物质检测方法研究进展[J].染料与染色,2017,54(3)：46-55.

[11] 中国纺织工业协会.国家纺织产品基本安全技术规范：GB 18401—2010[S].北京：中国标准出版社,2010：2-6.

[12] 中国石油和化学工业联合会.纺织染整助剂产品中部分有害物质的限量及测定：GB/T 20708—2019[S].北京：中国标准出版社,2019：2-3.

[13] RYBINSKI W. Alkyl glycosides and polyglycosides[J]. Current Opinion in Colloid & Interface Science,1996,1(5)：587-597.

[14] 陈旋,魏芳,张剑波.新型的绿色表面活性剂—烷基糖苷[J].化学教学,2011,(6)：3-6.

[15] ZEIDLER,R. The formaldehyde problem in textile finishing[J]. Textile Chemist and Colorist and American Dyestuff Reporter,1982,(9)：54-56.

[16] 陈荣圻.印染助剂发展回顾和发展方向探讨(Ⅱ)[J].印染助剂,2006,23(8)：1-9.

第 12 章

[1] 李闻欣,张晓镭,强西怀.绿色制革与皮革化学品[J].皮革化工,2001,18(5)：5-7.

[2] 靳立强,曹成波.我国皮革化学品的发展综述[J].山东化工,2000,29(5)：15-18.

[3] 马建中,王学川,强西怀,等.皮革化学品的合成原理与应用技术[M].北京：中国轻工业出版社,2009.

[4] 周建华,张晓镭,卿宁.国内外皮革助剂的现状及应用开发方向[J].江苏化工,2001,29(3)：3-7,17.

[5] 虞德胜,彭必雨.皮革行业挥发性有机物的来源及防控[J].西部皮革,2018,40(15)：21-23.

[6] 刘捷,王鑫,王芳,等.皮革中甲醛的研究进展[J].中国皮革,2018,47(3)：30-32.

[7] 侯瑞婷.浅谈部分皮革化学品[J].西部皮革,2017,39(14)：4.

[8] 尹逊达.皮革涂饰剂的研究进展[J].西部皮革,2017,39(2)：9.

[9] 金勇,张嵘,魏德卿,等.皮革涂饰用室温交联剂概述[J].中国皮革,1998,27(11)：9-10.

[10] 瞿金清,陈伟,涂伟萍,等.皮革涂饰剂的研究进展[J].精细化工,2000,17(4)：232-236.

[11] 中国轻工业联合会.皮革和毛皮　有害物质限量：GB 20400—2006[S].北京：中国标准出版社,2006：2-4.

[12] 中华人民共和国国家环境保护部.环境标志产品技术要求　皮革和合成革：HJ 507—2009[S].北京：中国环境科学出版社,2009：2-5.

[13]　中国轻工业联合会.家具用皮革:GB/T 16799—2018[S].北京:中国标准出版社,2018:2.

[14]　吕斌,马建中.乙烯基聚合物/蒙脱土纳米复合鞣剂应用性能的研究[J].西部皮革,2004,6:38-39,43.

[15]　汪晓鹏,李文磊.绿色表面活性剂促进皮革工业绿色化发展[J].西部皮革,2019,21:39-40.

[16]　陈旋,魏芳,张剑波.新型的绿色表面活性剂—烷基糖苷[J].化学教学,2011,6:3-6.

[17]　华小社,杜宝中,苏洁.4,4′-二氨基-二苯胺-2-磺酸型黑色直接皮革染料的合成[J].中国皮革,2007,36(15):39-41.

第 13 章

[1]　YAGLOU C P,RLIEY B C,COGGINS D J. Ventilation requirements[J]. Trans,ASHAE,1936,42:133-162.

[2]　ROBERTSON A S,BURGE P S,HEDGE A,et al. Comparison of health problems related to work and environmental measurements in two office buildings with different ventilation systems[J]. Br Med J (Clin Res Ed),1985,291(6492):373-376.

[3]　U. S. Environmental Protection Agency. National Ambient Air Quality Standards for Particulate Matter (40 CFR Part 50):EPA-HQ-OAR-2001-0017 [S/OL]. (2006-10-17) [2021-03-10]. https://www. epa. gov/pm-pollution/national-ambient-air-quality-standards-naaqs-pm.

[4]　World Health Organization. 7 million premature deaths annually linked to air pollution[R/OL]. (2014-03-25) [2021-03-10]. https://www. int/mediacentre/news/releases/2014/air-pollution/en/.

[5]　World Health Organization. Burden of disease from household air pollution for 2012 [R]. (2014-03-24) [2021-03-10]. http://www. who. int/phe/health_ topics/outdoorair/databases/FINAL_HAP_AAP_BoD_24March2014. pdf.

[6]　International WELL Building Institute. Well Building Standard V2^{TM}[S/OL]. 2018,A01:5 [2021-03-10]. https://v2. wellcertified. com/wellv2/en/overview.

[7]　DOUWES J,THORNE P,PEARCE N,et al. Bioaerosol health effects and exposure assessment:progress and prospects[J]. Ann Occup Hyg. 2003,47(3):187-200.

[8]　中央电视台 CCTV-2.百分之九十的白血病患儿家中曾在半年内做过装修[Z/OL].(2020-03-14) [2021-03-10]. https://v. qq. com/x/page/a0667uwq09r. html.

[9]　SEPPÄNEN O A,FISK W J,MENDELL M J. Association of ventilation rates and CO_2 concentrations with health and other responses in commercial and institutional buildings[J]. Indoor Air. 1999,9(4):226-252.

[10]　American Society of Heating Refrigeration and Air-conditioning Engineers. ASHRAE Fundermentals Handbook [S/OL]. 2001:12 (2019-10-11) [2021-03-10]. https://www. ashrae. org/technical-resources/ashrae-handbook/ashrae-handbook-online

[11]　中华人民共和国住房和城乡建设部.民用建筑供暖通风与空气调节设计规范:GB 50736—2012 [S].北京:中国建筑工业出版社,2012:10.

[12]　KIM H,HONG T,KIM J. Automatic ventilation control algorithm considering the indoor environmental quality factors and occupant ventilation behavior using a logistic regression model[J]. Building and Environment,2019,153:46-59.

[13]　夏一哉,赵荣义,江亿.北京市住宅环境热舒适研究[J].暖通空调,1999,29(2):1-5.

[14]　荣国华.住宅的空气品质和全面通风[J].通风与除尘,1998,17(2):32-35.

[15]　王志超,唐冬芬.住宅的通风问题及其对策[J].住宅科技,2006,(10):51-56.

[16]　中华人民共和国卫生健康委.健康中国行动(2019—2030 年)[Z/OL].(2019-07-15)[2021-03-10]. http://www. gov. cn/xinwen/2019-07/15/content_5409694. htm.

[17]　中国房地产数据研究院."三道红线四档两观察"这种新的房地产调控措施有用吗?[Z/OL].(2020-10-29)[2021-03-10]. https://mp. weixin. qq. com/s/5lSAzTkviJ06L0uc2pI3zg.

[18] International WELL Building Institute. Well Building Standard V2™[S/OL]. 2018，A08：19 [2021-03-10]. https：//v2. wellcertified. com/wellv2/en/overview.

[19] International WELL Building Institute. Well Building Standard V2™[S/OL]. 2018，A04：13 [2021-03-10]. https：//v2. wellcertified. com/wellv2/en/overview.

[20] WARGOCKI P，WYON D P，FANGER P O. Productivity is affected by the air quality in offices [C]//Proceedings of Healthy Buildings. 2000，1(1)：635-640.

[21] 大金空调特色产品. 智能联动控制之甲醛烘排模式[Z/OL].（2021-03-10）[2024-11-21]. https：//www. daikin-china. com. cn/newha/hrv/.

[22] FISK W，SPEARS M，SULLIVAN D，et al. Ozone removal by filters containing activated carbon：a pilot study[R]. Berkeley：Lawrence Berkeley National Lab，2009.

[23] International WELL Building Institute. Well Building Standard V2™[S/OL]. 2018，A07：17 [2021-03-10]. https：//v2. wellcertified. com/wellv2/en/overview.

[24] WALLACE L A，EMMERICH S J，HOWARD-REED C. Source strengths of ultrafine and fine particles due to cookingwith a gas stove[J]. Environ Sci Technol，2004，38(8)：2304-2311.

[25] 搜狐网. 女性肺癌的头号元凶，竟然是厨房油烟[Z/OL].（2019-05-13）[2021-3-10]. https：//www. sohu. com/a/313661223_100148156.

[26] 刘喆. 女性肺癌患者激增厨房油烟或为元凶[J]. 健康与生活，2019，(16)：57-58.

[27] 廖美琳. 女性肺癌流行病学、病因学和分子生物学研究进展[J]. 中国肿瘤，2007，16(5)：311-315.

[28] 中华人民共和国住房和城乡建设部. 民用建筑热工设计规范：GB 50176—2016[S]. 北京：建筑工业出版社，2016：8.

[29] 李军，荣颖. 城市风道及其建设控制设计指引[J]. 城市问题，2014，(9)：42-47.

[30] 席睿. 居住区风环境与空间形态指标耦合分析——以八个西安市已建居住小区为例[C]//中国城市规划学会. 2018 中国城市规划年会论文集. 2018：1-12.

[31] 友绿网. 新东方健康人居生活方式的规划[Z/OL].（2020-05-12）[2021-3-10]. http：//www. ugreen. cn/newsDetail/9606.

[32] 王智超. 住宅通风设计及评价[M]. 北京：中国建筑工业出版社，2011.

[33] 儿玉昭雄，同野浩志，金伟力. 全热交换器所采用的吸附材料与空气污染物质发生交叉污染之相关性研究[C]//中国环境科学学会. 中国环境科学学会 2010 年学术年会论文集. 2010：4140-4142.

[34] 中国建筑学会. 健康建筑评价标准：T/ASC 02—2016 [S]. 北京：中国建筑工业出版社，2017.

[35] American Society of Heating Refrigeration and Air-conditioning Engineers. ASHRAE Fundermentals Handbook [S/OL]. 2004：55（2019-10-11）[2021-03-10]. https：//www. ashrae. org/technical-resources/ashrae-handbook/ashrae-handbook-online.

[36] 张玉洁，王昕，堵光耀，等. 羽流作用下非等温水平射流运动实验研究[J]，建筑节能，2019，47(4)：41-46.

[37] 孙明，王岳人. 保证室内空气品质的置换通风的节能研究[J]. 节能，2006，25(8)：17-19.

[38] SEITZ T A. NIOSH indoor air quality investigations 1971-1988[C]//Proceedings of the Indoor Air Quality International Symposium：The Practitioners Approach to Indoor Air Quality Investigations. American Industrial Hygiene Association，1989.

[39] 环球网. 松下全球首发"6 恒气候站"智能健康气候生态[Z/OL].（2020-11-05）[2021-03-10]. https：//baijiahao. baidu. com/s?id=1682522416156552083&wfr=spider&for=pc.

[40] 新华社. 从"好空调"到"中国风""格力造"战略大升级[Z/OL].（2020-08-08）[2021-03-10]. http：//www. jjckb. cn/2020-08/08/c_139275260. htm.

[41] 刘晓华，江亿，张涛. 温湿度独立控制空调系统[M]. 北京：中国建筑工业出版社，2013.

[42] International WELL Building Institute. Well Building Standard V2™[S/OL]. 2018，A14：26 [2021-03-10]. https：//v2. wellcertified. com/wellv2/en/overview.

[43] 林金明,宋冠群,赵利霞,等.环境、健康与负氧离子[M].北京:化学工业出版社,2007.

[44] 李琳,杜倩,刘铁男,等.空气负离子研究进展[J].现代化农业,2017,(12):30-31.

[45] 林金明,林海峰.一种负氧离子活性增强装置及带有该装置的加湿器:CN201710285159.6[P]. 2017-09-22.

[46] 林金明,张超英.一种制备水合空气负氧离子的装置的方法及应用:CN202010206263.3[P].2020-07-03.

[47] 林金明,宋冠群,赵利霞,等.环境、健康与负氧离子[M].北京:化学工业出版社,2006:86-101.

[48] 林金明,宋冠群,赵利霞,等.环境、健康与负氧离子[M].北京:化学工业出版社,2006:129.

[49] 邢高娃,李宇,林金明.空气负氧离子产生方法及其检测技术的研究进展[J].分析试验室 2019, 38(1):112-118.

[50] 长江商报.绿色建筑并不是最"舒适"的建筑[Z/OL].(2012-06-27)[2021-03-10].http://www. changjiangtimes.com/2012/06/397292.html.

[51] 新华网.我国今年将制定 2030 年前碳排放达峰行动方案[Z/OL].(2021-03-05)[2021-3-10].http://m. xinhuanet.com/2021-03/05/c_1127174766.htm.

[52] 中华人民共和国住房和城乡建设部.绿色建筑评价标准:GB/T 50378—2019[S].北京:中国建筑工业出版社,2019.

[53] 华经情报网.2019 年中国新风系统行业细分市场需求规模与前景展望[Z/OL].(2019-11-27)[2021-03-10].https://www.huaon.com/story/488421.

[54] 祁冰,王芃远,魏艳雨,等.室内空气品质营造技术措施[J].能源与环保,2020,42(4):39-45.

[55] 长江日报.国内新风系统潜在消费 17000 亿[Z/OL].(2013-03-13)[2021-03-10].http://news. 51hvac.com/news/2013/0313/84473.html.

第 14 章

[1] JONES F N. NICHOLS M E,PAPPAS S P. Organic Coatings:Science and Technology,4th Edition [M].Hoboken:John Wiley & Sons,2017.

[2] Regulation for Reducing Emissions from Consumer Products[S].(2021-3-14)[2024-11-23].https:// ww2.arb.ca.gov/sites/default/files/2020-12/cp_reg_article-2.pdf.

[3] 刘艳华,王新轲,孔琼香.室内空气质量检测与控制[M].北京:化学工业出版社,2013.

[4] 李继业,张峰,张旭.室内装修污染监测与控制技术手册[M].北京:化学工业出版社,2014.

[5] 日本空气净化协会.室内空气净化原理与实用技术[M].杨小阳,译.北京:机械工业出版社,2016

[6] 周中平,赵寿堂,朱立,等.室内污染检测与控制[M].北京:化学工业出版社,2002.

[7] 王立章.室内污染监测与控制[M].北京:化学工业出版社,2014.